EINFÜHRUNG IN DIE GEFÜGEKUNDE DER GEOLOGISCHEN KÖRPER

VON

Dr. BRUNO SANDER
PROFESSOR AN DER UNIVERSITÄT INNSBRUCK

IN ZWEI TEILEN

ERSTER TEIL

ALLGEMEINE GEFÜGEKUNDE UND ARBEITEN IM BEREICH HANDSTÜCK BIS PROFIL

MIT 66 ABBILDUNGEN IM TEXT

SPRINGER-VERLAG WIEN GMBH 1948

ISBN 978-3-662-35875-7   ISBN 978-3-662-36705-6 (eBook)
DOI 10.1007/978-3-662-36705-6

Alle Rechte, insbesondere das der Übersetzung
in fremde Sprachen, vorbehalten.

Copyright 1948 by Springer-Verlag Wien

Ursprünglich erschienen bei Springer-Verlag in Vienna 1948

Softcover reprint of the hardcover 1st edition 1948

Vorwort.

*Rythmus und Symmetrie in Gefügen gebucht
und gestaltet,
Lesbar dem Leben, das selbst jener Gestaltung
sich fügt.*

Das in zwei Teilen vorgelegte Buch ist nicht als Neuauflage der früher erschienenen „Gefügekunde der Gesteine" (J. Springer, Wien, 1930) gemeint, von der manches, namentlich auch viele Diagramme und Abbildungen, hier nicht wiedergegeben ist, darunter auch manches, das unausgewirkt geblieben ist. Sondern das vorliegende Buch versucht, außer der Einarbeitung seit 1929 zugewachsener Ergebnisse, eine Einführung in das Begriffswerkzeug und in die Arbeitsvorgänge der Gefügekunde, und zwar auf folgendem Wege.

Als Einführung ist es bezeichnet, nicht weil es beim Leser, der Gefügekundler werden will, weniger voraussetzt als das Buch von 1930. Vom Leser verlangt es in beiden Teilen außer dem schulüblichen Unterricht des Geologen, Mineralogen und Petrographen, noch Vorliebe für die Handhabung der Symmetrievorstellungen und der Lagenkugelprojektion, im zweiten Teile Handhabung von Universaldrehtisch und Röntgen. Als Einführung ist das Buch bezeichnet, weil es im ersten Teile genügend allgemein ist, um sich versuchsweise auch an ein allgemeineres Interesse als an das der Geologen zu wenden und auch solche Interessenten in eine viel gemeinsamere Betrachtungsweise einzuführen als sie bisher zustande kam. Ferner versucht das Buch mehr als das von 1930 eine Einführung der selbständig gesteinskundlich oder tektonisch Weiterarbeitenden durch eingehendere Beispiele für Arbeitsvorgänge und Fragestellungen.

Durch verschiedenen Druck ist die Begegnung des Buches erleichtert für den, der nur allgemeine Grundlage und Ergebnisse sucht und für den, der zur eigenen Weiterarbeit am Gegenstande gelangen will. Durch die Trennung in zwei Teile soll allgemeine Gefügekunde geologischer Körper (I. Teil) noch deutlicher als 1930 von der Korngefügekunde (II. Teil) getrennt werden und es soll für den vor allem feldgeologisch arbeitenden Geologen — mehr als dies 1930 gelang — zugänglich gemacht werden, was von der Gefügekunde sich auch an ihn wendet. Dieser Geologe mag sich an den ersten Teil halten, nicht aber wer Korngefügekunde treibt, nur an den zweiten Teil. Der beste Weg zum Gegenstande führt über den ersten Teil zum zweiten und zum ersten Teil zurück, wie bei anderen Büchern, deren allgemeine Ergebnisse geschichtlich mehr induktiv als deduktiv erarbeitet und dann erst deduktiv dargestellt wurden, wobei ihre Herkunft weder vergessen noch gar verleugnet werden sollte.

Das Arbeitsgebiet der Gefügekunde wird, ohne Bewertung anderer Befassungsarten, seit jeher derart abgegrenzt, daß nur von dem geredet wird, was derzeit beobachtbare Merkmale im Gefüge hat. Die Fühlungnahme mit deduktiv begegneten theoretischen Möglichkeiten erfolgt entweder zum Zweck der Kritik solcher Möglichkeiten von Gefügemerkmalen aus oder zum Zweck der von der Theorie gebotenen Anregung zur Wahrnehmung bisher unbekannter Gefügemerkmale. Die hier vorgetragene Gefügekunde ist eine auf den Zusammenhang zwischen gestaltlichem und funktionalem Gefüge gerichtete Arbeitsrichtung, welche vor allem symmetrologisch und immer nur soweit Merkmale vorhanden sind zu Werke geht. Sie ist hiebei oft auf ein Denken angewiesen, welches an den Dingen nicht nur Größe und Zahl beachtet, sondern auch gleich und ungleich unterscheidet, wo es nicht durch Größe und Zahl dargestellt ist.

In der Geschichte der Gefügekunde als einer Zustandslehre wurde wie in anderen Zustandslehren das Neue zuerst bei der gestaltlichen Erfassung des Zustandes begegnet. Die fruchtbare Beziehung zur Physik besteht darin, daß ihr die Gefüge als Gegenstände für ihre Befassung mit von ihr bisher nicht erfaßten Gegebenheiten und mit den bereits gewonnenen Einsichten aufgezeigt werden.

Vieles am Gegenstande des Buches hätte sich in anderen Zeiten am besten durch eine direkte allerdings oft verneinende, kritische Auseinandersetzung mit gefügekundlichen Arbeiten — die letzte erfolgte 1934 — verdeutlichen lassen. Gegen eine solche Darstellung sprach der Umstand, daß weder den Lesern des Buches die kritisierten Originalarbeiten, noch den kritisierten Autoren meine Kritiken genügend leicht zugänglich gewesen wären, was sich künftig vielleicht ändert.

Eine Einführung in die Gefügekunde der Gesteine sieht heute von manchem ab, was ich 1930 als Aufgabe sah. Es war mir damals daran gelegen, den Zusammenhang der Gefügekunde der Gesteine in meinem Sinne mit ähnlichen Betrachtungsarten anderer stofflicher Gebiete aufzuzeigen und zu beleben. Der weit über Gesteinsgefüge hinausgehende allgemeine Charakter morphologischer und insbesonders symmetrologischer Betrachtung der Gefüge sollte wahrgenommen werden. Bedeutet es doch für so viele Begriffsfassungen der Gefügekunde, wenn sie auch bei der Untersuchung der Gesteine zum ersten Male eingeführt wurden, rundweg ein Mißverständnis, sie so beschränkt auf Gesteinsgefüge zu beziehen, wie es — die Folge hat es gezeigt — nicht nur stofflich oder methodisch selber eng begrenzte Sonderfächer getan haben. Die Stellung der Gefügekunde der Gesteine zu den seither ebenfalls entwickelten Untersuchungen anderer Gefüge läßt sich heute viel kürzer als damals verdeutlichen. Auf Prioritätsfragen läßt sich verzichten, während es früher bisweilen richtig schien, auch durch solche Hinweise den fruchtbaren Weg aufzuzeigen, der hier wie oft zuerst in das Gestaltliche der Gefüge — das nicht nur eine Modellvorstellung ist — und von da erst zum Verständnis der funktionalen Zusammenhänge im Verhalten, also in die Physik führte. Auch die unterdessen allgemein klarer gewordene begriffliche Trennung und Zusammenarbeit dieser beiden weitesten Befassungsarten erlaubt heute eine kürzere Darstellung: Das Verhalten der Gefüge, soweit es Änderung von einander abhängiger Größen z. B. im Festigkeitsverhalten ist, wird der Physik überlassen, nachdem heute genügend aufgezeigt ist, daß Kenntnis des Gefüges und seiner Änderungen auch für funktionale Analyse des Verhaltens an Stelle älterer, primitiverer „Körper"-Begriffe tritt. Auch heute noch nicht ganz zu entbehren ist dagegen eine Kritik der Übertragung festigkeitstechnischer Begriffsfassungen auf geologische Körper, deren Gefüge und Gefügeänderungen den Erfahrungsbereich des Experimentes überschreiten und ergänzen.

Dagegen gibt es mehrere Arbeitsrichtungen innerhalb der Gefügekunde, welche auf den 1930 in der „Gefügekunde" vorgezeichneten Wegen tätig weitergegangen und auch für eine Einführung reif gemacht sind. So die röntgenoptische Korngefüge-Untersuchung, die Anlagerungsgefüge, namentlich die Rhythmite; die tektonische Analyse komplizierter flächiger und linearer Parallelgefüge namentlich durch konstruktive Rückabwickelung in vorangehende bis „vortektonische" Zustände. Gegenüber der schönen Darstellung der Verformung am Körperelement durch W. Schmidt und Lindley und eben durch diese besteht nun auch für eine „Einführung" schon die Möglichkeit die Symmetrie von Tektoniten eben dort, wo sie bezeichnender Weise von den Symmetrien verformter Körperelemente nicht wiedergegeben wird, zu typisieren und auszuwerten.

Die Gefüge geologischer Körper haben sich am längsten erwiesen als Hohe Schule für die Erweiterung der infinitesimalen und statistischen Betrachtungsweise der Physik durch die Mitbetrachtung definierter gestaltlicher Gefüge. Ferner als Schule für die Definition und Handhabung von allgemein gültigen Begriffen, welche unter anderem Homogenität-Inhomogenität (Genität), Isotropie und Anisotropie (Tropie) betreffen; und als Schule für die Konfrontation von Gefügen aus gestaltlichen Daten und aus physikalischen Größen namentlich durch symmetrologische Betrachtungen. Was schon im Vorwort zur Gefügekunde 1930 an erste Stelle gestellt ist.

Die Korngefügekunde natürlicher (viele Gesteine) und künstlicher (Metalle) körniger Körper ist seit langem über ihre unmittelbaren Gegenstände hinaus die Schule für eine gegenseitige Bezugnahme der infinitesimalen Kontinuumsbetrachtung, der statistischen Diskontinuumsbetrachtung und der morphologischen Betrachtung; auch ein gangbarer Weg von den homogenen Bereichen „unlebendiger" (z. B. Granit-Pluton), zur Mitbetrachtung teilweise „lebendiger" (z. B. Böden, Bioherme) und „lebendiger" Gefüge.

Es ist durchaus eine Entwicklung in den durch die Gesteinskunde seit Anfang des Jahrhunderts begangenen und vorgezeichneten Bahnen, wenn z. B. A. Brandtzaeg 1927 das wirkliche Festigkeitsverhalten von Zement nicht mehr an die Elastizitätstheorie des Kontinuums sondern an deren Konfrontation mit einem schematisierten Kristallkorngefüge anschließt, wenn die Metallographie 1919 das Prinzip der mechanischen Korngefügeregelung beachtet, das von seiten der Petrographie 1916 ganz allgemein und so für Gesteine und Metalle ausgesprochen war, wenn die Bodenmechanik seit Terzaghi mehr und mehr von der klassischen Erddrucktheorie zur Betrachtung des Bodengefüges übergeht und wenn Julien Pacotte als Materialphysiker als einen Teil der Physik 1939 für die homogenen Gefüge (Isotectien) eine Terminologie entwirft, welche nicht nur meiner Forderung entspricht „die Gefügekunde mehrphasiger Gefüge immer mehr zu einem selbständigen Zweige unter den Zustandslehren (Gase, Kristalle, Kolloide) zu machen" (1938) sondern das champ petrographique — das von der Gefügekunde vor allem beschriebene Gefüge — unter die Grundbegriffe einer allgemeinen Gefügekunde der Körper überhaupt stellt, ganz wie es die Gefügekunde in einer noch etwas allgemeineren Weise seit 1911 tat, und mit Neuschöpfung einer französischen Nomenclatur, welche die deutsch und englisch geschriebenen gefügekundlichen Arbeiten mit den französischen verbinden kann, da die Schwierigkeiten der Übersetzung des Wortes Gefüge in seiner allgemeinsten Definition damit im Sinne gemeinsamer Wissenschaft endlich behoben sind. Womit ich nur einige Beispiele genannt habe.

Erfahrung bei langjähriger eigener Arbeit und Schulung anderer führte namentlich hinsichtlich der Gefügekunde der Gesteine zur Unterscheidung der typisierenden und der abstrahierenden Befassung und Begabung. Die hohen Schulen dieser zwei Befassungsarten sind die Biologie und die Physik. Es handelt sich 1. um die Wahrnehmung von Typen, am deutlichsten gegenüber einer Vielzahl von Einzelfällen beliebig komplizierter Gebilde (z. B. Organismen), 2. um Abstraktion von allen Merkmalen untersuchter „Körper", mit Ausnahme jener Merkmale, deren Abhängigkeit voneinander im Verhalten der Körper untersucht werden soll und mit den für die Behandlung derart vereinfachter Voraussetzungen verfeinerten mathematischen Untersuchungsmitteln untersucht wird.

Nach der eben getroffenen Unterscheidung wird sogleich eine zweite deutlich, welche mit der ersten nicht genau zusammenfällt, aber sich mit ihr vielfach und nicht zufällig überdeckt. Die eine dieser beiden Befassungsarten ist die Befassung mit allem was an begegneten Gebilden gestaltlich im weitesten Sinne zuerst wahrgenommen und beschrieben wird, und zwar durch unsere angeborenen Sinne oder durch deren technischen Weiterbau (z. B. Apperaturen, welche sinnlich nicht unmittelbar wahrnehmbare Wellen mittelbar wahrnehmen und ihr Verhalten gedanklich kontrollieren lassen). Auch durch die Phantasie können Gestalten gebildet werden und sind in der Geschichte der Wissenschaft teils als Vorausblicke (z. B. Kristallgitter) bestätigt und besonders gefeiert, noch öfters aber kritisch abgewiesen worden. Hievon nehmen wir hier zur Kenntnis, daß man auch mit Phantasiegestalten (einschließlich Modellvorstellungen) noch immer auf dem Boden der Befassung mit der Gestalt — der morphologischen Begegnung also — steht. Diese Art sich mit den Dingen zu befassen ist Sache der oben genannten typisierenden Begabungen.

Die zweite Befassungsart, deren hohe Schule die Physik ist, hat eben dadurch, daß sie, zunächst absehend — trotz aller Modellvorstellungen in ihrer reinsten Existenz als theoretische Physik zunächst absehend — von der unmittelbaren Befassung mit der Gestalt nur die genügend definierten und isolierten Verhaltungsarten (voneinander abhängigen „Funktionen") untersuchte, dazu geführt, daß die abstrakte Sprache der Wellen, für unsere Sinne (und deren technische Weiterbaue) übersetzt durch den Experimentator, von manchen Religionen geahnte Zeiten, Räume und Jenseitigkeiten in unsere wirkliche Existenz eingefügt und die Mitteilungsmöglichkeiten über die unmittelbar sinnlichen Zeichen hinaus erschlossen hat. Es sind auch für den Wissenschafter besondere Minuten, in welchen er dieser Tatsache gegenüber zugleich genügend Distanz der Sicht und Wärme des Blutes besitzt um sie in ihrer ganzen Gewalt jenseits der ich-menschlichen Existenz und Planung und Gefährdung des Lebens zu begegnen.

Die Gesteine ermöglichen es, das Verhältnis der morphologischen und der physikalischen Befassungsart, welches immer wieder als eine zentrale Angelegenheit auftaucht und dessen Erörterung ein wichtiges Kapitel wissenschaftlicher Erkenntnislehre ist, in einfacheren Fällen zu begegnen als z. B. im Falle der Lebewesen. Der Kern jenes Verhältnisses scheint immer zu sein, daß die Gestalt — das ist eine durch unsere Wahrnehmungsmittel jeweils diktierte, also insoferne zufällige, aber nicht unmittelbar im Dienste der Wissenschaft entstehende Auslese aus allem im betrachteten Raume Begegenbaren — zunächst begegnet wird und daß die physikalische Betrachtung immer wieder von der gestaltlichen ausgeht, zunächst abstrahierend, dann aber auch — die gestaltliche Wahrnehmung technisch bereichernd — zu ihr zurück führt. Dies ist bei der Betrachtung der naturgegebenen Gesteinsgefüge der entstehenden und umgeformten geologischen Körper besonders deutlich. So z. B. wenn tangentale Verschiebungen im gestaltlichen Gesteinsgefüge gesehen, als Abbildungen definierter Felder erkannt und hiernach wieder neue Entsprechungen zu diesen Feldern im gestaltlichen Gefüge entdeckt wurden.

. Bei den Gesteinsgefügen und den später ebenfalls untersuchten Werkstoffgefügen, namentlich bei den vielkristallinen Gefügen, liegt die Bedeutung als Untersuchungsobjekt darin, daß sie die Konfrontation von gestaltlichen und funktionalen Systemen in statistisch homogenen Anisotropen gestatten, und zwar mit klarer Definition des Gestaltlichen und des Funktionalen als gestaltliche und funktionale anisotrope Gefüge. Demgegenüber sind ideale Kristalle „reell homogene" Anisotrope und Lebewesen sind inhomogene Anisotrope mit zur Zeit noch bestehenden Schwierigkeiten für die Definition des Funktionalen.

Das Buch ist während der Jahre des zweiten Waffenkrieges in Innsbruck entstanden und so weit gekommen, wie es gegenüber den geschichtlichen Gewalten von außen und von innen kommen konnte, von welchen beiden ich trotz großer Abzüge an meiner Arbeit doch zuletzt mehr geschont war als andere Fachgenossen, deren aller und überall ich auch ohne persönliche Verbindung gedachte und gedenke. Die Bedingungen nach 1945 haben den Druck verzögert.

Besonders zu gedenken ist, außer den schon an der Gefügekunde 1930 Beteiligten, wegen umfänglicherer Heranziehung neuerer Arbeitsergebnisse im vorliegenden Band des in der Gefügekunde unvergeßbaren Walter Schmidt (Beanspruchung im Homogenen) mit dessen Tod entscheidende Mitarbeit an der Gefügekunde ausscheidet und jüngerer Mitarbeiter wie F. Fuchs wegen der erstmaligen Anwendung tektonischer Gefügeanalyse im Kalkgebirge und H. Ramsauer (gef. 1941) wegen Achsenverteilungsanalysen, Tso Lin Ho wegen eines Beispieles für die Analyse komplizierter Überprägungen. Den Herren W. Sander und J. Ladurner verdanke ich wertvolle Hilfe beim Reinzeichnen der Abbildungen, letzterem auch Korrekturbeihilfe.

Aus der Gefügekunde 1930 wurden einzelne Kapitel mit geringen Änderungen und auch zahlreiche Abbildungen übernommen.

Wie in der Gefügekunde 1930 handelt es sich nicht nur um eine Einführung in Arbeitsvorgänge, sondern auch in den Stand der Fragen und um das Aufzeigen bevorstehender Aufgaben, deren Bearbeitung einem kleinen Institute unter Zeitbedingungen wie die vergangenen nicht möglich war, welche sich aber an einem großen Institute ohneweiteres bearbeiten lassen.

Der Verlag Springer gab mir 1929 die Anregung zur buchmäßigen Zusammenfassung meiner gefügekundlichen Arbeiten. Der Verlag Springer (Otto Lange) hat auch diesmal das Buch in einer Form übernommen, welche es schreibenswert machte und den warmen Dank des Autors verdient, insbesonders auch den Verlust der Druckstöcke zur Gefügekunde 1930 überwinden geholfen.

Innsbruck, im Herbst 1948.

B. Sander.

Inhaltsverzeichnis.

                                                                          Seite

I. **Begriffliche Einführung** 1

    1. Allgemeinste Begriffe und Gegenstand der Gefügekunde 1
        Gefügekunde als selbständiges und als angewandtes Fach; Beziehungen
        zu anderen Arbeitsgebieten 16
    2. Zeit und Gefüge 19
        Raumrhythmisches Gefüge und Zeitgliederung in Anlagerungsgesteinen 19
        Zeitlichkeit und Rhythmik in resedimentären Gefügen. 21
        Zeitgliederung bei Überlagerung anderer geologischer Vorgänge . . 22
        Geschwindigkeitsregel der Teilbewegung 24
        Deformationsgeschwindigkeit 25
    3. Symmetrie und Rhythmus im gestaltlichen und funktionalen Gefüge . . 26
        Zusammenfassung 29
    4. Bewegungsbild affiner Formungen 33
        a) Affine Zergleitung nach einer Ebenenschar (einscharige Scherung) . . 34
        b) Affine Zergleitung nach zwei Ebenenscharen (zweischarige Scherung) 41
        c) Aus den bisherigen zusammengesetzte Bewegungsbilder affiner
            Formung 43
    5. Beispiele affiner und nichtaffiner Bewegungsbilder 45
    6. Einscharige affine Zergleitung von Faltenformen 59
    7. Einscharige nichtaffine Zergleitung, Rotationen 62
    8. Bewegung und Symmetrie der tektonischen Formung. Pläne und Koordinaten in tektonischen Bereichen 66
        Pläne und Koordinaten in tektonischen Bereichen. 68
        Reichweite einheitlicher Beanspruchung und Bewegung 72
    9. Symmetrologische Betrachtung der anisotropen funktionalen und gestaltlichen Gefüge in Überlagerung und homogener Durchdringung 73
   10. Mechanische Beanspruchung und Formung im Homogenen als Beispiel
       funktionaler Gefüge 83
   11. Tektonisches Festigkeitsverhalten und Gefüge 92
       Zusammenhang durch Nahkräfte, Bindung, Kohäsion 96
   12. Fugen und Rupturen. Flächige und lineare Schieferung 101
   13. Tektonik und Strömungslehre 107
   14. Bewegung und Symmetrie der Anlagerung 118

II. **Handhabung der tektonischen Analyse typischer Gefüge in den
Bereichen Karte bis Handstück** 124

    1. Übersicht über die Verbreitung der flächigen und linearen Parallelgefüge
       an geologischen Körpern und über deren Bezugsrichtungen 124
    2. Darstellung auf der Lagenkugelprojektion 125
    3. B-Achsen und β-Achsen 132
    4. Zeitbeziehung zwischen übereinander überlagerten B-Achsen 146
    5. Relativsinn der Teilbewegungen $\perp B$ 148
    6. Einige Typen homogener und inhomogener tektonischer Bewegungsbilder
       mit flächigem und linearem Parallelgefüge (S-B-Gefüge) 164
    7. Konstruktive Rückformungen tektonischer Gefüge. Ebnung 170
       Einmessung von Falten mit schwierig oder nicht einmeßbarer Achse
       und von Faltenknäueln. Mittelbare Einmessung von Falten . . . 179

Faltung nach Faltung 180
Allgemeiner Gang der Rückformung eines Gebietes mit mehraktiger, nicht symmetriekonstanter Tektonik 181
Geometrische und genetische Bedingtheit von Achsenlagen 183

III. Einige Beispiele für Gebrauch und Begrenzung gefügekundlicher Fragestellung 185

A. Tektonik hochteilbeweglicher Intrusiva 185

I. Hochteilbewegliche körnige Tiefengesteine mit Aufwärtsbau und mit Abwärtsbau. Tektonik der Granite 185

1. Trennung von Amplatzgefüge und Einströmungsgefüge in Graniten . . 185
Dome der Granite und Salzlagerstätten 189
2. Granite als geochemische Bildungen und ihr Gefüge; Migmatite . . . 194
3. Entstehung von Parallelgefüge und stofflichem Lagengefüge in Graniten 199

II. Hochteilbewegliche körnige Gesteine geringerer Tiefe mit Aufwärtsbau; Tektonik der Steinsalzlagerstätten 200

B. Tektonik schmelzflüssiger Extrusiva 203

C. Gefüge und Oberflächengestaltung: „Gefügerelief" 206

D. Gemeinsame Züge in der Symmetrologie geologischer und biologischer Gestaltung 208

Literaturnotiz 211
Sachverzeichnis 212

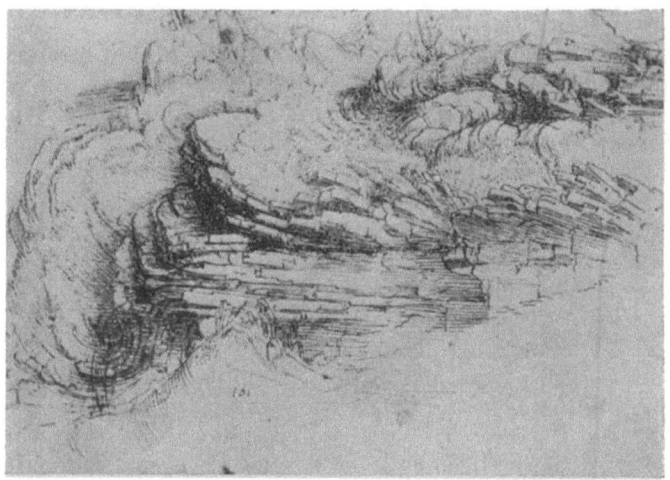

Mit dieser Handzeichnung ist Leonardo da Vinci als Naturforscher und Technologe unserer Zeit näher als der seinen. Die Zeichnung zeigt eine B-Achse als Faltungsachse (links im Bild) verschiedenen Ausmaßes, als Stengel mit rhythmischen (rechts im Bild) Zerrklüften ⊥ B und bis ins letzte freisichtbare Feingefüge geprägt. Die Symmetrologie des Gebildes ist gesehen und damit ist die Zeichnung des italienischen Ingenieurs und Künstlers auch vielen Darstellungen unserer Zeit überlegen: Außengestalt und Gefüge haben die bilaterale Symmetrie, welche als Abbildung bilateraler Vektorensysteme in der irdischen Gestaltung unlebendiger und lebendiger Bereiche eine Hauptrolle spielt und deren Lage zu den Erdkoordinaten zwei Typen tektonischer Formung — steilachsige und flachachsige Baue mit und ohne Transporte — ergibt.

I. Begriffliche Einführung.

1. Allgemeinste Begriffe und Gegenstand der Gefügekunde.

Definition des Gefüges; Gefügebeschreibung geometrisch und geschichtlich; Beziehung zur Physik; morphologische, funktionale und genetische Terminologie zu trennen; einphasige und mehrphasige Gefüge; skalare und vektorielle Gefügedaten; Gefügeelement; Teilgefüge; begriffliche und symmetrologische Beziehungen zwischen gestaltlichem und funktionalem Gefüge; kinematische Beschreibung der Gefügeänderungen; Experiment; Außengestalt und Gefüge; Grenzflächengefüge; Abgrenzung der allgemeinen Gefügekunde nicht durch absolute Ausmaße und nicht durch Stoffe, aber durch Beschränkung auf typisierbare Fälle; relative Maßstäbe des Beobachters; Gefügekunde selbständig und angewandt; Beziehung zu Stoffgebieten und Befassungsarten; Gefügekunde und Chemie der Gesteine.

Das Wort Gefüge ist in geologisch-mineralogischen Fächern vielleicht zuerst von Naumann gebraucht worden, später unbeachtet geblieben und daher auch nicht verdefiniert worden; für die Sprache des Alltags und Handwerks ist es immer verständlich gewesen. In der Sprache einiger Fächer, welche sich mit bestimmten Gefügen befassen (Gesteinskunde, Tektonik, Metallographie, Biologie u. a.), ist das Wort Gefüge auf dem Wege immer mehr gebraucht und nach Umriß und Inhalt deutlicher zu werden.

Die Raumdaten im Innern eines betrachteten Bereiches beschreiben dessen Gefüge; ihre Änderung beschreibt die Änderung des Gefüges; die (statistische) Symmetrie der Raumdaten in ihrer Gesamtheit beschreibt die Symmetrie des Gesamtgefüges. Die Wahl der Raumdaten erfolgt in Auslese für ein bestimmtes Interesse, auf welches die Beschreibung des Gefüges bezogen wird.

Die Gefügekunde ist nach dieser Definition in jedem Falle Beschreibung mit den Mitteln der Geometrie. Aus dieser werden namentlich Symmetriebetrachtungen und Darstellungen auf der Lagenkugel, sowie deren Projektionen hier herangezogen und Schulung darin vorausgesetzt; ferner auch Vorstellungen der geometrischen Bewegungslehre oder Kinematik. Damit, daß wir, kinematisch betrachtend, die Bewegungsbilder größerer Bereiche aus Bewegungen von Teilen (Teilbewegungen) zusammensetzen, ergibt sich auch schon ein Beispiel für die große Rolle, welche die Betrachtung zeitlicher Abfolgen in der Gefügekunde spielt: Die Gefüge selbst, wie sie rein räumlich beschreibbar vorliegen, sind, wie z. B. in dem wichtigen Falle der Symmetrietypen deformierter Gesteine, nur verständlich als Ergebnis typisierbarer zeitlicher Abfolgen aus unterscheidbaren Akten; nicht aber durch einen einzelnen, wenn auch vollkommen gekennzeichneten Augenblickszustand aus ihrer Geschichte. Dies gilt sowohl für die gestaltliche als für die physikalische Betrachtung der Gefüge und ist ein Sonderfall, welcher das Verhältnis zwischen geschichtlicher Betrachtung und Betrachtung einzelner Zeitquerschnitte für das Verständnis alles Veränderlichen überhaupt beleuchtet: In den meisten Fällen ist das Gegebene, wie z. B. die Gefüge, nur geschichtlich verständlich. Von dieser Unterscheidung zu trennen ist die Unterscheidung, ob die Betrachtung mehr „allgemein", d. h. auf typisierbare Fälle gerichtet ist — z. B. bei der Kennzeichnung von Typen des Gebirgsbaues — oder Sonderfällen nachgeht, z. B. einer einmaligen Lagerstättenbildung. Die Gefügekunde ist derzeit eine in diesem Sinne ganz vorwiegend allgemeine Befassungsart. Als solche ist sie auf die typisierende Denkart des Betrachters, welche heute noch insbesonders der Biologe vermittelt, wie auf die abstrahierende Denkart des Physikers gleichermaßen angewiesen.

Die Raumdaten des Gefüges beziehen sich entweder unmittelbar auf Gestaltliches — morphologisches Gefüge — oder unmittelbar auf physikalische, namentlich richtungsabhängige physikalische Größen — funktionales, namentlich vektorielles Gefüge —; beide stehen im Zusammenhang miteinander und jede Gefügebeschreibung betrifft mithin unmittelbar oder mittelbar sowohl das morphologische als das funktionale Gefüge. Trotz dieser engen Beziehung ist die Beschreibung des gestaltlichen Gefüges und die Beschreibung seiner gerichteten Funktionen durch die Handhabung voneinander vielfach verschiedener Mittel im Gedanklichen und im Arbeitsvorgange unterscheidbar.

Es befaßt sich mit den gerichteten Variablen und ihren funktionellen Zusammenhängen in Gleichungen und deren Schaulinien die Physik und macht das Verhalten der betrachteten Bereiche und dessen Voraussage unter definierten Bedingungen zu ihrem Gegenstande.

Vorwiegend mit dem gestaltlichen Gefüge befaßt sich die Gefügekunde im Sinne dieses Buches. Sie hat, hier wie sonst, die Aufgabe, durch eine immer weitergehende Beschreibung des morphologischen Gefüges die „Körper" oder nun genauer gesagt, die morphologischen Zustandsformen zu definieren, deren Verhalten die Physik in ihren Zustandslehren untersucht. Die Gefügekunde hat also morphologische Grundlagen für die Physik zu schaffen und auszubauen. Letzteres geschieht erfahrungsgemäß am besten in fortlaufender Fühlung mit der Physik, aber ohne Begrenzung auf deren zeitweise Fragestellungen, da sich aus zweckfreier morphologischer Arbeit eigene Fragestellungen und auch physikalisch wichtige Einblicke ergeben; so z. B. wurde der allgemeine Grundsatz der Regelung kristalliner Aggregate bei Deformationen zuerst vom Gefüge der Gesteine ausgehend gefunden und zuerst für Gesteine und von da aus für Metalle morphologisch formuliert, ein Einblick von Tragweite für die Physik, z. B. für das Verhalten bearbeiteter Metalle.

Die hier gebrauchte weite Definition des Gefüges wurde gewählt und wird festgehalten, weil viele Betrachtungen und Ergebnisse — auch solche, die zuerst am Korngefüge von Gesteinen gewonnen waren — unabhängig von den Ausmaßen und von der Art des Gefüges sind. Unter anderen später aufzuzählenden Fällen gilt dies vor allem für symmetrologische Betrachtungen, so für den bisher allgemeinsten Grundsatz der Gefügekunde, welcher die Beziehbarkeit der morphologischen und vektoriellen Gefüge aufeinander betrifft und aussagt, daß sich die Symmetrie vektorieller Gefüge, z. B. typischer formender mechanischer Kräftesysteme im morphologischen Gefüge abbildet. Es gelten also wichtige Sätze auch für Gefüge, welche keine Korngefüge sind, z. B. für tektonische Profile.

Ein zweiter Grund für eine weite Gefügedefinition liegt darin, daß man zwar wie bemerkt, morphologisches und funktionales Gefüge mit Vorteil unterscheiden, aber diese beiden nicht in allen Fällen trennen wird. So z. B. wird im allgemeinen schon bei Beginn der Deformation eines statistisch isotropen kristallinen Gefüges dieses morphologisch anisotrop und was im weiteren Verlaufe der Deformation, z. B. eines Druckversuches an mechanischen Kräften einwirkt, setzt nicht mehr am isotropen sondern schon am anisotropen Körper an. Es spiegelt also der Verlauf des Versuches zwar das Verhalten nach einem isotropen Ausgangszustand, aber nicht das Verhalten „eines isotropen Körpers". Wir begegnen das Verhalten eines fortlaufend gleichsymmetrisch zu den Kräften veränderten Gefüges, dessen Anisotropie, wie die Unterbrechung und Wiederaufnahme des Versuches besonders anschaulich und prüfbar macht, selbst ein in seiner Symmetrie wohl definiertes System gerichteter, ja sehr oft an morphologischen Daten (Kornlagen!) meßbarer Einflüsse ist. Diese letzteren sind zugleich morphologisches (z. B. geregelte Kornlagen) und funktionales (z. B. den geregelten Kornlagen zugeordnete Festigkeitswerte) Gefüge. Eine getrennte Betrachtung der beiden — begrifflich unterschiedenen — Gefüge ist gerade das, was die Gefügekunde meidet, und man wird diesem Umstande so wie den Symmetriebetrachtungen veränderlicher Gefüge am besten gerecht eben durch den gemeinsamen Namen Gefüge für die aufeinander beziehbaren und in so enger Wechselwirkung aufeinander stehenden funktionalen und morphologischen Systeme.

Neben der Unterscheidung morphologischer und funktionaler Betrachtung und ihrer Namengebung (Terminologie) ist noch die genetische Betrachtung und Namengebung zu unterscheiden. Eine genetische Benennung nimmt Bezug auf eine eben durch die Termini als bekannt und gesichert vorausgesetzte Entstehung des Benannten, also in unserem Falle eines Gefüges. Man kann sich dabei auf eine Entstehung unter bestimmten Bedingungen physikalischer Definition (z. B. Druck, Temperatur) beziehen oder auf typische, unzufällige Bedingungsgruppen, wie sie z. B. für bestimmte geologische Bildungs- und Umwandlungsräume von Gesteinen nachgewiesen oder vorausgesetzt sind. In jedem Falle aber, ob es sich um physikalisch oder um geologisch definierte Entstehung handelt, sind genetische Benennungen, eben wegen der von ihnen gemachten Voraussetzungen deutlich als solche zu bezeichnen und bewußt zu halten in der morphologischen Beschreibung, auf deren Unvoreingenommenheit gerade die Behandlung von Entstehungsfragen zählen können muß. Es ist überall am besten, Ausdrücke, welche die Antwort auf eine Frage mehr oder weniger bewußt vorwegnehmen bei der Bearbeitung dieser Frage zu meiden; z. B. wurden in der morphologischen Gefügekunde Termini wie kristallisationsschiefriges Gefüge nicht verwendet, da dieses Gefüge als ein durch das Rieckesche Prinzip entstandenes definiert und vorausgesetzt war. Gerade in der Gesteinskunde spielt und spielte die Nichtbeachtung dieser selbstverständlichen logischen Forderung eine Rolle.

Das Gefüge ist also für einen in bestimmter Beziehung homogenen oder inhomogenen, anisotropen oder isotropen Bereich definierbar und für einen bestimmten Zeitabschnitt, da es kein schlechthin unveränderliches Gefüge gibt. Es erfolgt stets geordnete Beschreibung typisierter Raumdaten mit Bezugnahme auf den betrachteten Bereich.

Hinsichtlich der Zustände innerhalb dieses Bereichs kann es sich um ein einphasiges oder um ein mehrphasiges Gefüge handeln.

Einphasige Gefüge lassen sich mit Zugrundelegung der physikalischen Kenntnisse über das Verhalten der betreffenden Phase, z. B. eines festen Geles, einer Flüssigkeit, eines Kristalles betrachten; z. B. was Formänderungen anlangt, kontinuumsmechanisch (im Falle des Geles und manchen Verhaltens der Kristalle) oder nach Gesetzen der Bewegung von Flüssigkeiten. Man wird in diesen Fällen einphasiger Bereiche innerhalb des Bereiches, zuweilen nur gedanklich, Kleinbereiche unterscheiden, welche bei irgendeiner Änderung, z. B. bei einer Umformung bestimmte Rollen als ideelle Gefügeelemente spielen. Manchmal aber, z. B. in Kolloiden und in Kristallen, wird man auch innerhalb der bestimmten Phase wirkliche Teilchen unterscheiden, deren definiertes Verhalten den Änderungen des betrachteten Bereiches zugeordnet ist; so z. B. läßt sich die Kristalldeformation auch molekularkinetisch betrachten.

Mehrphasige Gefüge wird man in manchen Fällen ebenfalls als homogen betrachten, in ideelle Gefügeelemente zerlegen und z. B. kontinuumsmechanisch erörtern. So ist z. B. die kontinuumsmechanische Darstellung der Deformation mit Hilfe der Mohr'schen Kreise und der Deviatoren ausgehend vom ideellen Körperelement auch für die Diskussion mehrphasiger Gefüge verwendet worden. Aber die meisten Betrachtungen werden sich bewußtermaßen auf mehrphasige Gefüge mit ausdrücklicher Beachtung ihrer reellen Teile innerhalb inhomogener Bereiche beziehen und auf das Verhalten dieser Teile. Gerade diese Betrachtung reeller Teile in ihrer Bewegung zugeordnet zur Formung des betrachteten Bereiches durch mechanische Kräfte war der Ausgangspunkt der Korngefügekunde. Und ein solches mehrphasiges Gefüge ist eine eigene neben andere Zustandformen (Kristall, Flüssigkeit, Gas) zu stellende, in definierten Bereichen statistisch homogene Zustandsform von Körpern, z. B. kristallines Gefüge oder Vielkristall. Das Verhalten solcher Körper — z. B. das Festigkeitsverhalten mehrphasiger Gefüge — kann man weder verstehen noch voraussagen, wenn man etwa alles für annahmegemäß bis in kleinste Teile homogene „Körper" der Physik Ausgesagte auf mehrphasige Gefüge übertragen wollte. So ist es z. B. nötig erst zu untersuchen, was man von den das Festigkeitsverhalten homogener Körper in kurzen Zeiten behandelnden Begriffen dazu benützen kann, um das tektonische Formungsverhalten körniger Gesteine und geologischer Profilbereiche zu erörtern.

An Gefügen und auch in einem und demselben Gefüge lassen sich richtungenthaltende (vektorielle) und nicht richtungenthaltende (skalare) Daten, sowohl am morphologischen als am funktionalen Gefüge unterscheiden. Wichtige Beispiele hiefür sind:

1. Nichtrichtungenthaltende, „skalare" Gefügedaten:
Alle Angaben über das einzelne nicht im Verband betrachtete Gefügeelement oder über Paare von Gefügeelementen, z. B. über „Gefügetracht" von Kornarten;

typisierbare Gestalten der Grenzen zwischen (miteinander) reagierenden Gefügeelementen (antithetische Gefüge, Reaktionsgefüge);
Porenvolumen (Porenziffer);
prozentuelle Vertretung definierter Kornarten in der Raumeinheit;
Homogenität, gekennzeichnet durch das Volumen des kleinsten in definierter Beziehung noch statistisch homogenen Bereiches.

2. Richtungenthaltende, vektorielle Gefügedaten:
Alle Gefügedaten, welche gerichtete (meist symmetrische) Einflüsse (physikalische oder ältere morphologische Vektoren) abbilden; u. a. besonders alle durch molekulare Bewegungen (Kristallisation!) erfolgende unmittelbare und mittelbare Abbildung von physikalischen Vektoren oder von schon gebildetem vektoriellem morphologischem Gefüge;
Regeln der Gefüge nach Korngestalt und nach Kornfeinbau;
Gefüge nach der Wegsamkeit (belteropore Gefüge), das sind nach der richtungsabhängigen Wegsamkeit (für stoffliche Transporte, Kristallwachstum, mechanische Ausarbeitung) gebildete und diese Wegsamkeit abbildende Gefüge; durch Auslese geregelte Wachstumgefüge;
Das Porengefüge als richtungsabhängiges und symmetrisches Intergranularnetz.

Die Unterscheidung der richtungenthaltenden und der nichtrichtungenthaltenden Gefügedaten für das funktionale und für das gestaltliche Gefüge klar zu halten und auszubauen ist von Vorteil. Einmal überblickt man besser, welche Rolle Richtungsabbildung in einem Gefüge spielt und welcher der beiden längst unterschiedenen Gruppen der gerichteten und der ungerichteten Gefüge es näher steht, sowie welche Rollen dabei die Teilgefüge spielen. Da skalare Gefügedaten des morphologischen Gefüges (z. B. Porenvolumen in der Raumeinheit) begrifflich nichts mit Richtungen im Gefüge zu tun haben, so können sie nicht Träger von vektoriellen sondern nur von skalaren physikalischen Gefügedaten sein; so z. B. ist mit dem morphologischen Datum „prozentuelles Porenvolumen in der Raumeinheit" ein Wert der Wärmekapazität oder des spezifischen Gewichtes verbunden, nicht aber ein Wert der Wärmeleitung. Macht man aber Angaben nicht nur über das prozentuelle Porenvolumen sondern über die Gestalt des Porengefüges, also über ein vektorielles gestaltliches Gefüge (z. B. in bestimmter Richtung gelängte Poren) so sind dieser Angabe Werte der Wärmeleitung also eines Vektorengefüges eindeutig zuordenbar. Im Falle eines anisotropen Porengefüges ist das physikalische Skalar (z. B. spezifisches Gewicht) nicht diesem vektoriellen gestaltlichen Gefüge sondern dem gestaltlichen Skalar (spezifisches Porenvolumen) zuordenbar; wenngleich es ein anisotropes Porengefüge ist, welches im gedachten Falle das spezifische Porenvolumen liefert.

Nach der Definition des Gefüges und seiner „Gefügeelemente" als reeller oder ideeller untereinander in bestimmter Hinsicht gleicher Teile des Gefüges begegnen wir als einen weiteren wichtigen Begriff, das Teilgefüge. Betrachtet man in einem Gefüge Scharen von Gefügeelementen, welche gegenüber den Elementen anderer Scharen etwas Unterscheidendes gemeinsam haben, so heißt eine solche Schar ein Teilgefüge. Die Einheiten eines solchen Teilgefüges können entweder einander berühren (geschlossenes Teilgefüge) oder nicht (offenes Teilgefüge). Die Einheiten des Teilgefüges können selbst homogen oder inhomogen, isotrop oder anisotrop sein. Teilgefüge können im betrachteten Bereich einander homogen durchdringen und in der Auswirkung überlagern oder nicht.

Das Gemeinsame, welches die Einheiten eines Teilgefüges kennzeichnet, kann je nach der Fragestellung, für welche wir das Teilgefüge verwenden, verschieden gewählt sein. So kann es gegeben sein:

1. durch irgendein gleiches physikalisches oder chemisches Verhalten (z. B. Festigkeitsverhalten: Spaltbarkeit, Translatierbarkeit, Elastizitätsgrößen, Zähigkeit, Schmeidigkeit; ein Leitungsverhalten; Löslichkeit, Stabilität der Phase; Schmelzbarkeit; Reaktionsverhalten usw.);

2. durch ein geometrisches Datum der Einzeleinheit: Größe, Gestalt;

3. durch eine Gemeinsamkeit in der Orientierung der Einheiten des Teilgefüges in Bezug auf deren Anisotropie, was die Gestalt (z. B. längste und kürzeste Durchmesser) oder den Innenbau und alles diesen beiden zuordenbare Verhalten angeht.

Man sieht hieraus, daß ähnlich wie dies zu Kennzeichnung der Gefüge selbst benützt wurde, auch die Einheiten eines gewählten Teilgefüges, sowohl nach Skalaren, als nach Vektoren der einzelnen Einheit ausgewählt sein können und daß sich für das Teilgefüge wie für das Gefüge überhaupt die Unterscheidung gestaltliches oder funktionales Gefüge ergibt. Ein Beispiel für die Auswahl der Einheiten eines Teilgefüges durch ein Skalar liegt vor, wenn wir sie durch eine chemische Formel oder als Mineralart kennzeichnen. Ein Beispiel für ein Teilgefüge dessen Einheiten wir auf Grund vektorieller Merkmale wählen,, liegt vor, wenn wir einen Marmorzylinder mit statistisch ungeregelten Körnern einem achsialen Druckversuche unterziehen und hiebei jene Körner, deren Translationsflächen dem Druckversuche gegenüber am günstigsten liegen und also früher funktionieren als die Translationsflächen anders orientierter Körner gedanklich als ein Teilgefüge zusammenfassen. Der Druckversuch hebt dann dieses Teilgefüge sichtbar und überprüfbar hervor.

Für die Erörterung des Verhaltens eines Gefügebereiches ist es Vorbedingung, daß man die für das betreffende Verhalten entscheidenden Teilgefüge der Frage entsprechend wählt und eindeutig definiert.

Einzelne Beispiele hiefür sind:

In einer bildsameren Grundmasse liegen verteilt einander nicht berührende starre Scheibchen und Stäbchen. Zwei offene Teilgefüge, das der Scheibchen und das der Stäbchen sind durch diese beiden Gestalten definiert. Für beide Teilgefüge ist die Regelung gelegentlich einer definierten und genügenden Umformung des betrachteten Gesamtgefüges nach der Gestalt dieser Einheiten allgemein theoretisch abgeleitet und durch den Versuch veranschaulicht.

Oder es interessiert das Leitungsverhalten eines Gefüges mit einem Lagenbau aus gut leitenden Elementen, z. B. für die elektrische Beschürfung eines Bereiches; oder das Wärmeleitungsverhalten eines Gefüges mit Lagenbau aus guten Leitern interessiert beim Tunnelbau derart, daß der Verlauf der Flächen gleicher Temperatur für den sich der Tunnelbauer interessiert von der Anisotropie und von der Lage der zu durchfahrenden Gesteine abhängt. In beiden Fällen ist ein nach Vektoren der Einheiten gewähltes Teilgefüge zu betrachten.

Oder es interessiert an einer Lagerstätte eine Voraussage über die Wegsamkeit eines Gesteines für erzbringende Lösungen. Diese Wegsamkeit und ihre Verschiedenheit in verschiedener Richtung kann abhängen vom Porengefüge, welches auch als Teilgefüge in einem mehrphasigen Gefüge zu betrachten ist, oder von der Verdrängbarkeit mineralogisch definierter Gefügeeinheiten durch ein imprägnierendes Erz, welche für verschiedene Teilgefüge sehr oft verschieden ist.

Eine genauere Erörterung der allgemeinsten Beziehung zwischen funktionalem Gefüge und gestaltlichem Gefüge muß mit einer vorläufigen Definition der „Gestalt" beginnen, während die Definition der Funktion vorliegt.

Unter Gestalt verstehen wir hier eine Einheit, welche als Ganzes genommen und als der Träger der darauf beziehbaren Funktionen betrachtet wird; letzteres insoferne, als diese Funktionen im Raume des Trägers lokalisiert sind und miteinander zusammenhängen. Ein Beispiel einer als Ganzes und als Träger wahrgenommenen Gestalt ist ein Gefüge aus Kristallkörnern, ein Beispiel einer als Ganzes und als Träger vorgestellten Gestalt ist das Raumgitter eines Kristalls, ein Beispiel eines nur gedachten Ganzen ist das Weltall. Wenn man sagt als Ganzes wahrgenommen oder vorgestellt, so heißt das nicht etwa „ganz" im Sinne von „restlos" wahrgenommen oder vorgestellt. Vielmehr trifft letzteres nie zu. Und was wir als Gestalt wahrnehmen oder vorstellen, ist nicht mehr als ein Teil der in der Gestalt lokalisierten Funktionen, nämlich eben die jeweils für unsere Sinne unmittelbar oder mittelbar durch Apparate wahrnehmbare Auslese aus allen den lokalisierten Funktionen als deren Träger wir die Gestalt lediglich denken können. Wir unterscheiden also die gedachte Gestalt und die wahrgenommene, bzw. vorgestellte Gestalt; also abstrakte und konkrete Gestalt. Und wir betrachten die erstere als einen Begriff, welcher mehr Forderung als Beschreibung enthält. Die konkrete Gestalt aber begegnen wir als eine Mehrheit von mehr oder weniger andauernd miteinander lokalisierten oder beorteten Funktionen, wahrgenommen, das ist eben schon ausgelesen sowohl durch unsere Sinne, welche als Ausleseorgane zunächst den Zwecken unseres tierischen Daseins, nicht also der Erkenntnis dienen, als auch ausgelesen durch Apparate, welche daneben bereits der Physik, also der Erkenntnis über das sinnlich Wahrnehmbare und über nahe Zwecke hinaus dienen. Was uns also die Sinne als Gestalt erschließen, sind von deren Funktionen einige, was uns Apparate als Gestalt erschließen, sind von deren Funktionen einige mehr.

Sowohl durch die Sinne als durch Apparate mithin durch die gesamte mittelbare und unmittelbare Wahrnehmung werden uns von der Gestalt nur Funktionen (und ihre Ergebnisse mit Sinnen und Apparaten) erschlossen: Die wirklich wahrnehmbare Gestalt ist nichts als lokalisierte Funktionen, deren gemeinsamer Ort ihr Träger ist. Zwischen gestaltlichem Gefüge und von diesem getragenen funktionalen Gefügen ist also keine Trennung möglich als die rein begriffliche, durch Unterscheidung von Einzelfunktionen. Da es aber funktionale Gefüge, physikalische Felder, gibt, deren gestaltlicher Träger nicht wahrgenommen sondern nur als ,,Modellvorstellung" vorgestellt wird (z. B. Felder der Massenanziehung) oder welche mit Eigensymmetrie über ein gestaltliches Gefüge überlagert werden (z. B. mechanische Spannungen) und mit oder ohne bleibende gestaltliche Abbildung wieder abgehoben werden können, so wird die begriffliche Trennung von gestaltlichem Gefüge und funktionalen Gefügen für Zwecke der Gefügekunde gehandhabt.

Die hier gewählte Definition der Gestalt gilt, wenngleich sich das Wort Gestalt zunächst auf eine sichtbare Gestalt bezog, ganz ebenso z. B. für eine hörbare, wie dies ja auch dem vorgeschrittenen Sprachgebrauch entspricht, welcher von der Gestaltung eines Musikwerkes redet und damit auch von dessen Gestalt. Ja, es macht die Definition der Gestalt als Träger lokalisierter Funktionen (= Verhalten von Einfachem oder von Zusammengesetztem) auch eine Kulturmorphologie begreiflich; so wie jede andere funktionale auf ein Wahrnehmbares bezogene Ganzheit z. B. ein Lebewesen, einen Lebensraum in der Länderkunde usw.

Wenn nun diese weite Definition der Gestalt und die keineswegs nur gleichnisweise Verwendung des Wortes viele Unterschiede zu verwischen scheint, so führt andererseits doch gerade eine vertiefte Erkenntnis des Gemeinsamen zur genaueren inhaltlichen und umfänglichen Definition der verschiedenen ,,Gestalten". Und es scheint mir, daß sich dabei auch das an ,,Ideen", ,,Urbildern" u. dgl. für die Gefügekunde Verwendbare in diesen Definitionen nicht verliert, sondern findet.

Damit ist die Fühlung mit der heute lebenden Verwendung des Wortes Gestalt hergestellt und das Wort für Zwecke der Gefügekunde definiert.

,,Gestaltliches Gefüge" ist also entweder wahrnehmbare Gestalt (= Gesamtheit aller jeweils wahrnehmbaren funktionalen Gefüge) oder ,,gestaltliches Gefüge" ist ein Begriff, welcher alle funktionalen Gefüge — im selben Raum miteinander verbunden — umfaßt, gleichviel wieviele davon schon bekannt seien. Es ist verständlich, daß dieser Begriff dort und dann eine größere Rolle spielt, wo und wann Begrenzung auf untersuchbare Funktionen die kleinere Rolle spielt. Man versteht von hier aus die Arbeitsteilung zweier geistiger Haltungen, welche einander einerseits Unwissenschaftlichkeit und Konturlosigkeit — denn allerdings soll man von Begriffen nicht ohne weiteres als von Wirklichkeiten sprechen — andererseits Unfruchtbarkeit und Dürre vorwerfen — denn allerdings führt der Begriff als Forderung auch zur zunehmenden Kenntnis der funktionalen Gefüge und ihrer Verbundenheit in der Gestalt.

Dementsprechend ergibt sich eine Nutzanwendung: Es bedarf der Bereitschaft und des Sinnes — man könnte sehr wohl auch sagen des Glaubens — gegenüber der begrifflichen Ganzgestalt, das ist in unserem Falle der ganzen noch in keinem einzigen Falle völlig bekannten, wahrscheinlich überhaupt unerschöpflichen Gesamtheit aller morphologischen und funktionalen Teilgefüge; diese beiden fallen im Endfalle ebenso in eines wie viele andere Zweiheiten. Aber es bedarf neben der heuristisch unentbehrlichen Einstellung auf die unbegrenzte Ganzgestalt der heuristisch ebenso unentbehrlichen Kritik und Einstellung auf begrenzte Fragen. Diese begegnen wir dem Gefüge gegenüber in der Befassung der Gefügekunde mit den morphologischen Gefügen und in der Befassung des Physikers mit den einzelnen funktionalen Gefügen und ihren Zusammenhängen, z. B. mit den mechanischen Kräften und Spannungen. Beide Befassungsarten ordnen ihre Daten nach geometrischen Grundsätzen.

Die Einstellung auf die unerschöpfliche Ganzgestalt der Dinge läßt sich als solche weder der Wissenschaft noch der Religion noch auch der Kunst ausschließlich zuweisen, wohl aber in allen dreien begegnen.

An Stelle einer nicht abschließbaren Definition des Begriffes Gestalt setzt man also nach dem Gesagten für den Gebrauch in der Gefügekunde folgende begriffliche Inhalte (Merkmale und Abgrenzungen), welche man für andere Zwecke ergänzen oder im Gestaltbegriff kurz zusammenfassen mag.

1. Die Lokalisierung antwortbereiter oder antwortender (potentieller oder reagierender) funktionaler Gefüge im selben Raume.

2. Dieser ist als solcher und als ganzer entweder in Ruhe oder in Bewegung, was in den Begriff Gestalt für unsere Zwecke nicht eingehen soll.

3. Die Gestalt „erscheint", wenn die für unsere Mittel (Sinne, Apparate) antwortbereiten, funktionalen Gefüge in einer wahrnehmbaren Weise antworten; die Gestalt erscheint also uns durch unsere Mittel. Die jeweils erscheinende Gestalt ist ein Ergebnis der Begegnung zwischen unseren Mitteln und der von dieser Begegnung erfahrungsgemäß unabhängigen Bereitschaft der lokalisierten, funktionalen Gefüge auf unsere Mittel zu antworten. Sowohl von den Beobachtungsmitteln als vom Objekt hängt die resultierende Gestalt ab; so z. B. die Symmetrie der Kristalle für optische oder röntgenoptische Mittel.

4. Die äußere Begrenzung der Gestalt, die Außengestalt, erfüllt nicht den Begriff der Gestalt, obgleich sprachlich und erkenntnisgeschichtlich im Vordergrunde steht, da sie zuerst begegnet wurde und am leichtesten zu begegnen ist.

5. Ob es sich um Kristalle oder Lebewesen oder andere Gestalten handelt — immer ist die Außengestalt ein Ergebnis des Gefüges (Innengestalt aus funktionalem und gestaltlichem Gefüge) und der Umgebung mit ihren funktionalen und gestaltlichen Gefügen, welche (besonders deutlich die ersteren) auch den Raum durchdringen können, welcher von der eben so genannten Außengestalt eingenommen wird. Dies gilt bei ebenflächig oder rundflächig umgrenzten wachsenden Kristallen, bei durch mechanische Formung erzeugten Umgrenzungen und vielen anderen und auch bei Lebewesen.

Äußere Eigengestalt ist also — mehr oder weniger deutlich — durch die Innengestalt mitbedingt. Je undeutlicher die Außengestalt als Antwort der Innengestalt ist, desto mehr wird sie — gradweise! — zur Fremdgestalt, in welcher die Umgebung mehr zu Worte kommt als die Innengestalt. In guter Definierbarkeit und Entwickelbarkeit sind diese Begriffe angesichts der kristallinen Gefüge zu entwickeln und zu handhaben.

6. Die Typsierbarkeit einer Gestalt und damit auch ihre Benennbarkeit mit einem Begriffsnamen ist ein Ergebnis ihrer erkennbar gleichen Wiederbegegnung. Diese ist durch die Erfahrung gegeben. Die Erwartung der Wiederbegegnung geht darüber hinaus und ist mehr oder weniger begründete Erkenntnis der Mög-

lichkeit der Begegnung; der Schluß von der Begegnung auf deren Wiederkehr ist vom tierischen Leben bis zum religiösen Leben gehandhabt. Auch das anorganische scheint an dieser Grundtatsache der Welt, ,,Wiederkehr von Gleichem" wenn auch nicht im menschlichen Sinne erkennend, beteiligt. Bis zur Wiederkehr bezieht sich jene Erwartung auf etwas jenseits unserer Beteiligung an der ,,erscheinenden" Gestalt. Daraus lassen sich unsere Aussagen über alles Jenseitige, von unserer Mitwirkung Unabhängige an der Erscheinung, als mehr oder weniger begründete verstehen.

Prüfen wir nun für Vielkristalle und für Gefüge überhaupt die für Raumgitter geltenden Grundsätze für den Zusammenhang zwischen gestaltlichem und physikalischem Gefüge. Diese Grundsätze sind:

1. Kristallographisch gleichen Richtungen entsprechen immer physikalisch gleiche.

2. Kristallographisch ungleichen Richtungen entsprechen physikalisch gleiche oder ungleiche.

Hiebei heißt kristallographisch gleich und ungleich soviel wie im Raumgitter gleich und ungleich. Das Raumgitter ist dabei betrachtet als ein gestaltliches Gefüge aus stofflichen Gefügeelementen in bestimmten Abständen, und kristallographisch gleiche und ungleiche Richtungen sind gestaltlich gleich und ungleich, wenn wir von dem allerdings aus physikalischen Verhalten erschlossenen, nur mittelbar mit Apparaturen nicht mit bloßen Sinnen als Gestalt begegneten Kristallgitter ausgehen. Durch Angaben über stoffliche Gefügeelemente und Abstände sind aber auch andere gestaltliche Gefüge beschreiblich. Setzen wir zunächst an Stelle eines Raumgitters ein Gefüge aus Kristallkörnern, so können wir statistisch gleiche und ungleiche Richtungen im homogenen Bereiche unterscheiden und ihre Gleichheit und Ungleichheit ist wie im Raumgitter eine morphologische. Es liegt also nahe die Gültigkeit der obigen kristallographischen Sätze für unser Kristallkorngefüge zu prüfen. Es ergibt sich:

Zu 1. Es ist nicht denkbar, daß morphologisch, also stofflich und geometrisch gleichen Richtungen physikalisch ungleiches Verhalten entspreche; denn für eine solche Ungleichheit verbliebe weder innerhalb noch außerhalb der Körner irgendein Korrelat. Also gilt analog zu Satz 1. Gestaltlich gleichen Richtungen entsprechen physikalisch gleiche.

Zu 2. Gestaltlich ungleichen Richtungen des Gefüges kann ungleiches Verhalten, können mithin physikalisch ungleiche Richtungen entsprechen; wie das unter anderem hinsichtlich Wärmeleitung und Festigkeitsverhalten bekannt ist. Ob sich morphologisch ungleiche Richtungen im Kristallkorngefüge physikalisch gleich verhalten können, ist wenig untersucht, aber zu erwarten, was die praktische Unterscheidbarkeit mit unseren Mitteln anlangt. Gedanklich hängt die physikalische Unterscheidbarkeit gestaltlich ungleicher Richtungen ab vom physikalischen Verhalten im Kristallkorn und zwischen den Kristallkörnern. Seien z. B. die Körner eines Kristallkorngefüges optisch isotrop und hinsichtlich Kristallachsen geregelt, das Intergranularnetz isotrop, so liegt ein Gefüge mit morphologisch ungleichen Richtungen vor, mit welchen physikalisch (in Bezug auf die Lichtausbreitung) gleiche zusammenfallen. Mithin gilt auch analog zu Satz 2 für das kristalline Gefüge: Morphologisch ungleichen Richtungen entsprechen physikalisch gleiche oder ungleiche.

Denkt man sich ein mehrphasiges kristallines Gefüge aus einphasigen Teilgefügen, welche einander durchdringen, zusammengesetzt, so überlagern sich untereinander gleiche Richtungen der Teilgefüge zu untereinander gleichen im Gesamtgefüge, ungleiche Richtungen der Teilgefüge zu ungleichen im Gesamtgefüge, was gestaltliches Gefüge und physikalisches Verhalten anlangt. Also gilt auch für mehrphasige Gefüge Satz 1 und 2.

Dieselbe Überlegung gilt für homogene Bereiche von Nichtkorngefügen, z. B. Nebeln und Schäumen und für alle Gefüge im allgemeinen, wenngleich hier noch Sonderbetrachtungen durchzuführen sind: Gestaltlicher Gleichheit im Gefüge ist keine Ungleichheit des Verhaltens im Gefüge zuordenbar: Morphologischen gleichen Richtungen im Gefüge entsprechen physikalisch (funktionell) gleiche. Gestaltlicher Ungleichheit im Gefüge kann Ungleichheit oder Gleichheit eines Verhaltens im Gefüge räumlich zugeordnet sein: Morphologisch ungleichen Richtungen entsprechen physikalisch (funktionell) ungleiche oder gleiche. Diese Sätze ergeben sich auch, wenn man davon ausgeht, daß das wahrnehmbare gestaltliche Gefüge die Gesamtheit aller bis dahin wahrnehmbaren Funktionen ist, das gedankliche (ideelle) gestaltliche Gefüge aber die Gesamtheit aller in ihm lokalisierten und verbundenen Funktionen, seien sie bekannt oder nicht. Es ist dann auch möglich, daß im wahrnehmbaren gestaltlichen Gefüge irgend eine funktional schon gekennzeichnete Richtung fehlt, d. h. das gestaltliche Korrelat jener Funktion ist noch nicht wahrgenommen. Diesfalls begegnen wir der Möglichkeit, daß zwei im bis dahin wahrgenommenen gestaltlichen Gefüge gleiche Richtungen physikalisch ungleich sind. Dieser physikalischen Ungleichheit entspricht aber eine Ungleichheit im ideellen gestaltlichen Gefüge; wonach unsere Sätze gelten.

Aus unseren beiden Grundsätzen folgt, daß eine physikalische Symmetrie des Gefüges — also ein zugeordnetes physikalisches (funktionales) Gefüge gleich oder höher, nicht aber niedriger ist, als die Symmetrie des gestaltlichen Gefüges; wobei die Höhe der Symmetrie durch Anzahl und Zähligkeit der Symmetrieelemente gemessen wird. Das niedrigst symmetrische funktionale Gefüge erniedrigt durch sein gestaltliches Korrelat die Symmetrie des morphologischen Gesamtgefüges auf seine Stufe.

Wenn die gestaltliche Symmetrie eines Gefüges niedriger ist als die Eigensymmetrie des auf das gestaltliche Gefüge abgebildeten physikalischen Vektorensystems, so handelt es sich bei dieser Abbildung um eine Überprägung auf vorangehende Symmetrie eines ältesten Ausgangszustandes oder um mehrfache Prägungen. So z. B. sind mechanisch geprägte Gefüge von niedrigerer Symmetrie als die prägenden Kraftsysteme nur geschichtlich verständlich, d. h. als Ergebnisse zeitlich gliederbarer Folgen abgebildeter, aufeinander folgender Symmetrien gefügebildender Vorgänge; die monokline Gefügesymmetrie vieler mechanisch durchbewegter Gesteine (Tektonite) ist aus diesem Grunde als eine niedrigere Symmetrie verständlich als die für einaktige Deformation aufgestellten Symmetrietypen.

Man beschreibt ein Gefüge eindeutig mit Bezug auf einen bestimmten Bereich, seine Homogenität und seine Beziehung zu Bereichen höherer Ordnung und mit Bezug auf eine bestimmte Zeit. Letzteres weil sich die Gefüge in der Zeit verwandeln oder auch, wie die Anlagerungsgefüge, auf den zeitlichen Ablauf direkt beziehbar und diesen buchend und gliedernd neu entstehen; so z. B. raumrhythmische Anlagerungsgefüge als Abbilder zeitrhythmischer Abläufe bei Gesteinen, Lebewesen und deren Mischbereichen.

Sehr oft kommt es gerade auf Kennzeichnung und Typisierung der Veränderungen im Gefüge an; aus diesen Veränderungen kontrollieren wir die uns interessierenden Abläufe physikalisch-chemischer Art, werkstofflicher Herstellung und Verwendung oder geologischer Geschichte. Alle Gefügeveränderungen kommen zustande durch Bewegung im Gefüge, wobei Bewegung im allgemeinsten Sinne gemeint ist, von der Bewegung atomarer Teilchen unter dem Diktat von Wärme und Nahkräften mit statistischen Effekten bis zur Bewegung von nach m-Hunderten messenden Gesteinsschuppen in einem tektonischen Gefüge nach dem unmittelbaren oder mittelbaren Diktat der Schwerkraft oder anderer unmittelbar oder mittelbar ansetzender mechanischer Kräfte.

Die kinematische Beschreibung und Erforschung der Gefüge stellt die rein geometrische Seite der Zustände und Vorgänge dar und befaßt sich mit deren Typisierung. Dies geschieht begrifflich noch ohne Hinblick auf die Kräfte, welche die Bewegungen im Sinne der Physik verursachen und ohne auf die Kräftelehre einzugehen. Die bewußte Trennung der rein kinematischen Beschreibung und ihrer Namengebung von der Diskussion und Darstellung erzeugender Kräfte wird für die Gefügekunde tunlichst genau gehandhabt und hat sich als ein Grundsatz derselben bewährt. Denn durch die Einstellung auf diese begriffliche Trennung und die vor allem andern durchzuführende an vielen beobachtbaren Gefügemerkmalen überprüfbare Betrachtung lassen sich die bestmöglichen Grundlagen auch für die kräftemäßige genetische Betrachtung der Gefüge besser erarbeiten als durch physikalische Diskussionen mit genetischen Annahmen und Begriffen ohne ablesbare Merkmale im Gefüge. Dies gilt und erwies sich besonders für den Fall der Betrachtung versuchsweise nicht nachbildbarer Gefüge, deren erzeugende Bedingungen wir also nicht herstellen und prüfen können, während im Fall experimentell herstellbarer Gefügeänderungen die Prüfung gefügeerzeugender Bedingungen und „Kräfte" möglich ist. In diesem Falle besteht eine bessere, wenngleich auch noch nicht immer vollkommen eindeutige, Zuordenbarkeit zwischen Gefüge und erzeugenden Kräften als in dem gänzlich uneindeutigen Falle experimentell überhaupt noch nicht herstellbarer Gefüge, wie z. B. des Gefüges kristalliner Schiefer. Selbst im Falle der Herstellbarkeit, z. B. eines tektonischen Gefüges, ist der Schluß von den Herstellungsbedingungen auf gleiche Bedingungen bei naturgegebener Entstehung grundsätzlich und in den meisten Fällen aus besonderen Gründen unzulässig; ebenso das Experiment mit Gefügen in stark verkleinertem Maßstabe (tektonisches Experiment; Erdmodell).

Der Begriff der Teilbewegung ist für Gefüge jeder Größe seit 1911 eingeführt und gehandhabt. Eine klare Trennung zwischen geometrischer und kräftemäßiger Betrachtung hat in U. S. A. Becker schon sehr früh als Geologe verwendet in Anschluß an den englischen Physiker Thomson (Lord Kelvin), der sehr klar sagt: „Man sieht also, daß es viele Eigenschaften der Bewegung, Verlagerung und Umformung gibt, welche sich unabhängig von Kraft, Masse, chemischer Zusammensetzung, Elastizität, Wärme, Magnetismus und Elektrizität betrachten lassen; und daß es von großem Nutzen für die Naturwissenschaften ist, derartige Eigenschaften zuerst zu betrachten".

Die Beziehung der Gefügekunde zu den physikalischen Betrachtungsweisen wurde also bisher gekennzeichnet: Durch die Erfassung der Gefüge als eigener Zustandsformen (z. B. „mehrphasiges kristallines Gefüge") mit eigener Zustandslehre und allgemeinen Ergebnissen derselben; durch die Unterscheidung gestaltlichen und funktionalen Gefüges, geometrischer (kinematischer) und physikalischer, kräftemäßiger Betrachtungsweise; durch die Unterscheidung experimentell erzeugbarer und experimentell nicht erzeugbarer Gefüge.

Für die letzteren führt vor allem die gestaltlich typisierende Betrachtungsweise zum Verständnis; für die ersteren führt die abstrahierende — sehr oft vor allem von der Gestalt abstrahierende — Befassung des Physikers mit den Funktionen und das messende Experiment zur Kontrolle erzeugender Bedingungen und zur Voraussagefähigkeit für Veränderungen. Mehr als in irgendeinem andern Stoffkreis geschieht es aber heute im Bereich der Mineralogie und Gesteinskunde, daß bisher ohne menschliches Zutun gegebene bisher experimentell nicht erzeugbare Gegenstände experimentell erzeugbar werden. Dem entspricht es, daß in diesem Stoffkreise die beiden oben unterschiedenen Betrachtungsweisen des Morphologen und des Physikers sich besonders lebendig und vielfältig überlagern.

Wir betrachten nun genauer einige Beziehungen der Gefügekunde als Lehre vom innern Bau zur Lehre von den äußeren Begrenzungen also von der Außengestalt eines typisch homogenen (z. B. Kristall) oder typisch inhomogenen (z. B. Lebewesen) Bereiches. Für die Außengestalt gelten dieselben allgemeinsten Diktatoren wie für das Gefüge: Abbildung von Vektorensymmetrie; Raumausnützung (Lösung der Packungsaufgabe); Symmetrie und Raumrhythmik abhängig von beiden erstgenannten. Von den beiden allgemeinsten Bauvorgängen, Durchdringung und Anlagerung, bildet die Anlagerung unmittelbar sowohl Gefüge' als Außengestalt; die Durchdringung bildet immer und unmittelbar Gefüge, nicht immer und nur mittelbar auch Außengestalt (Quellung, Schwund). Sehr oft besitzt eine Durchdringung (ausgesagt für größeren Bereich) in kleinen Teilbereichen den Charakter einer „inneren" Anlagerung (z. B. Neukristallisationen im Gestein, mechanische Internsedimentationen im Gestein).

Es ist also im allgemeinsten schon eine nahe Beziehung zwischen Gefüge und Außengestalt zu erwarten und wir haben nicht nur bei Kristallen, wo dies schon sehr frühe geschah, sondern bei jedem Gebilde — z. B. in einer Landschaft — die beiden allgemeinsten Fälle der Zuordenbarkeit von Gefüge und Außengestalt und der Unzuordenbarkeit von Gefüge und Außengestalt (z. B. die Pseudomorphose der Mineralogen) zu unterscheiden, wofür man allgemein äußere Eigengestalt (-ung, -ig) und Fremdgestalt sagen mag, wie dies in der Gesteinskunde für Gefügekörner üblich ist.

Vollkommene Unzuordenbarkeit von Gefüge und Außengestalt (= reale Umgrenzung eines betrachteten Bereiches) also reine Fremdgestalt veranschaulichen folgende Beispiele: Fragmente eines zertrümmerten oder planparallel zerscherten Kristalles ohne wirksame Spaltbarkeit und Translation; manche Pseudomorphosen; manche Rundkristalle der Tropfsteine; manche nichtselektive Abtragungen in Reliefs an Stellen, wo die materielle Inhomogenität oder Anisotropie des bescheuerten Gefüges gegenüber den Vektoren des Angriffs nicht zu Worte kommt (Eis, fließendes Wasser, Wind).

Gradweise äußere Eigengestalt, das ist also mit Zuordenbarkeit von Gefüge und Außengestalt kann bei Aufbau oder bei Abbau des Gefüges an der Grenze oder im Innern des Bereiches erfolgen. Das ergibt folgende Typisierung der Vorgänge und ihrer Ergebnisse: Äußere Eigengestaltung durch: 1. Zubau von Gefüge an der Grenze; 2. Abbau von Gefüge an der Grenze; 3. Zubau im Innern; 4. Abbau im Innern.

Zu 1. Zubau an der Grenze durch Grenzflächengefüge. Dieses bildet als Gefüge die Grenzfläche als geometrische Fläche ab oder als einen in der Fläche anisotropen Baugrund oder als Unstetigkeitsfläche in einem Bewegungsbilde. Beispiele: Wachsen geologischer Körper durch Anlagerung (mechanischer, chemischer, biogener Komponenten und Gefüge); also Bildungsräume von Sedimenten und kristallisierenden Schmelzen und Lösungen. Hieher gehören Kristallrasen der Sinter mit Abbildung der bewachsenen Fläche und mit oder ohne Abbildung darüber streichender Strömung. Ferner gehört hieher reine Anlagerung im Dünengefüge; die Gesamtgestalt der Düne ist bekanntlich durch Zubau und Abbau bedingt. Ferner gehört hieher als Beispiel abbildbarer Anisotropie des Baugrundes das Wachsen der Kristalle vom homogenen Weiterwachsen des Einkristalles über den isomorphen Schichtkristall bis zu den gesetzmäßigen „Verwachsungen" besser Fortwachsungen nur noch feinbaulich aufeinander beziehbarer Kristallarten.

Zu 2. Reiner Abbau von Gefüge an der Grenze schafft kein Gefüge, kann aber das Gefüge namentlich dessen eben noch wahrnehmbare Symmetrie abbilden.

Beispiele geben die noch nicht annähernd ausgewerteten Fälle, in welchen selektiver Abtrag entweder zur direkten Beteiligung innerer Gefügeflächen am Relief (z. B. Klüftungsrelief der Südtiroler Dolomiten) oder zu dessen dem Innenbau zuordenbarer Gestaltung führt, wobei sowohl flächige als lineare Parallelgefüge zu Worte kommen (z. B. verschiedene Talgehänge in Gebieten mit einfallenden Gefügeachsen). Dies gilt vom Ausmaße des Gebirgsreliefs mit Abbildung statistischer Symmetrie bis zur Anätzung des Kristalles mit Abbildung der Gittersymmetrie.

Zu 3. Zubau im Innern bei Transporten in dem betrachteten Bereich bedingt Quellungsgestalten und Quellungsgefüge von noch wenig bekannter geologischer Bedeutung, etwa abgesehen von sogenannter „Sperrausdehnung" bei tektonischer Deformation und von Fällen sicherer Schmelzflußeinwanderung in geologische Körper; auch viele Anreicherungen als nutzbare Lagerstätten gehören hieher.

Zu 4. Abbau im Innern bei Transporten aus dem betrachteten Bereich kann Schwundgefüge und Schwundgestalten bedingen.

Grenzflächen sind in zweierlei Hinsicht wichtig für das Gefüge:

1. Manche Gefüge sind typische Grenzflächengefüge und nur verständlich, wenn wir ihre Entstehung an der Grenzfläche mitbeachten. Nur durch die Beachtung von Vorgängen, welche immer an Grenzflächen lokalisiert sind und durch die Betrachtung der Symmetrien dieser Vorgänge sind solche Gefüge verständlich. Typische Grenzflächenvorgänge sind z. B. die Raumrhythmen, welche bei tangentaler Übergleitung an einer Grenzfläche entstehen und zahlreiche typische Gefüge und Außengestalten mit Symmetrieebene normal zur Grenzfläche und parallel zur Gleitrichtung bilden: Dünengefüge (Rippeln) unter Luft- oder Wasserströmung, Wellensysteme auf windüberglittenem Wasser, manche Wolkengeschiebe.

Ein typischer Grenzflächenvorgang ist jede Anlagerung, aber nicht immer wird dabei ein eindeutiges Grenzgefüge gebildet. So erfolgt die Parallelanordnung von Scheibchen in einer Ebene E entweder innerhalb eines Bereiches, bei dessen homogener Niederstauchung $\perp E$ oder an der Grenze eines Bereiches mit Massenanziehung $\perp E$ durch Anlagerung der Plättchen. Die Symmetrie beider funktionalen Gefüge und gestaltlichen Gefüge ist Sphäroidsymmetrie mit Achse $\perp E$. Beide Gefüge, nämlich das Anlagerungsgefüge und das Deformationsgefüge, können praktisch ununterscheidbar sein.

Typische Grenzflächengefüge entstehen auch an einer Unstetigkeitsfläche in Bezug auf das Festigkeitsverhalten, wenn diese Unstetigkeitsfläche als mechanische Homogenitätsgrenze einen Bereich durchzieht, welcher einer Deformation unterworfen wird. Beispiele: in einem tektonischen Bewegungsbild liegt ein relativstarrer, in sich minderteilbeweglicher Einschluß. Dieser wird bei Deformation der höher teilbeweglichen Umgebung von schiefrigem Gefüge umschmiegt. Oder es liegt ein solcher relativstarrer Einschluß im Gefüge aus sperrig gelagerten Sandkörnern und erhält bei Deformation des Ganzen durch örtlich gesteigerte „Sperrausdehnung" einen Hof mit größerem Porenvolumen. Oder die Spannungstörungen durch mechanisch-heterogene Einschlüsse oder Begrenzungen in Glas oder in einem Kristalle bilden sich rückläufig oder unrückläufig durch die Spannungsdoppelbrechung an der Grenze ab, welcher eine Änderung des Gefüges an der Grenze entspricht.

2. Die Grenzfläche selbst und ihr Gefüge ist häufig der Symmetrie eines und desselben, sowohl die Grenzfläche als ihr Gefüge erzeugenden Vorgangs gemäß. Ein gutes Beispiel hiefür bilden wieder die Dünengefüge. Ihre Oberfläche und ihr an der Oberfläche gebildetes Gefüge hat dieselbe Symmetrieebene parallel der Richtung des erzeugenden Transportes und normal zur Oberfläche.

Auch viele Scherflächen gehören hieher, wenn eine Scherung durch homogenen Bereich diskrete Lagen mit zugeordnetem Gefüge innerhalb der Lage erzeugt.

Man kann zwei Arten von Grenzflächen unterscheiden, je nachdem die Grenzfläche zwei Bereiche mit gemeinsamen Zügen (Teilgefüge, Symmetrien), z. B. mit gemeinsamem gefügebildendem Bewegungsbilde trennt oder nicht. Den ersten Fall begegnen wir im Bilde von Wasserwogen unter tangentalem Wind, oder im Bilde eines mechanisch inhomogenen aber an jeder Stelle gleichsymmetrischen tektonischen Transportes oder einer ebensolchen Einengung. Den zweiten Fall veranschaulicht z. B. eine transgredierende Abfolge über gefaltetem Grundgebirge oder ein deckenförmiger Schmelzerguß über unkorrelatem Grundgebirge; oder auch eine Folge von einander unabhängiger tektonischer Stockwerke; oder das Abtragsrelief der Erdoberfläche als Grenze gegen die Luft- und Wasserhülle mit ihren Bewegungsbildern.

Ob nun ein Hiatus zwischen zwei aneinandergrenzenden Gefügebereichen die gleichzeitige Entstehung beider Gefüge ausschließt oder nicht: es kann in beiden Fällen ein Grenzflächengefüge oder ,,Zwischengefüge" vorhanden sein.

Aus diesen Hinblicken ergibt sich, daß, wenngleich Gefügekunde die Lehre von den inneren Raumdaten eines betrachteten Bereiches ist, so doch eine Betrachtung der Grenzen, also der Gestalt der betrachteten Bereiche mit der Betrachtung des Gefüges wegen vieler Beziehungen zwischen beiden verbunden ist.

Man hat also nicht nur homogene Gefügebereiche ohne die Homogenitätsgrenzen, also ohne die Gestalten der Bereiche zu beachten, aber man geht zweckmäßig zuerst von der Kennzeichnung homogener Bereiche aus.

Nach den hiemit betonten Beziehungen zwischen Gefüge und Umgrenzung, bzw. Außengestalt reell umgrenzter Bereiche sind Gefügekunde und Morphologie der Außengestalt miteinander in Fühlung zu halten.

Für gefügekundliche Betrachtung handelt es sich nicht um bestimmte absolute Ausmaße der definierten Bereiche und Gefügeelemente. Eine bewußte oder unbewußte Begrenzung der Betrachtung auf ein zu enges Größengebiet, z. B. auf die Größenordnung des Korngefüges, ist ebenso wie unbegründete Begrenzungen allgemeiner Betrachtungen und Sätze auf bestimmte Stoffe abzulehnen. Dies gilt z. B., wenn symmetrologische Betrachtungen und Ergebnisse auf Korngefüge oder wenn das Prinzip der Regelung von Gefügen aus anisotropen Kristallchen auf einzelne Gesteinsarten begrenzt wurde.

Einem nur mit den Sinnen Beobachtenden sind durch diese Sinne Grenzen gesetzt, z. B. hinsichtlich der wahrnehmbaren Intensität, hinsichtlich der qualitativen Auslese, welche seine Sinne aus viel weiteren gedanklich erschlossenen Gegebenheiten (etwa das Auge aus den Wellenlängen) treffen, hinsichtlich des Größten und des Kleinsten noch Wahrnehmbaren. Eben im Hinblick auf den Wahrnehmenden wird etwas als groß und klein bezeichnet. An Stelle dieser Unterscheidung tritt mit den Naturwissenschaften die folgende genauere vom Größeren zum Kleineren: Gedanklich erschlossen — mit Behelf wahrnehmbar — ohne Behelf wahrnehmbar — mit Behelf wahrnehmbar — gedanklich erschlossen. Die Grenzen dieser Unterscheidung sind unscharf und verschieben sich. Wir selbst sind als Maß der Dinge heute ähnlich objektiviert und relativ geworden wie die Erde innerhalb der Sterne; zugleich aber ist unser Blick in das Ganze ,,unabsehbar" erweitert. Wie immer man sich erkenntniskritisch bewertend dazu stelle, wir bemühen uns jedenfalls zu unterscheiden, wie weit etwas rein gedanklich erschlossen ist (z. B. eine Vorstellung vom Universum, vom Erdinnern, vom Atom). Nennen wir nur mit Behelf wahrnehmbares Großes etwa Großwelt, nur mit Behelf wahrnehmbares Kleines etwa Kleinwelt; ohne Behelf Wahrnehmbares die Welt unserer Sinne, so sind diese Unterscheidungen noch durchaus auf uns bezogen. Aber selbst wenn wir unsere eigenen Maße in vielen Zusammenhängen als unzufällig erachten, steht daneben der Gedanke an den seit Jahrhunderten waltenden Grundzug unserer Weiterentwicklung, — zunehmende Objektivierung und Relativisierung — und die Frage ob es zwischen Makrokosmos und Mikrokosmos Unterschiede gebe, welche nicht mittelbar auf uns als Maß bezogen sind und welche Unterschiede das seien. Auf dem Gebiete physikalischer Betrachtung erscheint es manchen als ein derartiger Unterschied, daß die Möglichkeit kontinuumsphysikalisch und mit Hilfe der Infinitesimalrechnung zu betrachten im Raume des Atoms nicht mehr besteht. Für die Betrachtung des Gestaltlichen aber besteht schon oft unmittelbar anschaulich die Möglichkeit entweder Bereiche aus vielen Teilen als Ganzes zu betrachten, z. B. als gleichartig — Ganzes, Homogenes (z. B. einen statistisch homogenen Granit) oder mit Hinblick auf die Teile (z. B. die Körner des Granits), also im inhomogenen Bereiche; und eine analoge Möglichkeit besteht für die Betrachtung des funktionalen Verhaltens durch den Physiker. Ebenfalls für die morphologische wie für die funktionale Betrachtung gilt es, daß man von der Betrachtung größerer Bereiche auf kleinere oder umgekehrt gehen kann, zwei Wege, welche beide, wegen seiner langen Vernachlässigung, namentlich der zweite z. B. in der Gefügekunde durchbewegter Gesteine immer wieder begangen werden. Und wir sehen ferner, daß es sich hier um ein „größer" und „kleiner". bezogen auf das Betrachtete nicht mehr bezogen auf den Betrachter handelt. Ein anschauliches Beispiel hiefür ergibt sich z. B. wenn man etwa einer 100 m-Falte mit Verschiebung 1 m langer Teile gegeneinander (als Teilbewegung zur Faltung) dieselbe Raumstetigkeit zuschreibt wie einer m-Falte mit Verschiebung cm langer Teile und einer dm-Falte mit Verschiebung mm langer Körner. Solche Objektivierungen sind dort, wo es sich um die ähnliche Geometrie von Vorgängen handelt zu handhaben, ohne daß übrigens damit etwas über Ähnlichkeit der funktionalen Vorgänge ausgesagt ist; so daß z. B. die Übertragbarkeit funktionaler Gesetze von Größerem auf geometrisch ähnliches Kleineres — seit Kick (Das Gesetz der proportionalen Widerstände, Leipzig 1895) als Problem gesehen und heute von größter Tragweite (Beziehung zwischen Laboratoriumsversuch und industrieller Versuchsanlage!) auch in der Geologie — fortlaufender Kontrolle und Diskussion bedarf.

Während wir also die Gefügekunde weder in den Größenmaßen noch stofflich begrenzen, wollen wir sie beschränken auf die Behandlung typisierbarer, also unzufällig oft begegneter nach Voraussagen zu erwartender und an Gefügemerkmalen wieder erkennbarer Fälle. Solche typisierbare Fälle sind z. B. die einzelnen Gefügetypen solcher Krümmungen, welche — meist unter- oder überdefiniert — in der Geologie als Falten bezeichnet werden; die Scherfalte, die Biegefalte, die homogene und inhomogene Falte sind Gefügetypen. Ein Gefügetypus ist auch das achsiale Gebirge, der tektonische Bewegungshorizont eines freien Transportes, die Einengungszone, ein symmetriekonstant oder nichtsymmetriekonstant mehrfach überprägter tektonischer Bau; eine Decke, Quellkuppe oder intrakrustale Einschaltung eines Schmelzflusses, ein Sedimentationsraum, die in typisierbarer Weise deformierten höher teilbeweglichen Streifen zwischen gegeneinander bewegten starren Backen.

Keine Gefügetypen sind alle Bereiche, welche so gefaßt sind, daß sie ein einmaliges Gebilde — das im Inneren nach Gefügetypen zu analysieren ist — darstellen: so z. B. heute noch die Gesamtheit der Gebirge eines bestimmten geologischen Zeitalters, und vor allem der Erdkörper selbst insoferne als wir die Frage nach einem Zusammenhange alles einzeitigen geologischen Geschehens an der Erde heute noch nicht sicher beantworten können und dieser Frage nicht durch allzuseichte Modellvorstellungen wie z. B. die des schrumpfenden Apfels vorgreifen wollen.

Man erkennt daraus die Beziehung zwischen Gefügekunde und regionaler Geologie. Die regionale Geologie, z. B. regionale Tektonik, beschreibt die Einzelfälle mit einer vom Geographen geteilten Einstellung auf Vollständigkeit. Die Gefügekunde hilft dabei diese Aufgabe durch Verwendung typisierbarer Gefüge zu lösen. Falls es einmal gelänge, den Gesamtbau unseres Erdkörpers in wesentlichen Zügen neben andere gleiche und ungleiche Fälle zu stellen und zu typisieren, so könnten wir sagen, daß wir etwas vom Erdgefüge typisiert haben. Aber heute ist weder Erdgefüge noch Weltgefüge Gegenstand der Gefügekunde. Durch das Merkmal ihrer unzufälligen Inhomogenität stehen — wohl im Sinne ältester Intuition — Sterne dem Lebewesen näher als homogenen Bereichen.

Gefügekunde als selbständiges und als angewandtes Fach; Beziehungen zu andern Arbeitsgebieten. Um vorläufig zu veranschaulichen, welchen Ort die Gefügekunde derzeit unter den Wissenschaften einnimmt, ist zweierlei zu versuchen:

Werfen wir zunächst einen kurzen Blick über allgemeine Ergebnisse und Fragestellungen, welche für die Gefügekunde in unserer weiten Definition ganz unabhängig vom stofflichen Gegenstand (Gestein, Metall, andere Werkstoffe, geologische Körper, lebendige und teilweise-lebendige Bereiche) kennzeichnend sind. Dann betrachten wir kurz die Beziehungen der Gefügekunde zu einzelnen Stoffgebieten, deren Pflege sich oft in so verschiedenen Händen befindet, daß man sich nicht auf ein einzelnes Fach beschränken kann, wenn man für die Gefügekunde nichts verabsäumen will.

Einige in diesem Zusammenhange nur vorläufig genannte später erörterte Beispiele an Gesteinsgefügen zuerst gefundener Grundsätze von weit allgemeinerer Geltung für Gefüge sind:

Die statistische Gleichrichtung (sogenannte „Regelung") von richtungsabhängig gebauten oder umgrenzten Gefügeelementen bei der Umformung eines betrachteten Bereiches, der diese Elemente enthält und bei dessen Umformung sie Bewegungen zuordenbar zur Umformung des Bereiches („Teilbewegungen") ausführen;

die Begegnung und räumlich zeitliche Beziehung zwischen solchen mechanischen Umformungen („unmittelbare Teilbewegungen") und zwischen atomaren Bewegungen nach dem Diktate von Nahkräften und Wärme (z. B. als „mittelbare Teilbewegung") im betrachteten Bereiche, in geologisch langen oder in kurzen Zeiten;

die Abbildung gerichteter Einflüsse während gefügeprägender Zeiten, namentlich die Abbildung von deren Symmetrie in den gestaltlichen Gefügen innerhalb von Gebilden aller Art (Gesteine, Werkstoffe, Teilgefüge lebendiger Baue);

stoffliche Mischung und Entmischung im Gefolge mechanischer Umformung der Gefüge, zuordenbar den Vektoren dieser Umformung (Gesteine, Metalle u. v. a.);

die Kennzeichnung des Formungsverhaltens eines Gefüges (Gesteine, Werkstoffe, geologische Körper) nicht mit kontinuumsmechanischer Betrachtung homogener unveränderlicher Körper, sondern durch Kennzeichnung der bei der Deformation bewegten Teile (Gestalt, Größe, Innenbau, Festigkeitsverhalten) ihrer Anordnung (Homogenitätsbereiche, statistische Richtungsabhängigkeiten) und ihrer Bewegungen (als „Teilbewegungen" bezogen aufeinander und auf das Ganze) sowie ihrer Größe im Verhältnis zur Größe des Ganzen (bezogene räumliche „Stetigkeit der Deformation"), vor allem auch die Kennzeichnung rückläufiger und unrückläufiger Änderungen des Gefüges während des interessierenden Formungsaktes (Gesteine, Metalle, andere Werkstoffe, geologische Körper).

Namentlich ist das Prinzip der Abbildung typischer symmetrischer Felder gerichteter Einflüsse auf Gefüge stofflich unbegrenzt und gilt im weitesten Sinne für Gefüge aus verschiedenen Phasen bei verschiedenem Aufbau (starre, „teilweisefließende", flüssige, Rauche, Schäume, Nebel, Lebendes) und insbesonders für die Entstehung dieser Gefüge auseinander mit Durchdringung und Anlagerung. Letzteres sehen wir vorbildlich in der Entstehung der metamorphen Gesteine und der Anlagerungsgesteine verwirklicht.

Diese Begriffe wurden zum Teil hier vorläufig vorweggenommen, nur um die vielfache Unabhängigkeit der Gefügekunde von einzelnen Stoffgebieten und damit ihre Selbständigkeit aufzuzeigen. Auch Allgemeinstgültiges ist da bis heute noch vielfach unter verschiedenen Ausdrucksweisen an verschiedenen Stoffgebieten haften geblieben und noch wenig als eine Erweiterungsmöglichkeit auch physikalischer Bearbeitung beachtet.

Die Gefügekunde erscheint heute wahrnehmbar als selbständige, mit eigenen Fragestellungen auch schon mit Ansätzen zu einer experimentellen Gefügekunde und als angewandte auf verschiedene Stoffgebiete mit deren Fragestellungen von technischem sowohl als von zweckfrei-fachlichem Interesse.

Eine Übersicht über die derzeit lebensfähige und z. T. durch Arbeiten belegte Gliederung angewandter Gefügekunde nach Stoffgebieten und Fragestellungen ist in der folgenden Aufstellung versucht. Die Gefügekunde erscheint dabei angewandt innerhalb der Arbeitsgebiete von Geologie und Mineralogie; Technik; Biologie. Auf diesen Arbeitsgebieten betrifft die Gefügekunde:

In Geologie und Mineralogie:

Gesteinskunde
(Durchbewegung, Kristallisation und molekulare Transporte im Gefüge, Anlagerung, Porengefüge, Gesteinssystematik).
Tektonik
(symmetrologische Kennzeichnung der linearen und flächigen Parallelgefüge, Analyse mehrfacher Überprägungen, Unterscheidung von Transportgefüge in den Ort und am Ort entstandenem „in situ-Gefüge", Rekonstruktion vorangehender Baue, kontrollierbare tektonische Analyse und konstruktive Rückformung mit den Mitteln der Lagenkugeldarstellung).
Lagerstättenkunde (Lagerstätteninhalte, Begleitgesteine).
Bodenkunde

Auf technischen Arbeitsgebieten:

Tektonik des Baugrundes einschließlich des gesamten tektonischen Gefüges in statistischer Erfassung der Lagenkugeldarstellung.
Gesteine (Festigkeitsverhalten, Abbau und Einbau der Gesteine, sonstige technologische Kennzeichnungen).
Werkstoff einschließlich **Metalle**
Böden (Festigkeitsverhalten, manche Kennzeichnungen).

Auf biologischen Arbeitsgebieten:

Teilgefüge in homogenen Bereichen von lebenden oder teilweise lebenden Gebilden, z. B. mit Stütz-, Schutz-, Werkzeugfunktion (Knochen, Schalen, Zähne, Hölzer usw.), kurz alle zur Funktion und Feldern gegenüber symmetriegerecht geregelten derartigen Teilgefüge aus anisotropen Elementen; Abbildung von Feldsymmetrien in Gefüge und Außengestalt, Lebendigem und Unlebendigem gemeinsam. Rolle in der Entwicklung.

Das Anwendungsgebiet der gefügekundlich geschulten symmetrologischen Betrachtungsart ist ein über das gesagte noch weit hinaus gehendes sowohl was das Verständnis ohne menschliches Zutun gewordener Gebilde als auch durch solches Zutun gewordener Konstruktionen und was deren Planung angeht (z. B. symmetrologische Planung von Siedelungen gegenüber klimatischen Vektoren). Dem entspricht heute noch keineswegs die tatsächliche Handhabung symmetrologischer Betrachtungsweise.

Als ein Beispiel für die vielfachen Beziehungen zwischen Gefügekunde und anderen Untersuchungsarten sei noch der Zusammenhang zwischen chemischer Analyse und Gesteinsgefüge angeführt.

Bei inhomogenen Gesteinen können chemische Analysen nur im Anschluß an die Gefügebeschreibung und nur bezogen auf die hiebei definierten Komponenten des Gefüges eindeutige Antworten auf die meisten Fragen nach dem Zustandekommen des Chemismus und des Gesteines geben; wie dies unter anderm an der Frage nach der Entstehung von Kalken und Dolomiten besonders deutlich hervortritt. Die Kalk-Dolomitgesteine (Ca-Mg-Gesteine oder Camgite) sind bisweilen Musterbeispiele dafür, daß der Mg-Gehalt ohne Angaben über seine Verteilung im Gefüge so vieldeutig ist, daß er an sich kein lösbares „Problem" darstellt und schon gar nicht ein Problem in der Fassung, daß der Mg-Gehalt des Gesamtgesteines einheitlich entweder so oder so entstanden sei. Es ist also nicht entscheidbar, ob Gesteine mit m Prozent $Mg\,CO_3$ neben $Ca\,CO_3$, welche die Geologen Dolomite nennen, als Ganzes entweder die oder jene Entstehung haben, sondern es ist damit zu rechnen, daß sie bei gleichem Mg-Gehalt sehr verschiedene Entstehung haben können und daß es sich nur anschließend an die Untersuchung und Typisierung der Kalk-Dolomitgefüge erörtern läßt, welche Herleitungen des *Mg*-Gehaltes einzeln oder sich im selben Gestein überlagernd in Frage kommen. Die Überlagerung geschieht in der Weise, daß im selben Gestein *Ca* und *Mg* in verschiedenen Prozentsätzen an die einzelnen Komponenten der chemischen, mechanischen und biogenen Anlagerung geliefert wird. Da über diese Belieferungen ganz verschiedene Bedingungen entscheiden — so z. B. über die mechanische Anlagerung von dolomitischem Schlamm und über die chemische Anlagerung von Dolomit in den verdrusten Kleinhöhlen ein und desselben Gesteins — gibt es keine einzelne Bedingung für die Entstehung des Gesamtgesteins als Dolomit mit bestimmter Analyse und keine eindeutige Beschreibung seines stofflichen Gefüges durch chemische Analysen, wenn diese nicht auf die Komponenten des Gefüges und auf die chemischen Inhomogenitäten des chemischen Gefüges bezogen werden. Beispiele für die Beteiligung von *Ca* und *Mg* an verschiedenen Komponenten der Anlagerung siehe unter Anlagerungsgefüge.

Auch für technische und stratigraphische Fragen ergibt sehr oft erst die Beziehung der *Ca* und *Mg*-Gehalte auf das Gefüge ein brauchbares Bild. Es ergibt dann z. B. ein *Mg*-Gehalt nach diffuser metasomatischer Dolomitisierung oder nach metasomatischer Verkalkung eine andere Voraussicht der Erstreckung der *Mg*-führenden dolomitischen Körper als *Mg*-Gehalte durch primären Dolomit. Die Unterscheidbarkeit rhythmischer Verteilung der *Mg*- und *Ca*-Gehalte ist durch chemisch differenzierende Färbung (z. B. auf Dolomit durch Schwefelammon nach Eisenchlorid) im Anschliff und Dünnschliff nach einiger Übung durchführbar und liefert dieses stratigraphisch wichtige Merkmal. Kalkspatisation und Dolomitspatisation können ohne jede sonstige Änderung im Gefüge eintreten. Sie können beide neben freier Anlagerung in Kleinhöhlen auch von Metasomatosen begleitet sein. Sie können miteinander wechsellagern, und zwar bis herunter zum Ausmaß von wenigen 0.01 mm und einander dementsprechend zeitlich überlagern. Dies spricht dann dafür, daß beide Spatisationen in einem Raume erfolgt sind, in welchem im Gefüge geringe, gar nicht durch andere Gefügemerkmale abgebildete Änderungen darüber entschieden, ob Dolomit oder Kalk angelagert wurde (kalk-dolomit-empfindliche Bedingungen, bzw. Niveaus).

Es sind also Gefügemerkmale, welche in solchen *Ca-Mg*-Gesteinen die Herkunft des *Mg* beurteilen lassen und man kann die Ursachen des Zustandekommens von Dolomiten mit Hilfe des Gefüges in Kategorien trennen.

Ganz dasselbe am besonders übersichtlichen Beispiele der inhomogenen *Ca-Mg*-Sedimente erläuterte Verhältnis der chemischen Analyse zum Gefüge, nämlich die Aufgabe, die chemischen Analysen auf definierte Teilgefüge des Gefüges zu beziehen, besteht grundsätzlich für alle chemisch und genetisch inhomogenen Gesteine. So z. B. auch wenn diese Gesteine durch Mischung und Entmischung mit Stofftransporten in definierten Bereichen zustande kommen (Großbereiche der Schmelzung und der Metamorphose). Die Überlagerung des chemischen Gefüges über die anderen Gefüge eines Gesteinsbereiches zeigt im mehrmineralischen kristallinen Gestein eine Ausbildung, bei welcher der Chemismus durch die einzelnen Mineralarten mehr oder weniger unmittelbar anschaulich wird. Es sind dann außer der durch die Einzelkörner gegebenen chemischen Inhomogenität (beschreiblich durch die auf die Mineralarten bezogene chemische Analyse) auch inhomogene chemische Gefüge höherer Ordnung (z. B. Schlieren, granitische Lagen in Mischgesteinen) durch die Mineralverteilung wahrnehmbar. Sehr oft aber erhält die chemische Analyse mehrmineralischer Gefüge eine definierte Tragweite erst dann, wenn sie ausdrücklich auf die Gefügeelemente höherer Ordnung, z. B. innerhalb eines Schmelzgesteins, auf dessen definiertes Entmischungs- oder Assimilationsgefüge bezogen wird.

2. Zeit und Gefüge.

Raumrhythmik und Zeitgliederung in Anlagerungsgefügen; Zeitlichkeit in resedimentären Gefügen; geologische Gleichzeitigkeit und Einzeitigkeit in Gefügen der Anlagerung und der granitischen Tiefe; Möglichkeiten der Zeitgliederung in metamorphen Gefügen; Geschwindigkeitsregel der Teilbewegung; Formungsgeschwindigkeit.

Raumrhythmisches Gefüge und Zeitgliederung in Anlagerungsgesteinen. Das Beispiel mancher gut typisierbaren inhomogenen Ca-Mg-Sedimente mit ausgezeichnet gliederbarem raumrhythmischem Gefüge (vgl. Bd. 2) veranschaulicht den Fall, daß nur ungemein konstante Bedingungen gleichen Bildungsraumes und gleicher Rhythmik in allen Einzelheiten derart gleiche Gesteine bilden konnten. Diese Sedimente sind in genügend zahlreichen und gegenüber den Entstehungsbedingungen empfindlichen Zügen — die Empfindlichkeit ist sehr oft größer als bei Metamorphen — bekannt, so daß man sagen kann: sie kontrollieren die geologischen Bedingungen ihres Bildungsraumes, sie kontrollieren, daß sich in diesem geologisch nichts änderte, solange sich diese Gefüge ungeändert bildeten. Es ist solange alles, was wir von geologischer Vergangenheit in diesen Räumen überhaupt erfahren können, unverändert geblieben. Wir können — ebenso wie dies bei manchen Bildungsräumen des Metamorphikums mit vollkommen angepaßter Mineralfacies möglich ist — von einem geologischen Interim sprechen, d. h. von einer Zeit und einem Raume ohne abgebildete und erschließbare geologische Änderungen, von einem für unser Gestein und seinem Raum geologisch ereignislosen „Zeit-Raum". Solange am Orte alle abbildbaren Bedingungen konstant bleiben, bleibt die Facies des dort Gebildeten gleich; fernabgelegene Änderungen kommen, wenn überhaupt, eben nur als Änderungen der Bedingungen im Bildungsraum zu Wort. Konstante Facies, in unserem Beispiele fast ausschließlich gegeben durch das Gefüge, bezeugt konstante Bedingungen, geologisches Interim im einheitlichen Zeit-Raum ohne abbildbare Änderungen. Für die zeitliche Gliederung nach erdgeschichtlichen Ereignissen ist es in unserem Falle offenbar nötig, auch mit allen Mitteln der Gefügekunde zu untersuchen, welcher Ereigniswert einer zeitlichen Grenze zukommt.

Wenn z. B. der Stratigraph eine Änderung der Fauna an der Grenze Wettersteinkalk-Obertrias oder Obertrias-Lias als eine Sache von erdgeschichtlichem Ereigniswert anmerkt, so ist daneben auch auf die im oben erörterten Sinne sicher erkennbare Ereignislosigkeit jener zeitlichen Grenzen an zahlreichen Stellen in Bezug auf alle nicht faunistischen geologischen Vorgänge so hinzuweisen, wie es die gefügekundliche Analyse erlaubt: In der genannten Abfolge unseres Beispieles Wettersteinkalk bis einschließlich Lias treten gelegentlich nach nur flüchtiger Steigerung des Ton- und Eisengehaltes oder nach so geringen Änderungen, daß die Grenze immer strittig geblieben ist, wieder ganz gleiche abbildbare geologische Bedingungen ein und erstrecken sich so über die ganze Abfolge Wettersteinkalk bis Lias, also über einen vielerorts fast ereignislosen Zeit-Raum. Das einzige geologische Ereignis dieser ganzen Zeit ist jenes Ereignis, welches ermöglichte, daß die Bedingungen rhythmischer Anlagerung durch große Mächtigkeiten gleich blieben: das von den Rhythmen überlagerte gleichförmige Absinken des gebildeten Sedimentes.

Viele Anlagerungsgesteine haben in einem frühen Zeitabschnitte ihrer Existenz als Gestein ihre heutigen Merkmale erhalten. Dieser Zeitabschnitt der Diagenese ist zwar bisweilen gliederbar aber kurz: Unselten kann man sedimentäre Einschlüsse M in einer Grundmasse N finden, derart, daß sich M und N nicht voneinander unterscheiden und am besten auf das Fortdauern derselben Gesteinbildung „$M\,N$" im selben Raume bezogen werden. In diesem Falle sind M und N geologisch „gleich alt innerhalb des Zeit-Raumes $M\,N$", der ja meist nicht mehr gliederbar ist. Wenn nun M zur Zeit der Einbettung als Gesteinsfragment schon so beschaffen war, wie es N heute ist, so ist damit die Kürze der zur Erreichung solcher Beschaffenheit nötigen Zeit erwiesen: die Zeit der Diagenese ist geologisch relativ kurz und deutlich definiert. Es werden dann als paradiagenetische bezeichnet alle ablesbaren Vorgänge molekularer und nichtmolekularer früherer und späterer Teilbewegung und Vektorenabbildung im werdenden Gestein bis zu seiner Fertigstellung innerhalb der eben umgrenzten kurzen Zeit der Diagenese. Diese paradiagenetischen Vorgänge können mit der für andere durchbewegte kristallisierte Gefüge lange geübten Beachtung des zeitlichen Verhältnisses von Deformation und Kristallisation behandelt werden, wodurch sich die Diagenese zuweilen gliedern läßt.

Als nachdiagenetisch bezeichnet man am besten die Vorgänge, welche nachweislich erst im fertigen Gestein vor sich gingen. Wenn man aber nach dem Gesagten bedenkt, daß diese Gesteine fertig vorlagen, während sie sich noch „geologisch gleichzeitig" weiterbildeten, so sieht man, daß die Merkmale nachdiagenetischer Vorgänge in vielen Fällen sehr schwierig, in manchen gar nicht, in keinem Falle ohne bewußt darauf gerichtete Untersuchung erkennbar sein werden. Es sind für solche Vorgänge, z. B. für tektonische Deformationen, nicht einmal alle scharfen Rupturen sichere Merkmale. Auch das Verhältnis mancher „tektonischen" Deformationen zur Diagenese ist nur mit petrographischen Mitteln bestimmbar.

Aus der Raumrhythmik einer sedimentären Komponente M innerhalb N läßt sich nicht immer und nicht eindeutig auf zeitrhythmische Lieferung von M schließen; wohl aber oft auf eine Zeitrhythmik für M oder N. Beispiel: eine tonige Komponente M werde gleichmäßig ohne Zeitrhythmus angelagert; kalkiges N werde zeitrhythmisch angelagert mit Belieferungsminima (bis 0 oder nicht bis 0); dann erscheint das zeitunrhythmische M als raumrhythmische Tonanreicherung (z. B. Mergel oder Tonhaut) innerhalb des zeitrhythmischen N, dessen Raumrhythmik zwar vorhanden ist, aber sehr viel unauffälliger als die Raumrhythmik von M. Man muß also angesichts eines räumlichen Kalk-Ton-Rhythmus den Zeitrhythmus für Kalk ebenso in Betracht ziehen wie für Ton.

Eine zweite Regel für den Übergang von raumrhythmischen Anlagerungsgesteinen (mit einander durchdringenden Komponenten) auf Zeitrhythmen besagt: Vollkommenes (z. B. spektralanalytisch nachgewiesenes) raumrhythmisches Verschwinden einer Komponente ergibt eindeutig Zeitrhythmik für diese.

Eine analoge Mehrdeutigkeit wie der räumlichen Rhythmik haftet der räumlichen Polarität an; auch diese weist auf zeitpolares Verhalten für M oder N, indem entweder die polare Belieferung mit dem einen zu- oder mit dem andern abnimmt.

Es gibt (bei gleichförmig geschwinder Anlagerung einer Komponente) eine Größe V_{mn}, deren zeitrhythmische Änderung sicher ist, wenn sich V_{mn} raumrhythmisch ändert, also eine raumrhythmische Anlagerung einander durchdringender Komponenten $M + N$ vorliegt. Diese Größe V_{mn} ist das Verhältnis zwischen den im gleichen Zeitteil angelagerten Mengen von M und von N, also zwischen den Anlagerungsgeschwindigkeiten A_m und A_n. Bezeichnet man diese Größe als Anlagerungsverhältnis V_{mn}, so ist $V_{mn} = A_m/A_n$ und es ergibt sich ohne weiteres eine periodische Änderung von V_{mn} zweideutig zugeordnet einer periodischen Änderung von A_m oder A_n.

Wenn V_{mn} konstant ist, so ist A_m und A_n konstant oder beide ändern sich gleichartig, was auf Miteinandergehen im Transportmittel weist. Z. B. würde genügend reichliche zeitrhythmisch schwankende Zufuhr von gelöstem oder dispersem A_m, das aber nur mit Bindung an A_n überhaupt angelagert wird, keinen räumlichen V_{mn}-Rhythmus ergeben; wohl aber möglicherweise an einem in bezug auf eine dritte Komponente oder in bezug auf Abtragsflächen rhythmischen Sediment beteiligt sein.

Der Ablauf der Änderung von V_{mn} wird auch in seiner Symmetrie (Polarität, Nichtpolarität) am besten durch eine Kurve gekennzeichnet. Als Koordinaten nimmt man die im Zeitteil gelieferten Mengen von M und N, also A_m und A_n oder, was dasselbe ist, die im selben Raumteil gefundenen Mengen von M und N. Das oben erwähnte „Anlagerungsverhältnis" $A_m : A_n$ ist dann im Differentialquotienten bekanntlich gleich der tg des Winkels, welchen die Tangente der „Anlagerungskurve" mit der Abszisse bildet. Geht man die Punkte bestimmend quer zur Anlagerungsebene, so ist diese Anlagerungskurve ein Abbild des Anlagerungsvorganges für $M + N$.

Wie bemerkt, kann man nur bei gleichförmig geschwinder Anlagerung wenigstens einer Komponente aus Raumrhythmen auf Zeitrhythmen schließen, nicht aber etwa aus beliebig entstandenen Raumrhythmen in Gesteinen auf Zeitrhythmen.

Wegen ihrer Weitspannigkeit und ihrer verschiedenen Ordnungen, wegen ihrer Abbildbarkeit im Gefüge und weil vielfach verschiedene Facies rhythmisch wechselnd einander ablösen, sind rhythmische Vorgänge ein wichtiger Schlüssel zur zeitlichen Gliederung. Es gehört von hier aus betrachtet rhythmisches Ineinandergreifen unter die für geologische Zeitgliederung verwertbaren Merkmale.

Zwischen örtlicher Vertikalabfolge in kleinem Horizontalbereich und zwischen der Abfolge im größeren Horizontalbereich eines Bildungsraumes muß man also unterscheiden: Örtliche Abfolge im Bildungsraume kann sich in diesem andernorts umkehren; was eben solche Bildungsräume, z. B. untief überspülte, kennzeichnen kann. Es ist z. B. möglich, daß eine Feinschichtfacies vielerorts im Bildungsraume weitergebildet wird, während statt dieser in einzelnen Vertikalabfolgen gleicher Bildungszeit gröber klastische Komponente erscheint. Die „gleiche Bildungszeit" ist im vorliegenden Falle die Zeit für den Absatz einer weithin weiterstreichenden Schichte F_1. Innerhalb dieser herrscht die eben gekennzeichnete Umkehrbarkeit von Abfolgen bestimmter unweit streichender Teilfacies der weiterstreichenden Gesamtfacies F_1, welche übrigens selbst eine Teilfacies (höherer Ordnung) innerhalb der noch weiter als F_1 ausgedehnten Ausbildung sein kann. Man kann diesfalls von einer für F_1 bezeichnenden Unruhe der Facies sprechen. Man begegnet damit eine Grundfrage der Geologie: Die Frage nach dem Zusammenhange zwischen faciellem Großgefüge und geologischer Zeitgliederung.

Zeitlichkeit und Rhythmik in resedimentären Gefügen. Detritische Sedimente lassen sich in vielen Fällen als Ergebnis einer zusammenhängenden Zeit der Abtragung auf ein zusammenhängendes Abgetragenes beziehen. Ferner kann die detritische Gesteinsfolge in ihren Gliedern auf mehrere einander u. U. rhythmisch folgende relative Erhebungsphasen beziehbar sein, nicht auf nur eine, bestimmte, deren Erhobenes abgetragen wird: Das Gestein, welches die detritischen Sedimente beliefert, ist diesfalls kein immer wieder neu entstandenes, aber ein immer wieder neu erhobenes. In anderen Fällen lassen sich aber detritische Sedimente nicht in einfacher Weise beziehen auf ein oder mehrere Male Erhobenes, von seinem Detritus faciell Verschiedenes. Sondern Anlagerung und Abtrag erfolgt an verschiedenen Orten des Bildungsraumes physikalisch gleichzeitig. Abtrag und Anlagerung erfolgen außerdem am selben Orte des Bildungsraumes geologisch gleichzeitig oder geologisch einzeitig, also in derselben geologischen Zeitspanne, welche weiter zu gliedern unser geologisches Sehvermögen nicht ausreicht.

Um ein Gleichnis der durch Resedimentation also durch „einzeitige" Aufarbeitung und Wiederanlagerung des Aufgearbeiteten in einem zusammenhängenden geologischen Zeit-Raum zu geben, wählen wir als solchen Bildungsraum eine breite Strömung. Diese sei mit Sinkstoffen beliefert; in ihrem Bereich M baut sich mechanisch und biogen Angelagertes auf und wird abgebaut, teils nachdem, teils bevor es versteinert ist. In diesem Bereich gehen Aufbaue, Abbaue und Transporte physikalisch gleichzeitig vor sich; ganz wie (vereinfacht) in einem Strombett, dessen Sedimente wir wie Gesteine betrachten. Abbau und Aufbau ist nur in viel kleineren Bereichen als M zeitlich gliederbar. Im Großbereiche M aber ergeben sich voneinander zeitlich unterscheidbare in sich einzeitige Stockwerke nur insofern, als Veränderungen des Gesamtbereiches M — in unserem Falle Schicksale des Stromes, z. B. rhythmische Tiefenschwankungen— lesbar abgebildet sind.

Zeitgliederung bei Überlagerung anderer geologischer Vorgänge. Bei der Überlagerung von tektonischen Formungen und Metamorphosen ist der Zeitbegriff ebenso kritisch zu handhaben wie dies zunächst für Anlagerungsgesteine auseinander gesetzt wurde: Die durch Gefügemerkmale erweisbare Aussage bezieht sich auf einen definierten räumlichen und zeitlichen Bereich innerhalb eines größeren und darf nicht ohne weiteres auf diesen übertragen werden. Z. B. spielen sich die Vorgänge einer tektonisch modifizierten regionalen Kontaktmetamorphose nicht überall im interessierenden Raume gleichzeitig ab, auch nicht überall wo sie sich gleichartig abspielen. Die Bedingungen der kristallinen Mobilisation mit oder ohne stoffliche „Weitwanderungen" (von geochemischem Ausmaß) können sich mit langsamer Front ausbreiten, die damit interferierenden mechanischen Durchbewegungen ebenfalls. Es ist also grundsätzlich möglich, daß von derselben merkmalebildenden Bedingungsgruppe ein Teil des Gesamtraumes zu anderer Zeit der geologischen Zeittafel erreicht wird, deren unscharfe und unhomogene Gliederung den Begriff der Gleichzeitigkeit so relativ macht, daß „einzeitig" an einer guten Stelle der Skala etwas anderes bedeutet als an einer schlechten; z. B. einzeitig innerhalb einer Varvenskala ist etwas ganz anderes als einzeitig innerhalb einer granitischen Aufschmelzung, oder eines geologischen „Interims".

Ein hierher gehöriges Beispiel für das Verhältnis zeitlicher und räumlicher Angaben in typisierbaren geologischen Zeiträumen bietet die mineralbedingende (z. B. Erze bildende) Erkaltung einer granitischen Masse mit Hülle. Innerhalb dieses Zeit-Raumes können in größerer Entfernung vom erkaltenden Herde ähnliche Bedingungen der Mineralbildung herrschen, wie sie näher dem erkaltenden Herde erst später eintreten. Es können sich also im selben Zeitpunkt (physikalisch gleichzeitig) nahe und ferne dem Herde voneinander verschiedene typische Mineralgesellschaften bilden; ebenso können sich in verschiedenen Zeitpunkten (physikalisch ungleichzeitig) gleich fern dem Herde am selben Orte verschiedene Minerale bilden. Je nach dem Orte innerhalb des Zeit-Raumes werden dieselben Bedingungen der Mineralbildung physikalisch früher oder später durchlaufen. In solchen Fällen ist derselbe Vorgang und seine von uns begegnete Abbildung im Mineralbestand (z. B. Bildung eines Erzes) und im Gefüge demselben Großablauf in einem und demselben geologischen typischen Zeit-Raum (erkaltender Granit + Hülle) zugeordnet, aber an verschiedenen Orten physikalisch gleichzeitig, am selben Orte physikalisch ungleichzeitig; also ist sowohl die Zeit als der Ort innerhalb des großen Zeit-Raumes zum Verständnis und auch zur praktischen Auswertung eines bestimmten Gebildes (Gestein, Lagerstätte) erforderlich. Auch aus voller Gleichheit der Gebilde ist offenbar nicht etwa auf ihre physikalisch gleichzeitige Entstehung innerhalb des großen Zeit-Raumes zu schließen. In andern Fällen, so z. B. für die Frage, welche Art der Gleichzeitigkeit sich aus der völligen faciellen und faunistischen Gleichartigkeit zweier sedimentärer Abfolgen an verschiedenen

Stellen der Erde erschließen lasse, ist noch keine ähnlich sichere **Antwort vorhanden**, ja vielfach noch keine Formulierung der Frage im Sinne der zeit-räumlichen Gefüge von Teilbereichen immer größerer bis zur Gesamterde wachsender Bereiche und angesichts der ganz verschieden großen geologisch noch wahrnehmbaren kleinsten Zeiteinheiten in verschiedenen Bereichen.

Zuweilen gelingt es zeitlich mehrfach abwechselnde Erwärmung und Abkühlung eines betrachteten Bereiches aus dem größeren Gefüge desselben unmittelbar abzulesen. So weisen Fälle mehrfachen Wechsels der Teilbeweglichkeit und Mischung auf eine Mehrfachmigmatitisierung im betreffenden Bereich, wenn man ein Wort mit einiger Analogie zur Mehrfachsedimentation hiefür bildet. Sowie bei der Mehrfachsedimentation „Konglomerat in Konglomerat" gleichen Bildungsraumes und gleicher (d. h. nicht weiter gliederbarer) geologischer Zeiteinheit, so kann Migmatit als rupturell umgrenzte Komponente in Migmatit gleichen Bildungsraumes vorliegen; und beide Male ist eine Interferenz zweier Vorgänge in derselben geologischen Bildungszeit abgebildet. Dem Begriffe der Resedimentation oder Mehrfachsedimentation innerhalb einer für uns unterscheidbaren geologischen Zeiteinheit — also einer Zeitspanne ohne weitere Gliederbarkeit durch Ereignisse — entspricht der Begriff der Mehrfachschmelzung oder Remagmatisation. Mit Anwendung gefügekundlicher Methoden lassen sich bisweilen auch solche geologische Zeiteinheiten örtlich noch weiter gliedern, welche zunächst als geologisches Interim im Grundgebirge als Gleichgewichtsgesteine mit völlig angepaßter Mineralfacies erscheinen.

Unter den metamorphen kristallinen Gesteinen stehen den „Gleichgewichtsgesteinen" mit bestimmter Mineralfacies, welche auf ein zeitlich nicht gliederbares ereignisloses geologisches Interim weisen, die Ungleichgewichtsgesteine gegenüber. Diese letzteren, gekennzeichnet durch die Gefügemerkmale des nur teilweise vollzogenen Ersatzes von Kristallarten durch andere, eben die noch lesbaren unvollständig verwandelten Gefüge („reliktische Gefüge") lassen zeitliche Gliederung und geologische Vorgänge — z. B. Verlagerung in verschiedene Erdrindentiefen — ablesen, während die Gleichgewichtsgesteine keine andern Ereignisse als das Ereignis des nicht weiter gliederbaren geologischen Interims abbilden. Als Beispiel können ein Gleichgewichtsgestein (I) und ein Ungleichgewichtsgestein (II) dienen, welche als „Tektonite" mechanische Formung erfahren haben.

I. Die Deformation des Tektonits ist a) vorkristallin, b) parakristallin, c) nachkristallin in bezug auf die Kristallisation „bestimmter Mineralfacies".

Zu a) Es kommen dabei in Frage: mechanisch-chemische „Umrührwirkung" (der Durchbewegung) mit Ausgleich latenten Ungleichgewichts, z. B. Anpassung der Mineralfacies eines Erstarrungsgesteins an eine Tiefenzone oder an einen Kontakthof durch tektonische Durchbewegung. Ebensolche Anpassung eines Sediments mit Ungleichgewicht der Komponenten. Tektonische Transporte mit Vertikalkomponente und folgender kristalliner „Erstarrung" in einer Pause von Durchbewegung und Transport.

Zu b) Die Deformation unter konstanten Drucktemperaturbedingungen weist auf tektonische Transporte ohne Entführung aus dem Drucktemperaturbereich der bestimmten Mineralfacies. Also z. B. tektonische Transporte und Durchbewegungen ohne Vertikalkomponente.

Zu c) In Frage kommt Deformation, welche rascher verläuft als die Rekristallisation unter den Drucktemperaturbedingungen der betreffenden bestehenden Mineralfacies.

Wurde aber das Gestein korrelat zur Durchbewegung dem Existenzfeld der bestimmten Mineralfacies entführt, so sind außer nachkristalliner Deformation der bestimmten Mineralfacies auch Erscheinungen des Ungleichgewichtes angesichts der Durchbewegung vorhanden.

II. Die Deformation des Tektonits ist a) vorkristallin, b) parakristallin, c) nachkristallin in bezug auf Ungleichgewichtsminerale.

a) Es kommt in Frage: Durchbewegung während des Transports in neue Drucktemperaturbedingungen, in welchen dann erst die Reaktionen der irritierten Minerale ohne weitere Durchbewegung oder in einer tektonischen Pause erfolgen. Ferner auch Reaktionen an unstabilen Relikten, deren Hüllen eine temporäre Durchbewegung zerreißt, ohne die Relikte gänzlich auszulöschen.

b) Wie IIa), aber ohne tektonische Ruhe während der Reaktionen der irritierten Minerale. Mechanisch-chemische Mineraldeformationen, welche die Deformationsarbeit verringern.

c) Falls die nachkristalline Deformation die neben bestimmten Mineralfacies erkennbaren Ungleichgewichtsminerale nicht mehr chemisch irritiert, liegt die Frage nahe, ob letztere nicht als erste Glieder einer neuen Gleichgewichtsgesellschaft zu fassen sind, welche auch bei voller Anpassung bestehen geblieben wären, da jedenfalls während der Durchbewegung ihr Drucktemperaturbereich nicht verlassen wurde.

Geschwindigkeitsregel der Teilbewegung. Endlich ist noch die Bedeutung der Kleinteile des Raumes, der Zeit und ihre Rolle in der Deformation von Gefügen zu beachten. Die räumliche Stetigkeit einer Deformation wird um so größer, je kleiner die sich gegeneinander verlagernden Gefügeelemente sind, verglichen mit den Ausmaßen des deformierten Ganzen, hängt also auch von der Größe des betrachteten Bereiches ab. Für die Erörterung der Zusammenhänge zwischen mechanischer Deformation und Kristallisation ziehen wir hier Deformationen mit Verschiebung der Gefügekörner gegeneinander in Betracht. Wenn die betrachtete Formung in einer gewissen Zeitspanne T vor sich geht, so gehen auch alle unmittelbaren Teilbewegungen in dieser Zeitspanne vor sich. Die Geschwindigkeit (Weg in Zeit) der Teilbewegungen als Relativbewegungen der Körner gegeneinander und auch als mechanische Deformation der Einzelkörner kann aber eine sehr verschiedene sein. Denn diese Geschwindigkeit hängt sowohl von der Zeit T — das ist die Zeit für die Deformation des Großbereiches in dem sich die Teilbewegungen vollziehen — ab, als auch von dem in dieser Zeit zurückgelegten Weg, d. h. vom Ausmaß der Relativbewegung. Die sich damit ergebende Geschwindigkeitsregel der Teilbewegung lautet: Je kleiner die sich relativ gegeneinander bewegenden Teile, verglichen mit dem zu deformierenden Körper, den sie zusammensetzen, sind, desto geringer wird im allgemeinen ihre Verschiebung gegeneinander, der Weg der unmittelbaren Teilbewegung und damit auch, bei gleichbleibender Deformationszeit des Ganzen, die Geschwindigkeit der Teilbewegung.

Wenn sich z. B. ein körniger Gesteinskörper, in welchem bei den gegebenen Bedingungen die Teilbewegung von Korn zu Korn erfolgt, in einigen Tagen oder Stunden in eine Falte biegt, so stehen diese Tage und Stunden den Körnern im Gefüge für die Zurücklegung winziger Relativverschiebungen (Wege) oder auch für geringe mechanische Korndeformationen zur Verfügung. Die Körner bewegen sich gegeneinander entsprechend langsam. Die Geschwindigkeit der Teilbewegung ist in solchen Gesteinen selbst bei ziemlich schneller Deformation des Ganzen eine entsprechend geringe. Oder es werde in einem bestimmten Fall dieselbe Deformation durch Zergleitung einmal mit dünnen (Papier), einmal mit dicken (Pappe) Lamellen in der gleichen Zeitspanne T vollzogen; so sind im ersten Falle die Relativverschiebungen der lamellaren Gefügeelemente gering, also die Wege klein, also die Teilbewegungen langsam, auch die Deformationsgeschwindigkeiten etwa definiert als die Geschwindigkeit der spezifischen Schiebungen zwischen den Lamellen gering — übrigens zwischen verschiedenen Lamellen verschieden groß —; alles trotzdem derselbe Ausgangskörper in derselben Zeit in dieselbe Endform umgeschert wurde.

Ist nun eines oder sind mehrere Minerale eines Gesteins mobil, so daß die sich in der Intergranulare lösen und wieder umkristallisieren können, so wird es bedeutungsvoll, daß sich die Teilbewegungen so langsam vollziehen. Denn hiedurch wird es möglich, daß Auflösung und Kristallisation, welche eine gewisse Mindestzeit beanspruchen, im Gefüge der sich beständig, aber sehr langsam aneinander verschiebenden Körner als intergranulare und intragranulare Kristallisationsbewegung eine Rolle spielen und mehr oder weniger an Stelle sichtbarer rupturell er Gefügedeformationen treten.

Ist die Kristallisationsgeschwindigkeit groß genug, so können (durch die langsame unmittelbare Teilbewegung langsam klaffende) Rupturen während ihres Auftretens gefüllt werden, Rekristallisationen an Stelle mechanisch deformierter Körner, bzw. Bereiche im Korn treten oder auch durch mechanische Spannungen örtlich gesteigerte Löslichkeit von Körnern zu Transporten und Neukristallisationen führen; alles dies während der Deformationszeit T des betrachteten Großbereiches als „mittelbare Teilbewegung" zur Deformation. Das Auftreten dieser mittelbaren Teilbewegung zur Deformation während der Zeit T hängt entscheidend mit der geringen Geschwindigkeit der mittelbaren Teilbewegung zusammen.

Die Geschwindigkeitsregel der Teilbewegung gilt unabhängig von den absoluten Ausmaßen der verschobenen Teile und des deformierten Ganzen.

Deformationsgeschwindigkeit. Um also von Deformationsgeschwindigkeit im Falle von Formungen mit Teilbewegung im Gefüge eindeutig zu reden, muß man Deformation des Ganzen und Deformationsgeschwindigkeit des Ganzen trennen von den Teilbewegungen und der Geschwindigkeit der Teilbewegungen.

Der Begriff der Deformationsgeschwindigkeit wie ihn die Lehre von den unrückläufigen — immer mit Gefügeänderung verbunden! — Deformationen handhabt, genügt der Gefügekunde nicht. Ähnlich wie man gezwungene und ungezwungene Deformation gegenüber der Festigkeitsanisotropie des Materiales unterscheidet, je nachdem letztere dabei zu Worte kommt oder nicht, so ist hinsichtlich des zeitlichen Ablaufes einer Gefügedeformation, bzw. ihrer Kurven zu unterscheiden zwischen zwei Fällen:

1. zeitlich aufgezwungene Geschwindigkeiten, welche (mit oder ohne menschliches Zutun) eine neue Form in kurzer Zeit erzwingen, so daß manche Teilbewegungen wegen ihrer zu geringen Geschwindigkeit nicht in Frage kommen; so z. B. keine mittelbaren molekularen Teilbewegungen im Gefüge bei genügend schneller Deformation eines Gesteins bei genügend niedriger Temperatur,

2. zeitlich ungezwungene Deformation, welche nur so schnell verläuft, daß alle Arten von Teilbewegungen möglich sind, so auch die mittelbare Teilbewegung der Kristallisationen, welche dann eine mehr oder weniger große Rolle spielt.

Die eine mechanische Formung beschreibende Zeitkurve wird im ersten Fall eine typisch andere sein als im zweiten Fall. Vor allem wird sie viel freier vom stofflichen Verhalten und von den mit der Deformation gleichzeitigen („paradeformativen", „paratektonischen") Änderungen des in Umformung begriffenen Körpers also diesem gegenüber „autonomer" ablaufen. Sehr oft ändern diese paradeformativen Änderungen des Gefüges das Festigkeitsverhalten. So wird geändert die Festigkeitsanisotropie durch Gefügeregelung, Scherflächenscharen usw. und die Festigkeit durch „Erstarrungskristallisation" des Gefüges, z. B. eines kristallinen Schiefers. Daraus ergibt sich, daß die zeitlich gezwungene und die schon vorhandener Anisotropie gegenüber gezwungene mechanische Formung einander begleiten; ebenso die ungezwungenen Deformationen. Es ist also das Zuvorkommen einer schon vorhandenen Festigkeitsanisotropie und der Kristallisationen als mittelbarer Teilbewegungen ein Merkmal der gradweise ungezwungenen und autonomen mechanischen Formung, bzw. Tektonik, wie wir sie beispielsweise an geologischen Körpern begegnen, wenn sie unter dem Einfluß der Schwerkraft oder hydrostatischen Druckes genügend langsam neue Räume und Formen einnehmen.

Es wird die Zeitkurve für den Ablauf einer tektonischen Deformation, welche an einem Gestein nur vor sich geht, soweit, und weil Kristallisationsbewegungen als mittelbare Teilbewegungen mitspielen, eine andere sein als die einer Deformation in der Festigkeitsmaschine; sie wird in mancher Hinsicht einer autonomen Wachstumskurve im Lebendigen verwandter sein als mancher experimentellen Kurve des Laboratoriums.

3. Symmetrie und Rhythmus im gestaltlichen und funktionalen Gefüge.

Symmetrie-Definition; Entstehung durch Vektorenabbildung und Packung; Rhythmen und Symmetrie; raumrhythmische Parallelgefüge.

Wir definieren hier Symmetrie als das Vorhandensein von irgendwelchen Gleichheiten in solchen Raumlagen, welche durch die Symmetrie-Operationen ineinander übergehen. Die Gleichheiten sind hiebei solche jeder Art (Farbe, Härte, Gestalt usw.), nach deren Symmetrie im betrachteten Falle gefragt wird. Wenn man Symmetrie noch allgemeiner als ,,Wiederkehr von Gleichartigem" definieren wollte, so würde man dabei darauf verzichten, das Symmetrische als ein Ganzes zu betrachten, wenngleich man eine für Lebendiges und Unlebendiges wichtige Grundeigenschaft der Welt aussagt, indem man die räumliche und zeitliche Wiederkehr von Gleichartigem als unzufällig betrachtet. Hiefür wäre aber das Wort Symmetrie nur geeignet, wenn es noch undefiniert wäre, während es doch eine näher bestimmte Art der Wiederkehr von Gleichartigem im Raume des ,,symmetrischen" Gebildes aussagt.

Gleich und Ungleich in symmetrischen Gebilden kann qualitativ oder quantitativ, gestaltlich oder funktional gemeint sein. Da dieses Gleich und Ungleich keineswegs nur quantitativ gemeint ist, so ist auch Symmetrie nicht ein auf Zahlen rückführbarer Begriff, nicht nur Größe und Zahl betreffend, sondern ein allgemeinerer. Ähnlich hat es ja auch die Statistik nicht mit reinen Zahlen zu tun und ist nie restlos auf solche rückführbar. Hievon unberührt bleibt es, daß mathematische Methoden für Symmetrologie und für Statistik, diese beiden wichtigsten Betrachtungsarten in der Korngefügekunde, unentbehrliche Behelfe sind.

Wie die ,,Wiederholung" von Gleichem in symmetrischen Gebilden zu verstehen ist, wird durch Symmetrieelemente einschließlich Translation geometrisch definiert und geprüft. Die nahe Verwandtschaft der rhythmischen Wiederholung in der Zeit mit der symmetrischen Wiederholung im Raume ergibt sich, wenn wir eine Translation oder die Drehung einer n zähligen Symmetrieachse mit gleichförmiger Geschwindigkeit vollziehen.

Man erhält die formalen Arten der Symmetrie noch vor der Bestimmung, worauf sich gleich und ungleich bezieht, benannt mit dem Namen der Symmetrieelemente, durch welche die sich wiederholenden ,,gleichen" Daten aus einem Datum erzeugbar und ineinander überführbar sind; also durch geometrische Vorgänge. Sind die Daten, um die es sich dabei handelt, skalare, oder handelt es sich um isometrische und isotrope Raumfüllungen, so genügt der Begriff des gleichen Abstandes in bestimmter Richtung, handelt es sich um Vektoren oder um formanisotrope Teile oder anisotrope Raumfüllungen, so treten weitere geometrische Richtungsbestimmungen bei der Entscheidung über gleich und ungleich, also schon bei der Grundentscheidung darüber, ob Symmetrie überhaupt vorhanden sei, hinzu. Die geometrischen Vorgänge, deren Vollziehbarkeit zur Aussage führt, es bestehe zwischen Gleichem und Gleichem das betreffende Symmetrieelement, sind soweit sie für uns hier in Frage kommen, folgende: Spiegelungen (Symmetrieebenen); gleichendige und ungleichendige Deckdrehung (Symmetrie-Achsen) mit der Zähligkeit 2 oder unendlich; Translation.

Eine erste Übersicht über die Entstehungsmöglichkeiten von Symmetrie ergibt:

1. Symmetrie durch Vektorenabbildung entstanden; Beispiele: Rotation von Massen, z. B. Sternnebel; tangentale Bewegung zu zentrischen Feldern.

2. Symmetrie durch Packung entstanden; Beispiele: Anordnungen mit Gleichgewicht gleichberechtigter Teile (Atombau, Molekülbau, Kristallgitterbau, Lebewesen).

3. Translationssymmetrie als Abbildung von Zeitrhythmen bei raumrhythmischer Anlagerung.

Der dritte Fall zeigt: es gibt eine Symmetrie, die räumlich abgebildeter Zeitrhythmus ist, während alles hörbar Zeitrhythmische (Töne) als in der Zeit abgebildeter Raumrhythmus (räumliche Schwingung) entsteht.

Raumrhythmus durch Translatierbarkeit und Zeitrhythmus oder Periodizität gehen auf ein Prinzip zurück. Dieses übergeordnete Prinzip ist sowohl zeitlich als räumlich als Wiederkehr von Gleichem in gleichen Abständen erkennbar. Wenn wir diese Wiederkehr von Gleichem in gleichen Abständen noch nicht Symmetrie nennen, so ergibt sich:

Zeitrhythmus ist Wiederkehr von Gleichem in gleichen zeitlichen Abständen.

Symmetrie oder Raumrhythmus ist Wiederkehr von Gleichem in gleichen räumlichen Abständen vom Symmetrieelement.

Räumliche und zeitliche Abstände sind einander untrennbar zugeordnet. Der übergeordnete Begriff über Raumrhythmus (Symmetrie) und Zeitrhythmus ist Rhythmus. Dieser ist Wiederkehr von Gleichem in gleichen räumlichen oder zeitlichen Abständen.

Zu den drei oben unterschiedenen genetischen Typen der Symmetrie durch: 1. Vektorenabbildung; 2. Packungsaufgaben; 3. Translation ist im Hinblick auf die Gefüge einiges zu bemerken:

Zu 1. Eine abbildbare Symmetrie kann gegeben sein:

I. Durch eine Anisotropie irgendwelcher gerichteter miteinander vergleichbarer, also in irgendeiner Beziehung einander gleich oder ungleich setzbarer Einflüsse; also unmittelbar durch:

a) das rein funktionale Gefüge eines physikalischen Feldes; z. B. mechanische Deformation, abgebildet in Tektoniten, Metallen, Werkstoffen; erdmagnetisches Feld, abgebildet in Magnetitlagerstätte; Feld der Massenanziehung der Erde, abgebildet bei Anlagerung von Sinkstoffen aus ruhigem Wasser oder ruhiger Luft; Abbildung physikalischer Felder bei Regelung von anisotropen Schwebestoffen usw.;

b) das morphologische Gefüge; dessen Symmetrie ist:

α) entweder auf gestaltliches Gefüge abbildbar, und zwar bei Anlagerung (Einfluß anisotropen Baugrundes, z. B. Kristallwachstum auf Kristallflächen anderer oder auch gleicher Phase); oder bei Durchdringung (z. B. Abbildungskristallisation im kristallinen Starrgefüge, unter anderem mit Abbildung „belteroporen" Gefüges (mit verschiedener Wegsamkeit in verschiedenen Richtungen);

β) oder die Symmetrie des gestaltlichen Gefüges kommt genau (Röntgenstrahlen im Raumgitter) oder nach dem physikalisch-morphologischen Grundgesetz (sichtbares Licht im Raumgitter) als funktionales Gefüge zu Worte.

II. Eine abbildbare Symmetrie ist gegeben durch Inhomogenität (nicht durch Anisotropie), wie sie z. B. Bild und Spiegelbild zusammen betrachtet zeigen.

Ein Beispiel für gestaltliche Inhomogenitäten, durch welche abbildbare Symmetrie gegeben ist, geben viele Lebewesen, ferner z. B. abbildbare Einflüsse eines umkreisenden Himmelskörpers auf einen umkreisten mit Abbildung der Symmetrieebene der Bahn.

Wenn man das in seiner Ausdehnung und in seinen entdeckerischen Möglichkeiten überblickt, was wir als das Gesetz der wechselweisen Abbildung der Symmetrie von gerichteten Einflüssen und von Gefügen — man kann auch sagen von gestaltlicher und funktionaler Symmetrie — begegnen, so umfaßt dieses Gesetz gleichermaßen Lebendiges und Unlebendiges von der Umgrenzung, also Außengestalt bis in die Raumdaten im Inneren betrachteter Bereiche, also im Gefüge. Und nicht nur jenseits der Unterscheidung von lebendig und nichtlebendig und jenseits vom Stande dieser Definitionen waltet dieses gestaltende Grundgesetz der Dinge. Sondern es waltet auch unabhängig davon, ob die einzige nötige Feststellung „gleich oder ungleich" quantitativ gemeint, also durch Zahlen ausdrückbar ist, oder qualitativ, also nicht in Zahlen gefaßt.

Ein Beispiel soll zunächst veranschaulichen, daß es Merkmale im Verhalten gibt, für welche die Unterscheidung „lebendig oder unlebendig" gegenstandslos ist. Mit solchen Merkmalen und Verhalten hat sich die Physik bewußt und planmäßig von anderen absehend befaßt. Sie stellt fest, worin sich ein Physiker von 75 kg Gewicht und ein gleichschwerer Gesteinsblock gleich verhalten, wenn sie aus demselben Fenster fallen. Dieses Gleichverhalten interessiert sie in dem Umfange als es sich zahlenmäßig eindeutig mitteilen läßt. Beachten wir gleich vorläufig, daß es die Physik nicht interessierte, wenn sowohl der Physiker als der Gesteinsblock für sich aus spiegelgleichen Teilen zusammensetzbar waren oder wie man kurz sagt, eine und nur eine Spiegelebene besaßen. Das ist aber eine, ohne Zahlen, aber ebenfalls eindeutig gefaßte Angabe, für welche wir uns symmetrologisch interessieren, ebenso dafür, daß viele Wolken, Sanddünen, Wasserwogen, Gebirgsteile, in vorzugsweiser gleichgerichteter Wasser- oder Luftströmung wachsende Lebewesen und seit je mehr oder weniger quer zur Richtung der Schwerkraft auf Erden bewegte Lebewesen, lebendige und unlebendige tangental auf der Erde bewegte Transporte alle jene Symmetrieebene besitzen.

Wir haben also beachtet, daß es Verhalten und Merkmale gibt, für welche die Unterscheidung zwischen lebendig und unlebendig gegenstandslos ist und wir haben vorläufig behauptet, daß zu diesen Merkmalen auch die Merkmale der Symmetrie gehören. Diese wurden am Lebendigen nur von den Biologen, am Unlebendigen nur von Nichtbiologen — am eingehendsten bekanntlich von den Kristallographen — betrachtet, von keiner Seite aber für beide Gebiete zugleich. Und sie wurden von keiner Seite auf ein gemeinsames Prinzip in der Gestaltung von Lebendigem und Unlebendigem zurückgeführt. Ein solches Prinzip ist eben die wechselseitige Abbildbarkeit gestaltlicher und funktionaler Symmetrie. Dieses Prinzip läßt sich besonders gut in der konkreten Form verdeutlichen, in welcher es der Gefügekunde der Gesteine begegnet ist als Abbildung der Symmetrie bekannter Systeme aus gerichteten mechanischen Einflüssen im Gefüge der Gesteine. Bestimmte in ihrer Symmetrie wohlbekannte Typen mechanischer Beanspruchung und Umformung — „Symmetriepläne" der Beanspruchung, Umformung und der Teilbewegungen — ändern in gleichsymmetrischer Weise sowohl die Umgrenzung, also die Außengestalt, als die Raumdaten im Inneren, also das Gefüge, wenn man will die Innengestalt des einer Umformung unterzogenen Körpers. Diesem Nachweis dienen vor allem die Analysen der Korngefüge im zweiten Teil dieses Buches.

Bezeichnend für die Gefügekunde ist die Beziehung zwischen Gestalt und gerichteter Funktion, wenn man beide als Räume mit Symmetrieeigenschaften betrachtet. Daß diese beiden einander zuordenbar sind im Gesetz der Abbildung der Vektorensymmetrie, so wie es in der Gefügekunde gefaßt ist, eben dies machte die Gefügekunde der Gesteine zu einem Beispiel symmetrologischer Betrachtung, welche auch auf alle lebenerfüllten Räume ausdehnbar und ausgedehnt einen viel weiter reichenden Blick auf Allgemeinstes der Gestaltung vermittelt als z. B. die Raumgittersymmetrie, ja vielleicht deren Allgemeinstes heute sichtbares und bei der religiösen Personifikation naturgegebener Vektorensysteme schon geahntes Prinzip der Gestaltung überhaupt darstellt; ein Prinzip, welches auch in der Anlage natürlichen Vektoren gegenüber symmetrologisch eingestellter menschlicher Siedlungen ältester und neuer Zeiten wahrnehmbar zu Worte kommt und weiterhin zu Worte kommen wird.

Nachdem im 13. Jahrhundert durch Thomas von Aquin Aristoteles wieder an die Stelle Platos getreten war, begegnen wir bis einschließlich Descartes den Raum als begrenzte Gesamtheit aller körperlichen Dinge. Bei Newton wird der Raum von den Dingen, die sich in ihm bewegen oder relativ ruhen, gedanklich getrennt als absolut, unveränderlich und unbegrenzt; die Dinge bewegen sich und ruhen im Raume gemäß Systemen von Kraftlinien, welche einen zweiten nicht absoluten sondern relativen, nicht unveränderlichen sondern veränderlichen Raum bilden. Ein veränderliches Kraftliniensystem wird also Raum genannt und bestimmt die Bewegung der Körper mit Voraussagefähigkeit. In der Theorie des Elektromagnetismus ist der Raum erfüllt von Ladungen, Kraftlinien und Äquipotentialflächen, also von feiner gegliederten Systemen als bei Newton. In der Relativitätstheorie ist der Raum ähnlich dem aristotelischen begrenzt und hat ein Gefüge, welches — als gravitational oder elektromagnetisch betrachtbar — von der Bewegung der Körper und der Felder abhängt.

Der Raum von dem hier nun zu reden ist, ist erfüllt von Systemen aus Kraftlinien und Feldern. An diesen beachten und betonen wir hier ihre Symmetrie. Und von dieser Symmetrie läßt sich, ausgehend vom Beispiele symmetrischer kristalliner Gefüge erkennen, daß sie sowohl in lebendigen als in unlebendigen Bereichen, sowohl in der äußeren Umgrenzung von Gebilden, als im innern Gefüge der Bereiche in einer großen Zahl von Fällen mehr oder weniger mittelbar abgebildet wird. Die Aufgabe ist, immer wieder aufzuzeigen, welche Symmetrien der Gebilde und Gefüge sich als Abbildungen oder als frühere und aufbewahrte Abbildungen eines aus symmetrisch angeordneten gerichteten Einflüssen bestehenden Raumes verstehen lassen; gleichviel ob wir diesen in seiner Symmetrie abbildbaren Raum als den Raum selbst bezeichnen oder nicht.

Die Konfrontation symmetrischer Kraftfelder mit symmetrischen Gestaltungen und deren wechselweise Zuordenbarkeit zueinander könnte vielleicht durch religionsgeschichtliche Darstellungen aufgezeigt werden als eine Quelle für die schon vorwissenschaftliche Annahme einer Entstehung ebenbildlicher Geschöpfe mit dem Schöpfer. So daß der Idee dieser Ebenbildlichkeit eine intuitive Erfassung der symmetrologischen Abbildbarkeit typischer Vektorenfelder auf Gestaltungen zugrunde läge. Jene Idee wäre dann eine der größten Zusammenfassungen von Erfahrungen aus einer Zeit, in der sich solche Erkenntnisse, mehr als heute, nicht nur mit den Mitteln des abstrahierenden Verstandes zu behaupten suchten.

Zusammenfassung. Die Übereinstimmung zwischen den Symmetrien der wichtigsten typischen Systeme gerichteter physikalischer Größen (Funktionalgefüge) und zwischen der inneren (Gefüge) und äußeren Gestaltung andererseits ist also eine Tatsache.

Denkbar gegenüber dieser Tatsache ist:
1. Die Übereinstimmung ist zufällig.
2. Die Übereinstimmung ist unzufällig. Die allgemeinste Formel hiefür ist: Vektoren und Gestaltungen bilden einander ab, wobei
   2a) die Gestalt in den Vektoren abgebildet wird;
   2b) die Vektoren in der Gestalt abgebildet werden;
   2c) die Abbildung wechselseitig erfolgt.

Zu 1. Eine zufällige, keiner Erklärung bedürftige Übereinstimmung wird für eine so vielfach begegnete Gesetzmäßigkeit nicht angenommen.

Zu 2. Vektorensysteme bestehen vielleicht nur gebunden an Gestaltliches. Aber jedenfalls bestehen Vektorensysteme (z. B. Schwerefeld der Erde) als Felder, also nicht als Körper der alten Physik, von denen zwei „nicht zugleich denselben Raum einnehmen können", sondern sie können sowohl einander als auch gestaltliche Gefüge bei entsprechender Begriffsfassung durchdringen. Dabei werden Symmetrien der Vektorensysteme abgebildet. So z. B. in Anlagerungsakten im Schwerefeld, in mechanischen Formungsakten (2b).

Ebenso sicher belegt sind Fälle, in welchen die Vektorensysteme symmetriegemäß zu bereits vorhandenem gestaltlichem Gefüge auftreten; so z. B. bei mechanischer Beanspruchung festigkeitshomogener und festigkeitsanisotroper Körper (2a).

Es ist also sowohl 2a als 2b belegt, mithin 2c grundsätzlich möglich.

Es steht fest und ist namentlich an den Gesteinsgefügen gezeigt, aber auch für ungezählte andere „unlebendige" Gefüge und Gestalten bekannt, daß ihre Symmetrie die Abbildung vorher und unabhängig von ihnen vorhandener Vektorsysteme ist. Dies gilt auch bezüglich lebendiger und teilweise lebendiger (manche Böden und Wässer) Gefüge und Gestalten und es wurde schon als eine Grundtatsache betont, daß hierin zwischen „Lebendem" und „Nichtlebendem" kein Unterschied besteht.

Man könnte aber fragen, ob nicht darin ein Unterschied besteht, daß das Lebende und das Unlebendige in bezug auf das Vorwalten von 2a und 2b sich unterscheiden.

Zu 2. Unter geschlossener Packung oder einfacher Packung verstehen wir hier Anordnung fester einander berührender Teile mit bestimmten Zwischenräumen zwischen denselben. Dichte Packung also Anordnung mit Erstrebung kleiner werdender Zwischenräume zwischen den zu packenden Teilen erfolgt entweder „autonom" unter dem Einfluß von Kräften, welche von den Teilen ausgehen (z. B. Rüttelung magnetischer Kugeln; Kristallwachstum) oder „heteronom" unter dem Einfluß von Außenkräften eines Kraftlinienfeldes, in welches die Teile geraten (z. B. Rüttelung unmagnetischer Kugeln mit Setzung durch die Schwerkraft; Wachstum eines Sedimentes durch Anlagerung erdwärts sinkender Teile). Die Packung erfolgt entweder mit formisotropen (annähernd kugeligen) oder mit formanisotropen Teilen (annähernd Scheiben, Stäbe). Ferner sind zu unterscheiden in ihrem Innenbau dem Vorgang der Packung gegenüber wirksam „innenisotrope" und „innenanisotrope" Teile. Jede Kreuzung dieser vier Unterscheidungen ist möglich (z. B. formanisotrope, optisch-innenisotrope Glasstäbchen; formisotrope, innenanisotrope polarmagnetische Kügelchen).

Im Falle formanisotroper Teile ist mit jeder Dichterpackung dieser Teile schon geometrisch, also zwingend, eine bis zu einer kennzeichnenden Grenze zunehmende statistische Gleichrichtung der Teile („Regelung nach der Korngestalt") verbunden. Im Falle formisotroper Teile gibt es begrifflich keinen Vorgang der Gleichrichtung nach der Korngestalt. In beiden Fällen sind Symmetrieeigenschaften der Packung zu erwarten. Im Falle innenanisotroper Teile kann sowohl bei autonomer als bei heteronomer Dichterpackung statistische Gleichrichtung nach der Innenanisotropie der Teile auftreten.

Bei Dichterpackung ist statistische Gleichrichtung (Regelung) der Teile und damit Anisotropie der Packung in manchen Fällen sicher, in anderen Fällen wahrscheinlich. In allen Fällen aber führt der Packungsvorgang zu Symmetrieeigenschaften der Packung, so z. B. auch wenn innenisotrope Kugeln dichtest gepackt werden zur kubischen oder hexagonalen Symmetrie mancher Kristalle.

Das Bewegungsbild, sowohl einer autonomen als einer heteronomen Dichterpackung bestehender Teile (z. B. Atomgruppen; Sandkörner) geht als Lageveränderung dieser Teile vor sich bis zum Auftreten einer statistischen Vorzugslage mit kleinem Raume zwischen den Teilen. Dieses Bewegungsbild entfällt für die Anordnung auf kleinstem Raume für neu entstehende Teile (z. B. Blüten, Tentakeln; Kristallrasen). Aber wichtiger als ob man in beiden Fällen von Packung sprechen will oder nicht ist die Feststellung, daß in beiden Fällen die Anordnung gleicher Teile auf kleinem Raume (z. B. Korbblütler-Blüten; Atomgruppen im Kristall) rein geometrisch gegeben ist und ferner daß der Grundsatz, daß nur für gleiche Lagen Gleicher Gleichen gegenüber Gleichgewicht und Ruhe im betrachteten Bereiche besteht (z. B. in der „Diskontinuumsbedingung der Kristalle"), zu den symmetrischen Anordnungen führt.

Die Packung der Teile erfolgt entweder durch Anlagerung von bestehenden Teilen aus einem sie umgebenden Medium von definierter, meist hoher Teilbeweglichkeit (Gas, Flüssigkeit, bildsames Medium) an das schon Gepackte (z. B. wachsender Kristall; wachsende Sandablagerung; Sedimentation in viskoser Schmelze) oder durch Umlagerung von bereits einander berührenden Teilen (z. B. Rütteln von Sand; alle kontrollierten technischen Rüttelverfahren mit oder ohne geplante Regelung).

Die Verbreitung der durch Packung entstandenen Symmetrie ist unter den mit und ohne menschliches Zutun entstandenen Gefügen eine sehr große. Anisotropie und Symmetrie durch Packung zeigen: Die Kristalle in ihrem Feinbau (Gitterbau); die Anlagerungsgefüge mechanischer Sedimente; durch Rütteln verdichtete Schüttungen, häufig und wichtig in der Technik; viele lebendige Baue.

Bisweilen erfolgt auch eine Packung nicht derart, daß die Forderung dichter Packung, also die Raumfrage allein über die Symmetrie entscheidet, sondern zugleich unter dem Diktat symmetrischer Systeme von Außenkräften, derart daß das Gepackte die Symmetrie dieser Systeme (Felder) zeigt, (z. B. mechanische Anlagerung oder Rütteln im rotationssymmetrischen Felde der Erdanziehung). Damit kommt dann das unter 1. besprochene Prinzip für die Entstehung symmetrischer Gefüge neben dem Packungsprinzip zu Worte. Beide begrifflich trennbaren Prinzipe für die Entstehung von Symmetrie können sich also überlagern.

Es gibt Vorgänge, welche gepackte Gefüge auflockern, die Zwischenräume zwischen den Teilen vergrößern, wobei die „Sperrausdehnung" des Gefüges mit seinen „sperrig" gelagerten Teilen erfolgt. Nicht nur hinsichtlich des Volumens der Zwischenräume (z. B. Porenvolumen eines Sandes), also morphologisch, ist diese Lockerung ein Widerspiel zur Dichterpackung, sondern bisweilen auch funktional hinsichtlich meßbarer der Gefügeänderung zuordenbarer Größen (z. B. Regelungsgrad und -Art, Reaktionsfähigkeit der Gefügekörner). Die Lockerung an sich führt zur Verundeutlichung der durch die Dichterpackung geometrisch bedingten Symmetrie, kann jedoch von einer neuen Gefügesymmetrie begleitet werden, welche z. B. die Symmetrie von Systemen auflockernder fugenbildender Scher- oder Reißkräfte abbildet.

Zu 3. Von durch Anlagerung an bereits Gepacktes entstehenden raumrhythmisch gepackten Gefügen ist nur ein Teil als Abbildung zeitrhythmischer Anlagerung aufzufassen. So ergibt z. B. die Betrachtung des Kristallwachstums folgende begriffliche Unterscheidungen:

Alle Kristalle haben raumrhythmisches Anlagerungsgefüge.

Dieses besteht aus flächigen (Gitterebenen, Kristallflächen) und linearen (Gittergerade, Kristallkanten) Parallelgefügen.

Diese Parallelgefüge setzen sich zum reell homogenen Diskontinuum, zum Raumgitter zusammen.

Das wachsende Raumgitter erhält aber eine Vielheit von raumrhythmischen Gefügen (Scharen von Gitterebenen und Gittergeraden), welche nur mittelbar auf den Anlagerungsvorgang beziehbar sind. Diese geometrische Mitentstehung syngenetischer Parallelgefüge unterscheidet die Kristalle von anderen Anlagerungsgefügen.

Darüber, welche Flächen als Anlagerungsflächen funktionieren oder anders gesagt als „Wachstumsflächen", entscheiden (teilweise schon) bekannte Bedingungen. Diese Bedingungen sind experimentell kontrolliert (Lösungsgenossen, Temperatur, Druck) und unmittelbar zu handhaben oder nur geometrisch kinematisch geklärt (Ausscheiden von Wachstumsflächen mit größerer Verschiebungsgeschwindigkeit in Richtung ihres Lotes) und nur mittelbar zu handhaben, weil an sich unveränderlich.

Jede Kristallfläche mit gleichförmiger Verschiebungsgeschwindigkeit in Richtung ihres Lotes wächst so lange zeitrhythmisch aber ohne Abbildung eines vom Wachstum des Kristalles selbst unabhängigen Zeitrhythmus. Sie wächst also endogen zeitrhythmisch zum Unterschied von exogenem Zeitrhythmus, wie ihn z. B. Warven, Jahresringe und viele andere Anlagerungsrhythmen raumrhythmisch abbilden.

Sehr viele Raumrhythmen durch Anlagerung entstandener geologischer Körper sind Abbildungen von Zeitrhythmen, aber keineswegs alle. Z. B. kann dieselbe Stelle durch Lavadecken gleicher Mächtigkeit raumrhythmisch überdeckt werden ohne daß damit zeitrhythmische Ergüsse bewiesen sind.

Im engeren Sinne symmetrische (Drehung, Spiegelung) und translative Wiederholung beherrscht die weitaus meisten Gesteinsgefüge. Sie ergibt die wichtigsten Züge ihrer Beschreibung und die wichtigsten Schlüsse auf ihre kinematische und dynamische Entstehung. Was letztere anlangt, so steht man auch als Gefügeanalytiker vor allen vielfach ungelösten Fragen, welche Periodizität und Rhythmus überhaupt mit sich bringen.

Beispiele für dreh- und spiegel-symmetrische Wiederholung geben die Korngefügediagramme im zweiten Band dieses Buches mit ihren Symmetrieeigenschaften; Beispiele für translative Wiederholung geben Flächen der Feinschichtung und der Zerscherung; untereinander gleiche Biege- und Scherfalten usw.

An translativen Wiederholungen von Gefügedaten ist genetisch vor allem zu beachten, ob sie (1. Art) einem einheitlichen periodischen Vorgange (z. B. der Änderung einer variablen Größe) mittelbar oder unmittelbar zuzuordnen sind oder (2. Art) Ergebnisse voneinander unabhängiger, sich überlagernder periodischer Vorgänge an bestimmten, sich mithin ebenfalls periodisch wiederholenden Punkten der Überlagerung; die gedachten Vorgänge haben miteinander im gleichen Zeitpunkte verglichen verschiedene Phase und können auch verschiedene Perioden haben.

Für die 1. Art wären als Beispiele die auf Schwingungen rückführbaren Gefügedaten zu nennen, so mit Wahrscheinlichkeit die Periodizität in exogenen nichtaffinen Umscherungen (periodische Scherfalten), vielleicht auch im Abstand konstante, also periodische Primärzerscherungen überhaupt. Man kann sich z. B. vorstellen, daß einer Zerscherung eine elastische Schubspannung vorausgeht. Diese wird durch die Zerscherung entspannt und die Lage unter der Scherfläche (z. B. das Liegende) schwingt zurück, wird aber neuerdings gespannt. So würde sich ein raum- und zeitrhythmisches Fortschreiten der Abscherungen der einzelnen Lagen in das Liegende der zuerst bewegten Lage ergeben.

Dieser Gedanke ermöglicht die Annahme rhythmisch verteilter, rasch durchlaufender, also höchstens zu Rupturen (nicht zum Fließen) führender Formungen, welche 1. genetisch den gleichzeitigen Plan ruhiger Beanspruchung nicht begleiten müssen, aber derselben Symmetrie gehorchen; und 2. deren raschem, unter Umständen einmaligem Auftreten und Schwinden, Rupturen mit minimalen ausarbeitenden Verschiebungen entsprechen können, also z. B. Scherflächen ohne beobachtbare Beträge der Relativbewegung.

Die 2. Art ist ins Auge zu fassen, wo es sich um raumrhythmische Schichtung handelt, welcher hiernach nicht immer eine zeitrhythmische Ursache mit gleicher Periode und Phase entsprechen muß. Die zwei einander überlagernden zeitrhythmischen Vorgänge, welche die u. U. zunächst allein wahrnehmbaren raumrhythmischen Punkte erzeugen, können z. B. zwei voneinander unabhängige periodische Änderungen zweier verschiedener Komponenten einer Schichtung sein, etwa der mechanischen und der biologischen, deren periodischer Gesamteffekt den Atmosphärilien gegenüber zu Worte kommt und vom Geologen wahrgenommen wird. Dieser Überlagerungseffekt ist dann nur als solcher richtig verstanden und die Suche nach einer anderen Ursache mit der Periode des Überlagerungseffektes vergeblich oder irreführend. Es ist also wichtig, mit Überlagerungsperioden zu rechnen.

Tangentalwellung. — Daß Grenzflächen, an welchen sich Lagen übergleiten, zunehmend und begrenzt, mithin auch rhythmisch verbogen werden, ist eine überall (Tektonite, Wasserwellen unter Wind, Dünen usw.) begegnete Tatsache, welche als solche rein kinematisch ungenetisch als Tangentalwellung bezeichnet werden soll. Die Zusammenfassung aller Fälle, was das Bewegungsbild anlangt, ist noch nicht durchgeführt.

Rein kinematisch ist allen diesen „Wellengleitungen" bei weitester Fassung folgendes gemeinsam:

1. Daß sich das Phänomen nur in nichthomogenen Bereichen abspielt; sei es, daß heterogene Schichten einander übergleiten — vielleicht genügt schon der heterogene Zustand, der durch unstetig verschiedenes Geschwindigkeitsgefälle $\perp$ zu den Schichten gesetzt ist —; sei es, daß ein materiell verschiedener Film, eine von Anfang an oder während des Vorgangs heterogene Grenzschicht die Nachbarschichten trennt; sei es, daß materiell heterogene Bezirke mitströmen.

2. Das Bewegungsbild ist ebene Umformung und hat monokline Symmetrie mit der Deformationsebene = Symmetrieebene und allgemein zylindrische Umformungen $\perp$ auf dieser Ebene (ac); weitergehend ist aber das Bewegungsbild, z. B. einer Düne und einer tektonischen Falte, keineswegs gleich (Düne starr, in zeitlichen Folgen gebautes Zwischengefüge; Falte durchbewegt!).

3. Mit oder ohne heterogene Kerne treten Rotationen mit Achse $\perp$ (ac) auf (Wirbel, Einwickelungen usw.).

Dynamisch ist allen diesen Wellengleitungen bei weitester Fassung gemeinsam die Reibung zwischen den einander übergleitenden Schichten.

Eine Grenzfläche mit Relativbewegung zweier Schichten wird gekrümmt, indem kleinste Abweichungen von der Ebene durch Über- und Unterdruck verstärkt werden (Prandtl). Das Prinzip hat gleiche Aussichten für alle Fälle, erklärt aber für sich allein noch nicht die Rhythmik.

Mäandern. — Nach einem von F. M. Exner ausgesprochenen Prinzip ist geradlinige Strömung nur ein vereinzelter Fall unter allen möglichen Potentialbewegungen, ein unwahrscheinlicher Spezialfall, dessen Auftreten der Begründung mehr bedarf als die stabilere Bewegungsform mäandernden Abfließens. Korngefügeanalytische Befunde sprechen direkt dafür, daß auch das tektonische Abfließen bisweilen kurzatmig mäandernd oder torkelnd erfolgt, so daß zwei Gleitgerade sich symmetrisch zu einer annehmbaren Hauptgleitgeraden in der Deformationsebene unterscheiden lassen.

Bedenken wir unabhängig von diesem Gedankengang die Möglichkeit, daß laminares Strömen ein anisotropisierbares Gefüge verfestigt und damit einen bremsenden Widerstand gegen weitere Benützung einer Gleitgeraden setzt, so erhalten wir wieder das Ergebnis, daß das Abfließen ebenso torkelnd erfolgt wie das Abrollen einer Kugel im Gerinne, einen gleichen Effekt, wie durch das genannte Exnersche Prinzip.

4. Bewegungsbild affiner Formungen.

Scherflächen und Reißflächen;

a) affine Zergleitung nach 1 Ebenenschar: zweidimensionale Scherung, Rotation durch Scherung, Geometrie der affinen Translation, Formungsebene, interne und externe Rotation, Verzerrung des Gefüges, symmetriekonstante Formung, geometrische Zusammensetzung der Formen und konstruktive Rückformung der Endformen, affine Deformation eines Gefüges aus Kugeln mit Gleitscheibenbau, dreiachsiges und Rotationsellipsoid,

„B-Achse" durch monokline bis angenähert rotationssymmetrische Scherung ⊥ B.; b) affine Zergleitung nach 2 Ebenenscharen: geometrisches Experiment, intern rotierte Scherflächen und die Kreisschnitte bei zweischariger rhombischer Zerscherung; c) aus den bisherigen zusammengesetzte Bewegungsbilder affiner Formung: Reell zusammengesetzte Formung, rhombische Formung und Rotation, geometrisch unverzerrte und stoffkonstante Ebenen, schiefe Pressung, symmetrische Pressung.

Unter den mechanischen Formungen mit und ohne menschliches Zutun begegnet man sowohl einscharige als mehrscharige, sowohl ebenflächige als krummflächige Formung nach Gleitflächen, welche sich (mit bestimmtem Sinne der Relativbewegung und mit bestimmter Richtung der maximalen Verschiebung aneinander) gegeneinander verschieben. Dabei können die krummflächigen Gleitflächen entweder krumm angelegt sein — z. B. die Doppelkegel, nach welchen ein parallel zu seiner Achse gepreßter Zylinder zerschert wird — oder im Verlauf der Formung gebogen werden („Biegegleitung", z. B. eines gebogenen Papierpaketes). Beide Grundtypen der Deformation, nämlich 1. die Formung durch tangental bewegte Gleitflächen (z. B. als Kristalltranslation dem Feinbau der Kristalle zugeordnet) und 2. die Formung durch im Lot voneinander wegbewegte Reißflächen oder Zugrisse (z. B. als Kristallspaltflächen dem Feinbau der Kristalle zugeordnet) sind in ihrer Zuordenbarkeit zum Feinbau der Kristalle in der Kristallographie definiert und beschrieben. Für die Betrachtung mechanisch geformter Gefüge überhaupt ist die begriffliche Unterscheidung und beobachtende Prüfung dieser beiden Grundtypen der Teilbewegung und ihrer Merkmale ebenfalls unentbehrlich und ein gewisses Eingehen auf die bei der Zergleitung auftretenden Gesetzmäßigkeiten ist auch für die Betrachtung mechanisch geformter Gesteine notwendig. Die Verhältnisse werden hiebei denen in Kristallen insoferne ähnlich, als bei vielen Nichtkristallen schon bei Beginn der unrückläufigen Formung eine Anisotropie auftritt und die weitere Formung z. B. auch bei vielen Gesteinen als die eines anisotropen Gefüges verläuft.

a) Affine Zergleitung nach einer Ebenenschar (einscharige Scherung).

Wir betrachten zunächst den Fall affiner Zergleitung nach einer Gleitflächenschar. Hiebei geht eine Kugel in ein Ellipsoid über durch einscharige affine Zergleitung nach miteinander parallelen Ebenen, in welchen keine Änderung erfolgt, also der kreisförmige Querschnitt der Ausgangskugel als einer der beiden Kreisschnitte (eines jeden dreiachsigen Ellipsoides) erhalten bleibt: Die Gleitung erfolgt in einem der Kreisschnitte des Formellipsoides. Hält man den Kreisschnitt K_1, in welchem die Gleitung erfolgt, fest, so behalten K_1, die Gleitrichtung k_1 und die auf K_1 senkrechte und zu k_1 parallele „Formungsebene", in welcher sich alle Teilbewegungen abspielen, ihre Lage. Alle Ebenen normal auf der Formungsebene mit Ausnahme der Gleitebene und alle Geraden in der Formungsebene mit Ausnahme der Gleitrichtung k_1, werden rotiert, um errechenbare Winkelbeträge, und zwar um den größten Winkelbetrag jene Diametralebene der Ausgangskugel, welche normal auf der Formungsebene steht und durch die affine Zergleitung zum zweiten Kreisschnitt K_2 des Formellipsoids wird, wobei ihre Schnittgerade mit der Formungsebene k_2 ist. Nach diesem Schema verlaufen die unselten einscharigen Zergleitungen in Gesteinen im affin deformierten Bereich angenähert zweidimensionaler Formung, wobei einscharige Zergleitung, affiner Charakter und zweidimensionaler Charakter der Formung ihre im Gefüge meist gut erkennbaren Merkmale haben. Im betrachteten Falle affiner einschariger Zergleitung ergeben uns die beiden Kreisschnitte K_1 und K_2 des Formellipsoides zugleich Beispiele für zwei Grundarten von Teilbewegungen, welche Ebenen überhaupt in flächig zergleitenden Gefügen ausführen können:

Die Teilbewegung des Gleitens (Beispiel K_1) und die Teilbewegung der Rotation oder Schwenkung (Beispiel K_2) im Ablauf der Formung. Beide Vorgänge sind begrifflich zu trennen, können sich aber überlagern, derart, daß eine und dieselbe Ebene im Verlauf mehrschariger Formung, sowohl als Gleitebene E funktionieren als nach dem Schema des Kreisschnittes K_2 der einscharigen affinen Zergleitung rotiert werden kann. Dieses letztere ist vom Falle der Biegegleitung zu unterscheiden und als Rotation (als Verlagerung mit Verzerrung) durch Scherung zu benennen. Beispiele hiefür ergeben die später zu erörternde zweischarige affine Zerscherung mit Internrotation — wobei K_1 und K_2 sowohl beglitten als durch Scherung rotiert werden — und die später eingehend betrachteten Fälle der affinen und nichtaffinen Zergleitung typischer geologischer Vorzeichnungen.

Entsprechend der Bedeutung der affinen Transformation des Raumes für die mechanische Formungslehre werden die rein geometrischen Grundlagen und einige Größenzusammenhänge kurz angeführt.

X, Y, Z sind rechtwinkelige Koordinaten-Achsen. In X wird um v verschoben. Die Gleitebene (XY) ruht, Ebene (YZ) geht in eine neue Lage über, welche mit der Ausgangslage (YZ) den Winkel φ bildet und mit der Ausgangslage (YZ) Y gemeinsam hat. (XZ) ist die Ebene der Bewegung oder Formungsebene; in ihr spielen sich sämtliche Bewegungen während des Vorganges ab; sie ist die konstante Symmetrieebene des Vorganges; Y ist dessen konstante zweizählige Symmetrieachse; $Y \perp (XZ)$. In der Ebene der Bewegung (XZ), deren Betrachtung genügt, da alle Bewegungen sich in ihr abspielen, geht durch die Gleitung ein Punkt $P(x, y, z)$ in $P'(x', y', z')$ über, wobei:

1) $x' = x + v$, $y' = y$, $z' = z$ und sich aus einer Zeichnung $tg\, \varphi = v$ ergibt (also z. B. für $v = 1$, $\varphi = 45^0$).

Dieser affinen Translation des Raumes wird eine Kugel mit Mittelpunkt in 0 des Systems X, Y, Z und mit Radius R unterworfen, wobei wieder die Betrachtung genügt, was mit dem in (XZ) liegenden Diametralkreis der Kugel geschieht.

Die Gleichung des Kreises ist $x^2 + z^2 = R^2$, $y = 0$. Setzt man in diese Kreisgleichung für x, y, z die Koordinaten x', y', z' aus Gleichung 1) ein, so erhält man als Ergebnis der affinen Translation eine Ellipse.

2) $(x' - vz')^2 + z'^2 = R^2$; $y = 0$.
$x'^2 - 2vx'z' + z'^2(v^2 + 1) = R^2$; $y' = 0$.

Rechnung ergibt, daß die Hauptachsen $A > C$ dieser Ellipse mit der X-Achse den Winkel μ bilden, wobei

$$tg\, 2\mu = \frac{2}{v}$$

3) $A^2 = \dfrac{R^2}{(1 + \dfrac{v^2}{2}) + \dfrac{v}{2}\sqrt{4 + v^2}}$; $C^2 = \dfrac{R^2}{(1 + \dfrac{v^2}{2}) - \dfrac{v}{2}\sqrt{4 + v^2}}$

Multiplikation ergibt die Gleichung

4) $A^2 C^2 = R^4$

für jede affine Translation mit beliebigem v. Diese liefert ein dreiachsiges Ellipsoid (A, B, C), bei dem $B = R$ ist und A und C durch Gleichung 3) bestimmt sind.

Mit welcher affinen Translation ist ein gegebenes dreiachsiges Ellipsoid $(A > B > C)$ aus einer Kugel entstanden?

Der Kugelradius R muß $= B$ sein; $R = B$.

Die Gleichung 4) muß gelten, also $R = \sqrt{AC}$. Im Ellipsoid ist $B^2 = AC$. Für das v der affinen Translation, durch welche das gegebene Ellipsoid entstanden ist, ergibt sich durch Umkehrung von 3).

5) $v^2 = R^2 \left(\dfrac{1}{A^2} - \dfrac{1}{C^2}\right) - 2$

Nach 4) ist $\dfrac{1}{C^2} = \dfrac{A^2}{R^4}$; das ergibt in 5) eingesetzt

6) $v^2 = \dfrac{R^2}{A^2} + \dfrac{A^2}{R^2} - 2 = \dfrac{A^4 + R^4}{A^2 R^2} - 2 = \dfrac{(A^2 - R^2)^2}{A^2 R^2}$

Die Translationsrichtung liegt in Ebene (AC), ihr Winkel mit A ist μ

7) $tg\,\mu = \dfrac{2}{v} = \dfrac{2\,AR}{A^2 - R^2}$

$R = 1$ gesetzt ergibt entsprechende Vereinfachung der Formeln.

Auf der früher so genannten Formungsebene stehen normal K_1 und K_2 und in ihr liegen k_1 und k_2 als Spuren von K_1 und K_2, ferner jene Ellipse des Formellipsoides, welche dessen längsten (A) und kürzesten (C) Durchmesser enthält. Hat die Ausgangskugel den Radius 1, so sind die Ellipsoiddurchmesser $A > B\,(= 1) > C\,(= \dfrac{1}{A})$.

Der Winkel μ eines Kreisschnittes mit Ellipsoiddurchmesser A ist bestimmt aus $tg\,\mu = \dfrac{1}{A}$.

Das Lot auf K_1 bildet mit K_1 nach der affinen Zergleitung den Winkel $90 - \varphi$ und wurde also um den „Scherungswinkel" φ geneigt. Zwei im Lot auf den Gleitebenen mit der Entfernung 1 voneinander liegende Punkte werden in der Gleitrichtung um v $(=$ „Größe der Verschiebung") gegeneinander verschoben; dann ist eben $tg\,\varphi = v$.

Unterscheiden wir in der Formungsebene das Lot l auf die Gleitebene, die Gleitrichtung k_1 und eine beliebige Gerade g, so bildet g mit k_1 vor der Gleitung den Winkel a, nach der Gleitung (mit Größe der Verschiebung $= v$ und mit Scherungswinkel φ) den Winkel a'. Dann ergibt analytisch-geometrische Betrachtung folgende Größenzusammenhänge:

$$tg\,a' = \frac{tg\,a}{1 + v\,tg\,a};\quad tg\,a = \frac{tg\,a'}{1 - v\,tg\,a'}$$

Die Änderung des Winkels zwischen g und l infolge der Gleitung mit Verschiebungsbetrag v ist $\not\!\!\lessdot (a - a')$.

$$tg\,(a - a') = \frac{v\,tg^2\,a}{1 + v\,tg\,a + tg^2\,a}$$

In Gesteinen kann v (z. B. durch korrespondierende Konturen an Scherflächen; durch Einschlußwirbel) ablesbar sein; in seltenen Fällen (z. B. bei örtlicher Zerscherung einer Gefügeebene mit Rotation derselben) auch a und a'. Es ist dann auch für manche Korngefügestudien von Interesse, für welche Gerade in der Formungsebene die Rotation durch die einscharige affine Gleitung im Gefüge, also $\not\!\!\lessdot (a - a')$ am größten ist.

Dieser Höchstwert der Rotation ergibt sich als

$$tg\,(a - a') = \frac{4v}{4 - v^2};\quad tg\,a = -\frac{2}{v},\quad tg\,a' = \frac{2}{v}$$

Nach analytisch-geometrischer Betrachtung trifft dies zu für k_2; der zweite Kreisschnitt des Formellipsoides erfährt also bei einscharuger affiner Zerscherung die größte Internrotation durch Scherung. k_1 ist die Symmetrale des Winkels zwischen der rotierten $(= k_2)$ und der noch nicht rotierten Geraden aus, welcher dann k_2 wird.

Es läßt sich also zeigen, daß alle in der Formungsebene liegenden Geraden (durch 0 des Koordinatensystems) rotieren mit Ausnahme von k_1. Denken wir uns die Durchmesser A und C eines eben wahrnehmbar gewordenen Formellipsoides aus gefärbten Körnchen (was durch Farbstriche auf Ebene (AC) eines Versuchskörpers auch leicht zu verwirklichen ist), so ändern auch A und C in fortschreitender Formung ihre Lage durch „Internrotation": Die durch A und die durch C gelegten Ebenen $\perp$ zur Formungsebene beschreiben mit ihren Spuren auf der Formungsebene Bögen eines Doppelkreises mit B als zweizähliger Symmetrieachse als ein Musterbeispiel für „Internrotationen", welche durch die im Ablauf des Formungsaktes auseinander hervorgehenden Ellipsoide geometrisch bestimmt sind; während wir als „Externrotationen" nicht in dieser Weise bestimmte Rotationen des betrachteten Bereiches gegenüber außerhalb desselben festliegenden Koordinaten (z. B. Koordinaten der Außenkräfte teigrollender Hände oder tektonischer Transporte) bezeichnen. Hierauf wird später näher eingegangen. Im betrachteten Falle ändern aber A und C im Ablauf der Formung auch ihre Länge, sie werden als Vorzeichnungen verzerrt, ihre Körnchen rücken im Falle der Längung auseinander, im Falle der Kürzung zusammen, ungefärbte Körnchen treten bei Längung in die betreffende geometrische Ebene ein, gefärbte bei Kürzung aus ihr aus, es entstehen Merkmale der Umpackung der Gefüge für dessen Verständnis also beide geometrische Vorgänge der Internrotation und der Verzerrung zu beachten sind.

Die betrachtete einscharige affine Zergleitung ist auch ein Beispiel für jene Fälle, in welchen die Achsen des Formellipsoides im Verlauf der Formung ihre Richtung ändern: es behielt nur B seine Richtung, während A und C, wie alle Geraden in der Formungsebene (AC) mit Ausnahme der Gleitrichtung internrotiert wurden. Formungen, bei welchen Ellipsoidachsen rotiert werden, unterscheidet man von Formungen, bei welchen alle Ellipsoidachsen ihre Richtung beibehalten, wohl aber andere Richtungen internrotiert werden, z. B. die Kreisschnitte mit den ihnen entsprechenden Durchmessern in der „Hauptellipse" (AC) der Formung. Auch letztere affine Zergleitung läßt sich als typischer, häufig verwirklichter Fall aus vielen Korngefügen ablesen und wird daher später erörtert. Die Formungen mit nur einer lagenkonstanten Achse (= Rotationsachse = zweizählige Symmetrieachse = Lot auf der Formungsebene, welche Symmetrieebene bleibt) verlaufen symmetriekonstant mit einer Symmetrieebene, also mit monokliner Symmetrie (monokline Formungen). Die Formungen mit Lagenkonstanz aller Ellipsoidachsen verlaufen symmetriekonstant mit rhombischer Symmetrie. Man findet in unzufälliger Häufigkeit, also typisierbar, in Korngefügen ablesbar auch Formungen, welche man nicht nur rein geometrisch durch Rotationen um zwei Ellipsoidachsen, also durch Überlagerung von zwei monoklinen Formungen (z. B. eine mit Rotationsachse B, eine mit Rotationsachse A des Ausgangsellipsoids) verstehen kann und welche mit häufigen Näherungen an fastmonokline Symmetrie triklin (d. h. ohne Symmetrieachse oder -ebene) verlaufen. Zu diesen „zusammengesetzten" Formungen gehören auch beliebig schiefe Überlagerungen im Gefüge noch voneinander unterscheidbarer affiner Deformation. Man kann diese rein geometrisch in jedem Falle durch Rotationen um die Achsen eines Ausgangsellipsoids ableiten, muß sich aber dessen bewußt sein, daß diese gedankliche Zusammensetzung solcher trikliner Deformationsabläufe nichts mehr über einen inneren Zusammenhang der überlagerten Formungen aussagt; denn nur eine wahrnehmbare Symmetriekonstanz in einer Überlagerung von Formungen weist hin auf einen inneren Zusammenhang dieser Formungen in einem fortbestehenden Kräfteplan mit Symmetrieeigenschaften. Die Symmetrien der Formungen, welche wir geometrisch-kinematisch als einfache und zusammengesetzte Formungen darstellen (sphäroidisch, rhombisch, monoklin, triklin) entsprechen den Symmetrien, welche wir an den Kräfteplänen (funktionalen Gefügen) mechanischer Formung am homogenen Körperelement begegnen (sphäroidisch, rhombisch) nur teilweise. Für kinematische und für funktionale Betrachtung ergeben sich zusammengesetzte monokline und trikline Fälle, und zwar für funktionale Betrachtung zwangsläufig, soferne monokline und trikline Beanspruchung nicht vorkommt. Für die Betrachtung deformierter Korngefüge ergeben sich verwirklichte typische Fälle solcher Überlagerungen mit eindeutigem Gefügemerkmal und eben von diesen ist auch die gedankliche Unterscheidung und Analyse einfacher und zusammengesetzter Formungen ausgegangen.

Die geometrische Unterscheidung der Fälle ist also eine Grundlage für die Gliederung der typischen Fälle mechanisch geformter Gefüge. Alle affinen Formungen sind internrotational; einscharig oder mehrscharig; sphäroidsymmetrisch, rhombisch, monoklin, triklin; einfach oder zusammengesetzt (immer geometrisch zusammensetzbar für Beschreibungszwecke, oder nachweislich reell zusammengesetzt); von den Achsen des Ausgangsellipsoids ist entweder keine oder es sind zwei (um die dritte als Rotationsachse) oder es sind alle drei (um zwei derselben als Rotationsachsen) rotiert, oder es besteht unabhängige beliebig schiefe Überlagerung verschiedener Ellipsoide, bzw. Deformationspläne, deren rotationelle Überführung ineinander eine geometrische Möglichkeit ist, welche nichts darüber besagt, wie der wirkliche Ablauf war, also nicht den Charakter einer eindeutigen Rückformung der Endform in vorangehende Formungsstadien hat.

Daß allen affinen Formungen Internrotation zukommt, ist gegenüber der bisweilen üblichen Benennung der Formungen als rotationelle (mit Rotation von Ellipsoidachsen) und als irrotationelle (ohne solche) zu beachten.

Auf der gegebenen Grundlage lassen sich nun die geometrischen Bedingungen für einscharige affine Zergleitungen feststellen, welche ein aus einer Schar paralleler Gleitscheiben zusammengesetzter Bereich begegnet, wenn seine Orientierung gegenüber den Koordinaten der affinen Zergleitung gegeben ist d. h. wenn derselben affinen Translation Pakete aus in sich undeformierbaren Gleitscheiben in allen möglichen Orientierungen gegenüberstehen und nur Gleitung zwischen den Scheiben zunächst ohne Beschränkung der Richtung möglich ist. Diese Frage ist von gefügekundlichem Interesse für die häufigen Fälle, in welchen ein geologischer Körper entweder seit seiner Gesteinswerdung oder später vor Beginn des betrachteten Ablaufes der Formung ein Parallelgefüge von Ebenen geringsten Gleitwiderstandes erhalten hat und nun als anisotroper Bereich von beliebiger Orientierung affin verformt werden soll. Es gelten dann im Schema folgende Bedingungen für die geometrische Möglichkeit affiner Deformation mit der Teilbewegung Gleitung zwischen den Gleitscheiben.

Gegeben ist eine aus parallelen Gleitscheiben E zusammengesetzte Modellkugel mit irgendeiner aber in jedem Einzelfall gegebenen Lage von E gegenüber den Koordinaten X, Y, Z der früher gegebenen Betrachtung affiner Translation des Raumes; ferner ein nach Gestalt und Lage (gegenüber diesen Koordinaten) bestimmtes Ellipsoid. Gefragt ist bei welcher Lage und wie die Kugel durch Gleitung in E und Rotationen in das Ellipsoid übergeführt werden können. Es ergibt sich:

1. Die Gleitscheibenkugel kann in keinem Falle in ein Rotationsellipsoid zergleiten, da nach Beginn jeder Gleitung zwischen den Scheiben das Lot auf den Gleitscheiben keine Symmetrieachse mehr ist. Durch affine einscharige Zergleitung kann also kein Rotationsellipsoid entstehen. Der Übergang der Kugel in das Ellipsoid ist ein monoklinsymmetrischer Vorgang. Nur insoweit die diesem Vorgang zugeordneten Vektoren für unsere Beobachtungsmittel nicht wahrnehmbar im Gefüge abgebildet sind oder der Ausgangszustand (Kugel) und der Endzustand (Ellipsoid) nicht bekannt sind, hat das durch affine einscharige Zergleitung entstandene, bzw. ausgestaltete, flächige Parallelgefüge aus Ebenen E gestaltlich eine Rotationssymmetrie mit Achse normal E.

2. Daß die Gleitung nur eine geradlinige sein kann, ergibt sich aus der Definition affiner Formung, nach welcher Gerade Gerade bleiben, also sowohl die Verbindungsgerade zwischen den Scheibenzentren der Modellkugel als die Gleitgeraden auf den Scheiben, deren größte unmittelbar anschaulicher Weise ein Kreisschnitt des entstehenden Ellipsoids ist; wobei im affin geformten Bereich jeder Punkt des Bereiches als Mittelpunkt einer solchen Modellkugel zu denken ist; ganz wie im Raumgitterschema das Ausgesagte für alle miteinander vertauschbaren Stellen gilt.

3. Von dreiachsigen Ellipsoiden sind durch einscharige affine Zergleitung einer Kugel nur solche möglich, für welche der zur Gleitrichtung senkrechte Kugeldurchmesser (in der größten Gleitscheibe unseres Modells) zur mittleren Ellipsoidachse B $(A > B > C)$ wird; wobei sich wieder zeigt, daß ein Kreisschnitt durch

den Kugelmittelpunkt bei einer affinen Zergleitung nach Ebenen parallel zu diesem Kreisschnitt zu einem der beiden Kreisschnitte des dreiachsigen Ellipsoids wird.

4. Denken wir uns Gleitpakete (unsere Modellkugeln) in ganz verschiedenen Orientierungen zueinander und translatieren wir eine dieser Kugeln einscharig affin, so sind damit die Koordinaten X, Y, Z dieser Translation in bestimmter Orientierung im Raume gegeben derart, daß, wie früher ausgeführt X parallel zur Gleitrichtung k_1, Y parallel zum mittleren Ellipsoiddurchmesser wird und alle Bewegungen in Ebene (XZ) erfolgen. An der Translation mit diesen Koordinaten kann sich von unseren Kugeln nur die Kugel mit $E \perp Z$ beteiligen, nicht z. B. eine Kugel mit $E \perp X$, oder $E \perp Y$. Es gibt aber unter den Kugeln viele, welche mit derselben Symmetrieebene (XZ) wie unsere erstgewählte Kugel, welche die Koordinaten X, Y, Z, lieferte, affin zergleiten können, nämlich die Kugeln mit $E \parallel Y$. Da die Gleitrichtung in X und in E fallen soll, können sich nur Kugeln mit $E \parallel X$ an der Translation mit Orientierung (XYZ) beteiligen; da (XZ) Symmetrieebene der Translation sein soll, müssen die Kugeln mit $E \parallel X$ außerdem noch $E \perp (XZ)$ haben, mithin $E \parallel (XY)$. Für anders orientierte Kugeln ist die Translation mit den Koordinaten X, Y, Z erst nach Rotation möglich, welche $E \parallel (XY)$ macht; das ist für alle Kugeln mit Gleitscheibe $\perp (XZ)$ die Rotation um B ($\parallel Y$) des entstehenden Formellipsoids, wobei die Symmetrieebene (XZ) erhalten bleibt.

5. Ein Rotationsellipsoid ist nicht durch eine affine ebene Zergleitung erreichbar, wohl aber wenn durch eine zweite solche Zergleitung mit anderen Gleitebenen eine der Hauptquerschnittellipsen des durch die erste Zergleitung entstandenen dreiachsigen Ellipsoids in einen Kreis überführt wird; wenn also eine dementsprechende zweite Zergleitung mit Gleitrichtung senkrecht zu einer der Achsen des ersten Ellipsoids und mit Gleitebenen parallel zu dieser Achse erfolgt. Wenn sich also von einem Gefüge sagen läßt, daß es affin nach Ebenen zerglitten ist, was häufig zutrifft und daß sein Deformationsellipsoid angenähert ein Rotationsellipsoid ist, was ebenfalls häufig zutrifft, so kann es nach diesem geometrischen Schema entstanden sein, wie sich das in typischen Fällen aus Korngefügen nachweisen und in Großgefügen mit „B-Achsen" beobachten läßt.

6. Durch einzelne, aufeinander folgende einscharige ebene Gleitungen innerhalb eines affin bleibenden Formungsablaufes können Kugel (1), Rotationsellipsoid (2) und dreiachsiges Ellipsoid (3) wechselweise ineinander übergehen. Eine einscharige Gleitung benötigen die Fälle 1 ↔ 3, 2 ↔ 3; zwei einscharige Gleitungen benötigen die Fälle 1 ↔ 2, welche zunächst über 3 führen.

Wenn feststeht, daß eine oft auch sogenannte „homogene Deformation", also eine Kugel ↔ Ellipsoidformung oder affine Formung stattgefunden hat, so ist darüber hinaus weder über die Art noch über die Anzahl, noch über die Reihenfolge der wirklich eingetretenen Einzelformungen etwas anderes auszusagen, als was aus Gefügemerkmalen von Teilbewegungen im Gefüge noch ablesbar ist, über Art (z. B. Gleitebenen) über Einscharigkeit oder Mehrscharigkeit, über Symmetrie der Teilbewegungen (Symmetrieelemente; Konstanz oder Änderung der Symmetrie; Fastsymmetrie), über Überlagerung der Teilbewegungen in Raum und Zeit. Das wirkliche (noch ablesbare) Bewegungsbild ist also keineswegs durch die geometrischen Möglichkeiten gegeben und eine eindeutige konstruktive Rückformung aus dem Endzustand in einen vorangehenden ist rein geometrisch kinematisch nicht möglich. Aber die Kenntnis der geometrischen Möglichkeit und Unmöglichkeit ist von Vorteil für die Beurteilung der Merkmale und die Untersuchung namentlich von Korngefügen hat ergeben, daß unzufällig häufige also typisierbare Fälle von Teilbewegungen begegnet werden, welche sich als immer wieder verwirklichte Fälle aus jenen geometrischen Möglichkeiten kinematisch beschreiben lassen. Diese Fälle entsprechen den hier beschriebenen einfachen kinematischen (also geometrisch-morphologischen) Grundtypen oder typischen Überlagerungen derselben und sie entsprechen — namentlich symmetrologisch — den später zu beschreibenden einfachen Kräfteanordnungen oder funktionalen Gefügen für die mechanische Formung im homogenen Bereich und den Überlagerungen dieser einfacheren Anordnungen.

So ist z. B. hinzuweisen auf manche mechanische Formungsgefüge von Tektoniten mit einer singulären Achse B, in welcher sich mehrere (n) Gleitebenen mit Verschiebungsrichtung $\perp B$ kreuzen und mit zunehmender Anzahl und Gleichwertigkeit dieser Gleitebenen eine zunehmende Annäherung an Rotationssymmetrisches Gefüge mit Symmetrieachse B entsteht. Hiebei sind folgende zwei Fälle unterscheidbar:

1. Es tritt gelegentlich der ersten affinen Gleitebenenschar E_1 ein dreiachsiges Ellipsoid $(A_1 > B_1 > C_1)$ auf mit $B_1 = D_B$, $k_1 \perp D_B$, $(A_1 C_1) \perp D_B$. Dieses Formellipsoid wird durch nun folgende Gleitungen mit Gleitrichtung $\perp D_B$ einem Rotationsellipsoid mit Achse D_B rein kinematisch angenähert. Die mit D_B parallelen Achsen aller dieser Ellipsoide werden, wie sich an Korngefügen mit Rupturen $\perp D_B$ zeigen läßt, sehr oft gelängt, wobei sich die Symmetrie nicht ändert, wohl aber die zweidimensionale Formung dreidimensional wird und immer symmetriekonstant kennzeichnende Gefügemerkmale hiefür auftreten, insbesonders Scherflächen, welche mit D_B einen Winkel bilden. Dieses Bewegungsbild tritt z. B. auf bei pressender Rollung des Bereiches auf einer starren Unterlage oder bei Ringsumfassung eines stabförmigen Bereiches durch die massierende Hand. Die zuletzt genannte Anordnung leitet über zur reinen achsialen Beanspruchung mit Achse D_B des Druckminimums und aus dem funktionalem Gefüge dieser Beanspruchung am homogenen Körperelement lassen sich die Zugrisse $\perp D_B$ und die achsiale Symmetrie ableiten, die Gleitebenen $\| D_B$ falls die Beanspruchung keine rein achsiale, sondern eine merklich allgemeine ist. Rein achsiale Beanspruchung (1) führt nicht zur affinen Zergleitung nach Ebenen, sondern nach Doppelkegeln mit Achse $\| D_B$, rollende allgemeine (dreiachsige) Beanspruchung (2) oder rollende zweidimensionale (mit unveränderlicher Achse $= D_B$) Beanspruchung (3) führt zur affinen Zergleitung mit Gleitebenen parallel Rotationsachse, welche mit D_B zusammenfällt. Alle drei führen zu einer Formung mit gleicher Symmetrie (unendlichzählige Symmetrieachse $= D_B$, Symmetrieebene $\perp D_B$ und mit gleicher „B-Achse" $(= D_B)$ aber mit verschiedenen Teilbewegungen für 1 und 2 (3) und mit einaktiger (1) oder mehraktiger Formung. Nur die Gefügemerkmale für die betreffenden Teilbewegungen nicht aber die achsiale Symmetrie des betreffenden Gefüges (z. B. eines „B-Tektonites") an sich können unter den nach den kinematischen Bilde und nach den erzeugenden Funktionalgefüge eben unterschiedenen Fällen entscheiden.

Die bis hieher hauptsächlich betrachtete monokline einscharige Scherbewegung (in ihren Kräften betrachtet „Scherung") hat während der Verformung in der Ebene (XZ) der zweidimensionalen Bewegung nur eine einzige Gerade konstanter Richtung und eine solche Gerade konstanter Richtung $\perp (XZ)$. Die Kinematik zweidimensionaler affiner aber auch nichtaffiner einschariger Scherbewegungen ist im geometrischen Experiment sowohl was Internrotationen als was Verzerrungen von Vorzeichnungen anlangt leicht darstellbar und verfolgbar durch zergleitende Kartonpakete mit den interessierenden Aufzeichnungen auf dem Querschnitt (XZ) zu welchem die Gleitrichtung parallel gelegt wird. Auch ist dieser Fall oft in Gesteinsgefügen nachweisbar und zusammen mit seinen erwähnten Überlagerungen der tektonisch wichtigste Fall für Transport und Einengung also für die beiden wichtigsten mechanischen Formungstypen der Erdrinde in gebirgsbildenden Zonen, abgebildet vom Profilgefüge bis ins Korngefüge sehr oft Korrelat und mit gleicher Symmetrie in beiden (tektonische Bewegung bis ins Korngefüge). Die nähere Betrachtung affiner und nichtaffiner einschariger Bewegungsbilder im geometrischen Experiment erfolgt später.

b) Affine Zergleitung nach zwei Ebenenscharen (zweischarige Scherung).

Die nun zu betrachtende rhombische zweischarige Scherbewegung (in ihren Kräften betrachtet „Scherung") hat während der Formung in der Ebene (XZ) der zweidimensionalen Bewegung zwei Gerade konstanter Richtung und eine solche Gerade ⊥ (XZ). Ihre Kinematik ist, wie die der einscharigen Scherung einfach und in typischen Überlagerungen aus Gesteinsgefügen namentlich aus Korngefügen sehr oft ablesbar und daher von gefügekundlichem Interesse, im geometrischen Experiment aber für Fälle mit Volumkonstanz im Endergebnis darstellbar, wenn man sie aus zwei symmetrisch zu einer Symmetrieebene Sp liegenden untereinander gleichen einscharigen (monoklinen) Scherungen zusammensetzt (s. Abbildung 1). Dies geschieht im „geometrischen Experiment" indem man die durch die erste einscharige Scherung verzerrten Vorzeichnungen abpaust und auf dasselbe oder ein neues Kartonpaket nun derart neu aufträgt, daß die mit diesem Paket zu vollziehende zweite einscharige Scherung spiegelbildlich zur ersten (in bezug auf Sp) und mit derselben einen Winkel bildend erfolgt z. B. $\varphi = 90^0$. Man erhält dann das Endergebnis einer zweischarigen Formung mit rhombischer Symmetrie des Scherflächensystems zwischen dessen Scherflächen (s, s') als Winkelsymmetrale Sp liegt; senkrecht auf Sp und auf den Scherflächen steht die Formungsebene D, in welche alle Bewegungen verlegt wurden; diese ist zugleich die Zeichenebene in Abb. 1 und die zweite bestehende Symmetrieebene der Formung; die dritte Symmetrieebene steht auf Sp und auf D senkrecht und alle drei Symmetrieebenen schneiden sich in Digyren, womit rhombische Symmetrie für das Bewegungsbild und für alle dasselbe ab-bildenden Gefügemerkmale gegeben ist.

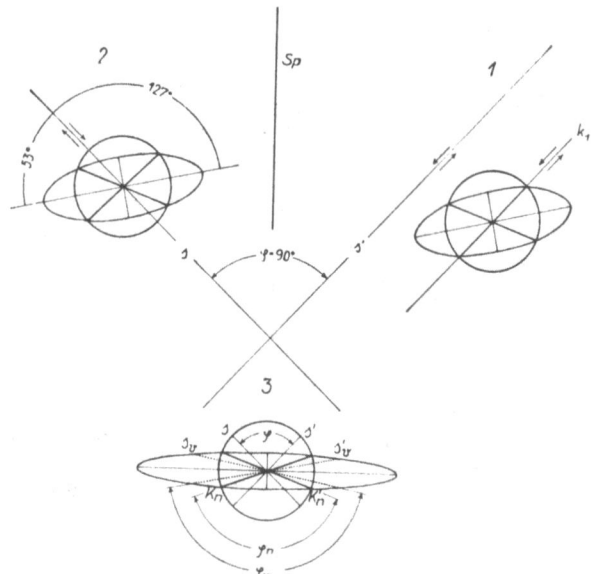

Abb. 1. Affine Zergleitung nach zwei Ebenenscharen s und s', welche ∴ φ konstant = 90^0 bilden und zu Ebene Sp spiegelbildlich liegen. Ebene Formung; geometrisches Experiment mit Kartonpaket; Deformationsebene = Zeichenebene.

Bei der beschriebenen zweischarigen Scherung wurde im geometrischen Experiment der Winkel zwischen den Scherflächen, $s \wedge s' = \varphi$ konstant gehalten ($\varphi = 90^0$). Mit diesen Scherflächen s und s' fallen weder die Kreisschnitte K_n und

K'_n des Endellipsoids ($K_n \wedge K'_n = \varphi_n$; $\varphi_n > \varphi$) zusammen noch die Vorzeichnungen s_v und s'_v, welche als bei Beginn der Formung angefärbte Ebenen im Endellipsoide stofflich (als gefärbte Körnchen) die Lagen bezeichnen, welche die Scherflächen im Ausgangsellipsoide bei Beginn der Deformation, noch $\varphi = 90°$ miteinander bildend, einnahmen; $s_v \wedge s'_v = \varphi_v$; $\varphi_v > \varphi_n > \varphi$. Wenn also der Winkel φ der Scherflächen konstant bleibt (= 90°), so treten (für die Deutung der Korngefüge sehr wichtige) Internrotationen der jeweils angelegten Scherflächen, wenn man sie stofflich festhält auf und es gilt:

1. Die betätigten winkelkonstanten Scherflächen fallen bei der zweischarigen Scherung nur im ersten Moment der Scherung mit den Kreisschnitten des entstehenden Ellipsoids zusammen, wenn der Winkel der betätigten Scherflächen konstant bleibt, nicht aber mit den Kreisschnitten der durch die affine Formung aus dem ersten Ellipsoid weiterhin hervorgehenden Ellipsoide.

2. Die stofflichen Vorzeichnungen (z. B. gefärbte Körnerlagen) der erstangelegten Scherflächen, welche zugleich Kreisschnitte mit Winkel φ sind werden sofort internrotiert derart, daß ihr Winkel $s_v \wedge s'_v = \varphi_v$ wächst und zwar hinauswächst, sowohl über φ als über den Winkel der Kreisschnitte des Endellipsoids φ_n, welcher zwischen φ und φ_v liegt.

3. Nennen wir die Differenz zwischen dem Winkel φ der in einem bestimmten Zeitpunkt betätigten Scherflächen und zwischen dem in diesem Zeitpunkt erreichten Wert φ_v den Winkel φ_i — also $\varphi_i = \varphi_v - \varphi$ — so ist φ_i immer positiv und umso kleiner je mehr der Gleitwiderstand in den Scherflächen durch deren Anlage und Betätigung im Vergleich zum Gleitwiderstande außerhalb der Scherflächen vermindert wurde. Denn wird dieser Gleitwiderstand genügend vermindert, so bleibt der Winkel $s \wedge s' = \varphi$ nicht konstant, wie in unserem geometrischen Experiment und wie dies für isotrope Bereiche gilt, sondern vergrößert sich, indem die Scherflächen nicht sogleich mit konstantem φ neu angelegt werden, sondern die Gleitungen auch weiterhin in den internrotierten stofflichen Vorzeichnungen der Anfangsscherflächen erfolgen bis zu einem oberen Grenzwerte ihres Winkels $\varphi_v > \varphi$, welcher von der Verminderung des Gleitwiderstandes in den Scherflächen abhängt. Winkel φ_i ist also ein Maß der Anisotropisierung des Körpers durch die zweischarige Scherung und je größer diese wird, desto kleiner wird Winkel φ_i. Winkel φ_i ist in geregelten Korngefügen abbildbar.

Einen anderen Fall als den eben betrachteten veranschaulicht Abb. 2. Ein in sich verschiebbares quadratisches Drahtgitter auf hellgrauer Unterlage trägt eine weiße Zeichnung, Kreis mit Radien, kongruent mit einer schwarzen Zeichnung auf der Unterlage. Die Verformung des Gitters führt den weißen Kreis in die Hauptellipse einer zweischarigen, zweidimensionalen affinen Deformation über, wobei die Radien eine Vorzugsrichtung (Regelung) erhalten und das Volumen sich verringert, wie der Vergleich der Monde um das Mittelfeld zeigt. In diesem Falle ist Winkel φ der Gleitebene nicht konstant und die Gleitungen erfolgen während der ganzen Formung in den Kreisschnitten des Formellipsoides, deren Winkel miteinander, φ, sich nach der Formel $tg \dfrac{\varphi}{2} = \dfrac{a}{b}$ ändert, wenn a der größere, b der kleinere Durchmesser der Ellipse (bzw. Diagonale des Drahtrhombus) ist. Neben einer rechenbaren Volumabnahme zeigt dieser Sonderfall maximale Festigkeitsanisotropie — Gleitung nur in den Kreisschnitten möglich — und Internrotation (der Gleitebenen), wie wir solche in bestimmtem Grade am früher betrachteten Falle im isotropen Bereich beginnender Zerscherung und Abbildung derselben im Gefüge mitbeteiligt fanden.

c) Aus den bisherigen zusammengesetzten Bewegungsbilder affiner Formung.

Die bisher betrachteten einfacheren Formungen lassen sich, wie schon erwähnt, in den verschiedensten geometrisch beschreiblichen und symmetrologisch typisierbaren Überlagerungen darstellen und in verwirklichten Fällen begegnen; derart, daß die Zusammensetzung keine rein geometrische Angelegenheit ist, sondern wirklichen zeitlich und räumlich definierbaren Überlagerungen einfacherer Akte und Bewegungsbilder entspricht.

Die einzelnen Formungen sind einander gegenüber um bestimmte Achsen rotiert, welche Symmetrieachsen senkrecht auf Symmetrieebenen bleiben — also z. B. angenähert zweidimensionale Formungen mit gemeinsamer konstanter Formungs-(und Symmetrie-)ebene ⊥ auf Rotationsachse. Hiebei ergeben auch

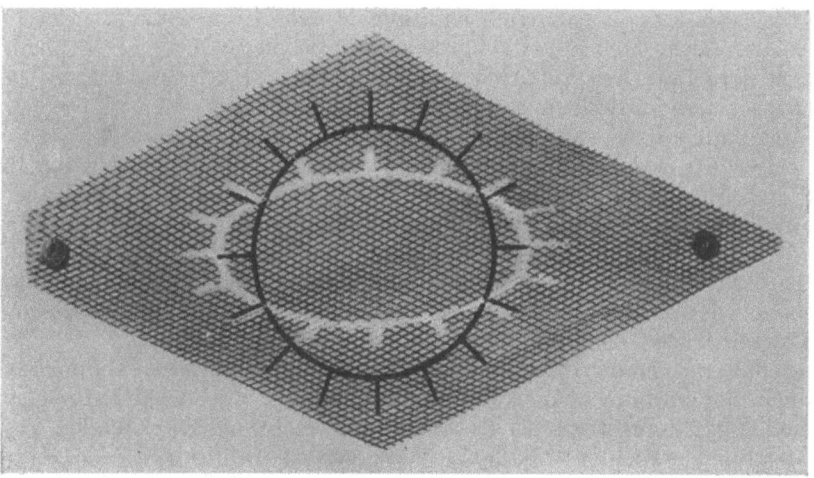

Abb. 2. Affine Zergleitung wie Abb. 1, aber mit wachsendem φ.

rhombische zweischarige Formungen in der Überlagerung monokline Symmetrie, falls ihre Ellipsoidachsen nicht zusammenfallen. Aus einscharigen und zweischarigen Formungen lassen sich geometrisch alle Fälle zusammensetzen. Wirkt eine rhombische zweischarige Formung fort und es wird gleichzeitig der betrachtete Bereich um B, eine Ellipsoidachse konstanter Lage und Schnittgerade der Scherflächen, rotiert, so werden die Internrotationen untereinander ungleich — man kann sie als von der Externrotation überlagert darstellen — damit wird die Bewegung monoklin: s rotiert mit anderer Geschwindigkeit als s', ebenso die beiden Kreisschnitte. Es ist s auch hinsichtlich des Festigkeitsverhaltens und der Gefügebildung in s von s' verschieden.

Rein geometrisch sind in jedem Augenblick der zweidimensionalen Formung die Kreisschnitte des Formellipsoids unverzerrte Ebenen (Diametralebenen der Ausgangskugel). Da sie aber rotieren gibt es keine stoffliche (z. B. durch Farbkörnchen gezeichnete) Ebene, welche während des Ablaufes der Deformation unverzerrt bleibt. Vielmehr sind die Kreisschnitte der verschiedenen in der ebenen Verformung aufeinander folgenden Ellipsoide zwar in jedem Zeitpunkte gewesene Diametralkreise der Ausgangskugel, in keinem Zeitpunkte aber bestehen sie aus unverzerrtem Material und sie bestehen in jedem Zeitpunkte aus wieder anderem Material.

Für die Abbildbarkeit im Gefüge kommt bei einschariger ebener Scherung der eine Kreisschnitt als solcher in Frage, da er zugleich die Gleitebene ist, stofflich konstant („stoffkonstant") und unverzerrt bleibt und zwar für alle Ellipsoide der Formung. Bei zweischariger (rhombischer oder monokliner) ebener Scherung aber kommen nicht die rotierenden Kreisschnitte zur Abbildung im Gefüge, sondern die Gleitebenen, bzw. der von ihnen unter mehr oder weniger häufiger Neuanlage und Rotation durchwanderte Doppelkeil im Material (an jeder Stelle des betrachteten affin verformten Bereiches). Haben die beiden durchwanderten Keile ungleiche Winkel $\alpha > \beta$, so sind auch die Geschwindigkeiten $v =$ Winkel/Zeit der Durchwanderung verschieden $v_\alpha > v_\beta$. Mithin dauert die Einwirkung der zu Keil β, dem schärferen Keile gehörigen Einzelgleitflächen auf dieselbe stoffliche Ebene länger. Die Verschiedenheit der beiden Keile kann also im Material in zweierlei Weise abbildbar sein:

1. Als Verschiedenheit der Keilwinkel z. B. wenn man sich in die Gleitebenen der Keile Scheibchen eingeregelt oder scharfe Scherrisse erzeugt denkt, so ist die Gleichrichtung (Regelung) in Richtung des schärferen Keiles schärfer.

2. Als verschiedene Einwirkungsdauer von Scherspannungen z. B. wenn man sich zeitfordernde Kristallisationen an der Auslösung der Spannungen beteiligt denkt, so ist deren Rolle im scharfen Keile begünstigt.

Aber ganz abgesehen von Einzelheiten, ist zu erwarten, daß z. B. bei der in geologischen Körpern häufigen schiefen Pressung mit Überlagerung von Intern- und Externrotation die Verschiedenheit der Rotationen (Verschiedenheit des schärferen und des unschärferen Keiles) der Gleitflächen (nicht der Kreisschnitte!) im Gefüge zur Abbildung gelangt.

Bei schiefer Pressung ist der schärfere Keil derjenige, dessen Anfangsgleitebene mit der pressenden Außenkraft den kleineren Winkel bildet als die andere Anfangsgleitebene.

Im Falle der geraden symmetrischen Pressung bei konstantem Volumen besteht ein einfacher Zusammenhang zwischen dem Winkel 2φ der Gleitflächen (s und s_1) zweischariger Zergleitung bei Beginn der Betrachtung, dem Winkel $2\varphi_1$, der während der betrachteten Formung verschwenkten stofflichen (z. B. gefärbten) Ebenen, welche mit s und s_1 bei Beginn zusammenfielen, der Dimension des betrachteten Bereiches gemessen parallel zur Pressungsrichtung, h bei Beginn und h_1 am Ende der Formung (s. Abb. 3).

$$\frac{h_1}{h} = \sqrt{\frac{\operatorname{tg}\varphi_1}{\operatorname{tg}\varphi}} \quad \text{also für } h = 1,\; h_1 = \sqrt{\frac{\operatorname{tg}\varphi_1}{\operatorname{tg}\varphi}}$$

Der Querschnitt A, B, C, D wird bei volumkonstanter Pressung gleich dem Querschnitte A_1, B_1, C_1, D_1; der Winkel φ wird Winkel φ_1; h wird h_1; q wird q_1.

Dann bestehen folgende Beziehungen:

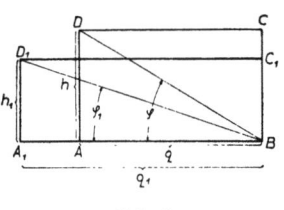

Abb. 3.

1. $qh = q_1 h_1 = k$; $\dfrac{q}{q_1} = \dfrac{h_1}{h}$

2. $\operatorname{tg}\varphi = \dfrac{h}{q}$; $\operatorname{tg}\varphi_1 = \dfrac{h_1}{q_1}$

$\dfrac{\operatorname{tg}\varphi}{\operatorname{tg}\varphi_1} = \dfrac{hq_1}{qh_1} = \dfrac{hq_1}{h_1 q}$; $\operatorname{tg}\varphi\, h_1\, q = \operatorname{tg}\varphi_1\, h q_1$

3. $\operatorname{tg}\varphi_1 = \operatorname{tg}\varphi\, \dfrac{h_1 q}{h q_1}$; für $\varphi = 45^0$, $\operatorname{tg}\varphi = 1$ ist

4. $\operatorname{tg}\varphi_1 = \dfrac{h_1 q}{h q_1}$; aus 1) ist $\dfrac{q}{q_1} = \dfrac{h_1}{h}$; gibt in 4 eingesetzt

5. $\operatorname{tg}\varphi_1 = \dfrac{h_1^2}{h^2}$; $\dfrac{h_1}{h} = \sqrt{\operatorname{tg}\varphi_1}$; $h_1 = h\sqrt{\operatorname{tg}\varphi_1}$; für $h = 1$ ergibt sich

6. $h_1 = \sqrt{\operatorname{tg}\varphi_1}$; für $\varphi = 45^0$ und $h = 1$, $\varphi_1 < 45^0$

Ist $\varphi \neq 45$, so ergibt sich aus 3)

$$h_1 = \sqrt{\frac{\operatorname{tg}\varphi_1}{\operatorname{tg}\varphi}}$$

5. Beispiele affiner und nichtaffiner Bewegungsbilder.

Endogen-affine und exogen-nichtaffine Formung; Grenzfläche homotaktisch und heterotaktisch; Unstetigkeitsflächen erster und zweiter Art; Aufwärtsbau und Abwärtsbau; Krümmung einer Ebene durch Zergleitung; affine und nichtaffine tektonische Bereiche; Umscherungen; Scherfalte; geometrisches Experiment.

Die praktische Bedeutung der kinematisch und symmetrologisch besonders gut kennzeichenbaren affinen Bewegungsbilder und ihrer Zusammensetzungen liegt darin, daß affin verformte Bereiche in geologischen Körpern häufig ablesbar sind; insbesonders als Teilbereiche in größeren nichtaffinen Bewegungsbildern. Ferner führen die am homogenen Körperelement auftretenden Kräfte, wenn man (W. Schmidt u. Lindley) deren Größe und Richtung darstellt, zu Sonderfällen affiner Formung (bei achsialer, ebener und dreidimensionaler Beanspruchung), so daß diese einfachsten Typen funktionaler Gefüge manchen einfachen Typen affiner Formung und deren schon lange bekannten Vertretungen in Gesteinsgefügen gut zuordenbar sind; ohne daß dies etwa für alle letzteren gilt.

Bei nichtaffiner Umformung kann das erzeugte Gefüge für unsere Beobachtungsmittel sowohl homogen als inhomogen sein, wie namentlich die Korngefüge mancher Falten veranschaulichen. Man hat also zwischen der Homogenität (Affinität) der Teilbewegung und der Homogenität des erzeugten Gefüges gedanklich zu unterscheiden.

Der überaus weiten Verbreitung nichtaffiner Bewegungsbilder irdischer Gesteine entsprechen zwei ganz verschiedene Entstehungsbedingungen: Mechanische Inhomogenität des betrachteten Bereiches schon vor Beginn der Umformung — Grenzflächen enthaltende Bereiche endogener nichtaffiner Umformung — und zweitens (meist rhythmische) Änderungen physikalischer Größen der Umformung, ohne daß diesen Änderungen irgendwelche Inhomogenität des Bereiches vor Beginn der Umformung entspricht — exogene nichtaffine Umformung. Für die Betrachtung der Morphologie des Gefüges, nicht der Grenzflächen selbst, kommt die exogene nichtaffine Umformung ganz besonders in Betracht. Auch alle affine Umformung ist übrigens in diesem Sinne exogen. Man kann ja auch (vor Beginn der Umformung) inhomogene Bereiche für viele Betrachtungen in homogene zerlegen.

Von den der Umformung mit (mechanisch unwirksamen) Kreisen bedeckten vorwiegend fast eben umgeformten und in der Ebene der Umformung gezeichneten Plastilin- und Kartonpaket-Präparaten zeigen Abb. 4 (Plastilin) und Abb. 5 (Karton ⊥ Zeichenebene geschnitten) höchstsymmetrische (rhombische) Biegung, als Ganzes nichtaffin umgeformte Bereiche. Die Biegung verläuft in Abb. 4 in der bekannten Art der Biegung eines Stabes mit unverzerrter Faser (unverzerrte Kreise) ∥ zum Stabe; in Abb. 5 mit ganz anderer Teilbewegung nämlich als Biegegleitung zwischen den Blättern mit unverzerrter Faser ⊥ zum Stabe. Abb. 6 zeigt mindersymmetrische (monokline) Biegung durch Biegegleitung ohne unverzerrte Faser. In allen 3 Fällen wäre ein zu den veranschaulichten Umformungen symmetriegemäß gebildetes Gefüge im Gesamtbereich der ganzen Deformation betrachtet inhomogen, im Teilbereiche einzelner genügend kleiner Ellipsen homogen. Die affine Umformung größerer Teilbereiche des Präparates ergibt sich für Abb. 5 und 6 randlich dort, wo kongruente Ellipsen gleichgerichtet liegen, und die benachbarten Begrenzungen des Kartonpaketes (im Experimente nur angenähert) gerade blieben. Alle drei geometrischen Experimente veranschaulichen Externrotationen um das Lot zur Formungs-(und Zeichen-)ebene, in bezug auf ein fixes Koordinatensystem. Die Symmetrie der Gesamtbereiche und aller dem Umformungsakte zuordenbaren Daten (Bewegungsbild, erzeugtes

Kleingefüge usw.) ist für Abb. 6 monoklin, für Abb. 4 und 5 höher: rhombisch (mindersymmetrisch). Die Symmetrie kleinerer Bereiche ist in Abb. 6 im Bereich

Abb. 4.

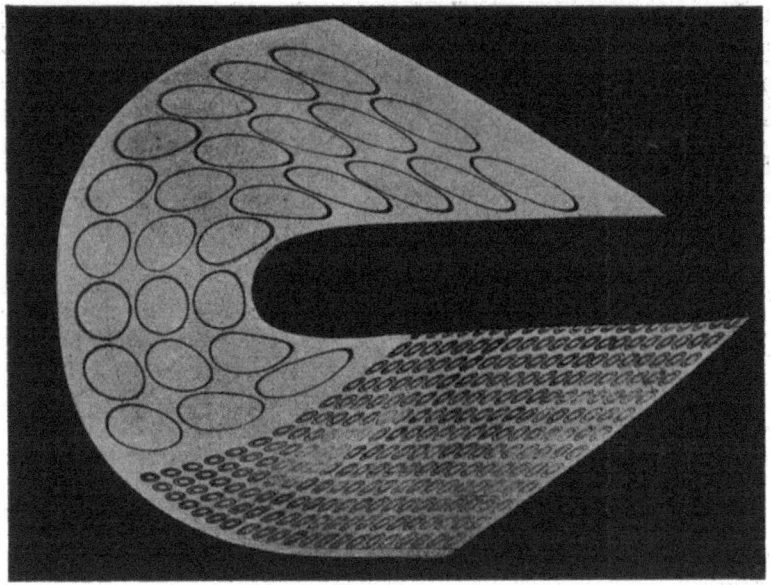

Abb. 5.

der Biegung überall monoklin, in Abb. 4 und 5 fast überall, in der Spur der Symmetrieebene ⊥ zur Zeichenebene aber rhombisch. Die Nichtaffinität der

Umformung aller drei Präparate ist exogen, sie ist also nicht durch Inhomogenität vor der Umformung, aber auch nicht durch Einwirkung von Grenzflächen erzeugt wie die randliche Nichtaffinität in Abb. 7, 8 und 9, in welch letzterer die Inhomogenität der Begrenzung zur Externrotation (rechts und links!) geführt hat.

Abb. 9 zeigt diesen nichtaffinen Bereichen gegenüber affindeformierte mit einschariger Zergleitung im Kartonpaket (unten), mit anderen Teilbewegungen im schiefgepreßten Teige (oben), Bewegungsbilder, welche in beiden Fällen ebener Umformung zur gleichen Ellipse mit Internrotation führten. Es ist damit auch das Ergebnis der kinematischen Analysen veranschaulicht, daß dieselbe Umformung nicht nur gedanklich, sondern reell verschieden zusammengesetzt werden kann.

Endogene Nichtaffinität. Für die Umformung vor Beginn der unrückläufigen Umformung inhomogener Gefüge sind besonders wichtig die elastizitäts-

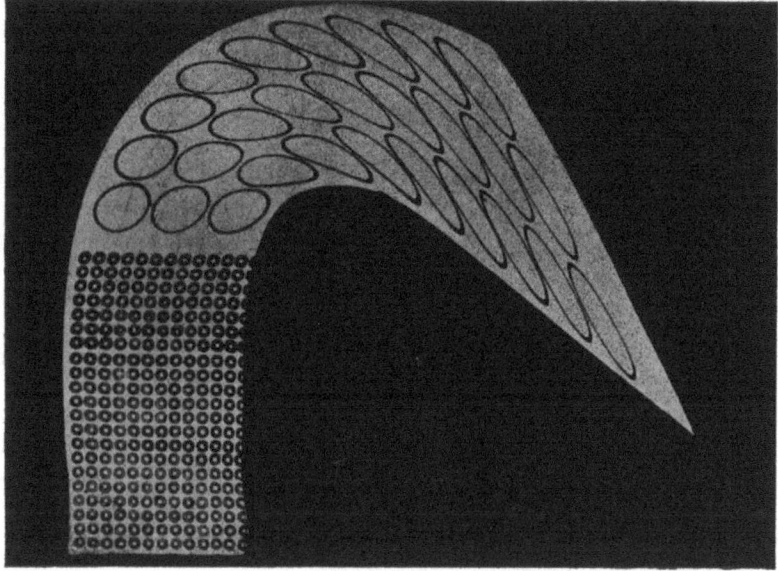

Abb. 6.

theoretisch und experimentell vielfach untersuchten Spannungsstörungen durch Inhomogenitäten im Sinne von Grenzflächen jeder Art. Es sind das nicht nur die bestanalysierten Fälle des Einflusses von Grenzflächen auf die in diesem Falle elastische Gefügebildung, sondern sie wirken sich im Korngefüge vielfach aus: die Spannungen sind am Kontakt mit mechanisch heterogenen Körnern höher und führen dort früher zu unrückläufigen rupturellen oder stetigen Deformationen.

Um die Bedeutung mechanischer Grenzflächen für die Gefügebildung in den begrenzten Gefügen bei Durchbewegung übersichtlich zu machen, kann man von einer Kennzeichnung der Grenzfläche durch Typisierung des Festigkeitsverhaltens der begrenzten Gefüge (A, B) ausgehen. Je verschiedener dieses Festigkeitsverhalten ist, desto weniger Gemeinsames haben die Bewegungen in A und in B bei gemeinsamer gleichzeitiger Beanspruchung von A und B, desto unabhängiger voneinander und schwieriger in ein Bewegungsbild zusammenfaßbar sind die Teilbewegungen in A und in B und auch die denselben zuordenbaren Gefüge. Grenzfälle sind z. B. Luft und Wasser gegen starre Teile der Erdoberfläche, wenn wir dabei nicht die Bewegungen an der Grenzfläche selbst betrachten. Übergangsfälle zeigen die tektonischen Profile nicht zu großer Tiefe an mechanisch verschiedenen Lagen, die Grenzflächen Schmelze-Gestein in verschiedenen Rindentiefen, die Bewegung an der Grenzfläche windbestrichener Gewässer u. a. m. Eine Formung durch dieselbe Symmetrie des formenden Funktionalgefüges ergibt aber auch für mechanisch verschiedene isotrope Nachbarbereiche symmetriegemäße Gefüge.

Eine erste Bedeutung der Grenzfläche G für die Gefüge liegt also darin, daß sie bei gemeinsamer Durchbewegung Teilbewegung A_t von Teilbewegung B_t trennt und nach der Durchbewegung voneinander unterscheidbare, durch diese Teilbewegungen erzeugte Gefüge A_g und B_g.

Die Verschiedenheit von A_g und B_g ist schon bei isotropem Ausgangsmaterial für A_g und B_g gegeben durch das vorausgesetzte verschiedene Festigkeitsverhalten, ferner durch den Verlauf der Kraftlinien an G; bei anisotropem Ausgangsmaterial weiter noch beeinflußt von Art und Orientierung der Anisotropie. Hiernach kann in Sonderfällen die Grenzfläche nach der Durchbewegung zwei („homotaktische") Bereiche mit übereinstimmender Gefügesymmetrie trennen. Im allgemeinen Falle aber wird das bei anisotropem Ausgangsmaterial nicht eintreten. Man hat also z. B. in gemeinsam belasteten und durch die Ebene G getrennten anisotropen Bereichen A und B zunächst allgemein mit der Möglichkeit zu rechnen, daß sich A_g und B_g auch in der Raumlage ihrer Symmetriedaten unterscheiden, wenn auch durch Ana-

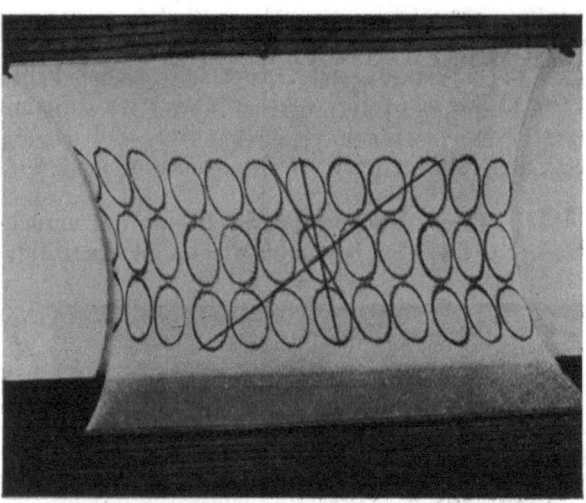

Abb. 7. Festigkeitsanisotropes Tuch durch Belastung der unteren Leiste freihängend gedehnt; Schiefstellung der aus aufgezeichneten Kreisen entstandenen Ellipsen; „ungezwungene" Formung: die Festigkeitsanisotropie kommt zu Worte (weiteres später im Text); vgl. Abb. 25.

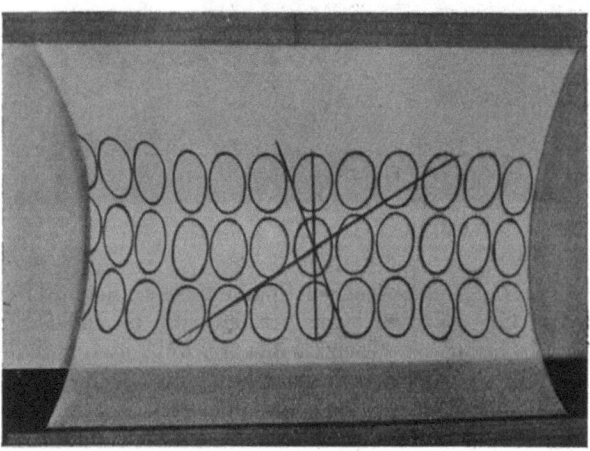

Abb. 8. Wie Abb. 7 aber Verschiebung der unteren Leiste verhindert; gerade Stellung der Deformationsellipsen trotz der Festigkeitsanisotropie; „gezwungene" Formung: die Festigkeitsanisotropie kommt nicht zu Worte.

lyse auf die gemeinsame Belastung beziehbar bleiben können („heterotaktische" Bereiche, bzw. Gefüge).

Eine weitere Bedeutung der Grenzfläche für das Gefüge tritt hervor, wenn wir nicht wie soeben die ihrem unmittelbaren Einflusse entrückten Bereiche A und B, sondern das unmittelbar beeinflußte Gefüge in genügender Nähe von G betrachten.

Die Gefügeanalyse solcher Bereiche hat gelehrt, daß dieses Gefüge G durch die Kinematik der Grenzfläche selbst entscheidend geprägt wird, sei diese nur einmal oder in beliebig dichter paralleler Wiederholung vorhanden (z. B. raumrhythmisch wiederholte flächige Parallelgefüge durch Schichtung oder Zerscherung). Die Kinematik der Grenzfläche selbst wird aber durch drei Erfahrungstatsachen gekennzeichnet. Diese sind:

1. Auftreten von Relativverschiebung von A und B, also von Gleitung in G.
2. Verbiegung von G im Verlauf der Gleitung, also Biegegleitung in G. Dabei hat die jeweilige Verbiegung eine „Falten"-Achse, auf welcher eine Symmetrie-

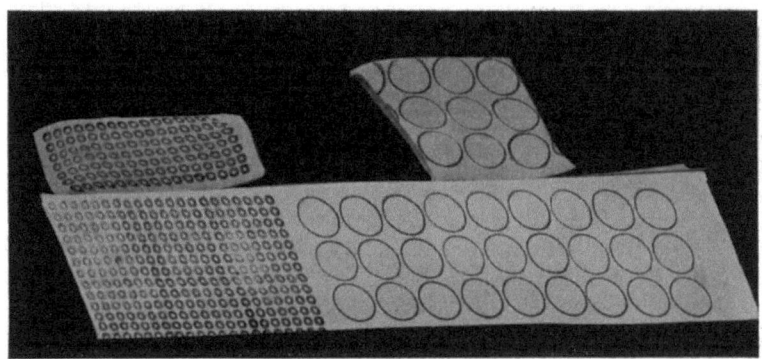

Abb. 9. Gleiche Umformung von Kreisen in Ellipsen in der Ebene affiner zweidimensionaler Formung (= Zeichenebene) an Kartonpaket (unten) und Plastilinblock (oben) bei ganz verschiedener Teilbewegung. Plastilin: schiefe Pressung, randlich beginnende Externrotation. Kartonpaket: einscharige affine Zergleitung, nur Internrotation.

ebene E normal steht. In letzterer liegt die lineare Gleitgerade a und die Symmetrieebene ist im Falle rein zweidimensionaler „ebener" Umformung die Formungsebene der Kinematik. E ist auch die Symmetrieebene der erzeugenden Kräfte und Bewegungsbilder, kurz der erzeugenden Vektoren.

3. Diese Verbiegung ist häufig eine rhythmisch wiederholte.

Durch diese drei Tatsachen als Erfahrungstatsachen und zunächst rein kinematisch genommen ist das Gefüge G in allen wesentlichen Zügen bestimmt und deutbar.

Unstetigkeitsflächen „erster Art" begrenzen innerhalb eines Gebildes mit zusammenfaßbarem Bewegungsbild Teile mit unstetiger Änderung mechanisch wichtiger Größen.

Alle derartigen Grenzflächen I. A. verschwinden in der Erdrinde mehr und mehr mit zunehmender Rindentiefe, wie uns die Tektonik verschiedener Stockwerke lehrt. Es ergibt sich in bezug auf das Festigkeitsverhalten ein so stetiger Übergang zu den plutonischen Tiefen, daß wir nur in bestimmten Fällen eine mechanische Grenzfläche fest-flüssig — eine Grenzfläche zweiter Art — innerhalb der geologischen Materialien überhaupt begegnen; nämlich nur in den Fällen genügend hohen Aufwärtstransportes von Schmelzflüssen in Festes. Und nur so lange bestehen hier Grenzflächen zweiter Art und bedingen jene für die Deformation eines fest-flüssigen Systemes allein bezeichnenden Züge, für welche die Bezeichnung Intrusionstektonik berechtigt ist, als eben die Unstetigkeit der Grenzfläche besteht; also im allgemeinen nicht mehr für Deformationen nach zulänglichem Wärmeausgleich.

Als Unstetigkeitsflächen „zweiter Art" werden Grenzflächen bezeichnet (fest-flüssig-gasförmig), welche von keinem gemeinsamen Bewegungsbilde der begrenzten Medien überschritten werden, mithin absolute Begrenzungen eines Bewegungsbildes darstellen, welches selbst sie mannigfaltig beeinflussen. Einflüsse solcher Grenzflächen auf das Bewegungsbild strömender Medien — Einflüsse, welche die Strömung lenken — sind in der Bewegungslehre von Luft und Wasser analysiert und sind von dort eingehend auf die Intrusionsmechanik anwendbar; auch für elastische Wellen ist der Einfluß solcher Grenzflächen physikalisch klargelegt. Ferner ist durch die mechanische Technologie der Einfluß der äußeren und inneren Begrenzungsflächen fester Körper auf deren rückläufige und unrückläufige Formung untersucht. Von diesen Einflüssen kommen als gefügebildende zunächst folgende, insbesonders symmetrologisch, in Betracht: Einflüsse von Grenzflächen auf gefügebildende tangentale Strömung; Einflüsse elastischer Wellen auf Gefügebildung in Abhängigkeit von absoluten Grenzflächen.

Ein gefügebildender Einfluß gestaltlicher Begrenzung bei der Deformation geologischer Materialien ist nur im Festigkeitsversuch — als Fehlerquelle, wenn die Ergebnisse nicht symmetrologisch betrachtet werden — und in der Natur dann wirksam, wenn die Lage von gefügebildenden Scherflächen durch eine freie (Gas-, Wasser-)Begrenzung mitbestimmt ist. Für das tektonische Gefüge kommt der Einfluß absoluter Grenzflächen während der Deformation mehrfach in Frage („ins Freie führende Scherung" der Tektonik und Gehängetektonik).

Zunächst sind überhaupt alle tektonischen Deformationen obersten Niveaus solche mit einseitiger Begrenzung durch die absolute Grenzfläche fest-gasförmig oder fest-flüssig. Zur Kennzeichnung subaquatischer tektonischer Bewegungen gegenüber subaerischen dürfte insbesondere Beeinflussung von Transporten durch den Auftrieb für die vom Wasser untergriffenen Teile verwendbar sein.

Bei tektonischen Formungen kommt die Grenze gegen Wasser oder Luft, die Oberfläche in Frage als Bereich ohne Formungswiderstand gegenüber tektonischen Bewegungen. Die Oberfläche ist die einzige Grenzfläche ohne solchen Widerstand, welche die zu betrachtenden Bereiche tektonischer Formung begrenzt.

Mithin hängen die Formungen an der Oberfläche außer von den unmittelbar formenden Kräften nur vom betrachteten Materiale und von der Schwerkraft ab, welche für manche Betrachtungen wegfällt. Die Bedeutung der Oberfläche für die tektonische Formung hat man darin erblickt, daß man, allerdings ohne Beachtung der hier zu beachtenden Schwerkraft, das Ausweichen gegen diese Oberfläche für den Formungsvorgang mit kleinster Arbeit bei tangentaler Einengung hielt. Nach oben lösten die Tektoniker ihre Raumfragen für alle Tiefen mit Ausnahme Ampferer's und der seinem Vorgange folgenden. Hier aber nehmen wir die Bedeutung der Oberfläche als Fläche geringsten Widerstandes für obere Niveaus in Anspruch und deuten z. B. schief nach oben ausstreichende Gleitflächen in diesem Sinne als ein durch die Oberfläche mitbedingtes tektonisches Gefüge. Viele solche Gefüge lassen sich auch durch Ausweichen gegen unten entstanden denken; wenn wir an Stelle einer bekannten Oberfläche eine unbekannte Unterfläche mit bestimmten Eigenschaften denken wollen. Vom Standpunkt der Gefügekunde aus wird nicht untersucht, welche Kräfte und angenommenen Zustände ein allgemeines Ausweichen nach oben oder nach unten wahrscheinlicher machen, sondern welche gestaltlichen Merkmale einen Aufwärtsbau oder einen Abwärtsbau eines tektonisch geformten Erdrindenteils in Einzelfällen und nach diesen im allgemeinen erschließen lassen. Was man z. B. im geometrischen Experiment für entsprechende Fälle entnehmen kann, ist ob im betrachteten Bereich der Betrag der Relativverschiebung nach oben hin oder nach unten hin zugenommen hat bei horizontalen Transporten. Stellt man die Transportrichtung der Abb. 10 und 11 senkrecht, so ergibt sich auch hieraus keine Entscheidung, ob Aufwärtsbau oder Abwärtsbau vorliege, wenn man hiefür als bezeichnend annimmt nach welcher Richtung Gesteinstransporte stattgefunden haben. Man kann hier wie in anderen Fällen aus dem tektonischen Gefüge zwar Richtung und Betrag der Relativverschiebung ablesen, nicht aber wie sich für einen Teil oder für das Ganze die Entfernung vom Erdmittelpunkte geändert habe.

Exogene Nichtaffinität. Einen besonders wichtigen Sonderfall stellt die Verkrümmung einer rein visuellen, mechanisch wirkungslosen, vorgezeichneten Ebene E' dar, wenn das diese Ebene enthaltende Gefüge in Ebenen E nichtparallel zu E' zergleitet.

Bei affiner Umformung würde hierbei E' eine Ebene bleiben, ihre Schnitte mit allen Ebenen, in welchen wir das umgeformte Gebilde zur Untersuchung durchschneiden, wären Gerade. Das ist gegenüber den zufälligen Schnitten durch die Zertalung verformter Bereiche das wichtigste Kennzeichen affiner Formung für den Tektoniker: wo ebene Vorzeichnungen in allen Schnitten Gerade liefern, also eben geblieben sind, da herrscht affine Tektonik. Im Falle der gleichsinnigen Zergleitung in einer Ebenenschar E bedeute dies, daß die Geschwindigkeit, mit der sich zwei beliebige gleich weit voneinander entfernte E gegeneinander verschieben, im ganzen affinen Bereiche dieselbe ist, bzw. die Änderung der Wege in E, gedacht parallel einer fixen Abszisse wäre linear, wenn man das E-Paket auf einer fixen Ordinate $\perp E$ durchschreitet.

Bei jeder nichtlinearen Änderung wird die Vorzeichnung E' verkrümmt, und diese Krümmung ist der genaue geometrische Ausdruck des Gesetzes, welches die nichtlineare Zunahme der Wege x und damit den Charakter der betreffenden nichtaffinen Umformung bestimmt. Betrachtet man ebene Umformungen, legt die zergleitenden Pakete (Karton, Pappe) in Ebene (xy) eines rechtwinkeligen Koordinatensystems, nimmt x als Gleitrichtung und betrachtet in der Umformungsebene (xz), so ergeben die aus Geraden G in (xz) entstehenden Kurven bei Einrechnung des Winkels α zwischen G und x mittelbar, bei $\alpha = 90$ also $G = z$ unmittelbar das Gesetz der Deformation. In dieser Weise sind alle hier veranschaulichten „Umzeichnungen durch Zergleitung" oder Umscherungen erzeugt und alle wichtigen Fälle veranschaulicht, da affine und nichtaffine Umscherung bei ebener Umformung für die Entstehung von tektonischen und von Korngefügen eine sehr große Rolle spielt und die Beispiele zur Veranschaulichung analysierbarer nichtaffiner Umformung am besten geeignet sind.

Eine affine ebene Deformation durch Umscherung zeigt Abb. 12 und 13. Als Umformungsgesetz für alle nichtaffinen Deformationen ist (Becker) eine Krümmung des Lotes auf die Kartonpakete in eine logarithmische Kurve (siehe seitliche Begrenzung) gewählt. Während das Lot G in Abb. 12 und 13 eine Gerade blieb, geht es in Abb. 14 usw. in eine Kurve über. Es ist in Abb. 15, 16 anschaulich, daß die Deformation umsomehr fastaffin (Ellipsenbildung!) ist, je mehr sich die Kurve örtlich dem Verlauf einer Geraden nähert. Ferner ergibt sich, daß bei genügend enger Umgrenzung des betrachteten Teilbereiches einer solchen nichtaffinen Umformung an Stelle der Kurve ihre Tangente tritt und damit affine Umformung: Nichtaffine Formungen lassen sich in fastaffin geformte Teilbereiche zerlegen. In Abb. 15 ist die Zusammensetzung eines größeren nichtaffinen

Bereiches (großer verzerrter Kreis) aus Teilbereichen mit fastaffiner (Fastellipsen 1 und 2) und nichtaffiner (Nichtellipse 3) Umformung ersichtlich; so wie 1 läßt sich auch 3 wieder in analoge kleinere Bereiche zerlegen.

Die hier gewählte logarithmische charakteristische Kurve (bzw. Gleichung) der Umscherung dient nur als eine der möglichen Kurven für stetige Zunahme oder Abnahme der Relativverschiebungsbeträge in einem nichtaffin geformten Gleitgefüge zur Veranschaulichung der bei solcher Umscherung auftretenden Umzeichnung verschiedener Vorzeichnungen. Die Umzeichnungen hängen ab vom Betrage der Relativverschiebungen in der Umzeichnung, von der Lage der Scherfläche gegenüber der Vorzeichnung und von der Gleitrichtung. In allen Fällen ist die charakteristische Kurve der Umscherung (das ehemalige Lot auf E) in der Mitte oder am Rande ersichtlich.

In allen Beispielen verläuft die Gleitung mit gleichsinniger Relativverschiebung in allen E-Ebenen, also so wie es z. B. freiem Abfließen eines ins Gleiten geratenen Bretterstoßes entspricht.

Da bei vielen (längs Böden oder Wänden) angenähert tangentalen Transporten geologischer Gebilde ein Abfließen des Gebildes durch Zergleitung in tangentalen Gleitflächen erfolgt und sehr oft die Vorzeichnungen (z. B. als Sedimentationsflächen) ebenfalls eben sind, so ist zunächst die Verzerrung von Geraden bei verschiedenem Winkel zwischen E' und E und verschiedener Gleitrichtung zu beachten. Die Verzerrung solcher Geraden bildet zuerst eine liegende Scherfalte (Gleitbrettfalte W. Schmidt's), wenn die Gleitung in E in derselben Richtung erfolgt, in welcher E' einfällt; also widerhaarig gegen die Spuren von E'. Die Falte wird S-förmig, wenn die Kurve einen Wendepunkt besitzt und es ergibt sich, daß aus der Richtung von Faltenscharnieren nicht ohne weiteres auf den Relativsinn der Gleitungen und mithin auch nicht auf die Richtung des tektonischen Transportes geschlossen werden kann. Den Wendepunkten der charakteristischen Kurve entspricht also nicht eine Änderung im Sinne der Relativverschiebungen, wohl aber eine Änderung im Betrage der Relativverschiebungen und der Verschiebung gegenüber fixen Koordinaten. Dies ist in Abb. 14—16 unmittelbar anschaulich: Je steiler die charakteristische Kurve verläuft, desto kleiner sind die Relativverschiebungen. Die charakteristische Kurve verläuft am steilsten im Wendepunkt; bei gleicher Ordinate liegt auch der Wendepunkt der S-Falte. Jeder Einfluß also, welcher die Relativverschiebung ändert, z. B. größerer Gleitwiderstand in den mittleren Gleitlagen von Abb. 16 kann bei Umscherung S-Falten erzeugen und jeder rhythmische derartige Einfluß rhythmische S-Falten. Die Umzeichnung von Ebenen (bei ebener Umformung) ist für charakteristische Kurven ohne und mit Wendepunkt in Abb. 12—16, in eine Übersicht gebracht, welche in erster Annäherung das vielfach weiter zu vertiefende erste Urteil darüber, ob durch Umscherung umgezeichnete Naturprofile vorliegen, fallweise ermöglichen soll. Dieselben Figuren erlauben die Umzeichnung im Falle vorgezeichneter Falten für alle typischen Sonderfälle ohne weitere Erörterung abzulesen. Alle hierbei entstehenden Faltentypen sind dem Tektoniker bekannt, ihre Auffassung als Umzeichnungen durch Umscherung bei einsinnigem Abfließen ist möglich, bedarf aber stets der Untersuchung des Gefüges, wie sie im Abschnitt Falten durchgeführt ist (s. II. Teil) und der Beachtung der Mächtigkeitsänderungen, welche für derartige Umzeichnungen durch Abb. 14 und 10, 11, 13, 17, 18 typisiert und gekennzeichnet sind. Das allgemeinste Kennzeichen solcher Mächtigkeitsänderungen ist, daß die Mächtigkeitsänderung auch bei affiner einscheriger Zergleitung (Abb. 13) nicht nur von der Neigung der betreffenden Schichte vor der Umformung abhängt, wie dies der Fall ist, wenn eine vorgezeichnete, mechanisch unwirksame Platte in einem Teile sich bei vertikaler

Beispiele affiner und nichtaffiner Bewegungsbilder.

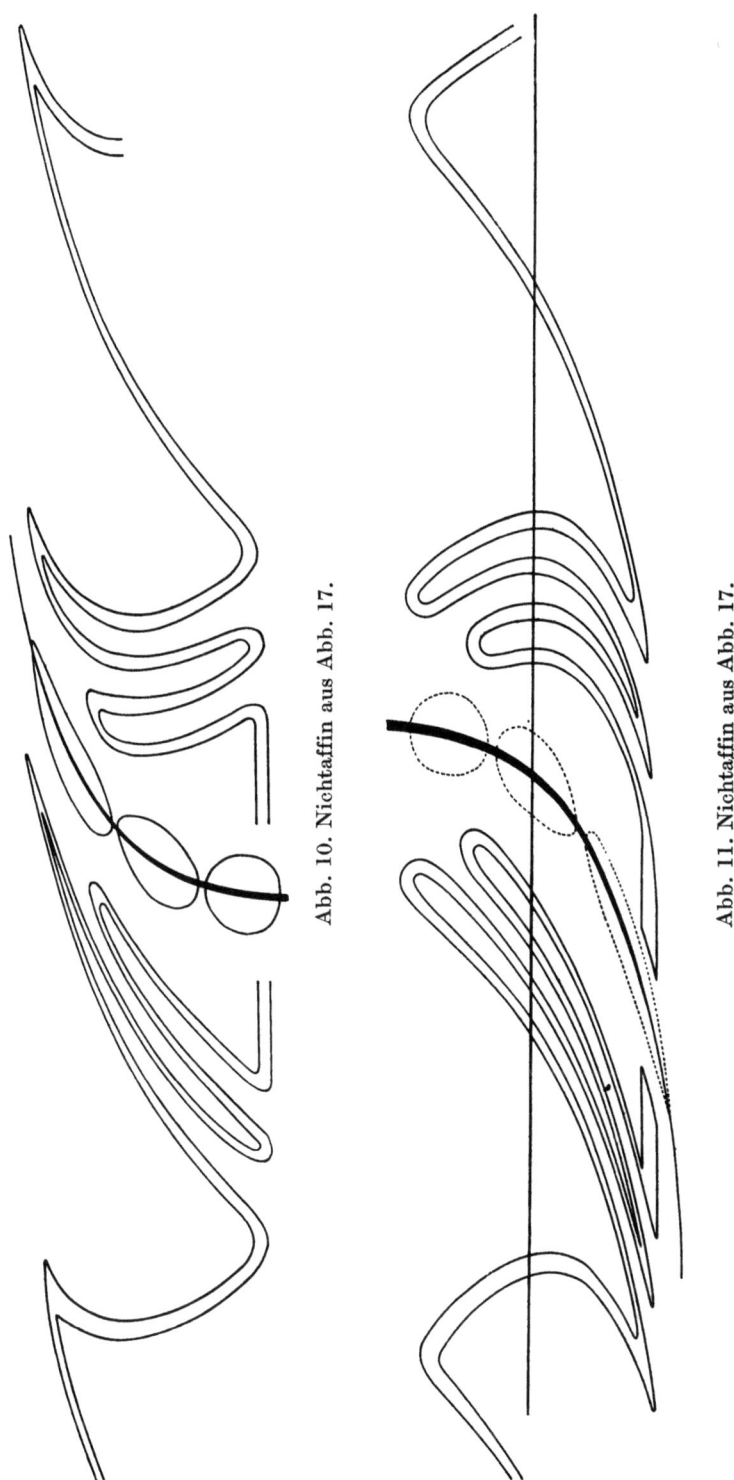

Abb. 10. Nichtaffin aus Abb. 17.

Abb. 11. Nichtaffin aus Abb. 17.

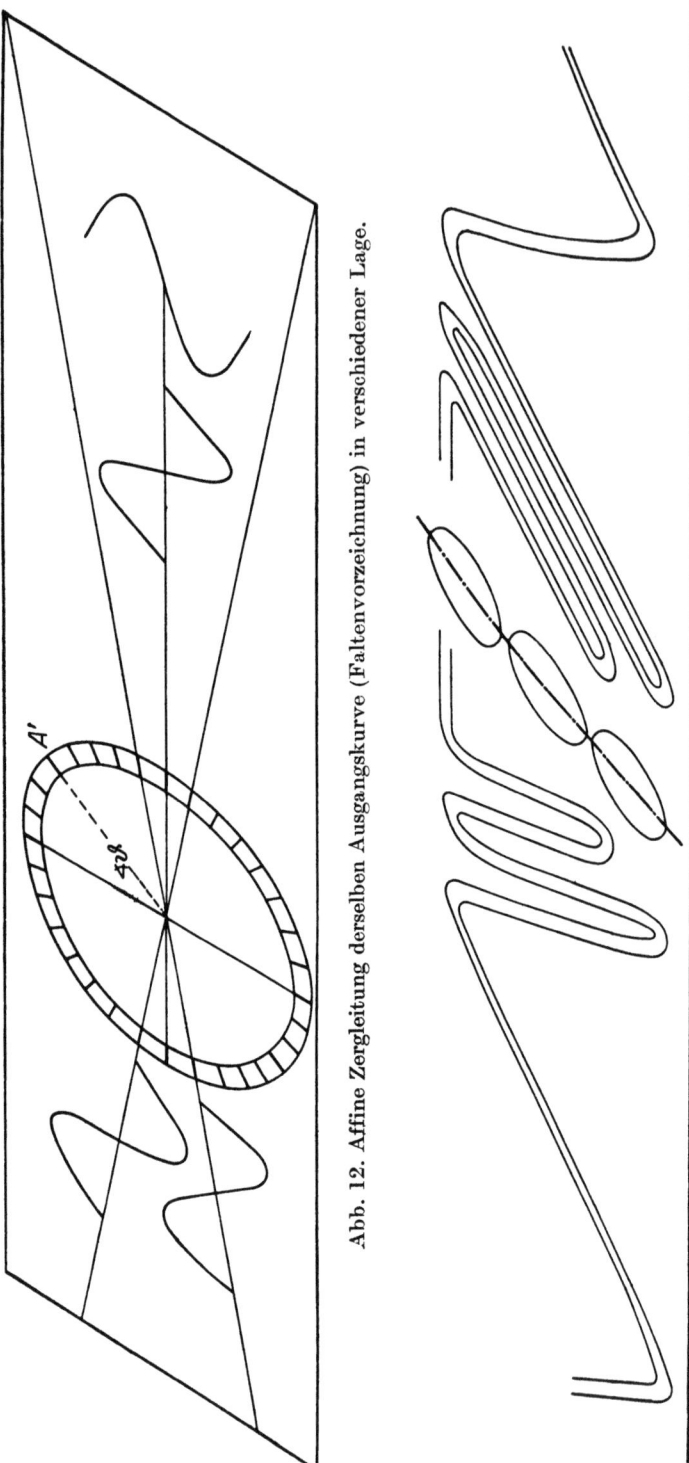

Abb. 12. Affine Zergleitung derselben Ausgangskurve (Faltenvorzeichnung) in verschiedener Lage.

Abb. 13. Affin aus Abb. 17.

Beispiele affiner und nichtaffiner Bewegungsbilder. 55

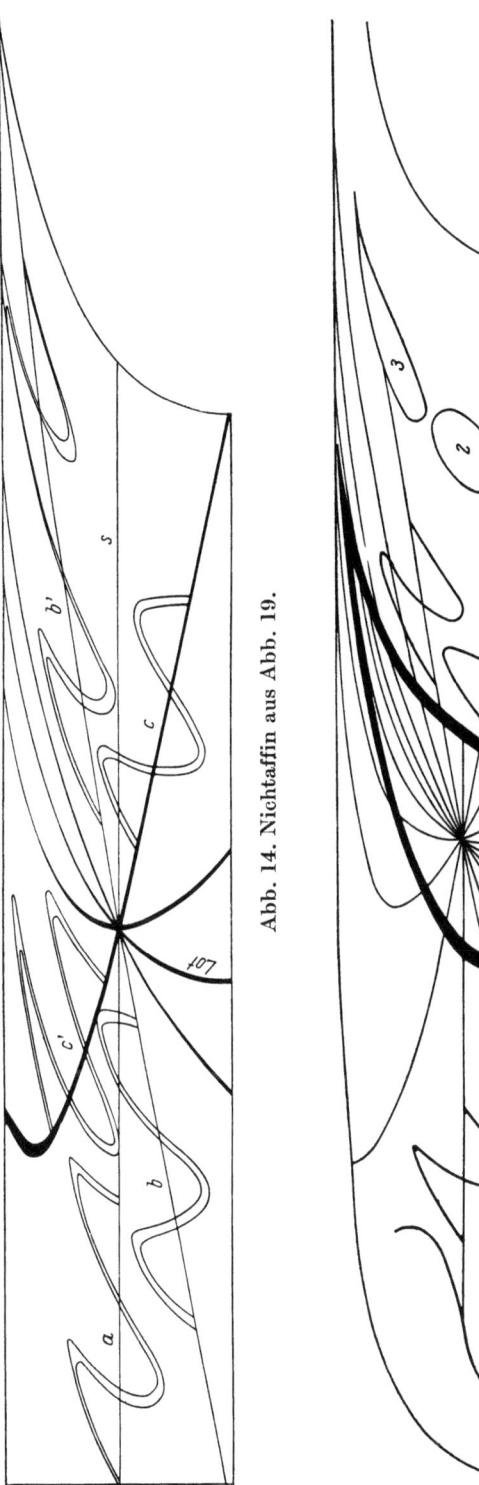

Abb. 14. Nichtaffin aus Abb. 19.

Abb. 15. Nach oben zunehmend, nichtaffine Zergleitung vorgezeichneter Kreise verschiedener Lage und Größe und einer Ausgangskurve (Faltenvorzeichnung) in verschiedener Lage.

56   Begriffliche Einführung.

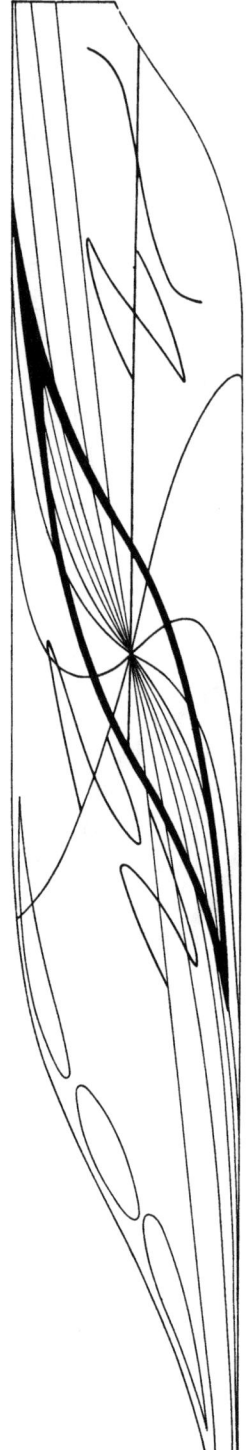

Abb. 16. Nach oben und nach unten zunehmend, nichtaffine Zergleitung derselben Vorzeichnungen wie in Abb. 15; mit Wendepunkt.

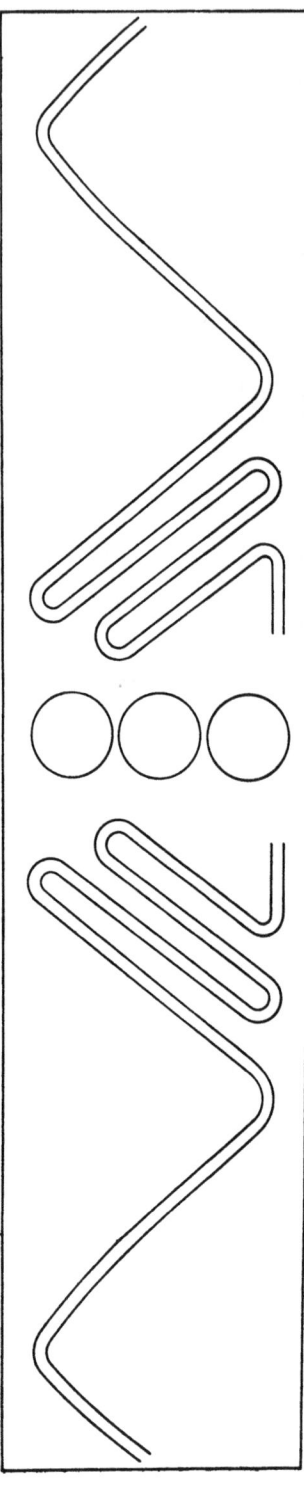

Abb. 17. Unzerglittene Vorzeichnung für Abb. 10, 11, 13, 18.

Beispiele affiner und nichtaffiner Bewegungsbilder. 57

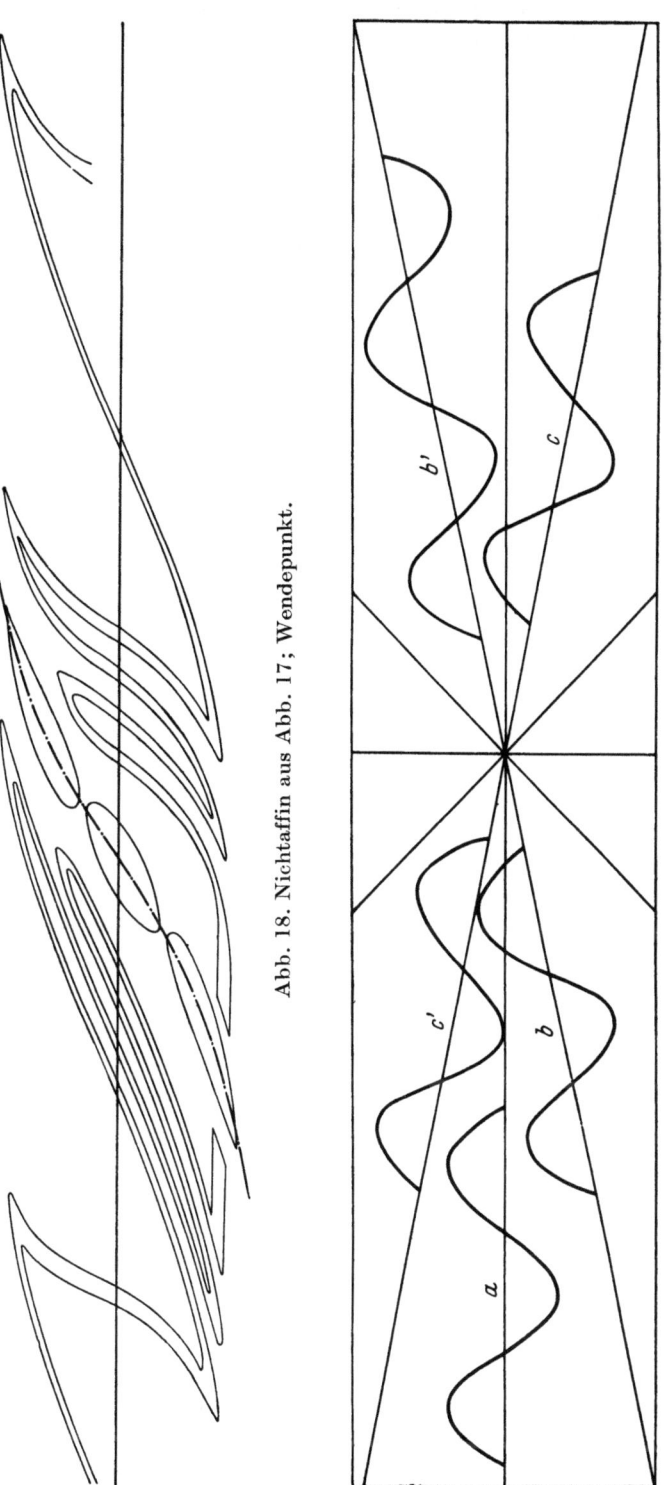

Abb. 18. Nichtaffin aus Abb. 17; Wendepunkt.

Abb. 19. Unzerglittene Vorzeichnung für Abb. 14.

58 Begriffliche Einführung.

Pressung desselben dort verdickt, wo ihre Ausgangslage steil war, dort verdünnt, wo sie flach war, sondern die Mächtigkeitsänderung hängt auch von der Lage zum Sinn der Relativverschiebung ab.

Hierbei ist die verschiedene Lage der Vorzeichnung zu den Scherflächen Abb. 19 und 14 (*a, b, c*) und zu Betrag und Sinn der herrschenden Relativverschiebungen sowie zu Wendepunkten (verschiedene Ordinate gleicher Vorzeichnungen in Abb. 12, 15, 16 und 19, 14 *bb', cc'*) zu beachten. Noch ein wichtiges allgemeines Ergebnis veranschaulichen die Zeichnungen. Man sieht, daß sich Falten durch Umscherung öffnen können. Die Bedingungen für Krümmung und Entkrümmung durch Gleitung werden später gelegentlich der Bestimmung des Relativsinnes der verzerrenden Gleitung dargestellt.

Abb. 17, 13, 10, 11, 18 dient als Schema für die Überlegung, wie im Verlaufe eines in Faltengebirgen typischen Vorganges Einengung und Abfließen einander folgen können. Es wurden in Abb. 17 einige wichtige Faltenanlagen aus Einengungsphasen schematisiert und in Abb. 13 affin, in Abb. 10, 11, 18 nichtaffin

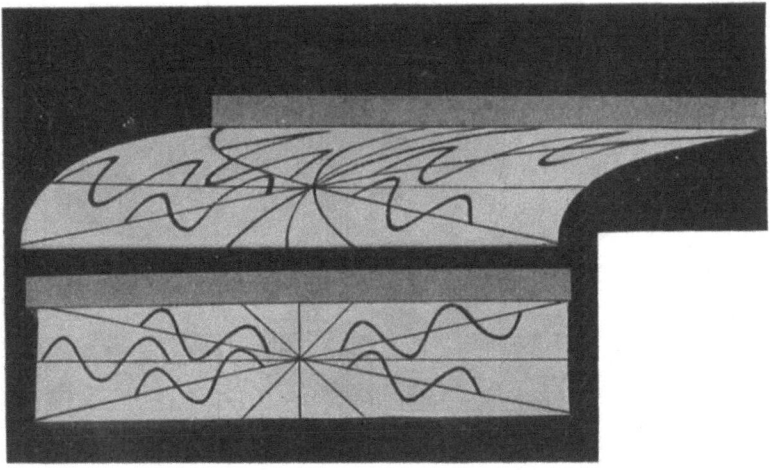

Abb. 20. Zergleitung eines Kartonpakets mit Vorzeichnungen (Abb. 14 aus Abb. 19).

umgeformt, so daß die Umformung durch die charakteristische Kurve definiert ist. Es ist also zu erwarten, daß in Gestalt und Mächtigkeiten die in Abb. 13, 10, 11, 12 erzeugten umgescherten Faltenbilder häufigen Faltentypen tektonischer Bereiche entsprechen und es trifft dies für das tektonisch genügend erfahrene Auge unverkennbar zu. Die experimentelle Erzeugung von 14 aus Abb. 19 durch Kartonpakete ist in Abb. 20 veranschaulicht.

Da die Umscherung von Geraden und Ebenen beliebiger Lage im affin deformierten Bereich für die Anordnung von stab- und scheibenförmigen Körnern besonders wichtig ist, wird sie später genauer behandelt, mit rechnerischer Darstellung des Grundzuges der Umzeichnung, wie er sich auch mit Kartonpaketen durch das geometrische Experiment beweisen läßt. Wo das geometrische Experiment ausführbar ist, hat es dieselbe Beweiskraft wie die rechnende Geometrie. Diese geht geschichtlich auf das geometrische Experiment zurück und bedient sich noch fortlaufend des geometrischen Experiments z. B. in der Symmetrielehre, deren Deckoperationen geometrische Experimente sind.

Jede Zergleitung mit nach Oben (gegenüber fixen Koordinaten) zunehmender Verschiebung der Gleitplatten wirkt auf die Vorzeichnungen ihres Bereiches so, daß alle im Sinne der Gleitung rotiert und in die Gleitebene eingeschlichtet werden, wie wenn eine Hand in der Gleitrichtung glättend über beliebig stehende und gestaltete umlegbare Gebilde streicht.

An diese allgemeinen Typisierungen werden nun in Umrissen geometrische Analysen angeschlossen.

6. Einscharige affine Zergleitung von Faltenformen.

Lagemöglichkeiten der Faltenkoordinaten a, b, c zu den Koordinaten x, y, z der affinen Zergleitung; Erhaltene und verlorene Symmetrie; Symmetrie der Außengestalt und Gefügesymmetrie; Falten mit gleichsymmetrischem und mit heterosymmetrischem Gefüge; Scherfalten und Biegefalten; Einzelfälle.

Durch diese Formung bleiben an allen Faltenformen — offene zylindrische Gebilde mit symmetrischer („höchstsymmetrische Falten") oder unsymmetrischer Leitlinie — die Faltenachsen (= Zylinderachsen) als Gerade erhalten, die Höchstsymmetrie bei beliebiger Lage nur bei Falten, deren Leitlinie eine Kurve zweiter Ordnung (ein Kegelschnitt) ist, sonst nur in Sonderfällen.

Besonders hervorzuheben ist die Lage der Falte mit der Faltenachse ⊥ zur Ebene der Deformation. Denn diese Lage entspricht symmetriekonstanter faltender Umformung in monoklinen Bewegungsbildern. Hierbei geht die Höchstsymmetrie bei Falten mindestens dritter Ordnung (der Leitlinie) verloren, bleibt erhalten bei Falten zweiter Ordnung, den näherungsweise unseltenen Kegelschnittfalten.

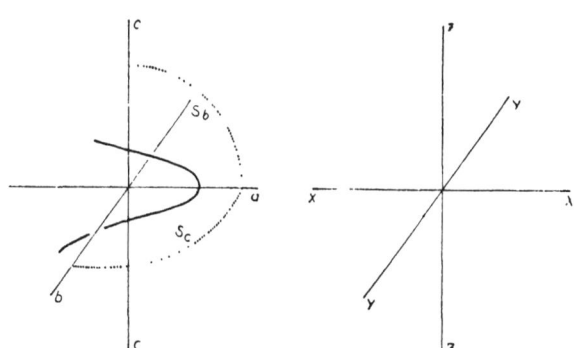

Abb. 21. Koordinaten für die Außengestalt einer Falte (a, b, c) und für ihre Zergleitung (x, y, z).

Im übrigen kann man die Fälle je nach der Schnittkurve der Falte mit der Formungsebene (xz) durch analytisch geometrische Betrachtung (Schmidegg) in folgende Gruppen bringen, welche die Symmetrie der Außengestalt von Falten (Abb. 21) zunächst bei einscharig affiner Umscherung übersichtlich machen. Ist b die Faltenachse, $(ac) \perp b$ die allen, also auch den monoklinen Faltengestalten zukommende Symmetrieebene „S_c", (ab) die den rhombischen Falten außerdem zukommende Symmetrieebene $(ab) = S_c \parallel b$, und $c \perp S_c$, und ist L die Schnittlinie der einscharig affin zu verformenden Faltengestalt mit der Formungsebene (xz) so ergeben sich folgende Fälle:

A) L ist eine Gerade; die Falte eine Kegelschnittfalte oder nicht.

I. $b \parallel x$; S_c, Lage und Außengestalt der Falte bleiben erhalten.

II. $b \parallel (xz)$; b nichtparallel x; S_c bleibt erhalten, Lage und Gestalt werden geändert.

B) L ist eine Kurve, welche bei Translation symmetrisch bleibt; die Falte ist eine Kegelschnittfalte.

Eine Kegelschnittfalte behält S_c, also auch ihre höhere Symmetrie in jeder Lage zur affinen einscharigen Formung und bleibt eine

Kegelschnittfalte. Gestalt und Lage der Falte werden geändert außer in Fall A I.

C) L ist eine Kurve, welche bei Translation unsymmetrisch wird; die Falte ist eine Nichtkegelschrittfalte. Eine Nichtkegelschnittfalte verliert S_c in jeder Lage zur affinen einscharigen Formung, außer wenn $S_c \parallel (xz)$. Gestalt und Lage der Falte werden geändert außer im Falle A I.

Für das Gefüge, also für die Innengestalt der Falte bleiben Symmetrieebenen (S_b oder S_c oder andere) nur erhalten, wenn sie mit der Symmetrieebene der Zergleitung — sei diese affin oder nichtaffin — zusammenfallen. Für die Außengestalt können aber Symmetrieebenen auch ohne diese Bedingung in den eben angeführten Fällen erhalten bleiben. So bleibt S_b für die Außengestalt bei beliebig orientierter und wiederholter affiner Zergleitung erhalten, S_c in den oben aufgewiesenen Fällen.

Bei zerglittenen Falten lassen sich also die Symmetrie der Außengestalt und die Symmetrie der Innengestalt nicht auseinander erschließen. So bleibt z. B. bei der Lage $b = x$, $S_c = (xz)$ die Symmetrieebene S_c für die Außengestalt und für die Innengestalt der Falte erhalten, S_b aber nur für die Außengestalt; man kann also nicht aus S_b der Außengestalt auf S_b des Gefüges schließen. Und man kann bei einer beliebigen Zergleitung, welche eine Gefügesymmetrie mit Ebene (xz) mit sich bringt nicht erwarten, daß (xz) auch Symmetrieebene der Außenform sei.

Im Gefüge der Falte kann bei einscharriger affiner Zerscherung nur deren Symmetrie (Symmetrieebene (xz); Symmetrieachse $\perp (xz)$) zur Abbildung gelangen. Es bleibt also eine Symmetrieebene des Gefüges nur dann unbedingt erhalten, wenn sie mit (xz) zusammenfällt. Dies gilt auch für jene Symmetrieebenen des Gefüges einer Falte, welche mit einer Symmetrieebene der Außengestalt zusammenfallen; wie das bei nicht nachträglich überprägten höchstsymmetrischen (rhombischen) und mindersymmetrischen (monoklinen) Falten begegnet wird (Falten mit gleichsymmetrischem Gefüge). Während also wie in Übersicht gebracht wurde von den Symmetrieebenen der Außengestalt bei affiner einscharriger Umscherung S_b immer, S_c sehr oft erhalten bleibt, trifft dies hinsichtlich der Symmetrieebenen des Gefüges nur zu, wenn sie in (xz) liegen. Man begegnet also unselten überprägten Falten mit heterosymmetrischem Gefüge. Entstehung und Verlust der Symmetrie ist für die Außengestalt und für das Gefüge der Falten getrennt zu betrachten; sodann sind beide Symmetrien einander gegenüberzustellen und es ist die Symmetrie des Systems Außengestalt + Gefüge zu kennzeichnen.

Ungekrümmte Faltenschenkel verhalten sich in ihrer Mächtigkeitsänderung wie die ganze Falte. Ihre Mächtigkeit wächst und schwindet wie die Breite der Falte, auch wenn die Schenkel nicht parallel sind; die „Breite" wird an beliebiger Stelle parallel einer Geraden gemessen, welche ein symmetrisches Stück der (höchstsymmetrischen) Falte abschneidet. Die Faltenbogen liegen zueinander parallel: verschiedener Krümmungsmittelpunkt; gleicher Krümmungsradius; einander entsprechende Bogenstücke sind kongruent; konstante Mächtigkeit, wenn in einer bestimmten gleichen Richtung an allen Stellen des Bogens gemessen wird. Das alles kennzeichnet die im einscharig affin zerscherten Bereich durch Umscherung entstandene Scherfalte.

Im Gegensatze dazu verlaufen bei Falten durch Biegung die Faltenbögen konzentrisch, nicht kongruent: gemeinsamer Krümmungsmittelpunkt; verschiedener Krümmungsradius.

Falten, deren Bögen weder konzentrisch noch parallel sind, können aus planparallelen Schnitten weder nur durch einscharige Umscherung noch nur durch Biegung entstanden sein.

Bei affiner Umscherung bleiben dieselben materiellen Punkte Faltenscheitel und wandern mit im Sinne der Relativverschiebung; erfolgt die Umscherung von links nach rechts, so wandert ein nach aufwärts gerichteter Faltenscheitel nach rechts, ein nach abwärts gerichteter nach links. Ein in der Scherungsrichtung, bzw. entgegengesetzt gerichteter Scheitel wandert nach aufwärts, bzw. nach abwärts, und zwar um so weniger, je kleiner der Krümmungsradius der Falte wird. Wendepunkte, also auch „Mittelschenkel", können weder vollkommen verschwinden noch neu entstehen, mithin aus S-Falten durch einscharig affine Zerscherung keine einfachen werden.

Bei Koordinaten x, y, z hat eine affine Zergleitung in einer Ebene $E = (xy)$ in Richtung x eine Symmetrieebene $\perp y$ nämlich $S = (xz)$ und es ergeben sich folgende geometrische Möglichkeiten:

1. **Die Falte habe Achse b und nur eine Symmetrieebene $\perp b = S_b$.**

a) Diese Symmetrieebene der Falte, S_b, bleibt erhalten, wenn $S_b = S$, d. h. für alle Drehlagen um $b = y$. Und zwar bleibt die Symmetrie der Außengestalt und der Innengestalt (gegeben durch die Teilbewegungen des Bewegungsbildes) erhalten; und zwar für das funktionale wie für das gestaltliche Gefüge.

b) In den anderen Fällen, also wenn $b \neq y$, bleibt zwar die Symmetrieebene S_b für die Außengestalt erhalten — z. B. im Falle $b = x$ — nicht aber für die Innengestalt, das Gefüge. Der Grund, weshalb für $b \neq y$ für die Außengestalt S_b erhalten bleibt, ist folgender: S_b bleibt für die Außengestalt erhalten, wenn alle Geraden $\parallel b$ auf der Falte Gerade $\parallel b$ bleiben; dies trifft zu für affine Zergleitung in der Falte gegenüber beliebig gelegenen Gleitebenen E (Definition der affinen Deformation).

2. Die Falte habe Achse b und zwei Symmetrieebenen, nämlich S_b wie oben ($\perp b$) und $S_C = (a\,b)$ also $\perp c$. Bei welchen Lagen von a, b, c der Falte zu x, y, z der Zergleitung bleibt nun S_C für die Außengestalt und für die Innengestalt der Falte erhalten?

a) Für die Innengestalt bleibt S_C erhalten, wenn S_C mit der Symmetrieebene der Zergleitung also mit $S\,(x\,z)$ zusammenfällt oder anders gesagt, wenn $S_C \perp y$. Bleibt eine Symmetrieebene für die Innengestalt bei affiner Deformation erhalten, so bleibt sie auch für die Außengestalt erhalten; dies ist nicht umkehrbar.

b) Ist b nicht $\perp y$, so ist $S_C \neq S\,(y\,z)$. Wenn also b nicht $\perp y$, so bleibt S_C für die Innengestalt nicht erhalten. Wohl aber kann diesfalls S_C für die Außengestalt erhalten bleiben, z. B. im Falle b nicht $\perp y$, $S_C = (x\,y)$.

c) S_C der Außengestalt geht (Schmidegg) im allgemeinen durch affine Zergleitung verloren, wenn diese eine beliebige Lage zu a, b, c der Falte hat und die Falte ein allgemeiner Zylinder ist, dessen Normalschnitt $(a\,c)$ kein Kegelschnitt (Kurve zweiter Ordnung) ist.

d) S_C der Außengestalt bleibt bei beliebiger affiner Zergleitung erhalten, nämlich der Normalschnitt bleibt ein Kegelschnitt — wenn der Normalschnitt der Ausgangsfalte ein Kegelschnitt ist (Kegelschnittfalte).

e) Bei Nicht-Kegelschnittfalten bleibt S_C der Außengestalt noch in folgenden Fällen affiner Zergleitung (mit x, y, z s. o.,) erhalten:

α) $b \parallel x$; im Gefüge verliert die Falte S_b, erhält aber irgendeine Symmetrieebene $\parallel b$, welche (bei Lage $S_C \parallel (x\,z)$) auch S_C ist.

β) $b \parallel z$; wobei entweder $S_C \parallel (x\,z)$: Verbreiterung der Falte in Richtung y; oder $S_C \perp x$: Verschmälerung der Falte in Richtung x; oder S_C beliebig; je nach Lage Verschmälerung oder Verbreiterung.

γ) b schief in $(x\,z)$; wobei S_C entweder $\parallel (x\,z)$ oder $\perp (x\,z)$ oder beliebig liegt; rückführbar auf Fall β.

f) S_C als Symmetrieebene der Außengestalt geht bei Nichtkegelschnittfalten verloren in folgenden Fällen:

α) Wenn $b \parallel y$ (also $\perp x$); also gerade für die Lage $b \parallel y$, für welche S_b für Außengestalt und Innengestalt erhalten bleibt (symmetriekonstante monokline Formung) geht S_C verloren. Es besteht also gerade für diesen besonders häufigen Fall der Zergleitung bei symmetriekonstanter monokliner Umformung zwischen relativ starren Backen einer Einengung und im tektonischen Transporte $\perp B\,(b)$ keine Wahrscheinlichkeit, daß äußerlich rhombisch symmetrische Nichtkegelschnittfalten (mit zwei Symmetrieebenen S_b und S_C) erhalten bleiben.

β) b schief in $(y\,z)$.

γ) b schief in $(x\,y)$.

δ) b weder in $(x\,y)$ noch in $(x\,z)$ noch in $(y\,z)$ also in allgemeiner Lage zu Achsenkreuz $x\,y\,z$.

Aus dem Gesagten ergibt sich die Notwendigkeit folgender Feststellungen, wenn man Faltenformen tektonisch auswerten will: Symmetrie der Falte nach Außengestalt und Gefüge; Kegelschnittfalte oder nicht.

7. Einscharige nichtaffine Zergleitung, Rotationen.

Schmidt'sche Sätze; Mächtigkeit der zerscherten Schichten und der gleitenden Lagen; Rotationen; Trennung von Internrotation und Externrotation; Abwicklung von durch Externrotation gekrümmten Gefügen; Externrotation zwischen bewegten Backen; Längung $\parallel B$ bei externrotierten B-Tektoniten.

Für alle charakteristischen Kurven, also bei beliebig nichtaffiner einschariger Umscherung, ja sogar bei unstetiger, gilt wie bei affiner, daß alle Dimensionen in der Scherfläche gemessen, bei der Umzeichnung konstant bleiben und gleiche Geschwindigkeit während der Umformung haben.

Legt man die charakteristische Kurve so, daß in der Formungsebene (xz) x die Wege der Kurvenpunkte senkrecht zu z angibt, also $x = tv$, so nimmt die Geschwindigkeit der Punkte zu mit wachsendem z; dabei ist das Gesetz der Geschwindigkeitsänderung mit z als unveränderlich betrachtet. Dann ist $\frac{dx}{dz}$ bzw. $\frac{dv}{dz}$ die Kurventangente für jeden Punkt und zugleich das Gesetz für diese Geschwindigkeitsänderung.

Ändert man in der Gleichung, welche $\frac{dv}{dz}$ bestimmt, die Konstanten, so ergeben sich für die Gestalt der Kurve alle Übergänge bis zu eben merklicher Krümmung; die Änderung von t ergibt Kurven von untereinander gleichem Typus. Betrachtet man nicht die Umzeichnung einer Geraden $\parallel z$ (die „charakteristische Kurve"), sondern einer Geraden, bzw. Parallelenschar, welche mit z den Winkel α einschließt, so wird die Differentialgleichung der umgescherten Kurve, wenn β die Neigung dieser Kurve gegen z ist, $\operatorname{tg} \beta = \operatorname{tg} \alpha + t \frac{dv}{dz}$.

Ist α und $\operatorname{tg} \alpha$ negativ, so wird die Umzeichnung eine „liegende S-Falte", wenn man x horizontal legt.

Variiert die Zeit, so nähert sich die Mächtigkeit des Mittelschenkels einem oberen Grenzwert.

Variiert $\frac{dv}{dz}$, so ergeben sich die verschiedenen Gestalten der liegenden Falte bis zum Verschwinden des Mittelschenkels. Erst mit $t \frac{dv}{dz} = \operatorname{tg} \alpha$ ergibt sich ein ausgesprochener Scheitel, also auch ein Mittelschenkel erst nach gewisser Zeit t um so eher, je kleiner $\measuredangle \alpha$. Verschiedenes α bei gleicher Umscherung ergibt verschiedene Scherfaltenformen.

Ist M die Mächtigkeit senkrecht zur Schicht vor der Umformung, so ist die Mächtigkeit nach der Umformung $M' = M \frac{\cos \beta}{\cos \alpha}$; mithin bei großem α (im Mittelschenkel) verringert, bei kleinem α (im Scheitel der liegenden Falte) umsomehr vergrößert, je kleiner der Winkel zwischen vorgezeichneter Schichtfläche und Scherfläche ist.

Nach diesen Schmidtschen Aufstellungen läßt sich der Scherfalten-, bzw. Gleitbrettfaltencharakter einer Faltenform vor allem dadurch prüfen, daß man für jedes z die Werte $\operatorname{tg} \alpha$ und $\operatorname{tg} \beta$ mißt und versucht, ob eine mögliche charakteristische Kurve vorhanden und für jede Stelle der Falte gültig ist. Eine zweite ebenfalls notwendige, aber nicht ausreichende Bedingung des Scherfaltencharakters ergibt das Kleingefüge in seinen der faltenden Durchbewegung zuordenbaren Daten: Da die Scherfalten die Durchbewegung in der Gleitgeraden der Scherflächen stattfindet, so muß das korrelate Kleingefüge in diesem Sinne homogen sein (s. II. Teil).

Bei Einschaltung einer Platte mit viel geringerer Reibung, also eines Gleithorizontes ist die einzige Wirkung die unstetige Verschiebung an dieser Platte sonst wird an keinem Kontakte etwas geändert. Mithin sind solche unstetige Verschiebungen in Scherfalten nicht unbedingt auf einen eigenen Deformationsakt zurückzuführen. Und es ergibt sich, daß die Reibung dort nur stetig variiert, wo die Umzeichnungen durch Parallelzerscherung stetig ineinander übergehen.

Änderung der Plattendicke verlegt nicht den 0-Punkt der charakteristischen Kurve, ändert aber die Gestalt der Kurve. Da die Krümmung vom Antrieb der Scherung und von der Plattenzahl abhängt, lassen Kurven bei verschiedener Plattendicke diese aus der beobachtbaren Kurvenkrümmung errechnen: Die Größe der Gleitbrettfalte hängt von der Gleitbrettmächtigkeit ab (s. Abb. 22).

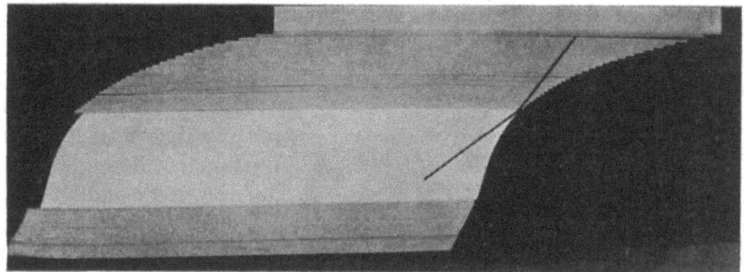

Abb. 22. Nichtaffine Zergleitung bei verschiedener Plattendicke; Änderung der charakteristischen Kurve.

Rotationen. Man bezieht Rotationen auf ein fixes oder definiert bewegtes Koordinatensystem. Man beobachtet sie hinsichtlich rein geometrischer Daten eines Bereiches (z. B. eines Ellipsendurchmessers) gleichviel, ob dieses Datum stofflich identisch bleibt oder nicht (z. B. Strömung um Kante) oder man beobachtet hinsichtlich stofflich identischer (z. B. im Experiment gefärbter) Teile des Bereichs, welche entweder als Ganzes in sich „unverzerrt rotiert" und verlagert werden (z. B. Lagen eines gebogenen Papierpaketes) oder in sich „verzerrt rotiert" eben durch die Verzerrung (z. B. eine Falte bei affin einschariger Umformung). Auch die Verfolgung mit Hilfe starrer stab- und scheibenförmiger Einschlüsse ist möglich, denn solche erleiden entsprechend ihrer Starrheit keine Deformation, wohl aber Rotationen, ebenso wie eine (durch die Vorzeichnung) gefärbte materielle Faser oder Ebene der untersuchten Masse.

Rotationen können bei affiner und bei nichtaffiner Formung auftreten (affine und nichtaffine Rotationen); so wird z. B. ein Kreis auf der Formungsebene eines nichtaffinen zergleitenden Kartenpakets nichtaffin verzerrt-rotiert.

Was von einer einfachen oder überlagert-zusammengesetzten Rotation durch Rotation des gesamten betrachteten Bereiches zustande kommt, bzw. so betrachtet wird, ist Externrotation; was durch Rotation innerhalb des betrachteten Bereiches zustande kommt, bzw. so betrachtet wird, ist Internrotation. Wofür ein Beispiel schon bei Betrachtung der einscharigen affinen Zergleitung früher gegeben wurde. So begegneten wir Internrotationen in den Fällen, in welchen die Hauptachsen des Formellipsoides unrotiert bleiben z. B. die Rotationen bei rhombisch symmetriekonstanter gerader Pressung, wobei stoffkonstante Ebenen schiefer Lage zu den Ellipsoidachsen errechenbar (affin) verzerrt-rotiert werden. Bei schiefer nur in bezug auf eine Symmetrieebene symmetriekonstanter Pressung (zwischen belasteten gegeneinander tangental verschobenen relativstarren Platten) ging die rhombische Symmetrie der Formung in eine monokline über, welche sich als Überlagerung einer Internrotation durch eine Externrotation des betrachteten Bereiches betrachten ließ.

Ein an den Seiten mit Kreismustern versehenes Kartonpaket wird an einem Ende geklemmt und scharf abgebogen. Es zeigt dann ein Bereich affine Deformation: Alle aufgezeichneten Kreise gehen im Bereich J in identische Ellipsen über (siehe Abb. 23 seitliches Ende). Die vor Beginn der Umformung eingezeichneten Kreisdurchmesser parallel zu x und z sind diesen fixen Koordinaten gegenüber identisch verzerrt-rotiert, um die Koordinatenachse y, welche zugleich die Achse der erzeugten Falte ist. Dasselbe gilt von den Ellipsenhauptachsen, wenn wir auch solche einzeichnen. Sie rotieren beim Übergang des punktierten Rechteckes J in das Parallelogramm J stetig und errechenbar gegenüber den fixen Koordinaten x und z um y als Rotationsachse. In J herrscht bei der Biegung des geklemmten Papierpaketes externe (90° um y) und interne Rotation bei affiner rotationaler monoklin symmetriekonstanter Formung.

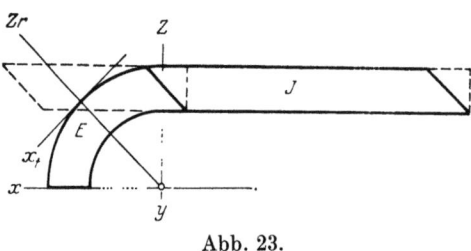

Abb. 23.

Internrotationen haben begrenzte Beträge und diese Beträge sind kinematisch aus dem Deformationsellipsoid in einem fixen Koordinatenkreuz für eine bestimmte Formung rechenbar.

Betrachten wir nun den Bereich E der Abb. 23. Dieser Bereich ist nichtaffin geformt. In genügend kleinen fastaffinen Teilbereichen sind Ellipsoide möglich. Zu den Internrotationen dieser Ellipsoide treten, wieder vom fixen Koordinatenkreuz xyz aus betrachtet, externe Rotationen.

Diese Externrotationen treten zu den von der örtlich wechselnden Formung diktierten hinzu, im betrachteten Sonderfalle ebener Umformung mit gleicher Rotationsachse y.

Sie haben Beträge und Drehsinne, welche durch das örtlich wechselnde Formellipsoid nicht gegeben sind. Dieses örtlich wechselnde Ellipsoid mit seinen Internrotationen ist selbst als Ganzes in einer von Ort zu Ort wechselnden Weise rotiert. Diese Weise ist diktiert dadurch, daß die einzelnen fastaffinen kleinen Teilbereiche (mit ihren Fastellipsoiden) innerhalb des nichtaffinen Bereiches E als Ganzes im Verlauf der Formung anders als in J gegenüber den fixen Koordinaten um verschiedene Beträge rotiert werden; und zwar so, daß diese Externrotation im betrachteten Sonderfalle, von der Verbiegung des Bereiches E gegenüber den fixen Koordinaten abhängt.

In dem gewählten, die Verhältnisse bei Biegefalten kennzeichnenden Beispiele fällt die Rotationsachse für Internrotationen und Externrotationen zusammen.

Dadurch ist es auf eine praktische, genügend einfache Weise möglich, Internrotationen und Externrotationen örtlich zu trennen. Wir heben die Externrotation weg, indem wir nach einem für die Gefügeanalyse der Korngefüge an krummen Bezugsflächen geübten Verfahren an Stelle der fixen Koordinaten xz

an jeder Stelle ein tangental-radial zur Biegung gedrehtes Koordinatenkreuz $x_t z_r$ setzen, das örtliche Gefüge auf dieses Kreuz beziehen und dann die Kreuze parallel stellen.

Was wir nach dieser Abwickelung des gekrümmten Gefüges erhalten, ist dann mit dem Bereich J unmittelbar vergleichbar. Anordnung und Gestalt der Formellipsen des Bereichs E nach der Abwickelung nennen wir eine Rückformung. Sowohl interne als externe Rotationen sind in Gefügen vom Profil bis zum Korngefüge des Dünnschliffs häufig ablesbar.

Auch wenn wir von der Begrenzung des Bereichs durch zwei unrotierte Ebenen absehen, wie das in Gesteinen so häufig realisiert ist, so setzt die Externrotation des ganzen Bereiches „zwischen bewegten Backen" um einen unbegrenzten und unbestimmten Betrag ein. Externrotation bei Umformung zwischen bewegten Backen ist ein in inhomogenen Tektoniten mit Lineargefüge (B-Tektoniten) sehr vielfach verwirklichter Fall; die Formung eines homogenen Bereichs zwischen zwei parallelen Ebenen stellt einen ebenfalls häufigen Fall dar.

Den Gedanken der Externrotation um eine Achse $y = B$ machen sowohl tektonische Befunde als Korngefügeanalysen in vielen B-Tektoniten (deutlich stengeligen Gesteinen) unabweisbar. Bei Rotation um B, also rollender oder wälzender Beanspruchung, werden die Dehnungen $\perp B$ rückläufig, während sich die Dehnungen $\parallel B$ summieren, so daß ein Stengel oder eine Nudel $\parallel B$ entsteht; wie eben der Akt des Nudelwalzens mit der Hand zeigt.

Solche Rollung ist imstande, Fälle maximaler relativer Längung $\parallel B$ mechanisch zu erzeugen. Das Ergebnis solcher Rollung mit Achse B nähert sich dem Ergebnis achsialer Beanspruchung und Umformung mit Achse B wenn die vom Druck der Rollung $\perp B$ immer neu angelegten Scherflächen mit Schnittgerade $\perp B$ einen Doppelkegel mit Achse B umhüllen. Von den Scherflächen werden die mit Schnittgerader $\perp B$ stärker betont, wenn das Ausweichen $\parallel B$ leichter ist als das $\perp B$; ist das Ausweichen $\perp B$ leichter als das $\parallel B$, so werden die Scherflächen $\parallel B$ stärker betont. Geht man von der Rotation einer dreidimensionalen Beanspruchung mit den Hauptdrucken $P_1 > P_2 > P_3$ aus, so entspricht das Ausweichen $\parallel B$ leichter als $\perp B$ (also Scherflächen mit Schnittgerade $\perp B$ dem Falle $P_3 \parallel B$); das Ausweichen $\perp B$ leichter als $\parallel B$ (also Scherflächen mit Schnittgeraden $\parallel B$) entspricht dem Falle $P_3 \perp B$. Unselten zeigt die Analyse der Korngefüge derartige Beispiele unter B-Tektoniten, aufzufassen als reelle Rotationen und symmetriekonstante Neuüberprägungen eines anisotropen Gefüges, wie es einer einzigen Gesteinsgleitflächenschar entsprechen würde.

In derartigen Gefügen, bzw. Diagrammen treten mehr und mehr die Züge rhombischer oder monokliner Symmetrie zurück gegenüber wirteliger Symmetrie um Achse $b = B$. Viele B-Tektonite zeigen solche Bilder.

Der Fall der rollenden Umformung ist dadurch von Interesse, daß sich bei genügend rascher Rotation des Bereiches dessen Kontraktionen und Dehnungen $\perp B$ auf einen Mittelwert für die stofflichen Geraden $\perp B$ bringen, welcher der Radius eines Kreises und der Größe nach $\frac{A + C}{2}$ ist. (A größte, C kleinste Achse des Formellipsoids); während immer dieselben stofflichen Geraden $\parallel B$ Dehnung erfahren. Die stofflichen Geraden $\perp B$ werden also als Radien der Ausgangskugel vom Werte 1 wechselweise gedehnt und wieder kontrahiert entgegen einem Werte $\frac{A + C}{2} < 1$ (Radius der Einheitskugel). Wenn das Volumen der Einheitskugel konstant bleibt, so entspricht:

1. $\frac{A + C}{2} > 1$; $B < 1$; Kontraktion in B.
2. $\frac{A + B}{2} < 1$; $B > 1$; Dehnung in B.
3. $\frac{A + C}{2} = 1$; $B = 1$; rotierte zweidimensionale Formung deren Scherflächen sich in B schneiden.

Fall 1 ist in Tektoniten nicht verwirklicht, da eine Kugel wohl z. B. durch Fliehkraft aber nicht durch Rollung um B zu einer Scheibe $\perp B$ umgeformt werden kann. Dagegen ist die Abnahme des Wertes $\frac{A + C}{2} < 1$ in Fall 2 bei gegebener seitlicher Ausweichemöglichkeit durch rollendes Auswalzen einer Kugel leicht realisierbar und kann je nach der Reibung an der Einbettung zu Zugrissen $\perp B$ in der Einbettungsmasse führen. Fall 2 und 3 sind in Tektoniten verwirklicht.

Das Auftreten von Gefügeelementen, deren größter Durchmesser $\parallel B$ liegt, ist eine lang bekannte und von der Korndimension bis zu den tektonisch gewalzten Riesenstengeln auch an verzerrten Fossilen vielfach beschriebene Tatsache. Sie entspricht nicht einem einzelnen Formellipsoid, dessen größter und kleinster Durchmesser $\perp B$, dessen mittlerer $\parallel B$ liegt; aber sie ist durch rollende Rotation eines solchen Ellipsoids oder durch achsiale Beanspruchung erklärbar.

Man hat scharf zu unterscheiden, ob die häufige Tatsache „längster Durchmesser $\parallel B$" zurückzuführen sind auf:
1. Teilung eines Gefügeelementes durch Scherflächen in Stengel $\parallel B$; auch bei ebener Umformung möglich.
2. Verzerrung eines Gefügeelementes $\parallel B$, also mechanische Längung $\parallel B$.
3. Wachstum eines Gefügeelementes $\parallel B$ am raschesten.
4. Einstellung vorhandener Stengel durch Regelung nach Korngestalt $\parallel B$.
Alle Fälle liegen allenthalben in Wirklichkeit vor.

8. Bewegung und Symmetrie der tektonischen Formung. Pläne und Koordinaten in tektonischen Bereichen.

Kinetische und statische Tektonik (Streßtektonik); Bewegungsbild; zweidimensionale Tektonik; B-Achse; Rolle fast ebener tektonischer Formung; steilachsige Gebiete; Schlingentektonik; tektonisches Achsenkreuz a, b, c; bilaterale Symmetrie auf Sternen mit Tangentaltransporten; Pläne und Koordinaten in tektonischen Bereichen; Plan 1; Achsenlinien; Achsenebene; Überlagerung der Pläne mit und ohne Symmetriekonstanz; $B \perp B'$; P_1 und P_2; Tektonische Transporte; S-Tektonite und B-Tektonite; Koordinaten a, b, c und Erdkoordinaten in tektonischen Bereichen; Querprofil und steilachsige Tektonik; Reichweite einheitlicher Pläne; Summierung der Teilbewegungen in Tektoniten.

Die Tektonik läßt sich in eine kinetische und in eine statische (Streßtektonik) gliedern; wobei die letztere Differentialakte der tektonischen Abläufe untersucht, die kinetische Tektonik die Bewegungsbilder und deren unrückläufige Teilbewegungen behandelt. Die statische Tektonik behandelt die Beanspruchungen, welche entweder noch zu gar keinen unrückläufigen Deformationen des Gesamtgesteins geführt haben, also demselben gegenüber elastische Deformationen sind, wenngleich unter Umständen mit ablesbaren Effekten an einzelnen Kornarten des Gesteins, oder welche nur zu ganz geringen, nicht zu tektonischen Deformationen im üblichen Sinne vereinbaren unrückläufigen Bewegungen z. B. zu Klüftungen geführt haben.

Die unrückläufige Formung schließt an die elastische Formung an und behält wesentliche Züge derselben namentlich Symmetrieeigenschaften bei. Dadurch wird die Elastizitätstheorie auch von Bedeutung für die kinetische Tektonik, deren Erscheinungen vielfach aus den Plänen elastischer Beanspruchung ableitbar sind. Vor allem streßtektonische Erscheinungen kennzeichnen die Gesteinshülle der Erde gegenüber ihrer Gas- und Wasserhülle.

Mit der Beachtung solcher Erscheinungen und bei der Empfindlichkeit mancher Gefüge ist die Möglichkeit gegeben, allerletzte mechanische Beanspruchungen aus dem Gefüge abzulesen, auch wo sie keinem tektonischen Bewegungsbild angehören und mithin dem hierin nicht Geschulten entgehen. Eine Sichtung der Gesteinsfugen in solche von streßtektonischer und in solche von kinetisch tektonischer Bedeutung ist eine Vorbedingung sowohl für die tektonische Synthese, als für eine richtige Einschätzung von Klufteinmessungen.

Die an so vielen Gesteinen lange bekannten und erörterten ,,endogenen" Kontraktionsklüfte ferner virtuelle gelegentlich aufreißende, im Korngefüge ,,gefügebedingte" Klüfte sind streßtektonische Erscheinungen.

Im allgemeinen, aber nicht ohne besondere Ausnahmen sind die homogenen Bereiche in Gebieten reiner Streßtektonik größer.

Unter tektonischen Formungen oder Bewegungen verstehen wir ungezwungen und ohne dem mehr Wert als den eines verständlichen Wortes beizumessen alle zu Bewegungsbildern zusammenfaßbaren Bewegungen der geologischen Körper jedes Festigkeitsverhaltens.

Einer sehr großen Gruppe tektonischer Bewegungsbilder — sie mögen sogar manchem Tektoniker zunächst als einzige vorschweben — kommt als allgemeinstes und wichtigstes Kennzeichen zu, daß sie im ganzen oder in wichtigen Teilen in erster Annäherung betrachtet fast ebene oder ganz ebene (zweidimensionale) Deformationen im Sinne der Kinematik sind.

,,Ein fester Körper erleidet eine ebene Deformation oder wird in zwei Dimensionen deformiert, wenn seine Deformation der Bedingung genügt, daß alle Verschiebungen längs einer Schar paralleler Ebenen erfolgen und für alle Punkte jeder zu diesen Ebenen senkrechten Geraden gleich und parallel sind. Eine beliebige dieser Ebenen heißt Deformationsebene. Danach bleiben bei einer ebenen Deformation alle zur Deformationsebene senkrechten Zylinderflächen zylindrisch und senkrecht zu derselben Ebene und erleiden längs der erzeugenden Linien nirgends eine Ausdehnung. In den analytischen Ausdruck der ebenen Deformationen gehen nur zwei unabhängige Veränderliche ein und daher bietet dieser Fall eine Klasse von besonders einfachen Problemen dar". (Thomson.)

Ob der Körper ,,fest" ist, ist belanglos. Das Lot auf die Deformationsebene ist die Achse der ebenen Formung. Sie ist in der Bezeichnungsweise dieses Buches b und B genannt. Dies ist die allgemeine Bezeichnung für das singuläre Lot auf eine singuläre Symmetrieebene (E) monokliner, rhombischer ($E_r \parallel E$) oder wirtelsymmetrischer ($E_w \parallel E$) Formung, zweidimensionalen oder dreidimensionalen Charakters.

Alle Gebiete mit nach B stengelig geformten Gesteinen bieten Beispiele; darin, daß seit jeher die Tektonik so vieler Gebiete, allerdings nicht immer bewußt und berechtigt, lediglich in der Deformationsebene obiger Definition profiliert wurde, kommt das Gefühl für die große Rolle, welche fastebene Umformung auf Erden spielt, zur Geltung. Nicht nur tektonische Transporte und Einengungen, sondern auch Transporte in der irdischen Wasser- und Gashülle, mithin alle irdischen Transporte bezeichnet das Vorwalten fastebener Umformung. Hierbei sind am häufigsten die Transporte tangental, die Formungsebenen (E) vertikal zur Erdoberfläche die B-Achsen $\perp E$. Die Formungsebene ist Symmetrieebene für den Bewegungsvorgang und alles durch ihn erzeugte tektonische Gefüge bis ins Korngefüge, wie das zahlreiche Korngefüge widerspiegeln. Viele Gebirge wird man heute weniger gut mit Kennzeichnungen wie ,,einseitiger Schub" erfassen als mit der Aussage, daß sie sich als Gebilde aus einer oder mehreren fastebenen und mehr oder weniger lange symmetriekonstanten Formungen darstellen lassen, deren Formungsebenen parallel oder nicht parallel waren. Gebirge, in deren Streichen sich nach der Erfahrung des Aufnahmegeologen weniger ändert als im Querprofil, gehören ebenso hierher wie steilachsige Gebiete mit „Schlingentektonik" (mit steilstehenden Faltenachsen B).

In der Bezeichnungsweise dieses Buches ist im Achsenkreuz (abc), auf welches wir die Deformationen beschreibend beziehen (ac) die Formungsebene, das so richtungskonstante $b = B$ mithin das Lot auf die Formungsebene. Der später definierte „Plan 1" stellt eine monokline, sehr oft fastebene Umformung dar, „Plan 2" die Kombination zweier solcher Umformungen mit rechtwinklig gekreuzten B-Achsen.

Da aber im strengsten Sinne ebene oder zweidimensionale Umformungen weit seltener sind als solche, in welchen die Symmetrieebene der ebenen Umformung erhalten bleibt, aber auch in der Achse $b = B$ Verlagerungen $\parallel b = B$ möglich sind, so sind auch diese bilateral-symmetrischen, oder kurz monoklinen Umformungen in ihrer großen Bedeutung für alle tangentalen irdischen Bewegungen und alle ihnen zuordenbaren Abbildungen zu beachten.

Es handelt sich hierbei um den allgemeinsten, in allen tangentalen Relativbewegungen in Festhülle, Luft- und Wasserhülle gleichermaßen vorherrschenden, wesentlich vom Materiale unabhängigen für lebendige, teilweise lebendige und „leblose" Bereiche gleichermaßen kennzeichnenden kinematischen Charakterzug. Da alle diesem Bewegungsbilde zuordenbaren gefügebildenden Vektoren dem monoklinen Bewegungsbilde symmetriegemäß sind, gilt dies auch von dem den Vektoren zuordenbaren Gefüge eines beliebigen Gebildes, welches sich während einer tangentalen Bewegung entwickelt, bei welcher sich gleiches „rechts" und „links" und ungleiches „oben" und „unten" unterscheiden lassen, also eine Symmetrieebene, in welcher die Bewegung erfolgt, senkrecht auf die Wand, längs welcher der Transport (bzw. die Relativbewegung) erfolgt. Dies ist der notwendige, hinreichende und genügend allgemeine Grund für die monokline oder bilateralsymmetrische Symmetrie mit Symmetrieebene in der Bewegungsrichtung, wie sie allen z. B. auf Gestirnen tangental bewegten Gefügen und durch vererbte Abbildung der Vektorensymmetrie auch lebendigen Gebilden auf Gestirnen zukommt.

Pläne und Koordinaten in tektonischen Bereichen. Das bisher Gesagte macht die Tatsache verständlich, daß tangentale Transporte und Einengungen also die wichtigsten gebirgsbildenden Formungen der Erdrinde monokline Symmetrie in Bewegungsbild und Gefüge zeigen.

„b"; hiebei steht Richtung b senkrecht auf der schon sehr früh (als „Profil") erkannten gemeinsamen Formungsebene und Symmetrieebene der am tektonischen Transport und an der tektonischen Einengung beteiligten Teilbereiche. Parallel b liegen also B-Achsen (Scherungsachsen, Faltungsachsen), in Bereichen mit senkrechter Formungsebene und dementsprechend horizontalem b liegt $\parallel b$ auch das „Streichen" z. B. derartiger Kettengebirge und ihrer Teile. Das Fallen liegt diesfalls in der Vertikalebene, deren Hervorhebung als „Profil" dann und nur dann berechtigt ist.

„a" liegt auf jeden Fall in der Formungsebene und steht $\perp b$. a ist die in der Formungs- und Symmetrieebene liegende Hauptrichtung der an Transport und Einengung beteiligten formenden Bewegungen und größten Relativbewegungen. Bei horizontalem b liegt a als „Fallen" sehr oft auf den Ebenen parallelflächigen tektonischen Gefüges, in deren Ebenen die maximalen Relativbewegungen erfolgen z. B. in Ebenen der Schichtung oder Scherung.

„c" ist dann $\perp (ab)$.

Ebene (ac) ist also Symmetrieebene und kennzeichnender Profilschnitt. Hierbei ist B die einzige mögliche und sehr oft bestätigte Rotationsachse.

Seien $A > B > C$ die Hauptachsen des Formellipsoides in einem Teilbereich und Zeitteil und a, b, c die Richtungen wie eben eingeführt, so ist dann: $b = B$, $a \neq A, c \neq C; A \parallel (ac); C \parallel (ac)$; bei interner und externer Rotation des Formellipsoids um $b = B$; $b = B$ ist auch Schnittgerade für die Scherflächen, s, dieser Beanspruchung: diese sind, kristallographisch bezeichnet und auf Achsenkreuz abc bezogen, ($h0l$)-Flächen mit der Zonenachse $b = B$.

a, b, c bezeichnen wir als ersten tektonischen Elementarplan der Erdrinde. Da wir diesen Plan für die Analyse komplizierterer tektonischer Transporte als einen festen Begriff kurz und handlich bezeichnen wollen, nennen wir ihn P_1. Er entspricht einer gleichendigen Einengung oder einem Tangentaltransport des betrachteten Bereiches „zwischen symmetrischen Ufern". Nach solchen Ufern, was ihre Symmetrie (nach der Sagittalebene des Transportes), ihre fixe Lage und ihren konstanten Abstand voneinander anlangt, kann man tektonische Baue typisieren. Die Darstellung von P_1 auf Karten erfolgt durch örtliche Eintragung der $b = B$-Achsen als Gerade (mit seitlichem Fallzeichen ←) und Verbindung derselben zu „Achsenlinien". Bei nichthorizontalen B-Achsen zeigt die Karte die Schnittgerade zwischen Horizont und jener Vertikalebene, in welcher B liegt (Achsenebene).

Gleichviel ob dieser Plan P_1 (abc) im affingeformten oder im nichtaffin aber mit Symmetrieebene (ac) geformten Zeit-Raum-Bereich vorliegt, es ist immer das b (B) $\perp$ Symmetrieebene (ac), was man davon am leichtesten und eindeutigsten im Gefüge wahrnimmt. Es ist auch das lineare oder allgemein zylindrische Parallelgefüge B, welches konstant bleibt und parallel zu den umschließenden weniger teilbeweglichen Bereichen (bei Einengung), parallel zu den von Transporten überschnittenen relativstarren Böden und Wänden usw. liegt. An B also an der Gefügesymmetrie erkennt man diesen Plan P_1 unabhängig von seiner Orientierung zu den Erdkoordinaten, an den im Gefüge abgebildeten Teilbewegungen erkennt man den affinen oder nichtaffinen Charakter der Formung im betrachteten Zeit-Raum-Bereich. Ebenso erkennt man nur an den Gefügemerkmalen der Teilbewegungen mit welchem Bewegungsbilde — z. B. einscharig oder zweischarig — das Formellipsoid in einem affindeformierten Bereich wirklich zustande gekommen ist und nicht auf Grund theoretischer Erwägungen, sondern durch Gefügeanalyse gelangt man zum gesicherten Bewegungsbilde der Bereiche ohne welches ein eindeutiges tektonisches Bewegungsbild großer Bereiche zwar mit sehr verschiedener subjektiver Geschicklichkeit angenommen nicht aber überprüfbar erarbeitet und damit als Grundlage für weiteres verfügbar werden kann. Auch die eindeutige geometrisch konstruktive Rückformung eines Formungsbildes in ein vorangehendes — z. B. in das horizontale Parallelflächengefüge eines Sedimentes — ist nur vom eindeutigen Bewegungsbild aus möglich.

Ferner erhalten — mit Ausnahme von b (B) als Lot auf die Symmetrieebene — die oben gesetzten Koordinaten a, b, c ihre genauere Definition erst nach der Feststellung des Bewegungsbildes aus dem Gefüge. Mit dieser wird vor allem unterschieden, ob in Plan 1 rhombische oder monokline Symmetrie herrscht; rhombische wie im Falle zweischariger Zerscherung bei gerader Pressung — Belastung durch die Schwere ist ein hergehöriger Sonderfall; monokline im Falle nur hinsichtlich (ac) symmetriekonstanter Formung. Ferner wird unterschieden, ob — bei einschariger Scherung s, a und b in s, $c \perp s$ liegt; oder bei zweischariger Scherung $c \perp$ auf der Plättungsebene, in welcher a und b liegen und welche selbst die Symmetrale der gekreuzten Scherflächen ist, mit diesen in b sich schneidend.

Überlagerung des als Elementarplan P_1 hervorgehobenen Planes als P_1, P_2 etc. erfolgt in nicht symmetriekonstanter Weise ($P_1 + P_2 =$ triklin) oder in mehr oder weniger symmetriekonstanter Weise mit den resultierenden Symmetrien für $P_1 + P_2$ usw., welche die allgemeine Betrachtung der Überlagerungssymmetrien später ergibt.

Für die Analyse der unzufällig häufigen Fälle, in welchen die Überlagerung von P_1 und P_2 durch Rotation von P um 90^0 und um definierte Achsen geometrisch zustande kommt, ist es nötig, diese Achsen zu definieren und festzustellen, ob z. B. bei einer Rotation 90^0 um c welche zu $B \perp B'$ führt, dieses c das Lot auf dem s einer einscharigen Scherung oder auf einer Plättungsebene ist. Findet z. B. eine B-Formung eines Transportes oder einer Einengung einen weniger teilbeweglichen Widerstand in B, so tritt in Gefügen nachweislich überlagerndes B' normal zu B auf und Rotation um B' erzeugt mehr oder weniger deutliche teilweise Symmetrie von $P_1 + P_2$ zugeordnet den ungleichen Nachbargebieten z. B. dem relativstarren Ufer eines strömenden tektonischen Transportes oder einseitig verminderter Ausweichemöglichkeit in Richtung B für eine durch Einengung entstandene B-Achse mit Dehnung $\parallel B$.

Am tektonischen Transportvorgang, welcher sehr oft zugleich ein Plättungsakt ist, sind vor allem zwei Typen zu unterscheiden:

1. Bereich A wird über A' bewegt unter Gleitung in einer Grenzfläche (tektonisches ,,Bügeln"), mit welcher die Hauptrichtung der Außenkraft einen Winkel zwischen 0 und 90^0 bildet; nichtrotationelle Transporte.

2. A wird über A' bewegt unter Externrotation (Rollung oder Wälzung) der betrachteten Bereiche in A, in A' oder in A und A' (Tektonisches ,,Walzen"). Die Rotationsachse Bltegi quer zur Hauptrichtung des Transportes; rotationelle Transporte.

In genügender Tiefe unter A ist für beide Fälle gemeinsam, daß sich eben nur die Last über A' erhöht; das ,,wie" (1. oder 2.) hat keinen Ausdruck mehr. Im ersten Falle bildet ungleichscharige bis einscharige Zerscherung mit Internrotation das typische Gefüge: die Fläche (s) ist das Hervortretende an den so durchbewegten Gesteinen, den ,,S-Tektoniten". Im zweiten Falle ist das Hervortretende die Achse B der ,,B-Tektonite".

Sowohl S-Tektonite als B-Tektonite können auch ohne tektonischen Transport im üblichen Sinne entstehen, erstere mit S als Plättungsebene unter einer ruhenden Belastung, letztere mit B als Achse einer Einengung.

Die Tektonik betrachtet Fälle, in welchen sich zwei betrachtete Gesteinsbereiche (A, A') gegeneinander verschieben. Es lassen sich dabei Flächen deutlich erkennen oder denken, innerhalb welcher diese Relativverschiebung gleich schnell erfolgt. Nennen wir diese Flächen S, so finden wir auf den Linien $G \perp S$ geometrisch die Abstände der S-Flächen voneinander. Wenn die Relativverschiebungen der zwischen S-Flächen liegenden Teile gegeneinander in den verschiedenen S-Flächen verschieden groß sind, so bezeichnet also G den kürzesten Weg, auf den wir zu den verschiedenen Werten der Relativverschiebungen in verschiedenen S gelangen. Nun bezeichnen wir in einem Bereiche, in welchem wir die S-Flächen als Ebenen betrachten können, immer die Richtungen, welche wir brauchen, wie kristallographische Achsen; Flächen und Gerade in a, b, c mit den Indizes h, k, l; c ist unser G (= Lot auf S); a ist die Richtung der Relativverschiebungen in S; die Achsen a und c bestimmen die (,,sagittale") Ebene (ac), welche normal auf S liegt und in welcher die Gleitgerade a liegt; b ist dann das Lot auf Ebene (ac), zugleich das Lot auf die Gleitgerade.

Das Bewegungsbild irgendwelcher Massenverschiebungen am Erdkörper ist vor allem durch die Angabe zu kennzeichnen, welche Orientierung gegenüber den Bezugsrichtungen der Erde diese Richtungen a, b, c, hatten.

Die Erfahrung lehrt, daß unter allen Rotationen dieses tektonischen Achsenkreuzes Rotationen um b vorwiegen, mithin b die konstanteste Achse ist; und daß sie sehr häufig horizontal liegt.

Der Vertikalschnitt in (ac) ist das typische „Querprofil" der Tektonik. Aber nicht insofern es ein Vertikalschnitt ist, sondern insofern es ein (ac)-Schnitt ist, bringt so ein Querprofil immer ganz Bestimmtes und Begrenztes aus unserem Bewegungsschema als charakteristischer Schnitt des Bewegungsbildes zur Anschauung, nämlich die maximalen Relativverschiebungen, welche in (ac) als der Formungsebene oder Fast-Formungsebene liegen.

Der Fall, daß b horizontal liegt, beherrscht aber nicht einmal alle Bereiche in horizontalen Massentransporten der Erdrinde (Gesteine, Schmelzmassen, Eiskörper). Sondern schon an den in Richtung b erreichbaren inhomogenen seitlichen Begrenzungen dieser Massen, ferner bei tangentalen Transporten von Massen mit wirksamer Anisotropie gegenüber der Beanspruchung finden wir, daß b mit dem Horizont Winkel bis 90° einschließen kann (steilachsige Tektonik). Um in solchen Fällen das Bewegungsbild und sein Korrelat im Gefüge richtig zu verstehen und darzustellen, muß man sich dessen bewußt sein, daß der Vertikalschnitt keineswegs mehr die Rolle spielt wie in den Fällen mit dem Erdradius $\perp b$; der Vertikalschnitt kann vollkommen ausdruckslos werden, was die maximalen Relativverschiebungsbeträge anlangt. Man muß mithin vor allem (ac)-Schnitte darstellen, auch wenn diese horizontal liegen; nicht aber darf man, ohne die Änderung in der Bedeutung des Schnittes bewußt zu betonen, ein Gebiet mit verschiedener Orientierung des abc-Kreuzes gegen den Erdradius einfach durch Serien von Vertikalschnitten darstellen und diese dann als einander gleichbedeutende zu einem Bewegungsbild zu verbinden suchen.

Es gibt 3 vielfach verwirklichte Möglichkeiten, ein mit (ab) horizontales abc-Kreuz der Bewegung gegenüber den geographischen Richtungen zu verdrehen:

1. Die Rotation des abc-Kreuzes um c ergibt ein immer schon von der Tektonik berücksichtigtes Datum (Änderung in Streichen und Transportrichtung der Gebirge und Massenergüsse). Diese Operation ändert die Einstellung des Bewegungsbildes der Masse nur gegenüber den nichtsphärischen Kraftfeldern. Einwirkungen dieser Operation auf das Bewegungsbild (z. B. deutlich erfaßbare Unterschiede im Bewegungsbild der Faltengebirge nach ihrer Streichrichtung) sind bisher nur im Falle der Begegnung seitlicher Inhomogenität bekannt.

2. Die unseltene Rotation um a ergibt z. B. für die Flanken (seitliche Inhomogenität!) mit konstanter Richtung strömender Massen typische Verhältnisse: mehr oder weniger steilgestellte b-Achse (der Faltung und Zerscherung) unter Knickung oder Biegung von B im Streichen; ferner überprägte Gefüge $B \perp B'$ meist triklin.

3. Die Rotation um b ist in Horizontal- und Vertikaltransporten, in allen Transporten mit Anpressung längs einer Wand am häufigsten; b tritt dann als Achse für interne und externe Rotation am meisten hervor, ist am besten sichtbar und mit B bezeichnet.

Hat jeder Bereich in einem tektonischen Transporte sein im zweiten Teil auch durch Analyse des Korngefüges gekennzeichnetes Achsenkreuz abc, so ist mit dessen Festlegung gegenüber geographischen Koordinaten das örtliche Bewegungsbild beschrieben und typisiert, dem Kleingefüge eindeutig korrelat und mithin einfach rekonstruierbar.

Das Kleingefüge hat sehr oft nur einfache Prägung. Oft aber überlagern sich im selben Bereich mehrere Prägungen, welche entweder voneinander unabhängigen tektonischen Akten zugeordnet sind oder voneinander abhängen. Auch der Nachweis derartiger Akte gelingt durch Analyse des Korngefüges.

Reichweite einheitlicher Beanspruchung und Bewegung. Ein ungestörtes Areal der Erdrinde liegt im Felde der Schwerkraft. Betrachten wir eine horizontale Platte aus diesem Areal, oben und unten begrenzt durch eine Ebene, welche die mechanische Homogenität begrenzt, festigkeitsisotrop, von einer Ausdehnung, in welcher die Erdkrümmung noch zu vernachlässigen ist und also die Erdradien parallel. Ein solcher Bereich ist durch die Schwerkraft senkrecht zu den Grenzebenen oben und unten mit der Richtung R der angreifenden Außenkräfte beansprucht, ohne Einfluß der seitlichen Begrenzung, wenn wir ihn z. B. kreisförmig umschreiben. So lange weder Inhomogenitäten in den Grenzflächen noch in der seitlichen Begrenzung unseres Bereiches — inhomogene Einbettung — angenommen werden, stellt der betrachtete Bereich den Fall einer um die Vertikale R rotationssymmetrischen Beanspruchung dar. Abbildungen derselben finden sich z. B. in Setzungsgefügen.

Jedenfalls ist weit mehr mit örtlichen Inhomogenitäten und mit Anisotropie zu rechnen, wenn wir den Bereich etwa mit einem Kreis von der Größe Meterzehner bis Meterhunderter umschreiben; wie es in diesem Zusammenhange von Interesse ist. Jede kleinste örtliche Inhomogenität, bzw. nicht symmetriegemäße Anisotropie in diesem Umkreis genügt, um örtlich jene Forderung der Rotationssymmetrie des Formellipsoids um R aufzuheben: Es treten auf das empfindlichste zur örtlichen Inhomogenität eingestellte dreiachsige Formellipsoide auf, über deren Orientierung gegenüber den geographischen Koordinaten nur die Orientierung der örtlichen Inhomogenitäten fallweise entscheidet.

Es sind nun zwei Fälle denkbar:

1. Die örtlichen Inhomogenitäten im betrachteten Umkreise haben keinen gemeinsamen Richtungssinn; mithin fehlt ein solcher auch den Formellipsoiden und deren Abbildungen im Gefüge. Dieser Fall ist z. B. in manchen Störungshöfen um mechanisch heterogene Stellen und Einschlüsse (Fossile, Gerölle, Konkretionen, Mineralkörner) innerhalb des betrachteten Bereiches gefügeanalytisch nachgewiesen.

2. Die Abbildungen der Formellipsoide im Gefüge haben im betrachteten Umkreis von der Größe Meterzehner, -hunderter gemeinsamen Richtungssinn. Das kann nur zwei verschiedene Ursachen haben:

a) Es waren schon vor der betrachteten Formung örtliche Inhomogenitäten mit gemeinsamem Richtungssinn also Anisotropie vorhanden. Das ist z. B. der Fall, wenn die Inhomogenitäten ein älteres System — bei Entstehung (Sedimentationsakte) oder Umwandlung (Deformationsakte) des Gesteins — über den ganzen Bereich homogen wirksamer Vektoren abbilden.

b) Die örtlichen Inhomogenitäten ohne gemeinsamen Richtungssinn sind im betrachteten Bereiche überdeckt von den über den ganzen betrachteten Bereich hin homogen oder wenigstens symmetriekonstant wirksamen Vektoren einer neuen mechanischen Beanspruchung.

In der Tat kommt dem Falle 2 eine allenthalben in der Erdrinde nachweisliche Bedeutung zu. Und da die Rolle der gefügebildenden Vektoren von Sedimentationsakten in 2a gegenüber den Vektoren mechanischer Deformation überhaupt zurücktritt, so kann man sagen:

Die allgemeinsten, den Großbau der Erdrinde und den Feinbau ihrer Gesteine gleichermaßen beherrschenden Grundzüge sind die tangentale Schichtung der Gesteine und die Größe einheitlich mechanisch beanspruchter inhomogener Areale nachweislichermaßen bis in die Metertausende, bis in viel höhere Ordnungen etwa im Sinne kontinentaler Verschiebungen.

Tektonite. In der Gesteinskunde und in der Tektonik ist es nützlich, jene Gesteine, deren Teilbewegungen im Gefüge sich in ein Bewegungs- oder Formungsbild des betrachteten Bereiches zusammenfügen lassen, eigens zu bezeichnen als Tektonite. Bezüglich dieser Summierung von Teilbewegungen folgendes:

I a. Im einfachsten Falle, das ist bei affiner Formung, ist eine Summierbarkeit im engeren Sinne eben durch die Homogenität gegeben. Alle Spuren der Relativbewegungen sind an jeder Stelle gleichgerichtet, also zu unabgelenkt fortsetzenden Ebenen und Geraden verbindbar. Das gilt von Daten, welche überall örtlich auf dasselbe Formellipsoid beziehbar sind.

I b. Die Zusammenfassung gelingt auch noch leicht, wenn sich die Abmessungen des Ellipsoids stetig ändern, ohne daß das Verhältnis $A < B < C$ geändert ist und ohne daß die Achsenrichtungen unstetig geändert sind. Die abgebildeten Scherflächen ändern hierbei stetig ihren Winkel und rotieren, lassen sich aber zu gebogenen Großgleitflächen verbinden, welche sich z. B. anschicken, eine Widerstand leistende Schwelle zu übersteigen. Dasselbe gilt namentlich bei symmetriekonstanten Rotationen um b stetig geänderten Betrages.

Bei allen genannten Änderungen haben wir den ,,Plan" nicht unstetig geändert; in unserem Falle Plan 1: b = Rotationsachse, (ac) Symmetrieebene; $(h0l)$-Scherflächen.

I c. Die Zusammenfassung zum Bewegungsbild des Ganzen gelingt auch dann noch gut, wenn sich örtlich umgrenzte Bereiche (Falten, Linsen, Spindeln, Stäbe) mit bestimmtem, in sich nicht homogenem Bewegungsbild im betrachteten großen Bereiche F gleichgerichtet oder symmetriekonstant gegeneinander verlagert (z. B. um b rotiert) wiederholen. Den tektonisch wichtigsten Fall bildet die Wiederholung von Falten, welche selbst Scherfalten oder Biegefalten sein können.

Die Zusammenfassung ist also in diesen Fällen leicht, die für die Summierung zur Großdeformation nötige richtige Deutung der Flächen und Geraden wird durch Korngefügeuntersuchung gesichert.

II a. Der Plan wird durch Überschreitung der Beziehung $A > B > C$ geändert, also rechtwinklig umgestellt. Beispiele: Deformation an starren Ufern des Transportes; tangentale Pressung vorher steilgestellter s-Flächen aus dem ersten Plan (steilachsige Tektonik).

II b. Das Ellipsoid wird beliebig geändert und verdreht.

Die Zusammenfassung wird sehr oft ermöglicht durch genügend stetige Übergänge und dadurch, daß insbesondere an Grenzen beide Pläne übereinander geprägt sind, aber mit verschieden ausgestalteten s-Flächen und Achsen.

Dieses letztere ist meist nur korngefügeanalytisch zu erkennen, aber auch in den anderen Fällen ermöglicht die Gefügeanalyse und nur diese die richtige Analyse und Zusammenfassung der abgebildeten Ebenen und Achsen und damit die tektonische Synthese.

9. Symmetrologische Betrachtung der anisotropen funktionalen und gestaltlichen Gefüge in Überlagerung und homogener Durchdringung.

Überlagerung affiner Formung; symmetriekonstante und symmetriegemäße Formung; Gefügeänderung (Anisotropisierung) während der Formung; Überlagerung der Formung mit älterer Anisotropie; Überlagerung von symmetrischen Anisotropien; gezwungene und ungezwungene Formung (Tektonik); Überprägung und Umprägung; Symmetrietypen geologischer Gefüge.

Innerhalb der affinen Formung gilt folgendes: Die Einheitskugel geht im ersten Umformungsakte in ein Ellipsoid I über. Wenn nun eine zweite beliebig orientierte affine Umformung erfolgt, welche aus der Einheitskugel das Ellipsoid II

erzeugen würde, so ist das Ergebnis beider Umformungen immer ein Ellipsoid *III* und so fort, solange die Formungen affin, bzw. homogen bleiben und gleichviel, ob das betrachtete Gebilde isotrop oder anisotrop ist. Aber Gestalt und Orientierung des letzten Ellipsoides ist durch die Anisotropie des Gebildes und durch die Orientierung der einzelnen Formungen beeinflußt. Beide Einflüsse lassen sich symmetrologisch erörtern, wenn man die Orientierung eines vorhergehenden Ellipsoides, einer Anisotropie und der umformenden Kräfte nur derart vornimmt, daß man die Lage von Symmetrieelementen angibt. Solche Symmetriebetrachtungen werden später durchgeführt.

Um vorerst ein einfaches Beispiel, vielleicht das tektonisch wichtigste von allen, anzugeben, kann man sagen: Solange die Symmetrieebene einer bilateralsymmetrischen (monoklinen) Kräfteanordnung — das sind z. B. die meisten tangentalverschiebenden Kräfte der Erdoberfläche — mit einer Symmetrieebene eines früheren Ellipsoids *E* affiner Umformung zusammenfällt, sind alle der (rhombischen) Symmetrie von *E* gemäßen Abbildungen (Anisotropien) im Gefüge mit der Symmetrie der neuen Kräfteanordnung verträglich d. h. sie erniedrigen die letztgenannte Symmetrie nicht. Die Zuordenbarkeit ist bestimmt, wenn das Formungsellipsoid *E* Rotation um eine Achse erfährt, wodurch eine Symmetrieebene (die zur Rotationsachse normale) ausgezeichnet, die beiden anderen aufgehoben werden und damit die Umformung selbst deutlich monoklin wird. Monokline Umformungen und Anisotropien, deren Symmetrieebene zusammenfällt mit der eines neuerdings deformierenden monoklinen Kräfteplans, sind durch ihre Verbreitung die tektonisch überhaupt wichtigsten und es ist in solchen Fällen die Symmetrieebene des Kräfteplans in der ganzen symmetriekonstanten Umformung leicht ersichtlich.

Wenn die Lehre von der affinen Umformung unrückläufige Umformungen beschreiben kann, so ist es doch zunächst auch in kleinsten Bereichen fraglich, ob sie alle letzteren beschreibt. Denn alle geologisch interessierenden und die meisten technologisch interessierenden Körper verwandeln sich während des Formungsaktes stetig in andere festigkeitsanisotrope Körper. Man kann also schon aus diesem Grunde in diesen weitaus meisten Fällen nicht ohne weiteres die fortschreitende Deformation aus lauter kleinen, am unveränderten Körper erfolgten Akten der elastischen Formung und Entspannung summieren, bevor die während der Formung auftretende Festigkeitsanisotropie des Körpers in ein Gesetz gefaßt ist und dieses bei der Summierung zu Worte kommt. Es wird sich ergeben, daß dieses Gesetz vor allem ein Symmetriegesetz ist. Also nur wenn man die Gesetze der Anisotropisierung eines Gebildes während der betrachteten Umformung kennt und mitbetrachtet, kann man den Gesamtablauf der Umformung zusammensetzen aus kleinen Differenzialakten, deren jeder sich aus einer elastischen Deformation bei konstanter Anisotropie und aus Entspannung zusammensetzt.

Denken wir uns nun ein isotropes Gebilde, das unrückläufig umgeformt und dabei fortlaufend etwa durch zunehmende Gefügeregelung anisotropisiert wird, wie das die deformierten Gesteine und Metalle erkennen lassen. Dann lassen wir nach dem Teilakte einer elastischen Formung bis zur Elastizitätsgrenze, wobei also die ganze Deformation elastizitätstheoretisch beschreiblich ist, die Deformation unrückläufig werden (wozu gegebene Zeit bei gegebener Wärme genügt), und es sei unrückläufig auch die Anisotropisierung, die im betrachteten Teilakt erreicht wurde. Diese Anisotropie ist von den Kräften des betrachteten Aktes erzeugt und denselben restlos symmetriegemäß. Wir können nun die Formung fortsetzen. Dabei können 1. alle Symmetrieelemente oder 2. einige derselben oder 3. keines derselben erhalten bleiben. Die Formung heißt dann symmetriekonstant in bezug auf die weiterbestehenden Symmetrieelemente (1 und 2) oder nichtsymmetriekonstant (3). Man sagt die Formung wurde in bezug auf die weiterbestehenden Symmetrieelemente symmetriegemäß fortgesetzt d. h. sie bildet keine den konstanten Symmetrieelementen widersprechenden neuen Symmetrieelemente. So z. B. kann eine rhombisch symmetrische Formung (bei gerader Pressung) rhombisch symmetrisch also in bezug auf alle Symmetrieelemente symmetriekonstant oder (bei schiefer Pressung) nur in bezug auf eine Symmetrieebene und die darauf senkrechte Digyre symmetriekonstant (also monoklin) weitergehen, ist aber in beiden Fällen symmetriegemäß weitergegangen, da keine neuen den älteren widersprechenden Symmetrieelemente erzeugt wurden.

Setzen wir die Deformation nach dem ersten Akte aber gegenüber der im ersten Akt erreichten Anisotropie nicht symmetriegemäß, sondern mit beliebiger Lage der deformierenden Außenkräfte, also der Symmetrieelemente des funktionalen Gefüges gegenüber der erreichten Anisotropie fort, so ist innerhalb des zweiten Teilaktes elastischer Formung die Lage des Elastizitätsellipsoides nicht symmetriegemäß und nicht mehr innerhalb von Symmetrievorschriften bestimmt, sondern nur durch die Gleichungen elastischer Deformation Anisotroper.

Wenn wir also einen in der Lage seiner Symmetrieelemente konstanten Formungsvorgang kennen, so wissen wir: die durch ihn erzeugte Anisotropie mit ihren Symmetrieelementen ist so gelegen, daß sie der Symmetrie des erzeugenden Vorganges nicht widerspricht (symmetriegemäß).

In ihren Symmetrieeigenschaften sind also kontinuierliche, symmetriekonstante, anisotropisierende (z. B. Kornlagen regelnde) Formungen mit den Hilfsmitteln der affinen Kinematik und der (später erörterten) homogenen Beanspruchungszustände Isotroper analysierbar; ebenso neuerliche Formung durch Außenkräfte, welche einer vorgefundenen Anisotropie gegenüber symmetriegemäß angeordnet sind.

Die Erfahrung bestätigt diesen Satz und lehrt auch, daß gefügeanalytisch vor allem Symmetrieeigenschaften der Formung einer Untersuchung zugänglich und damit von Interesse sind.

Wenn wir nun von dieser allgemein verbreiteten, stetigen Änderung des Körpers mit der Anisotropisierung unmittelbar durch die mechanische Formung absehen, so haben wir noch die in Gesteinen ungemein verbreitete Änderung des Körpers durch autonome molekulare Bewegung, besonders durch Kristallisation während der Formung zu beachten (alle parakristallin deformierten Gesteine II. Teil). Auch diese Kristallisation erfolgt im allgemeinen ohne Änderung der Symmetrie der bereits mechanisch erzeugten Gefügeanisotropie und unterliegt den bereits gepflogenen und später weiter ausgeführten Symmetriebetrachtungen.

Und dasselbe gilt von einer dritten Art der Änderung eines Körpers während der Formung, von der Änderung durch die Formung, wie sie die mechanische Technologie bisweilen noch ohne ausreichende Konfrontierung mit dem Gedanken der mechanischen Gefügeregelung betrachtet, und durch Zug-, Druck- und Torsions-Diagramme, sowie Fließkurven darstellt.

Diese Änderungen kennzeichnen freilich zunächst das Festigkeitsverhalten gegenüber menschlicher Bearbeitung und im Laboratoriumsversuch von, gegenüber tektonischen Formungen, sehr großer Formungsgeschwindigkeit und im Vergleich zu geologischen Körpern größerer Unveränderlichkeit des Materials, abgesehen von der mechanischen Gefügeregelung. Aber diese Änderungen sind die bestbekannten; sie haben nach der Regel ,,Gleiches Festigkeitsverhalten bei homologen Temperaturen (gleich weit vom Schmelzpunkt)" auch für geologische Formungen größerer Rindentiefe besonderes Interesse und der technologischen Erfahrung entspringt zunächst unser Begriffsinventar betreffend das Festigkeitsverhalten überhaupt, auch das tektonische.

Da es nun keinen Grund gibt, anzunehmen, daß diese dritte Art der Änderung eines Körpers während der Formung zu einer Anisotropie führt, welche den formenden Kräften nicht symmetriegemäß gegenüber läge, so unterliegen diese Änderungen, wenn sie überhaupt merklich auftreten, ebenfalls den schon umrissenen und nun ausführlicher zu behandelnden Symmetriebetrachtungen. Es ist also unter den ein Gestein während seiner mechanischen Formung anisotropisierenden Vorgängen keiner, der bei ganzer, bzw. teilweiser Symmetriekonstanz des Formungsaktes — mag man diesen als Bewegungsbild oder als Vektorensystem darstellen — nicht auch eine dem Formungsakte symmetriegemäße Anisotropie erzeugt.

Sehr oft lagen die Gesteine schon als mechanisch anisotrope Gefüge vor, als jene Formung begann, welche wir untersuchen. Mithin wird das Verhalten solcher Gefüge bei der mechanischen Formung von Interesse. Dieses Interesse wird weder durch die Betrachtung lediglich der Kristalle als anisotroper Gefüge, wie sie in den Lehrbüchern der Kristallographie ja durchgeführt ist, vollkommen befriedigt, noch durch die Betrachtung der Gesteine als isotroper und quasiisotroper Körper, welche sie nun einmal sehr oft nicht sind. Wir betrachten homogene Bereiche solcher mechanisch anisotroper Gefüge. Verformen wir affin — gegen die Möglichkeit affiner Formung Anisotroper ist kein Grund anzuführen — so erhalten wir auch bei den Anisotropen das durch den Begriff affiner Deformation geforderte Ellipsoid affiner Transformation. Nur die Lage des Formungsellipsoids den erzeugenden Kräften gegenüber ist nicht so einfach wie bei Isotropen, sondern durch die Lage der Achsen der Anisotropie α, β, γ gegenüber den erzeugenden Kräften mitbedingt, welche im isotropen Körper das Ellipsoid ABC erzeugen würden. Elastizitätsellipsoid und Formungsellipsoid fallen ferner im allgemeinen nicht zusammen (wie bei mechanisch Isotropen). Es gibt aber bei der mechanischen Umformung mechanisch Anisotroper, seien sie Kristalle oder geregelte Gefüge, zwischen Formellipsoid ABC, Elastizitätsellipsoid, Anisotropieachsen α, β, γ und Kräfteplan verhältnismäßig leicht erfaßbare Symmetriebeziehungen bei gegebener Lage zueinander. Diese Symmetriebeziehungen sind z. B. für die Deutung der ganz wesentlich Symmetriedaten enthaltenden Gefügediagramme viel wichtiger als die Rekonstruktionen einzelner Formungsellipsoide, wobei die nötigen Daten nie zur Verfügung stehen und außerdem ja das Formungsellipsoid nicht als Ellipsoid, sondern nur in seiner Symmetrie ein ablesbares Korrelat im Gefüge hat. Dazu kommt noch, daß unter den tektonischen Formungen einige Fälle von besonders einfachen solchen Symmetriebeziehungen zwischen Kräfteplan, gegebener Anisotropie und Formellipsoid vollkommen vorwalten.

Ist das Formellipsoid, welches ein Kräfteplan im Isotropen erzeugen würde, gegeben — (A, B, C) oder (AC) — so hat dieses Formellipsoid E gegenüber dem Kräfteplan F eine dessen Symmetrie gemäße Lage: Die Symmetrieelemente von F fallen mit solchen von E zusammen, da letztere ja Abbildungen der ersteren sind.

Erfolgt eine neue Formung E_1, so gilt dies noch von den Symmetrieelementen, in bezug auf welche die neue Formung symmetriekonstant zur ersten ist.

Betrachtet man eine mechanische Anisotropie mit den Hauptrichtungen α, β, γ und einer bestimmten Symmetrie der Anisotropie, so ergibt sich:

I. Wenn die Anisotropie α, β, γ so liegt, daß sie zusammen mit der Symmetrie von ABC (also des Formellipsoids für Isotrope) gleich hohe Symmetrie wie die von ABC ergibt, so ist diese Anisotropie ohne Wirkung auf die Symmetrie des Gefüges und seine Symmetriebeziehung zum Kräfteplan. Der Fall stellt z. B. einen Teilakt aus einer gänzlich symmetriekonstanten Formung dar.

II. Wenn die Anisotropie α, β, γ so liegt, daß sie zusammen mit der Symmetrie von ABC eine niedrigere Symmetrie als die von ABC ergibt, so liegen die Elemente dieser niedrigeren Symmetrie (Sr) gegenüber der Symmetrie des überprägenden oder umprägenden Kräfteplanes symmetriegemäß, d. h. so, daß eine Symmetrieebene oder -achse in Sr mit einer solchen des Kräfteplans zusammenfällt.

Beispiel: Seien ABC die Achsen des Formellipsoids für angenommene Isotropie und (hkl) Bezeichnungen für Flächen in der kristallographisch üblichen Weise, bezogen auf ABC als Achsen. Bestände dann die wirksame (wirtelige) Anisotropie z. B. nur in einer Einschar von selbst isotropen s-Flächen s_1, so sind folgende Fälle möglich:

1. $s_1 = (100)$ oder (010) oder (001); die Symmetrie von ABC bleibt ungeändert; Fall a.

2. $s_1 = (h0l)$ $(hk0)$ oder $(0kl)$; von der Symmetrie des Formellipsoids für Isotrope bleibt als resultierende Symmetrie Sr (= Symmetrieelemente von ABC überlagert durch die Wirtelsymmetrie von s_1) nur jene Symmetrieebene, welche $\perp s_1$ steht und ihr Lot bleibt Symmetrieachse, also monokline Sr.

3. $s_1 = (hkl)$; die Symmetrie Sr ist auf jeden Fall triklin und von der Symmetrie des zugehörigen Kräfteplans durch einfache Symmetriebetrachtungen nichts erschließbar.

Für derartige symmetrologische Betrachtungen kann es von Wert sein, ganz allgemein die Symmetrie (reell oder gedanklich) aus Teilgebilden mit gegebener Symmetrie zusammengesetzter Gebilde zu betrachten. Welche resultierende Symmetrie (Sr) entsteht, wenn zwei Gebilde, bzw. Gefüge, von gegebener Symmetrie (Sa und Sa') einander als Teilgefüge bei gegebener Lage von Sa gegenüber Sa' homogen durchdringen und überlagern? Wir versuchen diese Frage zu lösen, indem wir alle voneinander unterscheidbaren Fälle aufstellen. Die Annahmen, von denen wir dabei ausgehen, sind:

1. Gleichwertige Richtungen mit gleichwertigen überlagert ergeben gleichwertige;

2. gleichwertige mit ungleichwertigen ergeben ungleichwertige;

3. ungleichwertige mit ungleichwertigen ergeben im allgemeinen ungleichwertige, nur in Sonderfällen gleichwertige.

Wir betrachten zunächst diese Annahmen, dann die Ersetzbarkeit von gleichwertig und ungleichwertig durch geometrische Daten und dann tabellarisch die möglichen Fälle. Überlagert man zwei verschiedene Gebilde, welche einzeln die Symmetrien Sa und Sa' besitzen, so entfallen in Sr alle Symmetrieelemente, welchen bei der angenommenen Lage der beiden Gebilde irgendein mitbetrachtetes Gefügedatum eines der beiden Gebilde widerspricht. Es entfallen alle Symmetrieelemente aus Sa und Sa', welche nach der Überlagerung einander widersprechen und es verbleiben also von Sa und Sa' in Sr nur, bei der gewählten Lage von Sa zu Sa', einander nicht widersprechende, vereinbare Symmetrieelemente. Seien z. B. in Abb. 24 $v_1 = v_2$ gleichwertige Richtungen im Sa-Gebilde, $v'_1 \neq v'_2$ seien jene Richtungen im Sa'-Gebilde, welche nach der zu betrachtenden Überlagerung beider Gebilde mit v_1 und v_2 in der Richtung zusammenfallen. Dann ist $(v_1; v'_1) \neq (v_2; v'_2)$. Mithin entfällt in Sr die Symmetrieebene, welche für Sa allein existierte.

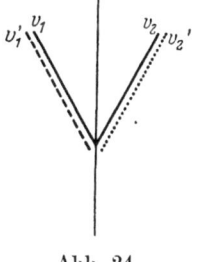

Abb. 24.

In diesem Sinne ergibt Überlagerung ungleichwertiger Richtungen auf gleichwertige als Resultat ungleichwertige Richtungen und dementsprechende Reduktion von Symmetrieelementen durch die Überlagerung.

Im allgemeinen gilt dies auch von der Überlagerung ungleichwertiger Richtungen auf ungleichwertige, $v_1 \neq v'_1$ und $v_2 \neq v'_2$. Denn die Resultierenden können nur in einem Sonderfalle einander gleich werden, wenn ganz bestimmte Bedingungen erfüllt sind.

Diese bestimmten Bedingungen müßten aber nicht nur für ein einzelnes Paar $(v_1; v'_1) = (v_2; v'_2)$ sondern für alle derartigen Paare in der Überlagerung zusammenfallender Richtungen erfüllt sein, damit die Gleichung $(v_1; v'_1) = (v_2; v'_2)$ ein Symmetrieelement z. B. eine Symmetrieebene, die in Sa und in Sa' fehlte, in Sr bedingen könnte. Da im Falle $Sa < Sa'$ bei Überlagerung, bzw. Durchdringung Sr nicht höher als Sa sein kann, also die Symmetrie erniedrigt wird, so ist die Entstehung neuer Symmetrieelemente in Sr, welche in Sa und in Sa' fehlten, vor allem an die Bedingung $Sa = Sa'$ gebunden, ferner an bestimmte Bedingungen der Lage von Sa gegenüber Sa' wie solche in den Zwillingsgesetzen der Kristalle festgelegt sind. Wie in polysynthetischen und mimetischen Zwillingen Gebilde mit neuen Symmetrieelementen in Sr vorliegen, so kennen wir auch unter Gesteinsgefügen Beispiele, welche sich gedanklich aus gleichen Teilgefügen zusammensetzen lassen mit neuen Symmetrieelementen in Sr; die Körner der Teilgefüge können hierbei voneinander unabhängige Einzelkörner oder Zwillingsteilkristalle sein. Es gilt also:

Unter der Bedingung zweier gleicher Symmetrien ($Sa = Sa'$) und bei bestimmter Lage von Sa zu Sa' kann die Überlagerung zu neuen Symmetrieelementen in Sr führen. Das resultierende Gefüge heißt bei Kristallen eine Zwillings-, bzw. polysynthetische Viellingsbildung bei anderen derartigen Gefügen aus einander homogen durchdringenden homogenen Teilgefügen gleicher Symmetrie wollen wir sagen, sie lassen sich entweder gedanklich oder sogar genetisch als **Zwillingsgefüge** betrachten. Hiebei ist wie bei Kristallen die Homogenität, mit der sich die Teilgefüge durchdringen, zu kennzeichnen.

Wenn man nun die Gleichwertigkeit und Ungleichwertigkeit von Richtungen durch gleiche und ungleiche Größe der Radien von Bezugsflächen veranschaulicht, so veranschaulichen diese Bezugsflächen vollkommen die Symmetrie von Sa und Sa'. Und wenn wir diese beiden Bezugsflächen für Sa und Sa' in verschiedener Lage übereinanderlagern, so ergeben hierbei gleich große Radien mit gleich großen wieder gleich große, gleich große mit ungleich großen ungleich große, und ungleich große mit ungleich großen bleiben unbestimmt. Mithin ergibt die durch Überlagerung unserer beiden Bezugsflächen für Sa und Sa' erzeugte Fläche in ihren Radien, je nach deren gleicher oder ungleicher Größe, ein Abbild der durch Überlagerung, bzw. Durchdringung des Gebildes Sa mit dem Gebilde Sa' entstehenden gleichwertigen Richtungen in dem durch die homogene Durchdringung entstehenden Gebilde. Ein solches Abbild der resultierenden gleichwertigen und ungleichwertigen Richtungen ist aber auch das Abbild der gesuchten resultierenden Symmetrie Sr.

Um diese zu finden, können wir uns also die Komponenten Sa und Sa' durch symmetriegemäße Bezugsflächen veranschaulichen, diese Bezugsflächen in allen Lagen, welche unterscheidbare Fälle ergeben, überlagern, und Sr des resultierenden Gebildes ablesen. Als Bezugsflächen für die uns interessierenden wirtelige (w), rhombische (r) und monokline (m) Symmetrie der Komponenten nehmen wir das Rotationsellipsoid (w), das dreiachsige Ellipsoid (r) und ein Gebilde „m" als Repräsenten der monoklinen Symmetrie: Eine allgemein-zylindrische Fläche ohne andere Symmetrieelemente als eine Symmetrieebene senkrecht zur erzeugenden Geraden. In der Tabelle bedeutet E Symmetrieebene, D Symmetrieachse.

Von den gewählten Ellipsoiden kommt hierbei lediglich ihre Symmetrie, nicht ihre Gleichung in Betracht; man könnte ebensogut Ovaloide oder andere gleichsymmetrische Gebilde wählen. Denn von Sa und Sa' ist nicht gesagt, daß ihnen ellipsoidische Bezugsflächen entsprechen. In allen Fällen ist damit zu rechnen, daß sowohl die Symmetrie Sa

als Sa' in den zwei Teilgefügen des komplexen Gefüges für sich betrachtet, erhalten bleiben kann.

Aus den gepflogenen allgemeinen Betrachtungen und aus der fallweisen Betrachtung in der Tabelle ergibt sich für die wirteligen, rhombischen und monoklinen Gefüge: Die durch Überlagerung resultierende Symmetrie (Sr) ist im allgemeinen gegenüber der Symmetrie der Komponenten (Sa, Sa') erniedrigt; im allgemeinsten, auch tektonisch unseltenen Falle bis triklin. Im Sonderfalle paralleler Überlagerung gleicher Komponenten wird die Symmetrie nicht erniedrigt. Die Symmetrie wird bei ungleichen Komponenten Sa und Sa' wenigstens auf die Stufe der niedriger symmetrischen Komponenten ($w > r > m$) erniedrigt. In Sonderfällen der Überlagerung gleicher Gebilde können neue Symmetrieelemente auftreten (Zwillingsgefüge).

Wenn man in dieser Tabelle die Fälle einklammert, deren Auftreten weniger wahrscheinlich ist, da sie nur in bestimmten Lagen ohne Bewegungsfreiheit der beiden Gebilde gegeneinander auftreten, so verbleiben ausschließlich monokline und trikline Sr.

Tabelle der Überlagerungssymmetrien (Sr)
geologisch wichtiger ungleicher homogener Teilgefüge bei homogener Durchdringung.

Teilgefüge mit der Symmetrie w (wirtelig), r (rhombisch), m (monoklin)	Lage der Symmetrieebenen (E) und Symmetrieachsen (D) zueinander $E^\infty = E \perp D^\infty$ $E^2 = E \perp D^2$	Name des resultierenden Falles	Überlagerungssymmetrie: So_1 = einzelner Sonderfall ohne Lagenfreiheit, So_r = Gruppe von Sonderfällen So_a = allgemeinster Fall tr = triklin
1. ww'	$E^\infty \parallel E'^\infty$	ww'^1	$w\ So_1$
2. ww'	E^∞ schief zu E'^∞	ww'^2	$m\ So_a$
3. ww'	$E^\infty \perp E'^\infty$	ww'^3	$r\ So_1$
4. wr	$E^\infty \parallel E^2$	wr^1	$r\ So_1$
5. wr	$E^\infty \parallel D^2\ E^\infty \wedge E^2$	wr^2	$m\ So_r$
6. wr	$E^\infty = (h\,k\,l)$ in Sa	wr^3	$tr\ So_a$
7. wm	$D^\infty \parallel D^2$	wm^1	$m\ So_r$
8. wm	$D^\infty \parallel E^2$	wm^2	$m\ So_r$
9. wm	$E^\infty = (h\,k\,l)$ in Sa	wm^3	$tr\ So_a$
10. mm'	$E^2 \parallel E^{2'} (= 010)$	mm'^1	$m\ So_r$
11. mm'	$E^2 \parallel (h\,0\,l)'$	mm'^2	$tr\ So_r$
12. mm'	$E^2 \parallel (0\,k\,l)'$	mm'^3	$tr\ So_r$
13. mm'	$E^2 \parallel (h\,k\,0)'$	mm'^4	$tr\ So_r$
14. mm'	$E^2 \parallel (h\,k\,l)'$	mm'^5	$tr\ So_a$
15. mr	$E^2 \parallel E^{2'}$	mr^1	$m\ So_r$
16. mr	$E^2 \parallel (h\,0\,l)$	mr^2	$tr\ So_r$
17. mr	$E^2 \parallel (h\,k\,l)$	mr^3	$tr\ So_a$
18. rr'	$E^2 \parallel E^{2'};\ D^2 \parallel D^{2'}$	rr'^1	$(r)\ So_1$
19. rr'	$E^2 \parallel (h\,0\,l)$	rr'^2	$m\ So_r$
20. rr'	$E^2 \parallel (h\,k\,l)$	rr'^3	$tr\ So_a$

Geologische Beispiele zu diesen Fällen (1—20) sind folgende; hiebei sind mit s die Ebenen eines flächigen Parallelgefüges bezeichnet.
1. Horizontales Anlagerungs-s und vertikale homogene Setzung;
2. Anlagerung und Setzung bilden einen schiefen Winkel;
3. s-Gefüge und rein achsiale Beanspruchung $\parallel s$;
4. s-Gefüge und rhombische Beanspruchung mit einer Symmetrieebene $\parallel s$;
5. s-Gefüge und rhombische Beanspruchung mit einer Symmetrieachse $\parallel s$;
6. s-Gefüge und rhombische Beanspruchung schief zu s; $s = (hkl)$ rhomb. Beanspruchung;
7. achsiale Beanspruchung (w) und rotierende Pressung (Rollung) mit parallelen Achsen;
8. s-Gefüge eingeengt mit rotierender Pressung schief zu s, mit Achse $B \parallel s$;
9. s-Gefüge und Überprägung einer monoklinen B-Achse schief zu s;
10. Typische Überlagerung bei symmetriekonstanter rollender Knetung (Rotationstektonite);
11. Überlagerung mit zwei aufeinander senkrechten B-Achsen ($B \perp B'$ Tektonite);
12. Überlagerung in „B schief B'"-Tektoniten ⎫
13. Überlagerung in „B schief B'"-Tektoniten ⎬ drei unterscheidbare Fälle von „B schief B'"-Tektoniten;
14. Überlagerung in „B schief B'"-Tektoniten ⎭

15. Überlagerung von rhombischer Pressung durch eine in bezug auf E^2 symmetriekonstante schiefe Pressung;
16. Überlagerung einer monoklinen B-Achse über rhomb. Gefüge ⎫ zwei Fälle unter-
17. Überlagerung einer monoklinen B-Achse über rhomb. Gefüge ⎭ scheidbar
18. Überlagerung bei der rhombischen Internrotation zweischariger Scherung;
19. Überlagerung bei der monoklinen Internrotation zweischariger Scherung;
20. Überlagerung bei schiefer Überprägung zweier allgemeiner oder ebener Beanspruchungen.

Den Fällen monokliner Sr entspricht durchwegs Rotation der beiden Gebilde gegeneinander, um eine mit zwei Symmetrieachsen (in Sa und in Sa') parallele Symmetrieachse in Sr. Wie sich auch aus der später folgenden Beschreibung der tektonischen Umformungspläne ergibt, haben diese Fälle monokliner Sr weitaus die größte Wahrscheinlichkeit tektonischen Auftretens.

Die Symmetrie Sr eines durch mechanische Umformung eines anisotropen Ausgangsmaterials erzeugten Gefüges läßt sich betrachten als Überlagerung der Symmetrieelemente der ersten Anisotropie Sa mit den Symmetrieelementen Sa' (wirtelig w; rhombisch r; monoklin m) der letzten prägenden Umformung. Hierbei kann Sa entweder noch durch wirkliche reliktische Gefügekorrelate in Sr vertreten sein (Überprägung) oder nicht mehr (Umprägung). Im letzteren Falle kann Sa entweder auf die räumliche Lage von $Sr \neq Sa'$ von Einfluß gewesen sein (Sa ist eine mechanisch wirksame Anisotropie) oder ohne Einfluß (mechanisch unwirksame Anisotropie), so daß $Sr = Sa'$ so entsteht, als wäre der betrachtete Körper als isotroper umgeformt worden (Formung im Fastisotropen). Ob die Formung bei Anisotropen fastisotrop verläuft, das hängt nicht nur von der Lage der Außenkräfte gegenüber der Anisotropie ab, wie das schon aufgezeigt wurde, sondern auch von der Umschließung des Bereichs, bzw. von der Ausweichemöglichkeit, wie Abb. 25, 7, 8 veranschaulicht. Ein stark festigkeitsanisotropes Gewebe (Achsen der Anisotropie durch das schiefgestellte rechtwinklige Kreuz bezeichnet) ist mit Kreismuster versehen und zwischen Rahmen gespannt; unbelastet in Abb. 25; in Abb. 7 mit seitlicher Ausweichemöglichkeit durch die in Abb. 25 weggebliebenen Gewichte belastet: Die Anisotropie bewirkt bei affin ebener Umformung Schiefstellung der (stark gedehnten) Hauptellipse. In Abb. 8 ist bei ganz gleicher Belastung die seitliche Verschiebung der unteren Leiste durch einen Riegel verhindert: Die Deformation verläuft vollkommen wie im Isotropen bei gleicher Behandlung also quasiisotrop; mit weniger gedehnter Hauptellipse. Ins Auge zu fassen ist nur der mittlere Bereich der Präparate, da die Inhomogenität der Begrenzung sich in den randlichen Bereichen durch nichtaffine Umformung (Rotationen!) geltend macht. Das Auftreten „fastisotroper" Formung bei ge-

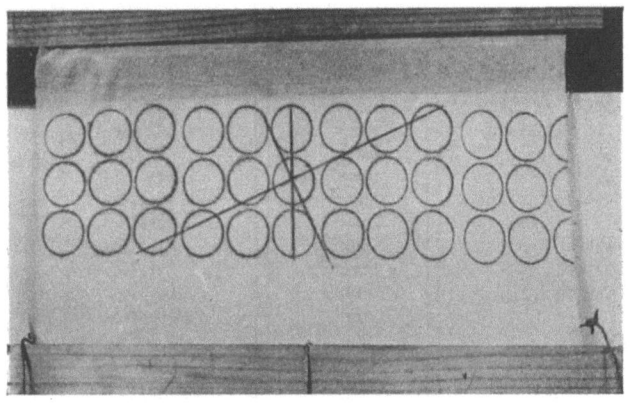

Abb. 25. Festigkeitsanisotropes (schiefe Striche!) Tuch mit an den Fäden (unten) befestigten Gewichten; ungespannt; vgl. Abb. 7 u. 8.

nügend gezwungener Formung (bei behinderter Ausweichemöglichkeit) gegenüber deutlicher Auswirkung der Anisotropie bei gleicher aber genügend ungezwungener Formung (mit Ausweichemöglichkeit) ist stets zu beachten, wenn es sich z. B. an tektonischem Gefüge um die Einschätzung des Einflusses der Anisotropie handelt, oder um die Kennzeichnung gezwungener und ungezwungener Tektonik.

Ob die Einspannung geologisch anisotroper Körper in dem erörterten Sinne gezwungen oder ungezwungen ist, welche Ausweichmöglichkeit besteht oder nicht, das entscheidet also ebenfalls darüber, wie die Festigkeitsanisotropie des Materials (der Gesteine) zu Worte kommt und wie die Formung verläuft. Bei gegebenem Verlauf und bekannter Anisotropie läßt sich auf gezwungene oder ungezwungene Formung, bzw. Tektonik schließen.

Von besonderem Interesse ist, ob Überprägung oder Umprägung eines Gefüges von gegebener Symmetrie Sa vorliegt. Deformiert man ein solches Gefüge affin, wobei dem Formungsellipsoid selbst die (abbildbare Symmetrie Sa' zukommt, so tritt bei Überprägung das Sr der Tabelle auf, bei „restloser Umprägung" nur Sa'. Dieses Sa' kann bei ganz restloser, Sa ja für unsere Beobachtungsmittel vollkommen auslöschender Umprägung, dem umprägenden Kräfteplan nur symmetriegemäß gegenüberliegen. Bei der faktisch infolge unvollkommener Kornregelung durchaus zu erwartenden nicht restlosen Umprägung (also „Überprägung") jedoch kann Sa' dem umprägenden Kräfteplan nur dann ebenfalls symmetriegemäß gegenüber liegen, wenn schon Sa dem Kräfteplan symmetriegemäß gegenüber lag. Es ist von hier aus gesehen ein Hinweis auf das Vorwalten tektonischer Umformung mit Rotation, daß monokline Symmetrie in tektonisch umgeformten anisotropen Gesteinen so stark vorwiegt.

In den voranstehenden Erörterungen wurde eine bestehende Anisotropie lediglich in ihrer Symmetrie definiert und lediglich mit der Symmetrie der neuen Formung konfrontiert. Damit ist die neue Formung im übrigen nicht bestimmt, aber für die möglichen Lagen der Einfluß auf die Symmetrie des Gefüges bestimmt, in welchem über die bestehende Anisotropie eine neue Formung geprägt wird. Durch reliktische Gefüge sind derartige Überprägungen ja nachweislich und durch genügend gezwungene Formung kann sogar ein Formellipsoid wie im Isotropen auf Anisotrope geprägt werden. Da in Anisotropen nicht die einfachen Beziehungen zwischen der Lage von Formungsellipsoid und den erzeugenden Kräften bestehen wie in Isotropen, kann man in der Analyse nicht so weit gehen wie bei Isotropen. Aber man kann vielen Symmetriebeziehungen zwischen Formung und Kräftesystem auch bei statistisch Anisotropen nachgehen. Es läßt sich nun auch zeigen, daß nach der Wahrscheinlichkeit ihres natürlichen Auftretens bei mehrfach geprägten Gefügen ebenso wie bei einfach geprägten der monokline Typus im Vordergrunde steht, wie es auch der Erfahrung über die Häufigkeit einfach geprägter und mehrfach geprägter monokliner Tektonite entspricht. Um zu beurteilen, ob eine Formung einer Anisotropie symmetriegemäß ist, betrachtet man das Ellipsoid, welches sie am isotrop gedachten Material erzeugt: Alle Lagen dieses Ellipsoids, welche bei geometrischer Überlagerung Symmetrieelemente der gegebenen Anisotropie des Materials bestehen lassen, entsprechen „in bezug auf jene Symmetrieelemente symmetriegemäßen" Umformungen, Bewegungsbildern, Kräfteanordnungen, Spannungen und Beanspruchungen.

Die Symmetrietypen der wichtigen natürlichen anisotropen Gefüge sind:

I. Eine einzige Schar von s-Flächen ohne wirksam ausgezeichnete Richtung in s. Symmetrie eines Rotationsellipsoides mit Achse L. Wirtelsymmetrie (w) z. B. Sedimente aus einem nichtströmenden Medium.

II. Zwei gleiche Scharen s_1 und s_2 oder $s_1^a\ s_1^b$ und $s_2^a\ s_2^b$ sich (nicht mit 90°) schneidend in b; rhombische Symmetrie (r) z. B. B-Tektonite mit gerader Pressung mit gleichschariger zweischariger Scherung; „rhombischer B-Tektonit".

III. Zwei oder mehrere $s_1\,s_2\,s_3 = (h0l)$ .... sich schneidend in $b = B$; 1 Symmetrieebene $\perp b = B$; monokline Symmetrie (m); z. B. „B-Tektonite" bei schiefer Pressung ohne oder mit Externrotation. Häufigster Tektonit; „monokliner B-Tektonit".

IV. Die s-Flächen sind sowohl $(h0l)$ als $(0kl)$, die zugehörigen Schnittgeraden $b_1 = B_1$; $b_2 = B_2$ stehen aufeinander senkrecht. Es sind folgende Fälle möglich:

   a) II kombiniert mit II: rhombische Symmetrie (r); als seltene Sonderfälle tetragonale und reguläre denkbar, aber ohne praktisches Interesse;

   b) II kombiniert mit III: monokline Symmetrie (m);

   c) III kombiniert mit III: trikline Symmetrie (tr).

Beispiele rhombische, monokline und trikline $B \perp B'$-Tektonite; „B-Tektonite aus Plan 2".

Auf dieser Grundlage lassen sich für die Haupttypen anisotroper Gesteine folgende symmetriegemäße Formungen in Übersicht bringen.

Eine in bezug auf alle Symmetrieelemente der Anisotropie symmetriegemäße Formung tritt bei wirtelsymmetrischen Anisotropen auf, wenn das Umformungsellipsoid ein Rotationsellipsoid ist, dessen Achse mit der Achse der Wirtelanisotropen zusammenfällt. Bei Sedimenten anisotroper Teilchen, die ohne Richtungssinn in s, also aus ruhendem Medium abgesetzt werden, bedeutet die durch das Gewicht des anwachsenden Sediments erfolgende homogene Umformung des Gefüges einen hierhergehörigen Fall.

Unter den Tektoniten würden B-Tektonite mit ganz gleichmäßiger Besetzung des Gürtels diesen Fall verwirklichen, so lange die Externrotation des betreffenden Bereichs, welche den Gürtel erzeugte, anhält. Der Fall ist jedoch nur als Grenzfall von Interesse, da B-Tektonite meist monoklin, seltener rhombisch sind.

Im Falle rhombischer Symmetrie fordert die vollkommen symmetriegemäße Umformung Zusammenfallen der beiderseitigen rhombischen Symmetrieachsen. Daß es hergehörige Umformungen mit symmetriegemäßen Formungen von genügender Dauer für eine Abbildung im Gefüge gibt, das ist durch die Fälle von gleichwertiger Abbildung beider Flächen maximaler Schubspannung in Korngefügen erwiesen. Dieser Fall ist seltener als verschiedene Abbildungen der beiden Scherflächen zweischariger Scherung und mithin weniger symmetriegemäßer Ablauf der Umformung. Im weitaus häufigsten Falle monokliner Anisotroper mit Symmetrieebene (010) ist jede Umformung gänzlich symmetriegemäß, deren Formellipsoid entweder gleichwertige Abbildung der zwei Scherflächen bewirkt (also selbst rhombisch ist) und irgendeine Symmetrieebene mit (010) deckt oder bei Ungleichwertigkeit der Scherflächen seine Symmetrieebene mit (010) deckt. Beides ist innerhalb der für tektonisches Strömen bezeichnenden Bewegungsbilder allenthalben häufig realisiert. Sehr viele B-Tektonite in ihrer ersten Ausprägung und viele auch in zweiten Überprägungen sind hergehörige, in vielen Akten vollkommen symmetriegemäß deformierte Beispiele; oder wenigstens triklin mit monoklinem Habitus. Ein anderes Beispiel bieten Sedimente, deren Entstehung aus einem Medium mit bestimmter Strömung sich durch einen Richtungssinn der Aufbereitungsregel in s zu erkennen gibt. Dieser Richtungssinn steht oft nahe rechtwinkelig zur sedimentierenden Küste. Die Häufigkeit tektonischen Strömens ebenfalls rechtwinklig zum Kontinentalrand ist bekannt; mithin die Gelegenheit zur symmetriegemäßen Umformung solcher Sedimente nicht selten, sondern typisch. Die Symmetrie trikliner Gefüge kann durch Kombination mit einem Formellipsoid nicht erniedrigt und ohne Umprägung auch nicht erhöht werden. Für symmetriegemäße Umformungen mit dementsprechenden Regelungen der Kornlagen im Gefüge bringt Teil 2 dieses Buches zahlreiche Beispiele. Die wichtigste und tektonisch häufigste symmetriegemäße Umformung in langen oder immer wiederholten Akten ist die ebene oder fast ebene Deformation eines monoklinen Gefüges (Korngefüge, Gebirge), wenn die Symmetrieebene des Gebildes die Deformationsebene $\perp B$ ist. (Alle einachsigen „B-Tektonite"; Gebirge aus verschiedenen Faltungsphasen mit konstantem Streichen.) Daneben spielt Deformation $\parallel B$ eine wichtige Rolle („$B \perp B'$-Tektonite"; Faltung des Streichens im gleichen Akte).

Auch nichtaffine Umformungen können ganz und teilweise symmetriegemäß oder nichtsymmetriegemäß erfolgen und fallen dann unter die gepflogene Betrachtung.

10. Mechanische Beanspruchung und Formung im Homogenen als Beispiel funktionaler Gefüge.

Scherspannung und Normalspannung an Ebene im Körperelement; Mohrs Darstellung der Scherspannungen t und Normalspannungen n; Darstellung von Schmidt und Lindley; allgemeine, achsiale und ebene Beanspruchung; Symmetrietypen der Spannungen auf der Lagenkugel (Spannungskugeln n, t, t_r).

Wir beginnen mit der in der mechanischen Technologie gepflegten der Gefügekunde namentlich neuerdings durch W. Schmidt zugänglich gemachten Betrachtung einer Umformung bei einfachsten Verhältnissen und zwar mit der kontinuumsmechanischen Betrachtung der Kräfte also ausgehend vom funktionalen Gefüge. Der Experimentator neigt unter anderem besonders deshalb zur Betrachtung der Kräfte, weil er — anders als der Petrograph — diese im Experiment bisher besser kontrollierbar und in der Theorie besser beherrschbar und zu Voraussagen brauchbar fand als die Teilbewegungen und deren Bild bei der Umformung.

Wir beachten also einige Grundbegriffe der mechanischen Formungslehre, ausgehend von einem homogenen und isotropen Bereich. Einen Teil dieses Bereiches umgrenzen wir rein gedanklich und nennen ihn im folgenden Körperelement und man betrachtet zunächst kleine Formänderungen, klein genug, daß sich während ihrer Dauer die am Körperelement angreifenden formenden Außenkräfte nicht ändern. Aus letzterem ergibt sich, daß die Betrachtung nicht etwa unmittelbar zum Verständnis der typischen zeitlich gegliederten Abläufe führt, als deren Ergebnisse wir die Symmetrietypen der Tektonite und ihrer Formungsakte begegnen.

In einem Zeitteil, in welchem sich das Körperelement nicht ändert, müssen in demselben Kräfte wirken, welche den Außenkräften das Gleichgewicht halten. Diese Kräfte werden nun gedanklich untersucht.

Man denkt eine beliebige Ebene durch das Körperelement gelegt. Denkt man diese Ebene als reellen Schnitt, so würden sich im allgemeinen Falle die beiden Teile des Körperelements gegeneinander verschieben und diese Verschiebung würde vor sich gehen, während ein gewisser meßbarer Druck senkrecht zur Schnittebene besteht.

Es lassen sich also für jede Ebene durch das Körperelement Kräfte unterscheiden, welche parallel zur Ebene gerichtet sind und solche, die normal zur Ebene gerichtet sind. Noch etwas genauer kann man sagen: alle verschiedenen, an einem Punkte überhaupt angreifenden Kräfte haben zusammen eine Resultierende. Diese steht im allgemeinen schief zur beliebigen, durch das Körperelement gedachten Ebene. Man kann diese Resultierende, im allgemeinen wieder zerlegen in eine parallel zur Ebene und in eine normal zur Ebene gerichtete Komponente. Beiden Komponenten wird, solange sich der Körper nicht wirklich in der gedachten Ebene auseinanderteilt, von den Zusammenhangskräften des Körpers das Gleichgewicht gehalten; dies schließt man daraus, daß der Körper zusammenhält. Die Benennungen für die nun unterschiedenen Kräfte sind folgende.

Die parallel zur beliebigen Ebene durch einen Punkt des Körpers gerichtete Kraft heißt die Scherbeanspruchung des Körperelements in der gedachten Ebene durch diesen Punkt; was dieser Scherbeanspruchung entgegen wirkt heißt die Scherspannung die im betreffenden Punkte in die gedachte Ebene fällt. Sie hat eine errechenbare Größe; ob sich gerade die in der gedachten Ebene liegende Scherbeanspruchung und Scherspannung unter den unzähligen möglichen bemerkbar macht, wird erst später betrachtet.

Auf derselben durch das Körperelement gedachten Ebene, von deren Scherbeanspruchung und Scherspannung eben gesprochen wurde, steht eine Normalbeanspruchung und eine Normalspannung senkrecht.

Es gehört also zu jeder durch das Körperelement gedachten Ebene eine Scherkraft und eine Normalkraft mit bestimmten, einander und der gedachten Ebene zugeordneten Größe. Es gibt also unter den gedachten Ebenen durch das Körperelement mit zugeordneten Scherkräften und Normalkräften solche Ebenen, in welchen die Scherkraft besonders groß und die Normalkraft besonders klein ist. Nach diesen Ebenen würde der Körper zergleiten falls er überhaupt zergleitet. In anderen Ebenen ist die Scherkraft besonders klein und die Normalkraft besonders groß; das sind die Ebenen, in welchen der Körper nicht zergleitet.

Ein nicht zusammendrückbarer Körper ändert seine Gestalt nicht durch Normalkräfte in seinen Punkten, sondern nur durch Verschiebung dieser körperlich gedachten Punkte aneinander. Wenn man also eine Übersicht darüber gewinnt, welches die zueinandergehörigen Scherkräfte und Normalkräfte für jede durch ein Körperelement gedachte Ebene bei einer gegebenen Anordnung der am gegebenen Körperelement angreifenden Außenkräfte sind, so wird eine Voraussage über das Formungsverhalten des Körperelementes möglich: Die Verformung wird durch die Richtung der größten auf einer der durchgelegten Ebenen überhaupt auftretenden Scherkräfte und durch die Lage dieser Ebene mit den größten Scherkräften vorgeschrieben und voraussagbar sein.

Die Betrachtung bezog sich von Anfang an auf einen homogenen Bereich, in welchem jedes Körperelement sich gleich verhielt, wie jedes andere, solange die Formung homogen bleibt. Das von einem Körperelement Ausgesagte gilt von allen Körperelementen des betrachteten homogenen Bereiches und bestimmt damit sein Formungsbild oder Bewegungsbild.

Unter dem betrachteten Bereich und unter Körperelement wurde bisher ein bis in jede interessierende Bereichgröße homogener Körper verstanden. Wir betrachten nun an Stelle dessen ein Gefüge, welches in den Bereichen, deren Formung wir analysieren wollen, statistisch homogen ist. Es ist dann daran zu erinnern, daß die engste Beziehbarkeit von Gefügebildung, Bewegung im Gefüge und Bewegungsbild besteht. Es ist also nicht nur für das Verständnis einer neuen, durch mechanische Formung entstehenden Außengestalt, sondern auch für das Verständnis des der Formung zuordenbaren morphologischen Gefüges von Bedeutung, ob es gelingt, eine Übersicht über Größe und Richtung für alle am Körperelement in jeder durchgelegten Ebene angreifenden Scherkräfte und Normalkräfte und damit die Darstellung des für die Verschiebungen im Körper entscheidenden und eben durch diese Verschiebungen im gestaltlichen Gefüge abbildbaren funktionalen Gefüges zu erreichen. Eine solche gedankliche Übersicht wurde von Otto Mohr in der Mohr'schen Darstellung der Spannungszustände mit geometrischer Darstellung gegeben.

Bezeichnet man die Normalkräfte auf eine Ebene mit n, die Scherkräfte in der Ebene mit t, so ist dann die in einer Ebene übertragene spezifische Normal- und Schubspannung der Wert von n und t als Grenzwert auf eine immer kleiner werdende Ebene bezogen. Unter den unendlich vielen gedachten Ebenen durch das Körperelement gibt es theoretisch ableitbar drei aufeinander senkrecht stehende Ebenen, auf welchen je eine Resultierende aller am Körperelement angreifenden Kräfte senkrecht steht. Diese Ebenen heißen Hauptebenen des Beanspruchungszustandes. Ihre Schnittgeraden sind die zu ihnen gehörigen n mit den Werten: $n_1 =$ größte Hauptbeanspruchung; $n_2 =$ mittlere Hauptbeanspruchung; $n_3 =$ kleinste Hauptbeanspruchung. In diesen Hauptebenen ist $t = 0$. Jedem Körperelement entspricht also ein Kreuz von rhombischer Symmetrie mit den zweizähligen Achsen n_1, n_2, n_3. Die Flächen mit den größten Scherbeanspruchungen halbieren den Winkel $n_1 \wedge n_3$. Die Größen der Spannungen für eine beliebige der durch das Körperelement gedachten Ebenen sind bestimmt, wenn man auf der gedachten Ebene ein Lot errichtet und die Cosinus der Winkel dieses Flächenlotes mit $n_1\, n_2\, n_3$ bezeichnet durch $\beta_1\, \beta_2\, \beta_3$.

$n = \beta_1^2 n_1 + \beta_2^2 n_2 + \beta_3^2 n_3$
$t^2 = \beta_1^2 n_1^2 + \beta_2^2 n_2^2 + \beta_3^2 n_3^2 - (\beta_1^2 n_1 + \beta_2^2 n_2 + \beta_3^2 n_3)^2$.

Mit diesen Formeln ist jeder beliebigen gedachten Fläche durch das Körperelement das zugehörige n und t der Größe nach und ohne Angabe der Richtung von t in der gedachten Ebene, also nur unanschaulich zugeordnet.

Die Veranschaulichung wurde von W. Schmidt und Lindley von der Mohr'schen Darstellung ausgehend vollzogen durch eine Übersicht für die n und t aller Lagen der zugehörigen gedachten Ebenen. Damit ist auch ein Beispiel für ein funktionales Gefüge und dessen für die Gefügekunde namentlich symmetrologisch wertvolle Veranschaulichung gegeben. In den Grundzügen ist der Weg hiezu der folgende. Alle durch das Körperelement gedachten Ebenen werden zugeordnet den Punkten, in welchen die Ebenenlote ausgehend vom Mittelpunkte der Kugel die Oberfläche dieser Kugel durchstoßen („Flächenpole"). Man kann dann die Pole jener Ebenen, welche eine interessierende Eigenschaft z. B. die Größe von t, gemeinsam haben mit gleichen Signalen versehen oder, was noch übersichtlicher ist, miteinander durch Linien auf der Kugeloberfläche verbinden. Man erhält so auf der Lagenkugel für ein Körperelement und damit für die homogene Verformung die Lage der Ebenen mit gleich großer Scherbeanspruchung, mit größter Scherbeanspruchung usw.

In Mohr's Darstellung sind nur die Größen von n und t am Körperelement in Übersicht gebracht, nicht die Richtungen. Die Größen von n und t werden in der Zeichenebene angeordnet, in einem rechtwinkligen Koordinatensystem mit Abszissen $= n$, Ordinaten $= t$. Ein Punkt in diesem Felde entspricht einem zusammengehörigen Größenpaare n und t. Für jedes Größenpaar n und t, welches zu einer der durch das Körperelement gedachten Ebenen gehört, läßt sich ein Punkt in unserem Felde finden. Jeder Punkt entspricht dann einer Ebene, deren Pol auf einem Oktanten der Lagenkugel liegt. Man überblickt also in der Mohr'schen Darstellung die n-t-Paare aller Ebenen, deren Pole in einen Lagenkugeloktanten fallen nicht aber unmittelbar die räumliche Anordnung dieser Ebenen. Geometrisch gesprochen gibt die Mohr'sche Darstellung eine in definierter Weise verzerrte Darstellung der n-t-Paare zu den Ebenen deren Pole in einen Lagenkugeloktanten fallen. Wegen der rhombischen Symmetrie des Beanspruchungszustandes mit seinen Hauptebenen der Beanspruchung (= Symmetrieebenen) und n-Achsen oder Hauptbeanspruchungen (= Digyren) enthält ein einziger der 8 Oktanten schon alle auftretenden Fälle von n-t-Paaren was deren Größe anlangt. Ein solches System von n-t-Paaren in Mohr's Darstellung gehört also zu einem ganz bestimmten mechanischen Spannungszustand oder Beanspruchungszustand des Körperelementes und gibt alle dabei auftretenden n-t-Paare wieder. Die n-t-Punkte in der Mohr'schen Darstellung sind einander benachbart, da zwei Ebenen durch das Körperelement umso ähnlicheres n-t haben, je weniger sie in der Lage voneinander abweichen. Ein bestimmter Beanspruchungszustand ist durch $n_1\,n_2\,n_3$ gekennzeichnet. Diese Größen müssen angegeben werden, um die oben gegebenen Formeln für die Berechnung von n und t jeder Ebenenlage verwenden zu können. Die Richtungscosinusse $\beta_1\,\beta_2\,\beta_3$ sind durch die Lage der Ebene, für welche das Paar n-t und der Punkt in der Mohr'schen Darstellung gesucht wird gegeben und in die Formeln einzusetzen. Dann ergeben alle Formeln mit denselben Werten für $n_1\,n_2\,n_3$ und $\beta_1\,\beta_2\,\beta_3$ Werte für n und t, welche zusammen und zu einer lagebestimmten Ebene ($\beta_1\,\beta_2\,\beta_3$) eines bestimmten Beanspruchungszustandes ($n_1\,n_2\,n_3$) gehören. Indem man die verschiedenen Werte-

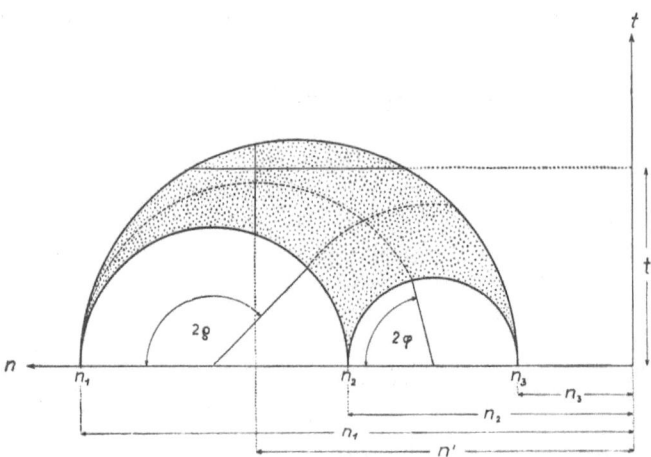

Abb. 26. Mohr's Darstellung der Normalspannungen n und der Tangentalspannungen t (nach Schmidt u. Lindley).

paare n-t mit n als Abzisse und mit t als Ordinate in das Koordinatensystem einträgt, erhält man beliebig viele Punkte für die einzelnen Ebenenlagen des beanspruchten Körperelementes in Mohr'scher Darstellung (Abb. 26).

Man kann nun zunächst die Symmetrien der Beanspruchungszustände unterscheiden, welche sich ergeben bei verschiedenen Werten von $n_1\,n_2\,n_3$ und zwar durch den Vergleich dieser Größen untereinander.

1. Ist $n_1 > n_2 > n_3$ so hat, wie schon früher bemerkt, die Beanspruchung rhombische Symmetrie und heißt allgemeine Beanspruchung. Man begegnet dem z. B. aus der Doppelbrechung der Kristalle bekannten Tensortrippel.

2. Werden zwei Hauptbeanspruchungen einander gleich, so ergibt sich eine Beanspruchung von sphäroidischer Symmetrie (Rotationsellipsoid) eine „achsiale" Beanspruchung, deren Achse und singuläre Symmetrieachse das singuläre n ist.

3. Wird ein $n = 0$, so ergibt sich der Fall der „ebenen Beanspruchung".

Auch die Fälle der fastachsialen und der fastebenen Beanspruchungen sind damit definiert.

Diese nach der Symmetrie unterschiedenen Typen der mechanischen Beanspruchung sind Symmetrietypen von funktionalem Gefüge nicht von Bewegungsbildern und beide sind erst nach dieser Unterscheidung einander zuzuordnen. Sowohl die Typen der mechanischen Beanspruchung als die Typen der Bewegungsbilder der Teilbewegungen im morphologischen Gefüge sind am allgemeinsten durch ihre Symmetrie gekennzeichnet. Vor allem die Symmetrie der Bewegungsbilder ist auf das gestaltliche Gefüge rückläufig oder unrückläufig übertragbar.

Eben die bereits im Gefüge abgebildete Symmetrie des Bewegungsbildes aus Teilbewegungen hat man zuerst in Gesteinsgefügen wahrgenommen, dann erst ihre teilweise Übereinstimmung mit den Symmetrietypen des funktionalen Gefüges homogener Beanspruchung bei konstanten Außenkräften — also mit den eben definierten Beanspruchungsplänen festgestellt. Zugleich ergibt sich die Nichtübereinstimmung der häufigen monoklinen Tektonittypen mit den Symmetrien (sphäroidisch, rhombisch) der Beanspruchungspläne. Es können also aus Symmetriegründen die monoklinen Tektonitgefüge nicht Abbildungen der homogenen einaktigen Spannungspläne und nicht durch einzelne derselben entstanden sein. Es ergibt sich so ein nachträglicher Beleg für die vorgegangene Sicherung der Tatsache monokliner (und rhombischer) Korngefüge mit mehraktiger Entstehung.

Abb. 26 zeigt ein Mohr'sches Diagramm für eine bestimmte Beanspruchung. Die n-t Punkte für alle Ebenen durch das betrachtete Körperelement fallen in das schraffierte Bogendreieck.

Auf den Halbkreisbögen selbst liegen die Punkte zu den n-t-Paaren jener Ebenen, deren Pole in der Lagenkugeldarstellung auf jene Großkreisbögen fallen, die den in der Mohr'schen Darstellung dargestellten Oktanten umgrenzen. Wie diese Begrenzungsbögen des Oktanten auf der Lagenkugel, so müssen sich auch je zwei von den Halbkreisen der Mohr'schen Darstellung miteinander berühren. Wenn man also der Reihe nach auf den Mohr'schen Halbkreisen von n_1 nach n_2, von n_1 nach n_3 und von n_2 nach n_3 geht, so begegnet man die n-t-Paare für alle Ebenen durch das Körperelement deren Pole auf der Lagenkugel auf den Großkreisbögen zwischen n_1 und n_2, n_1 und n_3, n_2 und n_3 liegen.

Die Abszissen mit den Ordinaten $t = 0$ sind die drei Normalspannungen ohne Scherspannungen also die drei Hauptbeanspruchungen $n_1 \, n_2 \, n_3$. Innerhalb des Mohr'schen Bogendreiecks kann man ablesen:

1. Alle Punkte mit gleicher Scherspannung t': sie liegen auf einer durch die Ordinate t' gezogenen Horizontalen, soweit sie durch das Bogendreieck verläuft.

2. Alle Punkte mit gleicher Normalspannung n': sie liegen auf der Vertikalen, welche im Abstande n' auf der Abszisse errichtet wird, soweit diese Vertikale auf dem Bogendreieck verläuft.

Wenn man nun das Konstruktionsgesetz für die Zuordnung der Punkte im Mohr'schen Bogendreieck zu den Punkten im Lagenkugeloktanten kennt, so ist die Einzeichnung der Pole mit gleichem n und der Pole mit gleichem t auf der Lagenkugel von der Mohr'schen Darstellung aus möglich und von Schmidt und Lindley durchgeführt worden. Dieses Konstruktionsgesetz lautet:

1. Kreisbögen auf der Lagenkugel sind auch in der Mohr'schen Darstellung Kreisbögen. Punkte, welche in der Mohr'schen Darstellung auf einem gemeinsamen Kreisbogen liegen, liegen auch auf der Lagenkugel auf einem gemeinsamen Kreisbogen.

2. Winkel auf den Kreisbögen, welche den Lagenkugeloktanten umgrenzen, sind auf den Mohr'schen Halbkreisen doppelt so groß; z. B. die Mohr'schen

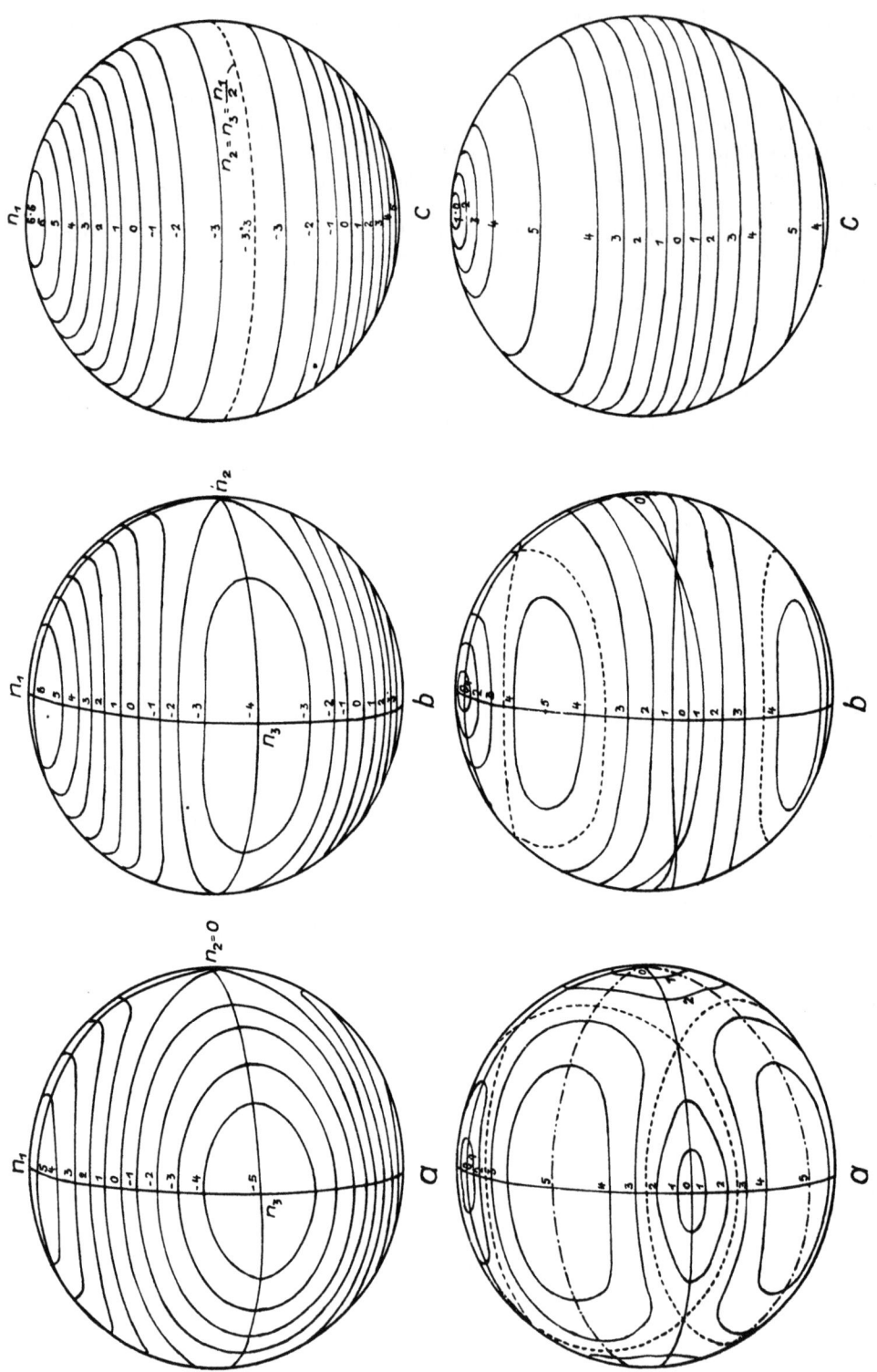

Abb. 27. Lagenkugel mit den Polen der Flächen gleicher Normalspannungen n (obere Zeile) und gleicher Tangentalspannungen t (untere Zeile) für ebene (a), allgemeine (b) und achsiale (c) Beanspruchung im Homogenen (nach W. Schmidt und Lindley); „n-Kugeln", „t-Kugeln" der mechanischen Spannung.

Halbkreise sind auf der Lagenkugel Viertelkreise. Also lassen sich die Linienverlaufe in der Mohr'schen Darstellung auf eine Lagenkugel oder deren Projektion übertragen.

So z. B. sind in der Abbildung 26 in die Mohr'sche Darstellung n-t-Paare, also Punkte eingetragen, welche auf dem Lagenkugeloktanten auf einem Meridian von der geographischen Länge $\measuredangle \varphi$ und auf einem Breitenkreis von der geographischen Breite $\measuredangle \rho$ liegen.

Man kann also auf der Lagenkugel das Bild der Pole für jene Ebenen durch ein homogenes Körperelement entwerfen, welchen gleiche n und welchen gleiche t zukommen; sodann kann man auch die Richtungen der Scherbeanspruchungen auf der Lagenkugel eintragen.

Unter den Mohr'schen Darstellungen lassen sich Fälle unterscheiden, deren Bogendreiecke kongruent sind; die Werte für $n_1\, n_2\, n_3$ sind in diesen Fällen um eine bestimmte Größe verschieden ($n_1 = n'_1 + k$ usw.), die Bogendreiecke in solchen Fällen verschieden weit vom 0-Punkt auf der Abszisse verschoben. An ihren Scherspannungen sind diese Fälle ununterscheidbar. Unter den Fällen mit gleicher Scherbeanspruchung wird der Fall, in welchem die Summe $n_1+n_2+n_3=0$ ist, als Deviator bezeichnet.

Typisiert man diese Fälle, so sind damit die funktionalen Gefüge typisiert, die über die Verformung durch Scherflächen bei homogener Deformation eines homogenen Körperelements entscheiden. Vor allem ist die Symmetrie dieser Musterbilder funktionaler Gefüge typisierbar, wenn man die Typen der Scherspannungsgefüge auf der Lagenkugel darstellt. Wenn man bei dieser Typisierung außer den Normalspannungen nun noch die absolute Größe der Scherspannungen t außer Betracht läßt, so ergibt sich ein Deviator, welcher alle Fälle mit geometrisch ähnlichen Mohr'schen Bogendreiecken und mit nur durch k voneinander verschiedenen n umfaßt. Wenn man weiterhin noch für alle n-Werte statt minus plus setzt und statt plus minus, so bekommt man als Änderung des Vorganges nur eine Umkehrung der Scherspannungen.

Eine Übersicht der Verteilung für die Normalspannungen n und für die Scherspannungen t ergibt folgende Symmetrietypen (Abb. 27):

Durch Schmidt's und Lindley's Darstellung der Lagenkugeln mit den Linien gleicher n („n-Kugeln", Abb. 27 oben) und mit den Linien gleicher t (t-Kugeln, Abb. 27 unten) erhalten wir folgende Symmetrietypen dieser funktionalen Gefüge und der gestaltlichen Gefüge im Falle der Abbildbarkeit der funktionalen:

1. Für die n-Kugeln: allgemeine Beanspruchung (n_1, n_2, n_3) und ebene Beanspruchung ($n_1, n_3, n_2 = 0$) haben rhombische Symmetrie mit den Symmetrieebenen (n_1, n_2), (n_2, n_3), (n_1, n_3) deren Schnittgerade n_1, n_2, n_3 zweizählige Symmetrieachsen sind (Abb. 27).

Achsiale Beanspruchung ($n_1, n_2, n_2 = n_3$) hat sphäroidische Symmetrie. Für die Diskussion der Abbildung von Normalspannung im gestaltlichen Gefüge (z. B. nach dem Riecke'schen Prinzip) bilden die n-Kugeln die Grundlage. Wenn man aus dem homogenen Körperelement z. B. eben bei Diskussion des Riecke'schen Prinzips auf das Korngefüge übergeht, so ergibt die Beobachtung, ob man hiebei der Symmetrie der n-Kugeln entsprechende Symmetrietypen begegnet auch ein Kriterium in der Frage ob jener Übergang zulässig sei. Bei allgemeiner und bei ebener Beanspruchung wird der bloße Linienverlauf der n-Linien einer Symmetrieebene unter 45° zwischen n_1 und n_3 umso entsprechender, je ähnlicher die Größen n_1 und n_3 werden; jedoch verneint die Unterscheidung von Zug und Druck (also von plus und minus in Abb. 27 diese Symmetrieebene im funktionalen Gefüge und für alle Fälle unterscheidbarer Abbildung von Zug und Druck im gestaltlichen Gefüge.

2. Für t-Kugeln; es treten dieselben Symmetrien auf wie für die n-Kugeln.

Im Falle der Näherung von n_1 und n_3 werden die Zwischenebenen unter 45^0 zwischen n_1 und n_3 Fastsymmetrieebenen; dies aber nur, wenn die Richtung der Scherbespannungen außeracht bleibt und für dementsprechende Abbildungsvorgänge im gestaltlichen Gefüge. Also bei Abbildungen im Gefüge, für welche z. B. nur die Größe der Schubspannungen oder nur die Auswirkung der Schubspannungen in den Zwischenebenen unter 45^0 zwischen n_1 und n_3 eine Rolle spielt. In solchen Fällen kann also durch Abbildung des funktionalen t-Gefüges gestaltliches Gefüge gebildet werden, in welchem nicht nur die Ebenen $(n_1 n_2)$, $(n_2 n_3)$, $(n_1 n_3)$, sondern auch die Zwischenebenen (durch n_2) unter 45^0 zwischen n_1 und n_3 als Fastsymmetrieebenen abgebildet werden. Dies ist für n-Spannungen nur möglich bei gleichen Effekten von Zug- und Druckspannungen, wie es z. B. Steigerung der Löslichkeit oder Spannungsdoppelbrechung abgesehen vom Vorzeichen wären. In allen Fällen, in denen nur das Übereinstimmende in der Symmetrie der n- und der t-Kugeln im gestaltlichen Gefüge abgebildet wird, ist es unentscheidbar, ob ein gestaltliches Gefüge als Abbildung von n oder von t aufzufassen sei.

Die Gegenüberstellung der bei der mechanischen Umformung von Gesteinen entstandenen Korngefüge und der funktionalen Gefüge der n- und der t-Kugeln, kann erst im 2. Teil erfolgen.

Die mechanische Formung wird kinematisch durch Verschiebungen vollzogen und auf die Scherbeanspruchungen t bezogen. Sie bildet also die Symmetrie der funktionalen t-Gefüge ab und sie beginnt mit Gleitungen in jenen Ebenen durch das homogene Körperelement, in welchen bei wachsender t-Spannung (= wachsende Mohr'sche Kreise) zuerst die Schubfestigkeit, das ist also die vom Gefüge nicht mehr ohne unrückläufige Änderung erträgliche t-Spannung erreicht wird.

Die Richtungen der t-Spannungen in den durch das homogene Körperelement gelegten Ebenen stehen überall senkrecht zu den Linien gleich großer n auf der Lagenkugel. In diesen Richtungen geht ein Wanderer, welcher auf dem kürzesten Wege von einer n-Linie zur andern, also mit raschester Änderung von n auf der Lagenkugel wandert.

Bezüglich der Zwischenebenen durch n_2 und unter 45^0 zwischen n_1 und n_3 gilt also zusammenfassend für den Fall der ebenen Beanspruchung folgendes:

1. Sie sind keine Symmetrieebenen der n-Kugeln an sich; denn $n_1 \neq n_3$ und $+ n \neq - n$.

2. Sie sind als Symmetrieebenen der n-Kugel im gestaltlichen Gefüge nur abbildbar für ununterscheidbare Abbildung von Zug und Druck und für n_1 nahe n_3.

3. Sie sind Symmetrieebenen der t-Kugel an sich.

4. Sie sind als Symmetrieebenen der t-Kugel abbildbar bei Abbildung der Größe und Richtungslinie von t; nicht aber bei Abbildung des relativen Sinnes der durch diese t ausgelösten Verschiebungen zwischen parallelen und benachbarten Ebenen mit deformierenden t, eine Abbildung, welche z. B. deformierte Tonschiefer zeigen.

5. Da in den Zwischenebenen der n-Kugel $n = 0$ ist, so können diese Zwischenebenen nicht durch direkte Abbildung von Zug oder Druck im gestaltlichen Gefüge abgebildet werden, sondern höchstens dadurch, daß sie weder Zug noch Druck erfahren, also z. B. nicht gesteigert löslich werden und schwinden, was aber zu bisher nicht begegneter Gestaltung führen würde.

6. Dagegen wird sich eine Abbildung der Zwischenebenen der t-Kugel als Scherflächen mit zuordenbaren Gefügemerkmalen und mit dem Charakter von

Fastsymmetrieebenen des gestaltlichen Gefüges mit lange bekannten und seit jeher als Abbildung betätigter Scherflächen gedeuteten Korngefügen decken.

Für den Fall allgemeiner Beanspruchung sind die Zwischenebenen weder auf der n-Kugel, noch auf der t-Kugel Symmetrieebenen und auf beiden Kugeln ist der Linienverlauf für gleiche n und für gleiche t an Parallelkreise angenähert. Sowohl für n-Kugeln als für t-Kugeln ist es der Fall allgemeiner Beanspruchung, welcher von ebener zu achsialer Beanspruchung überleitet, sowohl was die Annäherung des Wertes n_2 an n_3 als was die Annäherung der Isolinien an Parallelkreise und damit an Rotationssymmetrie um n_1 als Achse anlangt.

Als ein weiteres funktionales Gefüge — wie alle solchen von möglicher Abbildbarkeit im gestaltlichen Gefüge — ist nach den n-Kugeln und t-Kugeln Schmidt's mit ihren Isolinien noch die Schmidt'sche Darstellung der Einstellung von t auf den durch das Körperelement gedachten Ebenen und senkrecht zu deren Loten (= Richtungen von n = Kugelradien zu den Ebenenpolen) zu betrachten. Diese Darstellung der Richtunglinien von t auf der Lagenkugel (t_r-Kugel, Abb. 28) ergibt dieselben Symmetrien wie die n-Kugel und die t-Kugel einschließlich des Symmetrieebenencharakters der Zwischenebenen bei ebener Beanspruchung; wobei aber letzterer nicht als Symmetrieebene im gestaltlichen Gefüge abbildbar ist, wenn bei der betreffenden Abbildungsart der Relativsinn der durch t erzeugten Verschiebungen der auseinander gescherten Teile einander gegenüber zu Worte kommt.

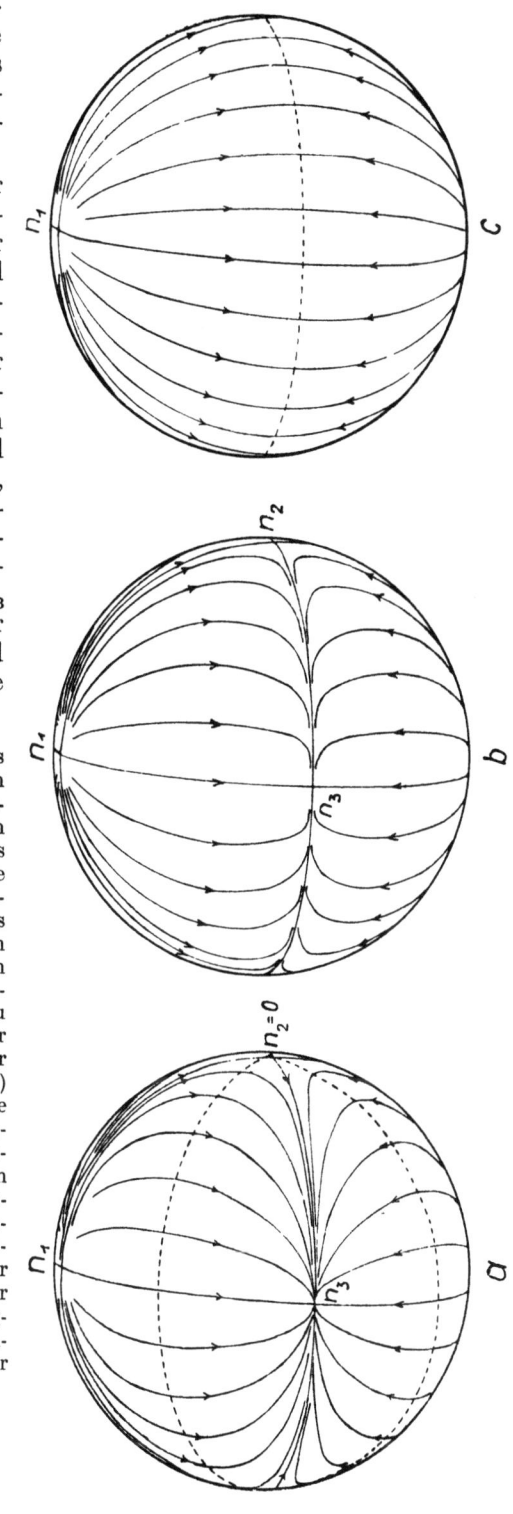

Abb. 28. Richtungslinien von t auf der Lagenkugel (t_r-Kugel) zugeordnet den Polen der zu den t gehörigen Ebenen durch das Körperelement; für ebene (a) allgemeine (b) und achsiale (c) Beanspruchung (nach W. Schmidt und Lindley).

11. Tektonisches Festigkeitsverhalten und Gefüge.

Technologisches und tektonisches Festigkeitsverhalten; innere Reibung bei Teilbewegung; Elastizitätsgrößen; Teilbeweglichkeit; tektonische Kohäsion, Härte und Formfestigkeit; Regel der Stauchfaltengröße; Verfestigung und Entfestigung; lastende Beanspruchung; tektonische Zähigkeit und Schmeidigkeit.

Der Wortschatz des täglichen Lebens, welcher sich zunächst nicht auf das allgemeine Festigkeitsverhalten im technologischen Sinne, sondern auf die Verarbeitungsfähigkeit bezieht, ist nichts als eine mehr oder weniger folgerichtige Kennzeichnung des Verhaltens kleiner Körper gegenüber bestimmten Beanspruchungen unter engbegrenzten Bedingungen. Es ist dieser Wortschatz für die mechanische Technologie, für den Bereich der Laboratoriumsbedingungen, durch schärfere Definition und Wortabänderungen verwendbar gemacht worden. Hierbei zeigte sich, daß sich ohne solche Fassung der Wortschatz des Alltags viel zu eng für eine allgemeiner gültige Beschreibung des Festigkeitsverhaltens, auf sehr bestimmte Einzelfälle bezieht, überdies derselbe Ausdruck auf verschiedene Einzelfälle der mechanischen Bearbeitung, so daß ein Körper beispielsweise in einem Sinne „härter", im anderen Sinne weniger hart sein kann als ein zweiter Körper. Man muß also zunächst der Klärung der Begriffe und damit des unzulänglichen Wortschatzes der bloßen Muttersprache durch die mechanische Technologie folgen, sodann aber Erweiterungen vornehmen.

Eine erste Übersicht des Festigkeitsverhaltens bei Umformung ergibt Unterschiede in bezug auf folgende Größen:

1. Die Kraft, welche zur Erzielung gleich großer gleichartiger Deformationen an gleichen Versuchskörpern nötig ist (klein: Gummi, feuchter Ton; groß: Stahl).

2. Der absolute Deformationsbetrag, welcher zur Erreichung der Elastizitätsgrenze nötig ist (klein: Stahl, feuchter Ton; groß: Gummi).

3. Der Prozentbetrag einer Deformation, welcher nach Entfernung der deformierenden Kraft unrückläufig bleibt (0% vollkommen elastisch; 100% vollkommen unelastisch).

4. Die zusätzliche Kraft, welche benötigt wird, um einen zusätzlichen Betrag unrückläufiger Deformation zu erzielen (negativ; Null; positiv).

5. Die Zeit, welche benötigt wird, um bei zwei Körpern denselben absoluten Betrag nichtrupturneller, unrückläufiger Deformation zu erzielen.

6. Die Lage der Bruchgrenze in bezug auf die Lage der Fließgrenze.

Es ist nicht möglich, das tektonische Festigkeitsverhalten aus technologischen Laboratoriumsversuchen vollständig abzuleiten, besonders weil während der langdauernden tektonischen Deformationsakte das Gestein sich (z. B. durch Kristallisationen, Stofftransporte) noch weit stärker verändern kann als sich ein Körper im Laboratoriumsversuch ändert. Entwirft man z. B. mit Verarbeitung von Laboratoriumsversuchen die Fließkurve eines Körpers (aus innerer Reibung und Größe der vorangegangenen Deformation als spezifischer Schiebung) oder die Geschwindigkeitskurve (aus innerer Reibung und Deformationsgeschwindigkeit als spezifischer Schiebungsgeschwindigkeit), so stellen diese Kurven das Festigkeitsverhalten bei der Umformung für einen Körper dar, der sich nur durch die Umformung selbst in seinen Eigenschaften ändert. Und so ist nicht nur das Festigkeitsverhalten eines Körpers für verschiedenartige Umformungen aus der Kurve ableitbar, sondern auch direkt vergleichbar mit dem anderer Körper. Könnte man die Fließkurve für tektonische Deformationsakte entwerfen, so würde sie bisweilen, namentlich für kleine Differentialakte der ganzen Umformung oder für rasche Umformungen ebenfalls eine vergleichbare Fließkurve von typischem Verlaufe sein; oft aber wäre das nicht der Fall, da die innere Reibung in tektonischen Akten nicht nur (heute noch undurchsichtig) von der vorangegangenen Umformung, sondern auch von überlagernden Vorgängen abhängt, welche mit der Umformung keinen oder einen noch nicht erfaßbaren Zusammenhang haben, z. B. chemisch bedingt sind.

Da derartige Schwierigkeiten eine direkte Erfassung des Festigkeitsverhaltens während tektonischer Umformungen verhindern, und das Festigkeitsverhalten hier nur als Gefügebildner interessiert, so ist die Frage die: ob und wie die bei technologischen Deformationen auftretenden Festigkeitsverhalten die Teilbewegungen während der tektonischen Deformation beeinflussen und damit aus dem Bilde, das wir vor uns sehen, erschließbar werden, wenn man nur Umformungsakte ohne unabhängige Änderung des Körpers betrachtet.

Insbesondere ist zu fragen, wie sich Unterschiede zweier gemeinsam deformierter Materiale in bezug auf die jeweils in Rede stehende Festigkeitseigenschaft äußern, und zwar bei bestimmten Deformationen und bei beliebiger Deformation. Um Unterschiede wird es sich dabei handeln, da die absuluten Werte der technischen Größen für Gesteine unter hohen Drucken noch wenig untersucht sind. Dergleichen Größen, welche in Frage kommen und von denen hier einige erörtert werden, sind: die Elastizitätsdaten (E. Modulus Elm; E. Grenze Elg); bezogene Reiß-, Druck- und Scherfestigkeit; bezogene Dehnungen; Kohäsion; Zähigkeit; Schmeidigkeit—Sprödigkeit; Härte—Weichheit; innere Reibung; spezifische Schiebung; Verfestigung—Entfestigung. Kohäsion, Schmeidigkeit und Härte bestimmen als technologische Grundeigenschaften die Verarbeitungsfähigkeit, die technologische Qualität der Materialien, also deren Verhalten bei bleibender Deformation durch äußere Kräfte. Es ist nun zunächst fraglich, ob es irgendwie einen Sinn hat oder bekommen kann, von tektonischen Einheiten, von geologischen Körpern verschiedener Kohäsion, Schmeidigkeit, Härte, Zähigkeit, innerer Reibung, Plastizität usw. zu reden. Werden aber diese Eigenschaften nicht im technologischen, sondern in einem modifizierten Sinne genommen, so sollten sie mit der Bezeichnung „tektonisch" versehen werden.

Die Ludwik'sche Fließkurve (mit der Ordinate Kraft und der Abzisse Verformung; Spannungsdehnungsdiagramm) kennzeichnet das Verhalten eines Materials während seiner mechanischen Formung folgendermaßen:

„Je höher der Beginn der Fließkurve liegt, um so härter ist das ‚ursprüngliche Material', je steiler dieselbe verläuft, eine um so intensivere kalte Härtung erfährt es mit wachsender Deformation, und einen um so bedeutenderen Deformationswiderstand setzt es seiner weiteren Kaltbearbeitung entgegen, je später diese Kurve ihren Kulminationspunkt erreicht, um so schmeidiger wird es (wenigstens im allgemeinen) sein."

Wir versuchen, solche Vorstellungen so zu verallgemeinern, daß sie alle geologischen Körper mit umfassen, z. B. Muren, unstetige tektonische Profile der Oberfläche oder geringer Tiefe, Böden, aber auch Gesteinsformungen mit intergranularer und intragranularer Teilbewegung im Kleingefüge. Es tritt dann an Stelle der inneren Reibung als Schubwiderstand allgemeiner die Reibung zwischen den Teilen, welche die Teilbewegung zur Deformation des Ganzen ausführen, gleichviel ob diese Teile nach Metern oder Millimetern messen. Je nach dieser Reibung, welche sich während der Deformation ändern, aber nie die innere Reibung in sich undurchbewegter Teile übertreffen kann, wird z. B. ein Bergsturz leichter oder schwerer „fließen".

Aber anders als einer Flüssigkeit kommt einem geologischen Körper unter Umständen, vom Augenblick seiner Zerlegung, z. B. in große Blöcke, welche die Teilbewegungen ausführen, für die betreffende Bewegung des Ganzen eine verschwindend kleine Kohäsion bei einer beträchtlichen (möglicherweise bis zur inneren Reibung der Einzelteile ansteigenden) inneren Reibung zu, während letztere bei Flüssigkeiten für den Ruhezustand = 0 ist. Ein derartiger geologischer Körper wird als Ganzes in seinem Festigkeitsverhalten einem unbindigen Boden entsprechen. Er wird z. B. keinen Zug aufnehmen, aber er wird, wenn er unter Umschließung deformiert wird, so daß er nicht zerfallen kann und seine Teile genügend (u. a. bis in die Reichweite von Nahkräften) einander genähert sind, alle technischen Größen in seinem Festigkeitsverhalten als Ganzes unterscheiden lassen, welche man auch an Böden nachgewiesen hat; also einen Elastizitätsmodulus unterhalb und wechselnde Elastizitätsmoduli außerhalb seiner Elastizitätsgrenze, bezogene Druckfestigkeit, Scherfestigkeit, Querdehnung usw. Es ist also der Standpunkt für die Betrachtung des Festigkeitsverhaltens aller Körper und damit auch aller geologischen Körper und für die Betrachtung der Deformation einzelner solcher Körper oder daraus zusammengesetzter Systeme (Gefüge, Profile) der folgende: Wir unterscheiden das zu deformierende Ganze und dessen Teile, welche, sich aneinander verschiebend, die zur Deformation des Ganzen oder ihrer selbst korrelate Teilbewegung ausführen. Diese Teile sind zu kennzeichnen: in ihrem Größenverhältnis zum Ganzen; ferner in ihren Festigkeitseigenschaften, sofern diese zur Geltung kommen, namentlich in bezug auf Festigkeitsanisotropien; ferner ist ihre Gleichartigkeit, bzw. Ungleichartigkeit untereinander zu unterscheiden; endlich ist zu beachten, ob in ihnen selbst noch korrelate Teilbewegungen zur Deformation des Ganzen oder ihrer selbst vor sich gehen. Außer den Teilen ist ihre Reibung aneinander in Betracht zu ziehen. Diese ist die zur betrachteten Deformation des Ganzen gehörige (tektonische) innere Reibung, welche sich mit der Druckspannung senkrecht zur Teiloberfläche, also mit dem Umschließungsdruck des Ganzen, im allgemeinen ändert.

Elastizitätsmodulus und Elastizitätsgrenze. Die Elastizität der Gesteine wird durch das knallende Gebirge in Tunnels hinlänglich bewiesen. Gesteine sind im allgemeinen elastisch gespannt. Untersuchungen über knallendes Gebirge, anläßlich von Tunnelbauten, sollten auf Grundlage elastizitätstektonischer Betrachtungen unter Berücksichtigung der Anisotropie des Spannungszustandes durchgeführt werden.

Der Elastizitätsmodulus ist im Bereiche rückläufiger Formung als das Verhältnis zwischen elastischer Spannung und elastischer Dehnung definiert, geometrisch als Funktion des Winkels der Spannungskurve mit den Koordinatenachsen. Im Bereich der unrückläufigen Verformung existiert ein Elastizitätsmodulus von veränderlicher Größe.

1. Wie verhält sich ein Bereich A mit höherem Elm, neben einem Bereich B mit niedrigerem Elm bei gemeinsamer Deformation?

2. Wie verhält sich ein Bereich mit bestimmtem Elm, wenn sich die Geschwindigkeit der Belastung ändert? Namentlich wenn sie sehr klein oder sehr groß wird.

3. Wie verhält sich ein Bereich bei gleicher Beanspruchung, wenn sein Elm geändert wird?

ad 1. Je höher der Elastizitätsmodulus, desto größere Kraft braucht es, um gleiche elastische Dehnung zu erzielen. Das Material A ist also das widerstandsfähigere, wenn A und B elastisch beansprucht werden. Wird nur A oder B bleibend deformiert, so kommt dies zum Ausdruck. Aber es hängt nicht vom Elm ab, ob A oder B das bleibend Deformierte ist, sondern es läßt sich von dem bleibend Deformierten nur sagen, daß es die niedrigere Elastizitätsgrenze hatte. Werden sowohl A als B bleibend deformiert, so verläuft die Spannungsdehnungskurve für A steiler, solange es den höheren Elm hat. Das bedeutet, daß B einer wachsenden äußeren Kraft fortlaufend mehr als A nachgibt, also im Formungsbild das Beweglichere, Ausweichendere ist, welches mehr Teilbewegung aufnimmt als A,

Im beigegebenen schematischen Spannungsdehnungs-Diagramm, Abb. 29, gilt:
Ordinaten von der Elastizitätsgrenze aufwärts = bezogener Schubwiderstand (bzw. innere Reibung) beim jeweiligen Beginn bleibender Deformation; oder äußere Kraft proportional zu diesem gesetzt; Spannungsgrößen. Abszissen = bezogene Schiebung; Dehnungsgrößen.

S Beginn der unrückläufigen Deformation. Ab S also „Fließkurve" der Körper. A, B (mit Verfestigung) und C (mit Entfestigung), A und B von gleicher, bisweilen im Zenit der Kurven begrenzter, C von unbegrenzter Schmeidigkeit.

Durch die Vertikalkomponente eines tektonischen Transportes und andere Umstände kann in der Natur während des Ablaufes einer Deformation sowohl Entfestigung (durch kristalline Mobilisation oder Kataklase) als Verfestigung durch kristalline Erstarrung erfolgen, und schon damit der Verlauf der tektonischen Festigkeitskurve eines Gesteins im Naturgeschehen ein wechselvollerer werden als bei Kurve A, B und C, ja unregelmäßig wie D, deren Wendepunkte geologischen Ereignissen (Begegnung mit Magmen u. dgl.) entsprechen würden.

Im Diagramm ist veranschaulicht, daß A immer höheren Elm hat als B. Durch m, n, o, p sind wichtige Werte der steigenden äußeren Kraft k bezeichnet, welche die Deformation erzwingt.

$k = m$; A und B nur rückläufig deformiert; unrückläufige Gefügemerkmale an einzelnen Kornarten oder Teilgefügen möglich.

$k = n$; A und B z. T. rückläufig, wesentlich aber unrückläufig deformiert, B durch dieselbe äußere Kraft, z. B. einen walzenden Druck, stärker deformiert als A, also fließender, ausweichender, wie erörtert. B ist weniger starr und hat deshalb z. B. bei gleicher Mächtigkeit kleinere Stauchfalten.

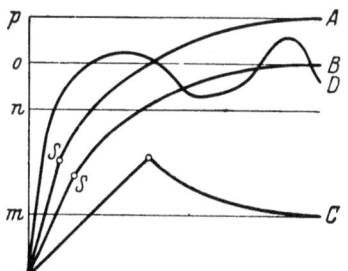

Abb. 29. Spannungen (Ordinate) und Dehnungen (Abszisse) für verschiedene, während der Deformation veränderte Körper.

$k = o$; wichtig kann der Umstand werden, daß durch ein bereits fließendes B nur ein bis Null sinkender Teilbetrag der äußeren Kraft als gerichtete Kraft auf A übertragbar ist. In einem derartigen „teilweise fließenden" Gefüge ist im äußersten Falle $k = o$ (z. B. k Druckfestigkeit von B) durch B auf A übertragbar; vor höheren Kräften ist A durch B überhaupt beschützt, wo immer der Weg der äußeren Kraft durch B zu A führt. In solchen Fällen, welche in Gefügen jeden Ausmaßes häufig und wirksam sind, wird es also zum Angriff einer gerichteten Kraft $k > o$ auf A überhaupt nicht kommen. Anders in den Fällen, in welchen die äußere Kraft A direkt trifft und durch A geleitet wird. k kann gleich p werden, in höherem Betrage aber nicht als gerichtete deformierende Kraft durch A hindurchgeleitet werden, also überhaupt nicht durchs Gefüge. In diesem letzteren Falle werden A und B fluidal deformiert vorliegen und es werden voraussichtlich keine genaueren Unterscheidungen zu machen sein.

ad 2. Wird die äußere Kraft sehr langsam zugesetzt, so wird die Kurve unter Umständen etwas flacher, wird sie rasch zugesetzt, so wird die Kurve steiler. Dies ist von Terzaghi für bindige Böden festgestellt. Es werden sich also Sedimente plötzlichen Beanspruchungen gegenüber, also z. B. gegenüber vulkanischen Durchschießungen oder seismischen Beanspruchungen gegenüber unter Umständen widerstandsfähiger verhalten können als etwa langsam aufgetragenen oder ruhenden Belastungen gegenüber. Auch besagt das raumstetig-fluidale Formungsbild aus den Tiefen des Gesteinsfließens nichts über das Verhalten gegenüber raschen, z. B. seismischen, Beanspruchungen der Gesteine in jenen Tiefen.

ad 3. Das Gestein wird bei Erhöhung des Elm formfester in dem unter 1. erörterten Sinne; über Herabsetzung von Elm s. später.

In allen Fällen, in welchen B leichter fließt als A, also für alle Fälle unrückläufiger Formung mit Ausnahme des unter „ad 1" zuletzt erwähnten Sonderfalles, wird das Bewegungsbild des Gefüges $A + B$ jene charakteristischen Züge annehmen, deren Mannigfaltigkeit aus der gleichzeitigen Deformation eines „festeren", „härteren", gegen die äußere Kraft widerstandsfähigeren, „steiferen" Materials (A) und eines „weicheren", gegen die äußere Kraft nachgiebigeren, „bildsameren" Materials (B) bekannt ist, welche Ausdrücke man ohne genaue

Definition gebraucht findet. Es wird in diesem häufigen Gefügebilde immer etwas von einem bestimmten Extrem, dem „Schwimmen" von A in B beim Umrühren oder Strömen des Gefüges zukommen. Es wird B, das „Bildsamere", mehr von den Teilbewegungen korrelat zur Deformation des ganzen Gefüges $A + B$ an sich ziehen und in seiner Teilbewegung kleinere Teile bewegen als A. Das höher Teilbewegliche wird das weniger Teilbewegliche intrudieren ohne daß man daraus einen anderen Schluß als den auf verschiedene Teilbeweglichkeit (also nicht etwa auf Schmelze) ziehen darf.

Der Begriff der Teilbeweglichkeit schließt sich am unmittelbarsten an das beobachtbare Gefüge und seine Merkmale an und ist deshalb gefügekundlich verwendbarer als die dynamischen Begriffe.

Es ist wahrscheinlich, daß ein Bewegungsbild mit gleichen Zügen auch auf Grund einer anders definierten mechanischen Inhomogenität des Gefüges zustande kommen kann als durch Unterschiede im Elastizitätsmodulus; indem man z. B. die innere Reibung in einer passenden Definition einführt. Man kann für das mechanisch inhomogene Gefüge $A + B$ mit seinem „polykinetischen" Bewegungsbild aus Bereichen mit verschieden hoher Teilbeweglichkeit (z. B. Profil, Korngefüge) die Verformung in unserem Beispiele eine polyelastische nennen, wird aber aus dem Gefüge immer zunächst verschiedene Teilbeweglichkeit und Raumstetigkeit der Formungen ablesen.

Die Elastizitätsgrenze, als bezogene äußere Kraft, bzw. Schubspannung, bei welcher die Schubfestigkeit überschritten wird und also bleibende Deformation zur elastischen hinzuzutreten beginnt, kann dadurch sichtbar werden, daß der Körper mit der niedrigeren Elg (neben einem mit höherer Elg, bei gemeinsamer Formung) früher bricht oder fließt. Ist von zwei Körpern im Gefüge der eine gebrochen oder geflossen, der andere nicht deformiert, so hat der erstere die niedrigere Elg. Ist aber der eine Körper gebrochen, der andere geflossen, so sagt das nur aus, daß für beide die Elg überschritten wurde, aber nichts über das Verhältnis der beiden Elg. Im Bereiche der unrückläufigen Deformation beider Körper kommt eben nur noch Elm, nicht aber Elg als Formfestigkeit zu Wort.

Bei steigender Temperatur und bei verlangsamter Deformation kann die Elg sinken. Und es können damit die elastischen Anteile an der Deformation ganz in den Hintergrund treten, soferne sie z. B. durch gewisse Abbildungsarten der Trajektorien einen Ausdruck fänden.

Bei Verfestigung eines Körpers im Verlaufe der Deformation steigt die Elg.

Eine Fließkurve Ludwik's enthält am allgemeingültigsten Elm und Elg in ihren Änderungen während der Deformation und macht beide als Funktionen der inneren Reibung anschaulich. In dieser Abhängigkeit können wir Elm und Elg an geologischen Körpern mit Teilen irgendwelcher Größe widerfinden.

Zusammenhang durch Nahkräfte, Bindung, Kohäsion. Zunächst ist es möglich, auch bei geologischen Körpern, z. B. tektonischen Einheiten, von Kohäsion im Sinne von Zusammenhang durch Nahkräfte zu reden. Betrachten wir absteigend einen Schnitt durch die Erdrinde, indem wir jedesmal wenigstens ein Areal von Kilometern als geologischen Körper ins Auge fassen, dessen Eigenschaften als Einheit wir mit denen einer anderen Einheit vergleichen, so treten wir aus einer oberen Schale geringsten und vielfach unterbrochenen Zusammenhanges, also mit einem Werte der „tektonischen" Kohäsion des Ganzen $= 0$, in eine tiefere Schale, in welcher die Berührung der Teile gemäß dem höheren Druck und vielfach unter Mitwirkung der Befeuchtung bereits eine so enge ist, daß atomare Nahkräfte zwischen den Teilen auftreten. Es ist also in diesem Sinne schon eine Kohäsion und Zugfestigkeit des Ganzen, z. B. der ganzen Schale vorhanden. Der Grad dieser Kohäsion im Fugennetz und damit der tektonischen

Kohäsion des Ganzen, wird vom Druck abhängen und wird jedenfalls geringer sein, als die interne Kohäsion der nicht durch Fugen getrennten Einzelteile.

Steigt man noch tiefer, also in die Schale bruchloser Umformung, so wird dieser Unterschied zwischen „tektonischer Kohäsion" des Ganzen und experimental-physikalischer Kohäsion der Einzelteile verschwinden.

Härten, Formfestigkeit (tektonische Fließhärte). Es ist vor allem eine Härte zu unterscheiden, welche sich (Reibungshärte) auf die Arbeit bei reibender Abnützung bezieht, bei Abreibung durch Teile, welche in einem Medium von höherer Teilbeweglichkeit liegen. Je nach letzterem Umstande kann die Härte desselben Körpers, gemessen durch die Abnützung bei gleicher Arbeit, verschieden sein gegenüber Sand in Luft (also z. B. gegenüber dem Sandstrahlgebläse oder dem Sandwind der Wüste, Windhärte); gegenüber Sand in Wasser (also gegenüber der Wassererosion, Wassererosionshärte); gegenüber Sand in Eis (Eiserosionshärte); oder endlich gegenüber einem festen Körper, z. B. gegenüber einem Gestein, was als tektonische Schleifhärte gegenüber einem Gestein X eine Rolle in der Beschreibung tektonischer Vorgänge mit unstetiger Tektonik spielen könnte. Ist die tektonische Schleifhärte einer Korngattung A (z. B. im durchbewegten Gefüge irgendeines Ausmaßes) kleiner als die der Gattung B, so wird A bei der Durchbewegung eine entsprechend stärkere Abscheuerung und gegebenenfalls mit der Abscheuerung verbundene chemische Umwandlung erfahren.

In den Intergranularen mancher durchbewegten Gefüge wird das Korn mit kleinerer Schleifhärte verschliffen. Voraussichtlich ändert sich die Schleifhärte bei allen geologischen Materialien mit dem Druck $\perp$ zur Reibungsfläche. Einschlägige Beobachtungen fehlen sowohl in Myloniten als in Profilen.

Von den geologisch wichtigen Härten entspricht die Windhärte der technologischen Einhiebhärte, die Eiserosionshärte und tektonische Schleifhärte der Ritzhärte. Es ist klar, daß sich der Wert aller aus Ritzhärten summierten Härten mit der Ritzrichtung bezogen auf die Orientierung des Gefüges ändert, sobald ein Gefüge ohne statistische Isotropie des Intergranularnetzes oder der Kornlagen vorliegt. Es besteht eine Analogie mit der von Kristallfläche und Ritzrichtung auf der Fläche abhängigen Mineralhärte auch bei anisotropen Gesteinen und Gefügen aller Ausmaße.

Einer technologisch sehr oft bestimmten und tektonisch bedeutsamen Härte begegnen wir beim Eindrücken eines Körpers in einen anderen als Eindringungs- oder Kerbhärte (tektonische Kerbhärte).

Es handelt sich dabei um eine ganz andere Härte, als sie durch den Ritzversuch eruierbar wäre. Der Widerstand gegen das Hineindrücken eines anderen Körpers, die Eindruckhärte (Kegel, Kugeln) der Technologie, hängt von den inneren Reibungen ab, welche beim Platzmachen zu überwinden sind. Dieses Platzmachen oder Ausweichen erfolgt unter Teilbewegung von Teilen, deren Verschiebung gegeneinander eben die im betreffenden Falle zu Wort kommende innere Reibung des Gefüges (irgendeines Ausmaßes) entgegenwirkt. Es dient zur Kennzeichnung des Vorganges in großtektonischen Gefügen, daß die bewegten und ausweichenden Gefügeelemente des passiven geologischen Körpers, absolut gemessen, nicht etwa klein sein müssen. Es kann sich z. B. um das Eindringen eines Schubspanes in subaquatischen Blockschutt handeln, dessen Kerbhärte als geologischer Körper in Frage kommt. Sofern wir das Verhalten geologischer Körper zueinander zu beschreiben haben, müssen wir uns auch die ihnen angepaßten Begriffe bilden, welche, wie in diesem Beispiel, keineswegs immer die des technologischen Laboratoriumsexperimentes sind. Das dem Naturvorgang am besten angepaßte geologische Experiment aber dürfte jederzeit zu finden sein, wenn man sich vor allem vor Augen hält, daß das Größenverhältnis der bewegten Teile zum deformierten Ganzen in der Natur und im Experiment das gleiche sei. Und daß man als tektonische innere Reibung bei einer geologischen Deformation nicht etwa jedesmal die technologische innere Reibung des betreffenden Gesteins vor sich hat, sondern die Reibung der bei der geologischen Deformation aneinander verschobenen Teile, gleichviel ob es sich um eine Falte mit ruptureller Teilbewegung oder um einen Bergsturz handelt.

Dieser erörterte Begriff der inneren Reibung ist auf alle geologischen Gebilde aus einander berührenden Teilen anwendbar, mithin auch der Begriff der Formfestigkeit, wie sie am allgemeinsten durch eine Fließkurve, bzw. im elastischen und im folgenden Zeitbereiche durch den variablen Elastizitätsmodul gekennzeichnet ist, dessen tektonische Auswirkung bereits erörtert wurde.

Einen Körper, bzw. ein Gefüge, welches den höheren variablen Elastizitätsmodul und damit den höheren Formänderungswiderstand besitzt als ein anderes, werden wir nicht einfach härter, sondern formfester nennen (Formfestigkeit), um den Anklang an zu engbestimmte Beanspruchungsarten (Zug usw.) zu vermeiden.

Ein Bereich mit Formfestigkeit, der starrere, weniger teilbewegliche Bereich einer früheren Betrachtung, muß als Ganzes einen Formwiderstand durch Spannungen haben und zwar durch Schubspannungen, bzw. innere Reibung seiner Teilbewegung, wodurch eine Leitung gerichteter Kräfte durch den ganzen Bereich, und damit die wenigstens teilweise Übertragung einer außen angreifenden deformierenden Kraft durch den Bereich hindurch möglich ist. Ist er nicht in diesem Sinne merklich spannbar — eine Bedingung, die selbst Böden erfüllen —, so ist die Formfestigkeit dieses Bereiches gleich Null. Der Bereich ist nicht als Ganzes spannbar, besitzt keine Trajektorien, welche ihn durchqueren. Er ist ohne Umschließung überhaupt nicht durch eine außen anzusetzende Kraft als Ganzes deformierbar, mit Umschließung aber nicht trajektoriengemäß, sondern nur hydraulisch — nichtstarr — formbar. Es hat keinen Sinn von zwei solchen Bereichen auszusagen, sie seien verschieden formfest, da sie überhaupt keine Formfestigkeit in diesem Sinne besitzen. Dagegen können Teile dieser Bereiche sehr wohl (auch bei dauernder Deformation) Trajektorien und Elm im Sinne der Experimentalphysik besitzen, wie früher erörtert und demnach unterschieden und „starr deformiert" werden.

Ein gewisses Maß, bis auf welche Reichweiten gerichtete Kräfte durch einen Bereich leitbar sind, ergeben vielleicht jeweils die größten Stauchfalten, wenn wir sie (z. B. in verschiedenen Tiefen) auseinanderlegen. Wir finden in größeren Tiefen die bekannten sehr kleinen Stauchfalten, nach allen Größenübergängen auf der Oberfläche als maximale Spannweiten sicherer Stauchfalten höchstens Größenordnungen von Kilometern (sogenannte Regel der Stauchfaltengröße als Funktion der Reichweite gerichteter Kräfte). Damit verliert eine vergleichende Bezeichnung größerer geologischer Körper als mehr oder weniger formfest ihre Berechtigung. Und es ist im großen Gefüge der Erdrinde keinerlei Analogie zu erwarten zu der weitgehend ablesbaren Rolle, welche Formfestigkeitsunterschiede in Gefüge eines Profils spielen.

Die Änderung der Formfestigkeit für bleibende Umformung oder tektonische Fließhärte, also das Verhalten eines Materials bei der Formung, bzw. die Änderung von dessen Teilbeweglichkeit beim Fließen ist aus der Fließkurve abzulesen.

Die Ordinaten kennzeichnen als Schubwiderstände die jeweilige Härte zu Anfang und während des Verlaufes der Deformation (= spezifische Schiebung = Abszisse). Durch diese Ludwik'sche Aufstellung gelangen wir zu dem auch für tektonische Betrachtungen unerläßlichen allgemeinsten Begriff der Formfestigkeit, als eines während des Deformationsaktes veränderlichen Schubwiderstandes. Es ist durch die erste Ordinate, als durch die Elastizitäts-, bzw. Streckgrenze, nur die „Anfangshärte" bei Beginn der Deformation gegeben. Die Veränderlichkeit ist ein wesentliches Kennzeichen auch der tektonischen Fließhärte.

Die tektonische Fließkurve eines Gesteins für die ganze Zeit aller von dem Gestein erlebten Deformationen würde sehr oft einen wechselvollen, übrigens einer mehrphasigen Tektonik zuordenbaren Verlauf haben, ähnlich D in Abb. 29. Und sie würde nicht nur das tektonische Schicksal des Gesteins grundsätzlich ablesen lassen, sondern auch seine Kristallisationsphasen, welche nicht ohne Einfluß auf das Festigkeitsverhalten sind.

Bleibend deformierbare Gesteine und bindige Böden sind in ihrem Festigkeitsverhalten analog, insofern dieses durch die Beziehung zwischen Spannung und Dehnung beschrieben ist. Damit ist das Gemeinsame im Festigkeitsverhalten aller geologisch interessierenden Materialien, auch der nicht festzementierten Sedimente, erkennbar. Dieses Gemeinsame im Festigkeitsverhalten ist neben die Gemeinsamkeit in den Bewegungsbildern aller stetig deformierbaren, teilbeweglichen Gefüge zu stellen, welche im vollkommen gleichen Formenschatz aller stetig deformierten Gefüge veranschaulicht ist: Ein deformierter Ton zeigt denselben Formenschatz stetiger fluidaler Deformation, wie ein mylonitischer Kalk oder ein Profil der verschiedensten Gesteine aus entsprechenden Tiefen.

Der Formenschatz raumstetiger Formung ist durch das Verhältnis der Größe des deformierten Ganzen einerseits und der die Teilbewegungen ausführenden Teile andererseits gegeben.

Verfestigung—Entfestigung. Um den Begriff der tektonischen Fließhärte oder Formfestigkeit weiter zu erörtern, kann man fragen, ob die so charakteristische technologische Verfestigung bei der Deformation kristalliner Aggregate ein Analogon hat, wenn man das Fließen der Gesteine betrachtet. Es ergibt sich, daß die tektonische Fließhärte unabhängig und abhängig vom Deformationsakt veränderlich ist, daß die Orientierungsverfestigung ein gutes Analogon hat und daß für die eigentliche Kristallverfestigung keine tektonische Analogie erfaßbar ist.

Zwischen und in den bewegten Teilen der Teilbewegung bei Umformung ist die innere Reibung lokalisiert, auf welche es bei der kräftemäßigen Betrachtung der betreffenden Deformation und bei der Abschätzung des Festigkeitsverhaltens geologischer Körper ankommt. Man hat also zuerst die rein geometrische Seite der Sache zu betrachten, das „Bewegungsbild" (Ampferer) und, als dessen vielleicht wirksamste Charakteristik, das Größenverhältnis zwischen den bewegten Teilen und dem deformierten Ganzen, welches die Raumstetigkeit der tektonischen Formung bestimmt (den oft vagerweise sogenannten „plastischen", „fließenden" Charakter der Deformation, gleichviel, ob sie im Dünnschliff oder als Profil vorliegt). In den oberen Niveaus, in welchen die innere Reibung in geringerem Grade unmittelbar durch die molekularen Nahkräfte gegeben ist, wird das Prinzip von der Ausarbeitung vorgezeichneter Bahnen geringeren Schubwiderstandes sogar schon bei anfänglicher statistischer Isotropie des geologischen Körpers — noch mehr z. B. in den Fällen starker Anisotropie durch Gefügeflächen — vorwalten, die innere Reibung zwischen den bewegten Teilen und damit die Arbeit mit fortschreitender Deformation vermindern und es wird infolgedessen keine tektonische Verfestigung des geologischen Körpers durch den Deformationsakt eintreten, sondern das Gegenteil, eine tektonische Entfestigung, ein leichteres Fließen, ein Sinken der tektonischen Fließhärte. Könnten wir eine tektonische Fließkurve für einen solchen geologischen Körper aufstellen, so würde diese nicht steigen, wie die meisten Fließkurven technologischer Versuche an isotropem Material, sondern sinken, unter Umständen von der Fließgrenze an.

Dagegen bedeutet jede Gleichrichtung (Regelung) anisotroper Teile eine Festigkeitsanisotropie des Gefüges und damit dessen „Orientierungs"-Verfestigung gegenüber bestimmt orientierten Deformationen. In allen Fällen, in welchen wir überhaupt Festigkeitsänderungen begegnen, ist zu unterscheiden, welche Festigkeitsänderungen nur auf Änderung der Orientierung des zur Zeit anisotropen Körpers gegenüber der von außen an den Bereich angelegten Kraft rückführbar sind. Derartige Festigkeitsänderungen spielen tektonisch und in Kleingefügen eine Rolle.

Andere Festigkeitsänderungen sind nicht auf die Lage der Anisotropie gegenüber den Außenkräften rückführbar, sondern im Isotropen oder Anisotropen auf Änderungen der Größe jener Schubspannung, bei welcher dauernde Deformation eintritt. Auch solche Festigkeitsänderungen, welche wirklich die Formfestigkeit erhöhen oder verringern, begegnen wir sowohl im Korngefüge als im tektonischen Profil, sowohl im Gefolge von chemischen Änderungen als von reinen Gefügeänderungen, wofür namentlich die Korngefüge Beispiele bieten. Sehr oft sind solche Festigkeitsänderungen mittelbar abhängig von der Deformation als Durchbewegung, welcher Kristallisationen folgen (kristalline Mobilisation durch Umrührwirkung).

Zähigkeit, Sprödigkeit—Schmeidigkeit. Da Dehnungsgrößen unmittelbarer an gemeinsam tektonisch deformierten Gesteinen sichtbar werden, ist es am besten, Bruchdehnungen als Kennzeichnung der tektonischen Zähigkeit der Gesteine zu nehmen. Dabei haben wir zunächst Gesteinsdeformationen im Auge, welche „unter Aufrechterhaltung des Zusammenhangs" deformiert werden oder besser unter Teilbewegung von Teilen, zwischen denen noch Nahkräfte wirkten, gleichviel ob die Nahkräfte nur bei einem großen Umschließungsdruck um das Ganze wirksam werden.

In der tektonischen Deformation wird der höhere Grad der tektonischen Zähigkeit eines Gesteins unter ganz gleichen Deformationsbedingungen dadurch gekennzeichnet, daß beim zäheren Gestein der Bruch entweder nach größeren Dehnungen als beim weniger zähen Gestein erreicht wird oder überhaupt nicht. Es ist hierbei zu bedenken, daß die meisten tektonischen Deformationen nicht so verlaufen, daß eine unabhängige äußere Kraft an einzelne Gesteinsteile des geologischen Körpers zwingend angesetzt und unabhängig variiert wird, wie wenn ich einen Körper „bis zum Bruch" belaste, sondern in der Weise, daß eine zunächst wenig deformierende, aber stets gegenwärtige, lange gleichbleibende oder langsam geänderte Kraft lastet, bis das bisweilen von dieser Kraft unabhängig veränderliche Gestein nachgibt mit gesetzmäßigen Teilbewegungen.

Gegenüber solchen lastenden Beanspruchungen werden die Körper ununterscheidbar, welche nur gegen ruhende (z. B. Siegellack), nicht aber gegen stoßweise, plötzliche Beanspruchung zäh sind. Wir werden also im allgemeinen das Verhalten der Gesteine in der tektonischen Beanspruchung schon deshalb, weil die plötzliche Beanspruchung bis auf seltenere Fälle zurücktritt, zäher finden, als wenn dem nicht so wäre.

Ferner aber werden wir noch aus anderen Gründen zähes, dehnbares Verhalten begünstigt finden. Der eine dieser Gründe ist hoher Druck. Ein anderer Grund für die Begünstigung zähen Verhaltens der Gesteine ist aber der obengenannte tektonische, daß nämlich drastisch gesagt, sehr oft der immer gegenwärtigen konstanten Kraft gegenüber ein Gestein erst nachgibt, wenn es eben dank einer unabhängig dazu tretenden Veränderung zäh fließend nachgeben kann, z. B. teilweise fließend bei von Kristallisationen begleiteter „parakristalliner" Umformung. Je später Abschiebung (bei Erreichung des Höchstwertes der stetigen spezifischen Schiebung) eintritt, desto größer ist für menschliche Bearbeitung die Fähigkeit zur bleibenden stetigen Formänderung oder die Schmeidigkeit, Schmeidigkeit ist also Deformationsfähigkeit durch Schiebung ohne Zerfall und begrifflich unabhängig vom Deformationswiderstand. Die Schmeidigkeit ist gegenüber den verschiedenen Deformationsarten eine relative, aber durch den Höchstwert der spezifischen, bleibenden Schiebung allgemein charakterisierbar.

Für die Betrachtung von Körpern, deren Teile Teilbewegung zu einer Formung ausführen, sind diese Begriffe zu erweitern. Vor allem ist zu beachten, daß sich bei steigendem Umschließungsdruck die innere Reibung des Körpers, d. h. die Reibung zwischen seinen Teilen und die spezifische Schiebung zwischen seinen Teilen, den im Inneren eines Teiles herrschenden Verhältnissen annähern kann. Ferner läßt sich zwar für manche Betrachtungen die „Abschiebung" begrifflich durch das Unstetigwerden der spezifischen Schiebung kennzeichnen. Aber es wird dieser Unstetigkeitspunkt die Deformationsfähigkeit (z. B. die tektonische Schmeidigkeit eines Gesteins) nicht in einer brauchbaren Weise kennzeichnen, da sehr oft (z. B. bei der Zerscherung eines Phyllits unter Druck) in s überhaupt keine Abschiebung im Sinne einer Aufhebung aller Nahkräfte zwischen den Teilen und eines Zerfalles erfolgen kann.

Die tektonische Schmeidigkeit wird also für Gefüge oder geologische Körper, in denen Zerfall und Aufhebung aller Nahkräfte zwischen den Teilen durch Umschließung verhindert ist, eine unbegrenzte sein, und wir werden zwei solche Körper besser durch Kennzeichnung ihrer bewegten Teile, als durch verschiedene Schmeidigkeit kennzeichnen können.

Übersicht des Festigkeitsverhaltens. Mit der Schiebung vom Betrage 1 in der Zeiteinheit ist eine Schubspannung von bestimmter Größe verbunden. Diese Größe ist das Maß für den Schubwiderstand; in diesem Widerstand ist der Betrag der vorangehenden Schiebung ein Faktor; im Gegensatz zu rein elastischer Deformation. Die Größe deckt sich also mit dem Begriff „innere Reibung als spezifischer Schubwiderstand". Man kann Körper unterscheiden, welche konstanter Beanspruchung ohne Grenzen, wenn auch langsam fließend, nachgeben, also keine Verfestigung gegenüber symmetriekonstanter Umformung zeigen; und solche, welche, sich verfestigend, konstanter Beanspruchung nur begrenzt nachgeben. Fließen ist hierbei kontinuierliche geordnete Relativbewegung, ausgeführt von (im Vergleich zum betrachteten Bereich) genügend kleinen Teilen, solange diese einander berühren, dabei Kräfte endlicher Größe übertragen und eine innere Reibung endlicher Größe bedingen. Das Fließen wird begrenzt: bei konstanter Außenkraft entweder gar nicht (reibende Flüssigkeit ohne Verfestigung) oder durch Verfestigung; bei wachsender Außenkraft entweder gar nicht (unbegrenzt schmeidiges Verhalten) oder durch Ruptur.

12. Fugen und Rupturen. Flächige und lineare Schieferung.

Rupturelle und nichtrupturelle Trennungsflächen; Erdrindentiefe, Ruptur und Teilbeweglichkeit; rupturelle neben nichtruptureller Formung; Reißklüfte $\perp B$; flächige und lineare Parallelgefüge der Tektonite (Schieferung); tektonische Mehrdeutigkeit der s-Flächen; Scherungs-s und Plättungs-s; Ausgestaltung von s; Einschariges und mehrschariges s.

Unter Rupturen sollen verstanden werden von einer Umformung erzwungene Trennungsflächen, welche die gestaltliche und die mechanische Kontinuität unterbrochen nicht lediglich modifiziert haben. Hiebei hat eine Überschreitung der Entfernung in welcher Nahkräfte zwischen den Teilen wirken, stattgefunden. Nicht jede „Überwindung der Kohäsion" ist eine Ruptur. Denn bei genügendem Druck $\perp$ zur Trennungsfläche ist eine Überwindung der Kohäsion durch Abschiebung lediglich mit einer Modifikation der Kontinuität verbunden. Rupturen können also überhaupt nur unterhalb eines bestimmten Wertes des Druckes $\perp$ Fläche, als Reißflächen nur bei Zug $\perp$ Fläche auftreten. Oberhalb dieses Wertes treten an Stelle der Rupturen, das heißt unter gleichen Bedingungen und in gleicher Lage, Flächen auf, in welchen die Kontinuität lediglich modifiziert ist; so z. B. an Stelle der rupturellen Abschiebung eine Schieferung durch Fließen, an Stelle eines Zugrisses genau wie Zugrisse angeordnete Flächen lokalen Fließens. Mehr als andere Körper lehren die Gesteinsgefüge, daß es hier keine scharfe Grenze gibt und es ist eine nur in den Extremfällen leicht zu handhabende Trennung, wenn hier die Rupturen getrennt erörtert werden.

Derselbe Umformungsakt kann im gleichen Gestein, ja im gleichen Korn rupturelle Trennungsflächen neben nichtrupturellen erzeugen. Man sieht hiermit, daß nicht der hydrostatische Druck hierüber entscheidet. Und viele Beispiele zeigen, daß auch die Formungsgeschwindigkeit als Schubgeschwindigkeit mitspricht. Wird dieselbe Last genügend langsam angesetzt, so fließt der Körper (z. B. Siegellack), welcher bei rascher Belastung bricht: Fließen braucht dann eine Mindestzeit und erfolgt also nur, wenn ein Grenzwert der Formungsgeschwindigkeit nicht überschritten wird.

Die rupturellen raumstetigen Formen der obersten Erdrinde entsprechen dem geringeren Umschließungsdruck und der Teilbeweglichkeit größerer Teile in der geringeren Tiefe, fließende raumstetige Formungen größerer Tiefe entsprechen u. a. dem größeren Umschließungsdruck, daher der übliche, nicht aber immer berechtigte Schluß, daß rupturelle Deformation neben fließender am gleichen geologischen Körper zwei verschiedenen Akten in verschiedener Rindentiefe zuzuordnen sei. Dies trifft allerdings um so häufiger zu, als größere Tiefen auch wegen der zunehmenden, mit der mechanischen Formung gleichzeitigen Umkristallisation, höhere Teilbeweglichkeit und damit raumstetigere „fließende" Formung begünstigen.

Aber da auch die Deformationsgeschwindigkeit, insbesonders wieder in kristallisierenden Gesteinen eine über rupturelle und nichtrupturelle Formung entscheidende Rolle spielt, ist es möglich, daß demselben Akte zuordenbare Formungen von verschiedener Geschwindigkeit oder von verschiedener Dauer (z. B. für zwei Ebenenscharen), auch demselben Akte zuordenbare rupturelle Deformationen (z. B. Scherungen) neben nichtrupturellen erzeugen.

Ferner kann ein Material auch derart festigkeitsanisotrop sein, daß es bei gleicher Beanspruchung in der einen Flächenschar fließt, in der anderen bricht. Diesem an translatierenden Kristallen bekannten Verhalten ist die Translationsfähigkeit mancher anisotroper Gesteine (z. B. Phyllonite), was rupturelle und nichtrupturelle Formung anlangt, an die Seite zu stellen. Mithin kann auch die Anisotropie der Gesteine bewirken, daß im selben Formungsakte rupturelle und nichtrupturelle Gleitung auftritt. Am größten ist diese Wahrscheinlichkeit in den Fällen, in welchen die Anisotropie symmetriegemäß zur Beanspruchung erzeugt wird. Geschieht dies durch verschieden rasch internrotierende Scherflächen, so schließen sich die Differenzialakte der Umformung zu einem Vorgange, in welchem verschiedene Internrotation Anisotropie erzeugt und diese letztere rupturelle und nichtrupturelle Gleitung bedingt.

Sehr oft kann man in Gesteinsgefügen die Lage der Achsen $a\ b\ c$ (in der Definition $(a\ b)$ = Fläche s, $c \perp (a\ b)$, $b\ (\perp a)$ = Lineargefüge) festlegen. Man findet dann ganz oder teilweise vertreten Fugen und Rupturen aus den Zonen dieser 3 Achsen, so daß diese Flächen ein System bilden, welchem entweder monokline Symmetrie zukommt: unsymmetrisch rotierte $(h0l)$ Flächen als Scherungsschieferung und symmetrische $(0kl)$ Flächen als rupturelle Scherflächen häufig;

symmetrische ($hk0$) Flächen, selten. Oder trikline Symmetrie: unsymmetrisch rotierte ($h0l$) wie oben, unsymmetrische ($0kl$). Oder rhombische Symmetrie: alle überhaupt vertretenen Zonen symmetrisch besetzt. Außer diesen Scherflächen findet man (ac) als Zugrisse. Alle diese Fugen begegnet man unzufällig häufig also typisierbar und auf die Koordinaten $a\ b\ c$ beziehbar.

Diese Anordnungen in Plan 1 und 2 (monoklin oder triklin) entsprechen, was die Scherflächen anlangt, rechtwinklig gekreuzten Zonenachsen der Scherflächen.

(ac) steht, wie die Bezeichnung sagt, immer $\perp$ auf b, und dieses ist dann immer eine Rotationsachse.

Das Achsenkreuz $a\ b\ c$ kann, wie früher erörtert, den irdischen Bezugsrichtungen verschieden gegenüberstehen — am häufigsten ist c vertikal — und um jede Achse rotiert sein. Das ergibt für die Klüfte alle Fälle und die Mehrdeutigkeit einzelner Kluftlagen in der Natur.

Wir unterscheiden zwischen „Anisotropie erzeugenden" und „von gegebener Anisotropie bedingten", nur gelegentlich ausgelösten, kurz gesagt zwischen primären und sekundären Klüften, was namentlich für die Auffassung der Klüfte $\perp B$ ins Gewicht fällt.

Auf den Fall der Zugrisse $\perp b = B$ im Plan 1 beziehen sich die folgenden Ausführungen, und zwar auf jene häufigen Reißklüfte $\perp B$, welche nur auf überall homogen verbreitete Bedingungen nicht auf Zerreißung einer inhomogenen stabförmigen Einbettung rückführbar sind. Gerade in B-Tektoniten hat man mit einer sehr oft direkt beobachtbaren Formung zu rechnen, welche in b den Einheitsradius — nicht aber identisch mit einem Zugversuch — längt. Wenn diese Längung nun die Längung für eine Überschreitung der Elastizitätsgrenze des Gesteins bei Zug in b überschreitet — was eine durchaus sichergestellte Annahme ist — und das Gestein besitzt die Fähigkeit zu elastischer Deformation — was eine ebenfalls sichergestellte Annahme ist —, so wird eine elastische Kontraktion von b gleichmäßig verteilt überall erfolgen, welche die Reißklüfte $\perp B$ in dem neu eingelagerten Bereiche erzeugt, sobald die Beanspruchung aussetzt. Derartige Klüfte müssen einen konstanten Abstand voneinander haben, welcher von der Elastizitätsgrenze bei der Umformung abhängt. Diese Elastizitätsgrenze wäre aus der Weite der Kluft gemessen in b errechenbar.

Finden wir nur den eingebetteten Bereich querzerrissen vor, so muß eine der folgenden Bedingungen zutreffen:

1. Die Beanspruchung ist achsialer Zug durch die anhaftende und selbst fließende Einbettungsmasse und überschreitet die Reißfestigkeit; diese letztere liegt unter oder über der Elastizitätsgrenze.

2. Die Beanspruchung ist achsiale Pressung. Sie erzeugt $\perp$ zur Pressungsrichtung (also in B) Querdehnung. Dieser Querdehnung entspricht, solange die Pressung dauert, eine Längung in B unter oder über der Elastizitätsgrenze.

a) Nimmt man an, daß diese Längung jenes Maß überschreitet, bei welchem Zug $\parallel B$ Abreißen mit sich bringen würde, so kann die Querdehnung die Reißfestigkeit übersteigen und, wenn die Einbettung keinen genügenden Widerstand gibt, Zerreißung erfolgen. Entlasten wir nun in der neuen Einbettung des Körpers, so haben wir dieselben Verhältnisse wie in 1. Einen Körper, welcher in Richtung B über seine Reißfestigkeit gelängt ist und sich so zu kontrahieren strebt wie in einem Zugversuch. Dieser Zugversuch, dem die elastisch kontrahierende Spannung ja entspricht, darf mithin der Größe nach nicht die Elastizitätsgrenze überschreiten, kann aber die Reißfestigkeit überschreiten;

b) in diesem Falle erfolgt Zerreißen durch die elastischen Spannungen einer Querdehnung, welche zu einer Neueinbettung, bzw. neuen Lage eines größeren

Bereiches geführt hat. Aber dieser Fall ist nur dann möglich, wenn die Reißfestigkeit unter der Elastizitätsgrenze liegt.

3. Mithin sind Reißklüfte $\perp B$ an isotropen Materialien möglich, wenn eine der Bedingungen 1, 2a, 2b zutrifft. Trifft keine dieser Bedingungen zu, und finden wir trotzdem Reißklüfte $\perp B$, so ist vor allem in Betracht zu ziehen, daß es sich um anisotrope Körper handelt und daß auf isotrope die in Betracht gezogene Formung selbst anisotropisierend wirkt. Damit diese Anisotropie für die Erklärung der Reißklüfte $\perp B$ in Betracht kommt, muß sie derart sein, daß

a) die Reißfestigkeit des Gesamtgesteins für Längung $\parallel B$ erniedrigt wird, oder daß b) die Sprödigkeit für Längung $\parallel B$ erhöht wird, oder c) daß die Anisotropie zusätzliche $\parallel B$ kontrahierende Spannungen mit sich bringt.

Für die Frage, wovon die Rißdistanz abhängt, sind zwei Grenzfälle zu unterscheiden:
1. Eingebetteter Stab $\parallel B$. Die Reibung des Stabes an der Einbettung hält der $\parallel$ zum Stabe kontrahierenden Kraft das Gleichgewicht. Gleichgewicht haltende Kräfte senkrecht zu den Endflächen des Stabes sind zu vernachlässigen.
2. Eingebettete Platte. Die Kräfte senkrecht zu den Plattenflächen halten der normal zur Platte kontrahierenden Kraft das Gleichgewicht. Die randliche Reibung der Platte ist zu vernachlässigen.

Fall 1. Sei die Reibung des Stabes an der Einbettung pro Flächeneinheit ρ, die Rißdistanz l, der Radius des Stabquerschnittes r; σ die Reißfestigkeit des Materials in der Kontrahierungsrichtung pro Flächeneinheit.

So ist die im Augenblick des Abreißens Gleichgewicht haltende Stabreibung $2\,r\,\pi\,l\,\rho$; die Gleichgewicht haltende Spannung $r^2\,\pi\,\sigma$ also $2\,r\,\pi\,l\,\rho = r^2\,\pi\,\sigma$ oder $2\,l\,\rho = rs$ also

$$l = \frac{r}{2}\frac{\sigma}{\rho}.$$

Mithin ist die Rißdistanz der spezifischen Reißfestigkeit des Materials und dem Stabquerschnitt gerade proportional, der spezifischen Reibung an der Einbettung verkehrt proportional. Für konstantes σ und ρ ist $l = kr$. Solche Fälle sind leicht zu beobachten: Es wächst die Rißdistanz gleichartiger Einlagen in gemeinsamem Einbettungsmaterial bei gemeinsamer Deformation mit dem Querschnitt. In solchen Fällen kann man l und r messen, dann ist $\dfrac{\sigma}{\rho} = \dfrac{2\,l}{r}$ oder $\sigma = m\,\rho$, wobei m bekannt ist.

Bisweilen ist nun σ innerhalb gewisser Grenzen experimentell bekannt, so für Quarz in bestimmter Stellung, so ganz angenähert für Marmor. Es ergibt sich dann die Möglichkeit, die spezifische innere Reibung im Gestein zur Zeit der tektonischen Umformung zwischen der stabförmigen Komponente und der Grundmasse zu bestimmen.

Wird in der ersten Gleichung $\rho = 0$, so ist $l = \infty$, d. h. ein kontrahierender Stab in einer Flüssigkeit zerreißt nicht.

Fall 2. Nach der Entlastung werden im betrachteten Bereiche elastisch kontrahierende Kräfte in homogener Verteilung wach. Diese sind zwischen zwei Abrißflächen summiert $r^2\,\pi\,l\,k$ und halten $r^2\,\pi\,\sigma$ gerade das Gleichgewicht; $r^2\,\pi\,l\,k = r^2\,\pi\,\sigma$; $l = \dfrac{\sigma}{k}$.

Mithin wächst unter diesen Bedingungen die Rißdistanz mit wachsender Reißfestigkeit und nimmt ab mit wachsendem k; wobei k die Kontraktionskraft einer Längeneinheit (quer zur Plattenfläche pro Flächeneinheit ist.

Diese spezifische Kontraktion kann verschiedener Art, z. B. auch das gerichtete Maximum einer Abkühlungskontraktion sein und eignet sich auch für die Betrachtung von erkaltenden und durch Wasserverlust schrumpfenden Gefügen.

Schieferung. Die Geschichte der Schieferungstheorien war lange zugleich die Geschichte der Gefügekunde umgeformter Gesteine und ist heute das Gebiet, auf welchem sich allgemeine Umformungslehre und Analyse der Korngefüge untrennbar überlagern. Wenn an die allgemeine Umformungslehre der Gesteine hier die Schieferungstheorie angeschlossen wird, so ist darauf hinzuweisen, daß erst die Kennzeichnung der Gefügeflächen durch das Korngefüge (im II. Teil) den vollen Einblick in das Wesen der planaren und linearen Schieferung erzielt und auch einiges davon vorweggenommen werden muß.

Flächenhaftes und lineares Parallelgefüge, entstanden in typisierbaren Bewegungsbildern eines werdenden oder sich verändernden Gesteines, mit oder ohne hervortretende mechanische Inhomogenität — das ist die gefügekundlich brauchbarste, aber gegenüber allen üblichen Definitionen weitere Definition einer Gruppe im wesentlichen zusammengehöriger Erscheinungen, aus welcher man verschiedene Gruppen herausgegriffen und als geschieferte Gesteine mit Heranziehung lediglich geologischer Entstehungsbedingungen bezeichnet hat.

Definiert man Schieferung als das Gefüge der Gesteine, welche der Geologe und Petrograph Schiefer und kristalline Schiefer nennt, so ist diese „Schieferung" überhaupt kein gefügekundlicher Begriff, denn sie deckt sich deskriptiv nicht einmal mit Parallelgefüge und hat genetisch überhaupt kein gemeinsames Prinzip. Es ist also der Ausdruck Schieferung heute mehrdeutig und in der Korngefügekunde durch schärfere Kennzeichnung solcher Anisotropien zu ersetzen, während sich zugleich für eine ungenetisch beschreibende Bezeichnung eines Parallelgefüges Ausdrücke wie s-Flächen u. dgl. empfehlen. s-Flächen sind also mechanisch ausgezeichnete Parallelflächen eines Gefüges, wenn nicht eigens erwähnt wird, „mechanisch belanglos" oder „bloß vorgezeichnet".

An Stelle älterer Bemühungen, zu erklären, wie die dem Geologen auffälligste Äußerung der Anisotropie, die Klüftbarkeit nach s zustande komme, ist heute die Beschreibung der Anisotropie selbst durch Gefügedaten (statistisch geregelte Korngestalten und Kornlagen) getreten, ganz ähnlich wie der Gitterbau der Kristalle als Träger aller Anisotropie an Stelle gelegentlicher Äußerungen derselben trat.

Es besteht nicht mehr der langanhaltende Gegensatz zwischen Schieferungstheorien, welche Gestalt und Anordnung der Körner und solchen, welche die häufige erste Anlage einer Schieferung als Scherfläche betonten. Vielmehr sind die mannigfaltigen Zusammenhänge zwischen zwei voneinander begrifflich unabhängigen und einander nicht widersprechenden Tatsachen wie Scherung und die Daten des Korngefüges Gegenstand der Befassung.

Man läßt sich bei der Feststellung geologischer einzumessender Gesteinsflächen von folgenden Beobachtungen leiten, welche irreführen können, wenn verschiedenwertige Flächen zusammengefaßt werden.

Die Flächen sind:

A. Vorzeichnungen im Gestein. 1. Entweder mit dem Gestein umgestellt und bei bekannter Ausgangslage als Hinweise auf diese Umstellung zu benützen; 2. oder während bis nach der tektonischen Verlagerung neu angelegte Flächen, also mit ganz anderer Bedeutung im Bewegungsbild als im Fall 1; 3. oder durch Umscherung umgestellte Flächen nach 1 und 2.

B. Ergebnisse einer Reaktion des Gesamtgefüges auf Atmosphärilien. Derartige Flächen müssen gar nicht eindeutig erklärbar sein, wenn sie ein Kompromiß zwischen den Teilgefügen der einzelnen Kornarten darstellen und nicht einmal alle diese Teilgefüge in ihrer Bedeutung feststehen.

C. Ergebnisse eines ganz speziellen Festigkeitsversuches (Teilbarkeit nach dem Hammerschlag), welcher aber als solcher noch weniger als die üblichen Festigkeitsversuche an Einkristallen (Spaltversuch und Translationsversuch) technologisch diskutiert und bekannt ist. Auch der Hammerschlag des Geologen erzeugt bisweilen erst zu definierende und ohne Gefügeanalyse undeutbare Kompromißflächen zwischen den Teilgefügen der einzelnen Kornarten. Der Versuch, solche Flächen mit irgendeiner zu wenig begründeten Deutung in eine tektonische Synthese einzuführen, führt irre.

Es ist also auch für tektonische Untersuchungen nötig, die Flächengefüge schärfer als üblich zu definieren.

Man faßt zunächst am besten Flächengefüge durch mechanische Umformung als durchbewegte Parallelgefüge zusammen, gleichviel ob das Ausgangsmaterial isotrop war oder ob eine genügend betonte Anisotropie (z. B. Feinschichtung oder älteres Parallelgefüge) bei genügender Bewegungsfreiheit das neue Parallelgefüge unvollkommen bis vollkommen in die Bahnen des älteren lenkte. Die Flächen durchbewegten Parallelgefüges sind entweder Scherflächen unter einem Winkel zum Hauptdruck, schiefer Winkel bis nahe 90° bei Rotation. Oder die Flächen des durchbewegten Parallelgefüges sind $(a\,b)$ Flächen des Formellipsoides bei Pressung (nichtstarre Teige, inhomogene Gefüge mit plättbaren Inhomogenitäten bei gerader Pressung) unter nahe 90° zum Pressungsdruck (Plättungs-s).

Die Verbreitung durchbewegter Parallelgefüge durch Scherung ist eine sehr große, Gleitung in s die wichtigste Teilbewegung in den schieferigen Gesteinen. Neben der berechtigten Betonung der von Vorzeichnung unabhängigen Scherung als erster parallelgefügebildender tektonischer Teilbewegung sind die Vorgänge zu beachten, welche die Parallelgefüge ausgestalten und als solche steigern.

Ungleichscharige und einscharige Scherung. Die Gefüge der hierfür geeigneten, genügend empfindlich in Scherflächen einstellbaren, Minerale und die Analysen von Beanspruchungen ohne Fließen (siehe II. Teil) zeigen deutlich, daß Einscharigkeit der Scherflächen selten ist. Man hat meistens wenigstens 2 $(h0l)$ s-Flächen, in intern rotierten Gefügen oft schon $2\,n$, in extern rotierten immer mehr als eine. Die „eine" Scherfläche, von welcher das Problem der Einscharigkeit ausging, hat sehr oft kein anderes Gefügekorrelat, als daß sie die Symmetrale des spitzen Winkels von 2 oder $2n$ reellen Scherflächen mit Einregelung ist. Sie ist dann selbst überhaupt keine Scherfläche und ihre Einscharigkeit mithin kein Problem, wohl aber ist sie die spaltbarste Fläche. Und es ist lehrreich zu sehen, wie untief die an eine einzelne Festigkeitsreaktion geknüpften Begriffe gegenüber den gefügeanalytisch gewonnenen sind und daß an solche Begriffe geknüpfte Probleme schlecht gestellte Fragen sein können. Auch die $(0kl)$-Flächen findet man meistens zweischarig $(0kl)$, $(0\bar{k}l)$. Strenge Einscharigkeit ist also nicht der häufigste Fall, ungleichscharige Mehrscharigkeit weit häufiger.

Die Einscharigkeit von s-Flächen bildet ferner nur hinsichtlich jener Gefügedaten ein Problem, welche in der ersten Anlage solcher Flächen zustande kommen (nicht hinsichtlich der durch kristalline Abbildung und mechanische Ausarbeitung erworbenen Charaktere einer „Schieferung"). Das Problem bezieht sich also nicht auf alle s-Flächen und nicht auf alle irgendwie Schieferung ausmachenden, bzw. dieselbe steigernden Merkmale.

In G. Beckers Schieferungstheorie ist die Ungleichscharigkeit bis Einscharigkeit der Scherflächen auf Internrotation bei schiefer Pressung zurückgeführt.

Mit der Beckerschen Rückführung einschariger Scherungs-s auf bloße Unterschiede in den beiden Scherflächenrotationen einer Formung ist das korngefügeanalytische Ergebnis, daß zweischariges s viel häufiger ist, als ohne Gefügeanalyse bekannt wird, gut verträglich. Ebenso der Nachweis, daß Gesteine schon vor der unrückläufigen Deformation des Gesamtgesteins schon an einzelnen Kornarten der Beanspruchung entsprechende unrückläufige Deformation erkennen lassen. Es ist also die Elastizitätsgrenze für das Gesamtgestein nicht überschritten, das Gesamtgestein ist nicht geflossen, und es sind wirklich noch die Daten eines elastischen Strains, welche an bestimmt orientierten Körnern unrückläufig abgebildet werden. W. Schmidt hat zur Erklärung von einscharigem Scherungs-s den Gedanken eingeführt, daß nur jene Schar genügend deutlich wird, welche ins Freie führt oder, wie man sagen könnte, deren Betätigung geringeren Widerstand findet und die Teilbewegung für das Ausweichen der Masse in der Richtung geringsten Widerstand darstellt. Das ist ein Gedanke, welcher in Festigkeitsversuchen leicht zu veranschaulichen und für die Betrachtung tektonischer Deformationen unentbehrlich ist.

Da die tektonischen Deformationen häufig als Pressung zwischen bewegten Backen erfolgen, ist auch zu erwarten, daß die eine s-Schar, verglichen mit der anderen, schon im Entstehen der beiden durch Externrotation in eine bestimmte Ausgestaltung günstigere Lage gerät, z. B. auch was den Weg ins Freie anlangt. Ferner verlaufen in sehr vielen Fällen die verschiedensten weiteren Formungen einscharig, wenn ein mechanisches s irgendwelcher Entstehung bereits vorgezeichnet ist. Dies ist bei Betrachtung von

Einzelfällen und bei der Abschätzung der Häufigkeit einschariger tektonischer Deformationen zu bedenken, wenn auch die Grundfrage nach der erstmaligen Entstehung einschariger Scherflächen davon nicht berührt ist. In allen Darstellungen, welche vom Formungsellipsoid ausgehen, ist Zweischarigkeit der allgemeine Fall, Einscharigkeit der einer eigenen Erklärung bedürftige Sonderfall.

Wenn sich die Entwicklung spiralig vollzieht, findet sich die Gefügekunde der Schieferung heute über Sedgwick, der annahm, die Cleavage bestehe in einer Parallelordnung individueller Partikel, verursacht durch gerichtete Kräfte im Gestein; das ist die Vorahnung der Gefügeregelung durch Vektorensysteme. Und wir befinden uns wieder näher ältesten Anschauungen, daß die Gesteine eine Art Kristallspaltbarkeit besitzen, als den erfolgreichen und für die damalige Weiterentwicklung wertvollen Gegnern dieser Anschauungen, welche die Spaltbarkeit der Gesteine als Auswirkung ihres Feinbaues noch nicht kannten.

13. Tektonik und Strömungslehre.

Dynamische und kinematische Betrachtung; Normalspannungen sichtbar durch Spannungsdoppelbrechung; starre und teilbewegliche Bereiche; kinematischer Vergleich mit strömenden Flüssigkeiten; Erschließung von Bewegungsbildern durch konstruktive Rückformung oder aus den Merkmalen der Teilbewegung im Gefüge; stoffkonstante und stoffvariante Formung; teilbewegliche Schwachverformte und flüssige Starkverformte; tektonisches Amplatzgefüge und Einströmungsgefüge in den Raum; unverwickeltes und verwickeltes Strömen; heterokinetische Stellen; überströmte Schwellen in Wasser, Luft und Tektoniten; Trägheit und Zähigkeit; gemeinsame Züge der Bewegungsbilder in Luft, Wasser und Gestein.

Das Festigkeitsverhalten der Gesteine, welches über sehr viele Daten der Gefüge — z. B. rupturelle oder nichtrupturelle Teilbewegung im Gefüge — entscheidet, läßt sich durch dynamische und symmetrologische Betrachtungen mit den Bewegungsbildern in Zusammenhang bringen; für die Entstehung so wichtiger Gefügedaten wie Klüftung und Schieferung bestehen dynamische Theorien. Die Betrachtung der Beanspruchungszustände im Homogenen und damit auch der elastischen Reaktionskräfte (Spannungen, Streß) und Schubwiderstände ist in Kapitel 10 durchgeführt. Die Betrachtung der elastischen Reaktionskräfte hat für die Erklärung der Gesteinsgefüge aus drei Gründen Bedeutung.

Viele tektonische gefügebildende Formungen überschreiten die Bruchgrenze der Gesteine; dann ist entweder das ganze der Deformation korrelate Gefüge unmittelbar elastizitäts-theoretisch diktiert und ableitbar oder wenigstens die Entstehung der Teile, welche dann noch gegeneinander verschoben werden. Solche rupturelle Tektonik zeigen viele Umformungen nahe der Erdoberfläche.

Zweitens lassen sich viele unrückläufige Gesteinsdeformationen mit Elastizitätsgrenze, namentlich was ihre erste Anlage anlangt, im Teilakte elastischer Deformation betrachten.

Drittens erfordern elastizitätstektonische Überlegung die fallweise zu untersuchende Formungsakte mit gleichzeitiger ruptureller und nichtruptureller Prägung von Gefügeflächen in bezug auf dieselbe Kornart oder verschiedene Kornarten.

Die Verteilung der elastischen Normalspannungen (Zug- und Druck-Trajektorien) läßt sich für die einzelnen Gestalten der beanspruchten Körper sowohl berechnen als (zwischen gekreuzten Nikols mit Gips) an den beanspruchten Versuchskörpern mit Spannungsdoppelbrechung (Glas, Gallerte) also mit Gefügeanisotropisierung beobachten. Dies ist verwendbar z. B. im Falle der Biegung von Biegefalten oder im Falle der schiefen Pressung mit „Fiederspalten" zur Entscheidung zwischen Scherfugen durch Tangentalspannungen und Reißfugen durch Normalspannungen.

Bei Körpern mit sehr geringer Starrheit und leichter Teilbeweglichkeit, also etwa bei weichen Teigen, zu deren rascher Deformation schon ihr eigenes Gewicht genügt oder bei zähen Flüssigkeiten, fallen bei starken Umformungen mit weitgehend verflachten Formellipsoiden die größten Ellipsoidquerschnitte (AB) mit (ab) zusammen, die Vorgänge im Gefüge sind nur auf (ab) beziehbar; (ab) wird z. B. die Schieferungsebene laminarer Schlieren einer Schmelze. Beobachtungen über das Fließen über Unebenheiten lehren, daß Hochteilbewegliche derart umgeformt werden und daß bei den betreffenden Deformationsbedingungen keine Starrheit zu Worte kam. Man kann derartige Umformungen als nichtstarre gegenüberstellen den starren, muß dabei aber den Bereich festhalten, für den die Aussage gilt; denn ein Gestein kann in größeren Bereichen L^3 nichtstarr, also ohne „Leitung von Kräften auf die Entfernungen L" umgeformt sein und zugleich in kleineren Bereichen l^3 starr, mit Leitung von gerichteten Kräften und Scherflächenbildung bis zur Entfernung l. Die Kinematik von starren Bereichen in dieser Definition wird durch die Formellipsoide beschrieben, die Kinematik nichtstarrer Bereiche kinematisch in den Hauptzügen besser als tektonisches Strömen gekennzeichnet.

Die Gefügekunde hat mit der Kinematik strömender Bewegung aus folgendem Grunde Fühlung zu nehmen.

Wir erkennen die Gefüge fast aller stetig umgeformten Gesteine als Abbilder von Teilbewegungen zur Umformung des Ganzen. Wir nennen eine Formung ein Strömen, wenn die im Bewegungsbilde bewegten Teile so klein sind im Vergleich zum Bereich (dessen Formung wir ein Strömen nennen), daß uns das Bild strömender Flüssigkeit mit ihrer raumstetigen Bewegung kleiner Teilchen berechtigt scheint.

Um die Ergebnisse der Strömungslehre von Flüssigkeiten und der Formungslehre von teilbeweglichen Gefügen füreinander nutzbar zu machen, ohne sich in oberflächliche oder unkritische Vergleiche zu verlieren, geht man davon aus, sowohl an den Flüssigkeiten als an den teilbeweglichen Gefügen nur das Verhalten zu betrachten, welches sich aus der relativ raumstetigen Umformung kinematisch ergibt. Wir sehen also ab von allen Formulierungen, in welchen z. B. die Trägheit mitspielt oder innere Reibungslosigkeit angenommen ist, während symmetrologische Betrachtungen die Vergleichung typisierbarer Bewegungsbilder für alle teilbeweglichen Gefüge, also auch für Flüssigkeiten, gemeinsam durchführbar sind. Manche Bezeichnungsweisen der Tektonik (z. B. Abfließen von Decken usw.) haben die Berechtigung tektonischer Bewegung und Bewegung von Flüssigkeiten sprachlich vorausgesetzt ohne sie genauer zu nehmen. Sie liegt lediglich in der Raumstetigkeit der Teilbewegung. Als Kriterium raumstetiger Teilbeweglichkeit wurde schon früher festgesetzt, daß die Teile im Vergleich zum betrachteten geformten Bereich so klein sind, daß ein z. B. durch Färbung eingetragenes geometrisches Datum (Linie, Fläche, Kugel) zwar verzerrt und verlagert wird, aber zusammenhängend erkennbar (unzerrissen) bleibt. Man ist damit berechtigt, auch in einem geologischen Profile mit relativ zueinander bewegten Teilen von ziemlicher Größe nicht nur gleichnisweise, sondern definiertermaßen von Fließen und Strömen zu sprechen, hat aber die Größe der bewegten Teile anzugeben.

Hieraus ergibt sich auch, daß in allen Fällen, in denen eine Bezeichnungsweise der Kontinuumsmechanik von Flüssigkeiten mehr enthält als das Bewegungsbild, diese Bezeichnungsweise z. B. Wirbel auch wenn die Bewegungsbilder identisch sind für Gesteinsgefüge entweder durch eine andere ersetzt oder aber erkennbar gemacht werden muß.

Die Frage ist nun, ob die linearen und flächigen Gefüge der Flüssigkeitsmechanik (z. B. Stromlinien, Bahnlinien, flächige Parallelgefüge) an Gesteinen eindeutig ablesbar sind und was die linearen und flächigen Parallelgefüge durchbewegter Gesteine mit denen der Flüssigkeiten gemeinsam haben. Man sieht z. B. sogleich, daß eine als Lot auf eine monokline Symmetrieebene also rein symmetrologisch definierte B-Achse eines Tektonits oder eines Dünengefüges begrifflich identisch ist mit der Achse, welche eine Schwelle in einer Strömung quer zur Strömung und lotrecht auf die Symmetrieebene derselben erzeugt; dies ist beachtlich, weil Flüssigkeits-B-Achsen in Anlagerungsgesteinen (z. B. im Rippelgefügen) im Gesteinsgefüge abgebildet werden. Man sieht aber auch, daß jener Flüssigkeits-B-Achse nicht das Bewegungsbild einer durch zweischarige Zerscherung erzeugten B-Achse eines Gesteins zukommt.

 Es ist zunächst festzustellen, daß sich für alle Bewegungsbilder teilbeweglicher Gefüge also für die Strömungsbilder von Flüssigkeiten wie für die Formungen körniger Gefüge Symmetrietypen ergeben und zwar darunter eine Anzahl ganz gemeinsamer symmetrologischer Typen nämlich Sphäroidsymmetrie und monokline Symmetrie. Daß durch Überlagerungen höhere und niedrigere Symmetrien zustande kommen können, gilt zunächst nur für bildsame Formungen. Bei Strömungsbildern aber können sich die Abbildungen der Symmetrien z. B. auf eine mechanische Anlagerung aus dem Strömungsbild übertragen, so z. B. kann das im Einzelakte monokline Hin- und Her-Waschen mit konstanter Symmetrieebene zu höher symmetrischen Rippeln (mit 2 Symmetrieebenen) führen.

 Die Stromlinien der Strömungslehre sind analog zu den Kraftlinien der Kraftfelder Linien deren Tangente überall die Richtung des Geschwindigkeitsvektors zeigt (Prantl). Das Stromlinienbild ist also ein im betrachteten Zeit-Raumbereich unveränderliches (stationäre Strömung) oder veränderliches funktionales Gefüge mit Symmetrie, deren Symmetrieelemente und Konstanz definiert wird. Stromlinien geben die Richtungen der in einem Zeitpunkt zugleich nebeneinander vorhandenen größten Teilchengeschwindigkeiten, also einen Zeitquerschnitt, nicht eine Zeitabfolge der Vektoren; nur bei stationärer Strömung deckt sich beides geometrisch. Während also die Stromlinien eine „Momentaufnahme" des Bewegungsbildes sind, geben die Bahnlinien als „Zeitaufnahme" des Bewegungsbildes die nacheinander von den Teilchen begangenen Richtungen größter Geschwindigkeit. Das in der Strömungslehre benützte verschiedene Aussehen (Prantl) sowohl der Stromlinien als der Bahnlinien je nachdem, ob das Bezugssystem (die photographische Kamera) mitbewegt wird oder nicht, hat keine Abbildungsmöglichkeit in Gesteinen. Wie im kinematischen Experiment der Strömungslehre so werden an den körnigen Gefügen die funktionalen Gefüge (Stromlinien, Bahnlinien) vom gestaltlichen Gefüge abgelesen. Letzteres wird im Strömungsversuch durch Färbungen, opt. Dichteunterschiede, Einstreuung regelbarer starrer Stäbchen und Scheibchen u. dgl. eigens hergestellt.

 Bei Gesteinen kann man aus stofflich heterogenen Schlieren Bahnlinien (z. B. einer Einwicklung) ablesen, wenn man weiß, daß die betreffenden Schlieren nicht in der vorliegenden Endform gebildet wurden und man kann sie — nicht etwa nur bei Schmelzgesteinen, sondern bei allen Teilbeweglichen — umso eindeutiger ablesen, je sicherer man den vorangehenden Zustand kennt, z. B. wenn sich in einem mit Parallelebenen s angelagertem Gesteine diese Ebenen bei Setzung um einen relativstarren Neukristall legen, der als Einschluß im Inneren noch das unverlagerte s zeigt oder wenn ein solcher Neukristall wachsend und zugleich rotiert zwischen relativbewegten s des Gesteins aus diesem s gebildete „Einschlußwirbel" im Inneren zeigt.

 Die tektonische Analyse hat zwei Wege, welche bisher vielfach nur gefühlsmäßig beschritten, durch bewußtere und schärfere Kennzeichnungen der dabei gehandhabten Denkvorgänge objektiver, sicherer und für andere kontrollierbarer gemacht werden können. Für den einen Weg, den der Rückformung einer vorliegenden Form in eine vorangehende ist dies durch Einführung der geometrisch konstruktiven Rückformung angebahnt. Der andere Weg versucht Bahnlinien und Stromlinien aus dem gestaltlichen und hieraus erschlossenen funktionalen Gefügen abzulesen, ohne daß hiebei Voraussetzungen über eine vorangegangene Form gemacht werden wie letzteres beim erstgenannten Wege geschieht z. B. wenn man einen mit wechselnder Einspannung mehrfach gefalteten Bereich untersucht, für den der Ausgangszustand mit horizontalem ebenen Parallelgefüge eines Sedimentes vorausgesetzt werden kann. Der zweite Weg, also die Erschließung eines vorangehenden Zustandes aus dem Gefüge (ohne Voraussetzung über Anfangszustand und ohne dementsprechende Rückformbarkeit) hat kennzeichenbare Möglichkeiten für sehr folgenreiche Irrungen und man muß also vor dessen Begehung die Frage übersichtlich klären, was sich aus linearen und flächigen Parallelgefügen in bezug auf Stromlinien und Bahnlinien erschließen läßt.

In der früher gegebenen Definition beziehen sich Stromlinien und Bahnlinien auf alle raumstetig teilbewegten Gefüge und sind auch begrifflich unabhängig vom Ausmaße der Umformung. Aber wir beachten, ob diese Ausmaße groß (I) sind wie z. B. bei strömenden Flüssigkeiten oder klein (II) wie z. B. bei einer elastischen Formung eines festen Körpers mit niedriger Elastizitätsgrenze. Man spricht im Fall I nicht von Verformung, eher im Fall II von Strömen; es gibt aber keinerlei scharfe Grenze zwischen I und II. Ob nun in Fall I und in Fall II lineare und flächige Parallelgefüge eine verschiedene Bedeutung für das Bewegungsbild haben können, ist zu unterscheiden.

Grundsätzlich zu unterscheiden ist zunächst der in Flüssigkeiten häufige Fall stationärer Strömung — Geschwindigkeit an jeder Stelle konstant — bei welcher eine im Raum R örtlich beharrende Anordnung von Kräften und Widerständen — also ein funktionales Gefüge — auf ein gestaltliches Gefüge abgebildet wird, dessen Stoff z. B. Wasser über eine Schwelle den Raum R durchströmt. Wenn man hiebei nicht nur an einfache funktionale Gefüge denkt, sondern auch an beliebig komplizierte in R lokalisierte gestaltlich abbildbare und vom Gestaltlichen wieder gelieferte Bedingungen der Gestaltung, so erhält man eine nirgends unstetig unterbrochene Reihe von Gestaltungen. Diese führt vom einfachen Falle der stationären Durchströmung des Raumes an einer Schwelle über alle Fälle der Durchwanderung von R durch wechselnden Stoff bei konstantem funktionalem Gefüge und mehr oder weniger beharrender Gestalt in R — bis zum Lebewesen; und man begegnet damit einem der wesentlichen allgemeinsten Gesichtspunkte für die Betrachtung der Gestaltung überhaupt, nämlich die Optik für stoffkonstante und stoffvariante Gestaltung, bzw. mechanische Formung.

Man ist gewohnt, die mechanischen Formungen geologischer Körper als stoffkonstante Gestaltungen zu betrachten. Es trifft dies auch für die meisten tektonischen Deformationen zu. Aber selbst wenn wir von der weitesten Fassung stoffvarianter Gestaltung absehen und nur mechanische stoffvariante Formung betrachten, begegnen wir die heute noch sehr verschieden betrachtete Frage nach stoffdurchströmten lokalisierten Räumen in der Erdhülle, in welchen wechselnder Stoff wahrnehmbar konstante gleiche mechanische Gestaltung erhält, z. B. ein lokalisiertes Kettengebirge wird, wenn wir die Annahmen über stoffvariante ortskonstante mechanische Bildungsräume in größerer Rindentiefe hier außer acht lassen. Wir begegnen aber auch viel näher, ja ganz neben das schwellenüberfließende Wasser zu stellende stoffvariante lokalisierte mechanische Formung an geologischen Körpern, so wenn Eis oder Lava eine Schwelle überfließt. Die Frage nach den dieses Symmetriediktat erfüllenden Teilbewegungen wird der Hydrauliker durch Färbungen, Schwebestoffe, Photos mit fester und wandernder

Kamera lösen, der Petrograph durch Analyse des körnigen Gefüges und seiner Regelungen z. B. nach dem Kornmechanismus beim Eise; nach der Korngestalt bei der Lava. Bei letzteren Beispielen ergibt sich als wichtiger Grundsatz, daß ohne die Beachtung des an der stoffvarianten Schwelle gebildeten und weiterhin mitgeführten Gefüges das Gefüge unterhalb der Schwelle unverständlich ist, als ein Sonderfall des viel allgemeineren Satzes, daß spätere Gefüge von früheren abhängen und diese ausgestalten.

Es gelten also folgende zwei Sätze:

1. Auch unter den mechanischen Formungen geologischer Körper kommen stoffvariante stationäre Formungsräume vor, stationären Strömungen der Flüssigkeiten an typischen Stellen nicht nur symmetrologisch, sondern als „Durchströmungen" durch ihren stoffvarianten Charakter gleichzustellen.

2. Solche Durchströmungen typischer gefügebildender Räume sind für geologische Körper so selten und für strömende Flüssigkeiten so häufig, daß dies zur Kennzeichnung der beiden dient.

3. Bezeichnend ist es auch, daß bei strömenden Flüssigkeiten das stationäre funktionale Gefüge im Raum R beschrieben wird bei strömenden Nichtflüssigkeiten (z. B. körnigen Gefügen von Gesteinen und Metallen) das in R entstehende und im Falle der Durchströmung auch außerhalb R erhalten bleibende gestaltliche Gefüge. Walzen wir ein Metall, was einen Durchströmungsfall durch den Walzbereich R darstellt, so interessiert das entstandene geregelte Gefüge des entstandenen Bleches, während Wasser nach Überströmung der Schwelle sogleich das den neuen Bedingungen gemäße Teilchengefüge annimmt, also, im Vergleich zu Metall, Eis, Gestein eine sehr wenig dauernde Gefüge-, bzw. keine Gefügedauer zeigt.

Wir sehen nun wegen ihrer geringen Verbreitung von stoffvarianten Durchströmungen ab und kehren zur Frage zurück, ob und wie sich lineare und flächige Parallelgefüge (I) bei sehr großen Ausmaßen der Verformung (in strömenden Flüssigkeiten) und (II) bei geringeren Ausmaßen der Verformung in verformten Teilbeweglichen aus festen Teilchen unterscheiden, wobei, wie oben schon bemerkt, in bezug auf symmetrologische Definitionen keine Unterschiede bestehen.

Man findet von Lineargefügen:

1. B-Achsen definiert als Lote auf eine monokline Symmetrieebene (I und II) mit folgenden Sonderfällen:

B-Achsen als Rotationsachsen für Biegung, Biegegleitung, Biegefaltung, Wirbel, Einwickelung (I und II).

B-Achsen als Schnittgerade mit anderen Scherflächen (I).

B-Achsen durch relativstarre Scheibchen oder Stäbchen, welche nach der Gestalt geregelt werden und zwar parallel gestellt dem größten Durchmesser eines Formellipsoids bei achsial dehnender Beanspruchung (I und II) oder rollender Formung (I und II).

2. Auf Scherungsebenen finden sich zweierlei Lineargefüge, nämlich B-Achsen (I und II) und senkrecht darauf Lineargefüge in Richtung (a) der maximalen Relativverschiebung zwischen den Ebenen (I und II). Beide Lineargefüge, unterscheidbar an ihrer Stellung ⊥ zur Symmetrieebene der Bewegung (B) oder ∥ zu dieser Ebene (a) sind sowohl in strömendem Wasser (als Wellen (B) und Stromfäden) wahrnehmbar als im Gestein z. B. auf Harnischen (s. Abb. 30).

Es ist wichtig, diese beiden Lineargefüge in geologischen Körpern scharf zu unterscheiden. Wenn man z. B. die B-Achsen achsialdehnender Beanspruchung oder rollender Formung und die Stromfäden (a) nicht symmetrologisch unterscheidet, so ergibt sich z. B. in granitischen Tiefengesteinen eine Verwechslung des an Ort und Stelle geprägten Lineargefüges B — **Amplatzgefüge** — mit einem angeblichen Einströmungsgefüge der Schmelze in den Raum (B als Stromfäden also als a mißdeutet) und der völlige Parallelismus des Lineargefüges (B) in Granit und Hülle wird unerklärlich.

Die Unterscheidung der Lineargefüge B und a, welche sowohl in Strömungen als in Teilbeweglichen aus festen Teilchen vorkommen können, ist eine Vorbedingung für eine Tektonik der Tiefengesteine (Schmelzen und körnige Metamorphe) in der Erdrinde.

Von flächigen Parallelgefügen finden sich in I und II die Scherflächen (bei laminarem Strömen in I).

Es gibt also eine Anzahl den stark verformten strömenden Flüssigkeiten (I) und den schwach verformten Teilbeweglichen (II) gemeinsamer Gefüge. Die Unterscheidung der Lineargefüge ist in I und II wichtig und sie ist symmetrologisch möglich.

Kinematisch lassen sich I und II und alle dazwischen liegenden Fälle als teilbewegliche Gefüge gemeinsam betrachten. Im Festigkeitsverhalten ergeben sich die Unterschiede, wenn man die Teilbewegung kräftemäßig kennzeichnet, also am funktionalen Gefüge, in welchem Trägheit (häufig in I, selten (z. B. Bergstürze) in II), innere Reibung (in I wie in II), Viskosität (in I und II), verschiedene Festigkeiten und Härten (in II und I), kurz alle bei der Formung auftretenden Funktionen erscheinen und mit Grenzwerten praktisch verschwinden, so daß auch hierin eine gemeinsame Behandlung aller Teilbeweglichen die von einer allgemeinen mechanischen Formungslehre zu erwartende Übersicht gibt. Hievon kann nur einiges hier angeführt werden.

Abb. 30. Mergel horizontal geschichtet mit calcitbesetzter Scherfläche (vertikal = Bildebene). Die hellen calcitbesetzten Streifen verlaufen ∥ B, welches sich sowohl in der Außengestalt der Calcitstreifen als in deren Korngefüge als Lot auf der (horizontalen) Symmetrieebene E abbildet. Als horizontale feine Rillung ⊥ B ist die Gleitrichtung a (⊥ B, ∥ E) sichtbar. Auch der Relativsinn der Scherung ist durch die scharfen vertikalen Zugrisse ablesbar, welche die Calcitstreifen rechtsseitig begrenzen und nur mit einer horizontalen Symmetrieebene verträglich sind: Die dem Betrachter näherliegende (wegerodierte) Bedeckung der bloßgelegten Scherfläche war nach rechts verschoben.

Gegeneinander relativ bewegte Flüssigkeitsschichten werden beeinflußt durch die Kräfte der „inneren Reibung" zwischen den Teilchen; es ist also die innere

Reibung als Schubwiderstand wie bei festen Körpern definiert. Zähigkeit, Viskosität ist die Eigenschaft, durch innere Reibung Impulse von Teilchen zu Teilchen zu übertragen, entsprechend der Viskosität der festen Körper. Zwischen zwei benachbarten Gleitschichten mit Abstand dy und Geschwindigkeitsunterschied du wirkt bei Flüssigkeiten die Schwerkraft τ proportional dem Geschwindigkeitsgefälle $\dfrac{du}{dy}$; $\tau = \mu \dfrac{du}{dy}$, wobei μ Zähigkeitskoeffizient heißt. Im natürlichen tektonischen Strömen ändern sich die Gleitschichten und deren Reibung während der tektonischen Akte, z. B. durch Ausarbeitung (Bahnung) mit Einregelung von Gleitmineralen und Herabsetzung der Reibung in nachkristallinen Tektoniten; durch Erhöhung der Reibung in manchen parakristallinen Tektoniten. Auch haben wir besonders die lange Dauer der tektonischen Umformungsakte und die Änderung des Materials schon während geologisch einheitlicher Akte zu beachten, Verhältnisse, welche so oft die wirklichen tektonischen Deformationsakte schon von den bisher üblichen des Laboratoriums unterscheiden. Gegenüber dem obigen einfachen Reibungsgesetz zäher Flüssigkeiten sind also die festen Körper des Laboratoriums und noch mehr die Tektonite dadurch unterschieden, daß mit und während der dauernden Deformation eine unrückläufige Veränderung des Körpers selbst, auch seines Zähigkeitskoeffizienten, erfolgt, welche über den bloß elastisch anisotropen Zustand während der Deformation hinausgeht. Was das Verhältnis zwischen elastischer Umformung fester und zwischen der Umformung von Flüssigkeiten anlangt, so ist bei aller Analogie zwischen dem Tensortrippel elastischer und dem hydrodynamischer Formungen bezeichnend, daß die elastischen Spannungen den Deformationen, die hydrodynamischen den Deformationsgeschwindigkeiten proportional gesetzt werden; für tektonische Deformationen ist aber eben wegen der wenig bekannten unrückläufigen Änderung des Körpers eine einfache Proportionalität der Formungen weder zur Größe der Deformation noch zu der der Deformationsgeschwindigkeit anzunehmen. Daher ist eben wenig Gewicht auf die Übertragung von dynamischen Betrachtungen über Flüssige und Bildsame ins Tektonische zu legen, mehr auf die Beachtung der rein kinematischen gemeinsamen Züge, welche da wie dort strömende Transporte kennzeichnen.

Unverwickeltes und verwickeltes Strömen. — Ebensowenig wie in der Kinematik der Wasserhülle und der Atmosphäre kann man in der Kinematik der Gesteine den zunächst rein kinematisch zusammenfassenden Begriff des lamellaren (schichtweisen) nichtrotierenden Strömens und der wirbelnden, bzw. rotierenden Teilbewegung in den strömenden Massen entbehren. Erlauben doch diese beiden Begriffe die zweite allgemeinste Typisierung der Bewegungsbilder, nachdem wir deren Symmetrieeigenschaften schon betrachtet haben. Sowohl unverwickelt lamellare als wirbelige Bewegungsbilder sind durch Einblasen von Rauch in sonnige Luft oder in einem Gerinne mit und ohne Wandrauhigkeiten bei Färbung einzelner Stromfäden zu veranschaulichen. Verschieben sich die verschieden gefärbten Rauchschichten oder Stromfäden gegeneinander unverwickelt, so wollen wir von unverwickelter, nichtrotierender lamellarer, verwickeln sie sich, von verwickelter, rotierender, lamellarer Strömung auch in der Tektonik sprechen.

Eine Grenze für diese keineswegs ohne weiteres scharf getrennten Bewegungsformen könnte man setzen, wenn man etwa sagte: Rotierendes Strömen beginnt, wenn keine Komponente des gebogenen Stromfadens mehr in die Richtung der lamellaren Bewegung fällt, also der bereits wirbelige Stromfaden wenigstens 90° mit dem lamellaren bildet.

Findet man in einem betrachteten Bereiche der Gesteinsumformung oder eines Gletschers als einzige Teilbewegung, daß von *s*-Flächen begrenzte Teile längs paralleler Geraden oder unverwickelter Kurven übereinandergleiten, so ist das tektonische Strömen der Masse dort ein unverwickelt lamellares. Wir sprechen von unverwickelt-lamellaren tektonischen Transporten und von (affinen und nichtaffinen) unverwickelt-lamellaren Tektoniten. Werden aus jenen Geraden verwickelte Kurven, so kann man von wirbeligen, rotierenden Transporten und Tektoniten sprechen, und es wird fast in allen Fällen, monokline Symmetrie mit einer Symmetrieebene senkrecht zu den zylindrischen Elementen der Teilbewegung als einzige überall gültige Kennzeichnung anzunehmen sein (monokline rotierende Transporte).

Im tektonischen Profile (mit stetiger Umformung) strömen fast immer inhomogene Massen mit lagenweisen Wechsel und Wechsel innerhalb einer Lage. Bereiche einer Oberlage unterliegen schiefer Pressung oft bei nachgebender Unterlage. Externrotationen zwischen den mit verschiedener Geschwindigkeit gleitenden Lagen und wellenförmige Verbiegung der Grenzflächen sind dann unabhängig von einer Grenzgeschwindigkeit eingeleitet und bieten rein kinematisch das Bild wirbeligen Strömens. Wahrscheinlich ist das Vorhandensein von Grenzflächen mechanischer Inhomogenität nichtparallel zum unverwickelten Stromfaden (Wandrauhigkeit, Einschlüsse) die Grundbedingung für das Auftreten verwickelten tektonischen Strömens ebenso wie bei Flüssigkeiten.

Im allgemeinen verlaufen tektonische Strömungen im großen unverwickelt laminar — die Bahnen der Teilchen sind Gerade oder einfache Kurven — im besonderen zeigen sie geordnete inhomogene Wirbel mit geraden oder wenig verbogenen Achsen (= *B*-Achsen bei Externrotation um *B*), sowie seltener eingewickelte Falten durch Biegegleitung in den Lamina.

Nach dem Grundgesetz der Reibung in laminarströmenden reibenden Flüssigkeiten erhält man in zäher Flüssigkeit zwischen zwei gegeneinander verschobenen Platten lineares Wachstum der Laminargeschwindigkeit von der ruhenden zur bewegten Wand, mithin eine affine Deformation der Flüssigkeit; anders also, als man es im Falle tektonischen laminaren Strömens großer Bereiche zu sehen gewohnt ist, wobei nichtaffine Umformung typisch ist.

Von Interesse sind ferner die tektonischen Analogien zum Turbulenzbegriff der Hydrodynamik rein kinematisch genommen.

Da man nun einmal, wenn auch meines Erachtens unberechtigtermaßen, die Kinematik der turbulenten Strömung als „unregelmäßig wirbelnd", „ungeordnet" bezeichnet findet, die tektonischen Strömungsbilder aber bezeichnenderweise, wo nicht ausnahmslos, geregelt sind und gegebenenfalls axial geordnete Rotationen zeigen — auch in den intensivsten tektonischen Mischungszonen —; da ferner die Turbulenz in der Hydromechanik ein stark dynamischer Begriff ist, so ist der Begriff turbulent nicht ohne weiteres auf tektonische Strömungen übertragbar. Die kinematisch mit turbulenter Strömung vergleichbaren tektonischen Bewegungsbilder treten nicht im festigkeitshomogenen Bereich auf, sondern sind durch nachweisliche Festigkeitsinhomogenitäten ausgelöst nicht durch Trägheitsbedingungen wie in homogener oder nur vorübergehend inhomogener Festigkeit.

Wenn man diese Vorbehalte festhält, kann man rein kinematisch sehr wohl von örtlicher turbulenter Tektonik in einem sonst laminar strömenden tektonischen Bewegungsbild sprechen, ja man könnte gegenüber der laminaren Drift der Kontinente in den orogenen Zonen vor allem geordnete Turbulenz, ausgelöst durch Inhomogenität der Rinde, erblicken.

Das entscheidende Merkmal der Turbulenz in der Hydromechanik ist, daß sich der eigentlichen Strömung (Grundbewegung) der ganzen Masse eine „unregelmäßig" oder „unordentlich" wirbelnde Nebenbewegung der einzelnen Teilchen überlagert. Meist ist eine laminare Bewegung turbulent überlagert. Es wäre also nicht richtig zu sagen: Jede Flüssigkeitsbewegung ist entweder laminar oder turbulent.

Diese rein kinematische Definition ist, wie man sieht, auf tektonisches Strömen gut übertragbar; nur sind die Nebenbewegungen keineswegs unregelmäßig oder unordentlich, sondern nach den Gefügen der Tektonite, vor allem symmetriegemäß zur Symmetrie der „Grundbewegung" oder örtlichen Bedingungen und zu größeren Bewegungsbildern zusammenfaßbar. Sehr viele Tektonite (Umfältelung!) sind geradezu gekennzeichnet durch statistisch homogen verteilte, untereinander gleichartige solche Nebenbewegungen, welche eine über das Ganze gelagerte Anisotropie ausmachen.

Turbulente Bewegung finden wir in Gefügen abgebildet zwischen einzelnen Schichten, entstanden abhängig von der bisweilen noch sichtbaren relativen Rauhigkeit der Bewegungsschichten — für unsere Zwecke am besten als Verhältnis der mittleren Bodenunebenheit zur Mächtigkeit der betrachteten strömenden Schicht zu definieren; so etwa in Fluidalgefügen mancher geflossenen Schmelzen. Auch in großen tektonischen Maßstäben begegnen wir turbulentes Strömen über aufgerauhtem Boden.

Ebenso begegnen wir plötzlichen Querschnittserweiterungen als Veranlassungen für das Auftreten turbulenter tektonischer Bewegungsbilder, indem z. B. eine jähe Eintiefung des Bodens von der strömenden Basalschicht einer tektonischen Decke mit turbulentem Bewegungsbild erfüllt wird.

Wir haben gerade dort, wo in tektonischen Transporten turbulente Bewegungsbilder — die meistbetonten Züge großer Transporte — auftreten, eher an eine Bremsung dieses Transportes durch turbulente Reibung zu denken als in seinem laminarem Verlaufe.

Überströmte Schwellen bedingen Einengungen und Stauungen als stationäre Bewegung. In Gesteinsgefügen jeden Ausmaßes finden wir zunächst die Tatsache des Umfließens durch Biegung der Stromfäden um das Hindernis oder durch örtliche Turbulenz ganz wie bei Flüssigkeiten ablesbar ausgedrückt.

Heterokinetische Stellen. Schließlich spielt in tektonischen Gefügen jeden Ausmaßes eine Rolle, was der Hydromechaniker als Totwasser bezeichnet. Es sind durch plötzliche Änderungen des Gerinnequerschnitts oder der Richtung der „Grundbewegung" dieser letzteren entzogene, heterogen durchbewegte Räume. Da sie gerade in strömenden Flüssigkeiten durchbewegte und (Erosions-) Arbeit leistende Räume darstellen, ist die Bezeichnung Totwasser nicht glücklich, aber sie ist verwendet und trifft sich mit dem was man in Gesteinsgefügen mit etwas mehr Berechtigung als „druckgeschützte" oder tote Stellen bezeichnet hat: Stellen im Sattel aufeinander reitender Faltenschenkel, in den Augenwinkeln von Einsprenglingen usw. Darüber ob solche Stellen druckgeschützt waren, können wir höchstens mittelbar etwas vermuten, was wir unmittelbar erkennen, ist, daß sie der homogenen Durchbewegung, bzw. Strömung entzogen waren und im Bilde derselben kinematisch inhomogene Stellen bisweilen mit eigener aber symmetriegemäßer Teilbewegung darstellen.

Das Bewegungsbild der tektonischen Walzung als einer Externrotation stabförmiger Elemente in nichtaffinen Bewegungshorizonten, wie es auch als Strömungserscheinung beschrieben ist, ist sprachlich gut, weil es die vielfache kinematische Analogie mit den Wasserwalzen und Fließwirbeln der Hydraulik festhält. Diese Analogie besteht nicht nur darin, daß in beiden Fällen ein Bereich um eine in ihrer Lage gegenüber Bett und Strömung bestimmte, dem Vorgange symmetriegemäße Wirbelachse rotiert wird, sondern auch darin, daß die Walzen in beiden

Fällen vielfach bei gleicher Lage der Strömung zum Bette und gleichen Gestaltungen des Bettes (Schwellen) auftreten.

Betrachten wir den in Tektonitgefügen aller Ausmaße oft veranschaulichten Fall, daß eine Schwelle laminar umflossen wird, so ist dieser Fall in laminar strömenden Tektoniten, in laminar strömendem Wasser (Abb. 31) und in Wind über Dünen rein kinematisch ununterscheidbar; er ist beide Male schichtweise Gleitung gebogener Gleitflächen um die Schwelle, krummbahnige Gleitung um ein Hindernis. In beiden Fällen sind gleichgelegene heterokinetische Bereiche „t" dem laminaren Bewegungsbild entzogen und trennt eine Fläche Sch maximaler laminarer Relativverschiebung beide Bereiche. Sie ist im Wasser durch Färbungen ebenso wie der laminare Aufbau überhaupt leicht sichtbar zu machen, im tektonischen Fließen durch Scherungs-s ersichtlich. Soweit in den Räumen Rotation erfolgt, ist ihr Sinn in den beiden Fällen im Sinne eines von der laminaren Strömung gedrehten Rades der laminaren Strömungsrichtung zugeordnet.

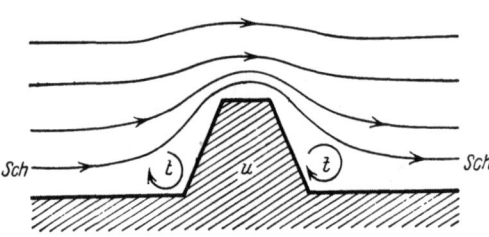

Abb. 31. Laminare Strömung Sch über eine starre Schwelle u mit Wirbeln t in heterokinetischen Räumen mit B-Achse ⊥ Bildebene.

Wenn sich wie im Falle der überströmten Schwelle in Luft, Wasser und teilbeweglichem Gestein nicht nur symmetrologisch, sondern bis in Einzelheiten gleiche Bewegungsbilder finden, so sind diese Bewegungsbilder offenbar von Faktoren bedingt, welche in den drei Fällen verschieden, dennoch gleiche Bewegungsbilder erzeugen.

In allen Fällen kommt t dadurch zustande, daß die Schichten der Ablenkung in den Winkel Widerstand entgegensetzen. Die Hydraulik sieht hierin das Beharrungsvermögen bei gewisser Geschwindigkeit des laminaren Fließens. Im Gestein ergibt sich die Ablenkung der Scherflächen an der Schwelle sogleich konstruktiv auch mit der Lagenänderung der unnachgiebigen Unterlage U aus dem Formellipsoid für jede Stelle der Bahn, die Abscherung des Raumes t aber aus der unverschieblichen Einspannung des Materials in t gegenüber der Verschieblichkeit des Materials außerhalb t und (bei der relativ geringen tektonischen Deformationsgeschwindigkeit) nicht aus einem Beharrungsvermögen, sondern aus der Steifheit (Biegefestigkeit) des Materials außerhalb t. Es ist kinematisch so, als ob Wasser bei rascher Deformation aus dem Beharrungsvermögen jene Steifheit erhielte, welche das Gestein schon bei langsamer Deformation besitzt, so daß die kinematische Übereinstimmung beider Bewegungsbilder auf eine gemeinsame Wurzel gebracht werden kann.

Zwischen der Rotation eines Rundstabes um seine Stabachse und einem in sich geschlossenen Wasserwirbel besteht rein kinematisch kein Unterschied. Von dem Wirbel mit konzentrischen Bahnen ist zu unterscheiden der Wirbel mit spiraligen Bahnen in der Formungsebene. Dynamisch sind Wirbel (und Wellen) für Flüssigkeiten ohne innere Reibung nicht ableitbar. Ist aber innere Reibung vorhanden, so scheint mir die Entstehung des Wirbels tektonisch und hydrodynamisch auf eine Rotation zurückzuführen, erteilt durch die Reibung des Bereiches an relativ zueinander gleitenden Flächen. Die Entstehung selbständiger Wirbel ist dabei durch Inhomogenität des Materials sehr begünstigt, tektonisch durch Herausscherung mechanisch heterogener Stäbe B, welche um B rotiert geschlossene Wirbel bilden und ihre nächste Umgebung mitnehmen können.

Betrachten wir schließlich ein tektonisches Bewegungsbild raumstetiger Umformung neben dem Strömungsbild einer Flüssigkeit und fassen zusammen: Laminare Gleitflächen und Verbiegung derselben als Falte, Wirbel, Walze beherrschen kinematisch gleich und mit gleichen Symmetriegesetzen beide Bilder. Erscheint die Dynamik beiderseits heute verschieden, so dürfte künftig auch diese Verschiedenheit mehr als Grenzfall einer gemeinsamen Formel, denn als bloßer Gegensatz erscheinen.

Es seien nur noch einige genauere Begriffsfassungen hier angeschlossen.

Der Wasserbautechniker versteht unter Walzen festliegende, nicht mit dem Strome gehende Wirbel, deren Wasser mithin auf der einen Seite stromaufwärts fließt. Fließwirbel dagegen ziehen mit der Strömung ähnlich den Rollen eines Rollenlagers zwischen verschieden schnell bewegte Wasserkörper.

Fließwirbel entsprechen also kinematisch vollkommen den in Tektoniten (namentlich Schmelztektoniten) weitverbreiteten, zwischen übereinanderliegenden Lagen rotierten Elementen. Es sind in diesem Sinne die meisten Externrotationen der Tektonite „Fließwirbel"; Fälle festliegender tektonischer Walzen sind nicht nachgewiesen.

Da langsamere Deformation bei größerer innerer Reibung so oft ähnliche Bewegungsbilder ergibt, wie schnellere Deformation bei kleinerer innerer Reibung, so ist das Verhalten der inneren Reibung zur Trägheit, welche bei rascher Deformation zu Worte kommt, von Interesse; man kennt es bei zähen Flüssigkeiten.

Bei zähen Flüssigkeiten genügt die geometrische Ähnlichkeit noch nicht, um mechanisch ähnliche Vorgänge darzustellen. Die Verhältnisse werden durch die dimensionslose Größe R bestimmt, $R = \frac{\rho\, l\, u}{\mu}$. Es ist l = Längenabmessung in cm, ρ = Dichte, u = Geschwindigkeit, μ = Zähigkeitskoeffizient. R ist die Reynolds'sche Kennzahl und gibt das Verhältnis der kinetischen Energie zur Arbeit der Reibungskräfte. Ist nach der kinetischen Theorie $\mu = \rho\, c\, \lambda$, c = molekulare Geschwindigkeit, λ = freie Weglänge der Moleküle, so ist

$$R = \frac{\rho\, l\, u}{\rho\, c\, \lambda} = \frac{u}{c} \cdot \frac{l}{\lambda}.$$

In der Reynolds'schen Kennzahl $R = \frac{\rho\, l\, u}{\mu}$ tritt das Verhältnis auf $\frac{\mu}{\rho}$ = Zähigkeitskoeffizient zu Dichte = kinematische Zähigkeit.

Nur bei gleicher Reynolds'scher Zahl sind geometrisch ähnliche Strömungsvorgänge auch mechanisch ähnlich: R entscheidet mithin auch über das Modellproblem tektonischen Fließens.

Der Grenzfall der sehr kleinen Reynolds'schen Zahl, die schleichende Bewegung — dadurch gekennzeichnet, daß die Trägheitseinflüsse gänzlich gegen die Reibungseinflüsse zurücktreten — beherrscht die Gesteinsformung.

Wo nur die Reibungseinflüsse diktieren und schleichende Bewegung stattfindet, erfolgt im Homogenen das laminare tektonische Fließen nicht mit Verkrümmung gerader Vorzeichnungen. Erfolgt es mit Verkrümmung im Homogenen, so waren Trägheitswiderstände im Spiel und das tektonische Strömen kein schleichendes.

Wir haben die geometrische Gleichheit in den wesentlichen Zügen aufgewiesen, welche zutage tritt, wenn wir die Bewegungsbilder des Wassers, der Luft und der Gesteinshülle vergleichen; wofern wir im letzteren Falle solche Bereiche betrachteten, in welchen die bewegten Teile dem deformierten Bereich gegenüber, also relativ klein sind (also stetig durchbewegte mit kontinuierlicher Verzerrung der Vorzeichnung).

Vor allem läßt sich die Gleichheit solcher rein kinematischer Züge als eine Gleichheit der Symmetrieeigenschaften der Bewegungsbilder erfassen. Diese auffallende rein geometrische Tatsache der gleichen Symmetrie irdischer Massentransporte wird „selbstverständlich" als Abbildung der Vektorensymmetrie.

Neben dieser gleichen Symmetrie, die sich auf gleiche Bedingungen zurückführen läßt, gibt es aber noch eine andere, zunächst ebenfalls rein geometrisch zu fassende Gleichheit, welche andere gemeinsame Eigenschaften der atmosphärischen ozeanischen und tektonischen Strömungsbilder betrifft. Auf diese Gleichheit wurde als auf laminare und wirbelige Bewegungsbilder hingewiesen. Und wenn wir auch Ausdrücke wie laminar und wirbelig und turbulent nur als rein kinematische in die Tektonik übertragen, so entsteht doch ganz wie im Falle der gleichen Symmetrie auch ein dynamisches Problem, nämlich die Frage nach der Formulierung in welcher wir nur definierte Größen zu ändern brauchen, um zu verstehen, unter welchen dynamischen Bedingungen auch feste (teilbewegliche) Gebilde sich geometrisch gleich bewegen wie Gas und Wasser.

14. Bewegung und Symmetrie der Anlagerung.

Begriff der Anlagerung (Sedimentation i. w. S.); symmetriegemäße Anlagerungsvorgänge in und aus anisotropen Medien; gefügekundliche Bedeutung des Dünengefüges als Beispiel und Aufgabe; gemeinsame Symmetriegesetze der Sedimente und Tektonite.

Die meisten Einsichten in Bewegung und Symmetrie der Anlagerung lassen sich besser am Korngefüge (2. Band) darstellen. Sie sind jedoch auch für größere Bereiche wesentlich und werden daher hier in den Grundzügen eingeführt.

Sedimentation ist für die Gefügekunde nicht nur die Bildung von ,,Sedimentgesteinen", sondern umfaßt eine viel größere Anzahl von Vorgängen, deren Gemeinsames, eben damit auch als das gefügekundlich Wesentliche betont und übersichtlich werden soll. Wesentlich erscheint hierbei z. B. das Gemeinsame zwischen einem aus Wasser chemisch sedimentierten wandständigen Kristallrasen und einem ebensolchen aus Schmelzfluß. Unwesentlich für den Begriff der Sedimentation, wenn auch nicht für den Verlauf derselben ist das Medium und die Temperatur desselben. Als Sedimentation im weiteren Sinne oder kurz als Anlagerung bezeichnen wir jeden Vorgang, bei welchem das sedimentierte Gebilde durch Anlagerung in einem sedimentierenden ,,Medium" zuwandernder Elemente wächst. In dieser Definition kann man alle Erscheinungen erfassen, für welche das Folgende gilt, ihr Gemeinsames verständlich machen, ihr Unterscheidendes als Sonderfälle aus den in der Definition verwendeten Begriffen ableiten und gliedern. Der Aggregat- und der Festigkeitszustand des durchwanderten Mediums ist nicht für das Allgemeinste des Vorganges, sondern nur für die Sonderfälle von Interesse. Wir kennen Sedimentationsvorgänge in und an Kristallen, deren Anisotropie hierbei ebensogut wie die anderer fester Medien zum Ausdruck kommt. Und die Sedimentation innerhalb von Starrgerüsten mit Abbildung von deren verschiedener Wegsamkeit ist ein häufiger Vorgang, den z. B. das Wachstum von Konkretionen in festen Medien, manche Lateralsekretionen und Ausblühungen an Oberflächen veranschaulichen.

Eine allgemeine dynamische Erörterung der Anlagerung hätte außer den wandernden Elementen und dem durchwanderten Medium auch noch die die Elemente relativ zum Medium und zur Sedimentationsfläche bewegenden Kräfte (Diffusion, Schwerkraft, Kapillarität, Reibung, ,,autonome" Bewegung von Lebewesen) zu behandeln. Wenn man sich aber darauf beschränkt, die Gefüge der Sedimente in eine erste Übersicht zu bringen, so genügt folgendes.

Da sich die Symmetrie des Anlagerungsvorganges im Zeitpunkt des Absatzes auf die grobe und feinbauliche Symmetrie des Sedimentes überträgt und (im Sinne dieses Buches) eben daraus erschließbar werden soll, muß sie in Übersicht gebracht werden. Diese Symmetrie setzt sich aus verschiedenen Symmetrien zusammen.

Zunächst kann das Medium selbst, aus dem der Absatz erfolgt, im Ruhezustand isotrop sein, wie die meisten hier interessierenden Bereiche von Luft und Wasser oder isotrope permeable Starrgerüste (manche Gesteine) oder das Medium ist schon im Ruhezustand anisotrop (z. B. geologische Körper mit Parallelgefüge). Dieser Zustand des Mediums ist zunächst durch seine Symmetrieelemente und deren Lage zu fixen Koordinaten ganz nach dem für mechanische Umformungen bereits durchgeführten Vorgange zu definieren. Beispiel: In anisotropem Gestein wachsen Konkretionen durch Anlagerung.

Dieser Symmetrie überlagert sich (in gleicher Weise wie für Tektonite erörtert) die Symmetrie in der Bewegung der zu sedimentierenden Elemente. Diese Symmetrie ist in strömenden Medien (Luft, Wasser) durch das Bewegungsbild derselben gegeben. Es handelt sich hierbei in erster Linie um tangentale Transporte mit monokliner Symmetrie, mithin um die auch für die größte Gruppe anisotroper Gesteine, die durchbewegten Tektonite, welche ja auch die Symmetrie tangentaler Transporte aufweisen, bezeichnendste und schon ausführlich erörterte Symmetrie. Es ist also kein Zufall, daß die Symmetrie so vieler Sedimente mit der der Tektonite übereinstimmt.

Nachdem die derart zusammengesetzte Symmetrie des Sedimentationsvorganges definiert ist, kann angenommen werden, daß sie bei mechanischer Anlagerung ohne weiteres an geeigneten Kornarten zur Abbildung gelangt.

Bei chemischer Anlagerung jedoch ist noch mit einer Überlagerung durch Symmetrieelemente zu rechnen, welche die Anisotropie der bewachsenen Wand (für die untersten Lagen) und die Regelung durch Wachstumsauslese der Keime mit sich bringt.

Bei biogener Anlagerung ist eine Abbildung der Strömung im bewegten Medium möglich und damit auch die Abbildung der Symmetrieebene (senkrecht auf der Anlagerungsebene und parallel zur Stromlinie).

Aus dem erörterten allgemeinen Gesetze der symmetriegemäßen Anlagerung ergibt sich, daß auch für Sedimente eine Einteilung in Vertikaltransporte und Tangentaltransporte für die Gefügesymmetrie etwas sagt, während es für die Symmetrieeigenschaften der Gefüge nichts sagt, ob das Sediment durch Luft, Wasser oder durch beide hindurch angelagert wurde.

Ein vorläufiges Beispiel symmetriegemäßen monoklinen Sedimentgefüges ist: Absinkendes mechanisches Sediment haftet bis zu äußerstens 40° auf schiefer Unterlage und bildet zu dieser parallele Feinschichten s. Besteht jedoch bei schiefer Unterlage das Sediment aus formanisotropen Teilchen, so kann für genügend verfeinerte Untersuchungsmethoden das Sediment eine singuläre unterscheidbare Richtung „f" in s erhalten, f entspricht der Fallinie der Unterlage bei Bildung des Sediments; die in s auf f gezogene Normale ist eine zweite singuläre Richtung in s und entspricht dem Streichen der Unterlage bei Bildung des Sediments. Das Sediment kann mithin deutbares monoklines Gefüge erhalten, dessen Symmetrieebene den Fallwinkel des Sediments bei seiner Bildung enthält und der Symmetrieebene eines Sediments auf horizontaler Unterlage, aber aus einem in der Symmetrieebene strömenden Medium entspricht.

Nur Untersuchungen können ergeben, mit welcher Wahrnehmbarkeit für unsere Untersuchungsmittel es zum Ausdruck kommt, daß die Vektoren des Anlagerungsvorganges nur symmetriegemäßes, ihrer Symmetrie nicht widersprechendes Gefüge bilden können. Die Wirksamkeit der Vektoren des Anlagerungsvorganges auf das Gefüge ist heute weniger bekannt als die Wirksamkeit der Vektoren des mechanischen Umformungsvorganges.

Beide Fälle aber unterliegen dem Gesetz der symmetriegemäßen Gefügebildung, und nicht nur für umgeformte Gefüge, sondern auch für Sedimente innerhalb und aus anisotropen oder nur anisotrop bewegten Medien sind im zweiten Teile dieses Buches Beispiele gegeben.

Die Arten der gefügebildenden Teilbewegung bei Anlagerung sind hierbei zu beachten. Sie sind zugeordnet der mechanischen, der chemischen und der biogenen Komponente der Anlagerung und man kann unterscheiden:

1. Auskristallisation und Adhäsion (Ausflockung),
2. mechanische Einlagerung mit oder ohne Einkippung in die Grenzfläche.

1. erfolgt nach dem von anderen Vektoren z. B. einer Strömung beeinflußbaren Diktat von Nahkräften, 2. erfolgt nach dem Diktat der Schwerkraft oder einer Strömung.

Die Beachtung der Symmetrie ergibt für Sedimente eine ganz analoge Betrachtungsart, wie sie für tektonische und magmatische Transporte bereits durchgeführt wurde. Sie gestattet also endlich eine Konfrontation überhaupt aller Gefüge geologischer Gebilde vor demselben Forum und die Ableitung ihrer Symmetrieeigenschaften aus Feldern, deren Symmetrie in wichtigen Fällen für geologisch „ganz verschiedene" Gebilde dieselbe ist, so z. B. wenn es sich einerseits um das Gefüge eines tangental transportierten Tektonites handelt, anderseits um das Gefüge eines aus einem tangental strömenden Medium abgesetzten Sedimentes, sei dieses Medium Wasser, Luft oder ein Schmelzfluß.

Das Symmetriegesetz macht verständlich, daß es bilateralsymmetrische Sedimente und bilateralsymmetrische Tektonite gibt: beide sind Abbildungen der bilateralen Symmetrie tangentaler irdischer Transporte. Es ist übrigens klar, daß solche Betrachtungen nicht nur für geologische Sedimente gelten, sondern für jede Sedimentation in Gestalt oder Innenbau anisotroper Elemente und gleichviel ob es sich nur um die mechanische Sedimentation gestaltlich anisotroper Elemente handelt. Es lassen sich also auch die Sedimente als Ergebnisse von Bewegungen betrachten, deren Symmetrie aus dem Gefüge der Sedimente ablesbar wird, so z. B. ist ein feingeschichtetes Gestein, das bei genügend verfeinerten Untersuchungsverfahren keine Richtung in der Sedimentationsebene s bevorzugt zeigt, mit einer Symmetrieachse $\perp s$ sedimentiert worden, mithin aus einem Medium ohne tangentale Strömung; ist aber eine Gerade in s bevorzugt, so bezeugt dies tangentale Bewegung im sedimentierenden Medium oder auch Anlagerung an nichthorizontale Flächen.

Die Gefügeanalyse der Sedimente mit solchen Gesichtspunkten ist eine geologisch ebenso wichtige Angelegenheit wie die Analyse der Tektonite und Magmen.

Die Betrachtung ist nun für Sedimente besonders einfach, denn der Bewegungszustand des sedimentierenden Mediums und die Schwerkraft oder eine „Wand" definieren die Symmetrie, nach deren Abbildung im Sediment wir fragen. Es genügt, folgende Fälle zu betrachten:

1. die Sedimentation aus ruhenden isotropen Medien nach dem Diktat der Schwere oder
2. dem Diktat einer selbst isotropen oder anisotropen Wand,
3. aus einem laminar (also anisotrop) bewegten Medium,
4. aus einen turbulenten Medium, wobei das turbulente Medium entweder statistisch isotrop (relativ ungeordnet) oder anisotrop (relativ geordnet) sein kann.

Das deutlichste Beispiel symmetriegemäßen mechanischen Anlagerungsgefüges aus anisotrop bewegten Medien geben die Dünengefüge aller Art, die besten Beispiele symmetriegemäßer Anlagerung innerhalb eines anisotropen Mediums geben die im 2. Teile behandelbaren Kristallisationen im anisotropen Gesteinsgefüge.

Als sekundären Lagenbau bezeichnen wir alle Fälle, in welchen der betrachtete, oft schichtähnliche Wechsel erst durch Bewegungen innerhalb eines bereits vorhandenen im übrigen starren Gefüges entsteht. Es handelt sich hierbei beschreibend um eine Änderung des Chemismus mit oder ohne Änderung des

Gefüges. Von der Anlagerung ist dieser Vorgang zu unterscheiden, nicht etwa weil das vom Stofftransport durchwanderte ein ruhendes, u. U. festes Gefüge ist, sondern in Fällen, wo keinerlei reelle Wand für die Anlagerung vorhanden ist, z. B. wenn es sich um rhythmisch ausgelöste, von örtlicher Konzentration eines diffundierenden Stoffes abhängige Fällungen (Liesegang) handelt, welche damit sekundären Lagenbau einzeichnen oder um Stofftransporte in Böden usw. Ganz wie bei Anlagerungen ist mit einer möglichen Abbildung der Symmetrie des durchwanderten ruhenden anisotropen Gefüges in den neu hinzutretenden sekundären Gefügemerkmalen für alle Fälle zu rechnen. So wird sich verschiedene Wegsamkeit des ruhenden Gefüges schon in der Distanz der Sekundärlagen bei einfacher Diffusion geltend machen. Ferner wird die Wachtumsregel sekundärer Kristallite auf die Anisotropie des durchwanderten Gefüges und daneben auch auf die Diffusionsrichtung beziehbar sein. Im Falle der Entmischung durch Diffusion in einem Gefüge mit Lagenbau kann dieser Einfluß der Anisotropie des Durchwanderten für den sekundären Chemismus und das sekundäre Gefüge zu Worte kommen, so z. B. wenn Stoffe aus verschiedenen Feinschichten a in damit wechsellagernde Feinschichten b übersiedeln, oder eine das System $abcd$ durchwandernde Lösung in a anders reagiert als in b.

Kurz, es ist damit zu rechnen, daß auch die Ergebnisse sekundären Lagenbaues — als ein Sonderfall der symmetriegemäßen Neubildung von Sekundärgefüge in Gefüge — die Anisotropie des durchwanderten Gefüges und die Bahnen der Wanderung symmetrologisch abbilden. Diese Auffassung ist für die Untersuchung sekundärer Gefüge sowie für die Untersuchung von sekundärem Lagenbau und von „Umschichtung" wichtig. Es wird Umschichtung durch durchgreifende Stofftransporte oder lagenweise Entmischung im allgemeinen parallel zum ursprünglichen Lagenbau verlaufen. Und es wird bei der Analyse jeder Schichtung nötig sein festzuhalten, daß aus der einheitlichen Parallelschichtung eines vorliegenden Endproduktes eben wegen der eben erörterten symmetrischen Abbildung nicht sein einheitlicher Bildungsakt erschließbar ist. Mit solchen Betrachtungen sind wir schon bei Betrachtung der Veränderung eines fertigen oder werdenden Gesteins.

Durch Anlagerung entstandene Gefüge sind zunächst begrifflich von Gefügen ohne Anlagerung (z. B. von Liesegangs Diffusionsgefügen) zu unterscheiden. Das Lot zur Wand ist für die anwachsenden Kristalle eine polare Richtung, deren Polarität in vielen Gefügen zum Ausdruck kommt. Bei Diffusionsgefügen im isotropen Medium würde der polare Vorgang des Diffusionsstromes ⊥ zur Schichtung eine gleich orientierte Polarität zulassen. Unselten kann man auch Fälle begegnen, in welchen bei Lagenbau durch Diffusion nur die Diffusionsrichtung zum Ausdruck kommt und die Lagen einen Winkel mit ursprünglicher Schichtung bilden. Diese Gefüge überlagern einander, ohne daß eines das andere auslöschte.

Rippel und Dünenbildungen, welche man als Oberflächen betrachtet und auch als solche gestaltlich typisiert hat, sind für die Gefügekunde Anzeichen von Bedingungen, welche den Innenbau des Sedimentes so lange regeln, als eben rippelnde mechanische Anlagerung erfolgt. Durch zeitlich andauernde rippelnde Sedimentation entsteht ein lehrreiches typisches Gesteinsgefüge, welches auch alle gegenseitigen Lagebeziehungen der zu verschiedenen Zeiten gebildeten Rippeloberflächen und viele Anzeichen von Abtrag und Aufbau, vor allem aber die wirkliche Symmetrie aller erzeugenden Vektoren im Gesteinsgefüge (Dünengefüge) abgebildet enthält, damit ein besonders schönes Beispiel für symmetrologische Abbildung der erzeugenden Vektoren gibt und mit anderen Gesteinsgefügen vergleichbar macht.

Von allgemeinstem gefügekundlichen Interesse ist das Dünengefüge:

1. Durch die deutliche Gefügesymmetrie (Grobsymmetrie und Feinsymmetrie) und deren klare Beziehbarkeit auf die erzeugenden Vektoren in einem tangental bewegten sedimentierenden Medium.

2. Durch seinen folgenweisen Aufbau in der Zeit (sukzessive Bildung gegenüber simultaner Bildung anderer Gefüge), welcher (wie bei anderen Sedimenten) die zeitliche Änderung der gefügebildenden Bedingungen nicht nur mittelbar erschließen, sondern unmittelbar ablesen läßt. Es gibt keine Stelle im Gefüge, welche nicht mit allen anderen Stellen einer ehemaligen Grenzfläche durch gleichzeitige Gefügebildung verbunden ist. Diese Grenzflächen gleichzeitiger Gefügebildung folgen mit einem zeitlichen Gefälle übereinander. Bilden diese Flächen eine Schar lediglich im Lot auf ihrer Tangentalebene (= die Anlagerungsebene) gegeneinander verschobener Flächen, so waren solange (mithin in der auf dem Lot ablesbaren Zeit) die Flächen stationäre Grenzflächen und das erzeugte Gefüge hatte rhombische Symmetrie. Es ist dies aber nur dann zu erwarten, wenn auch die erzeugenden Vektoren rhombisch symmetrisch waren, also nicht in einer Strömung, sondern in gleich starkem Hin- und Widerströmen.

Andernfalls ist Wandern der Dünen und monokline Symmetrie des erzeugten Gebildes zu erwarten und auch wirklich zu begegnen.

3. Durch das gesetzmäßige Ineinandergreifen progressiver (aufbauender) und regressiver (Abtrag) Vorgänge bei der Gefügebildung.

4. Als Sonderfall rhythmischer Umgestaltung und Stabilisierung einer Grenzfläche mit Tangentalwellung.

5. Als Beispiel für eine statistisch geordnete Teilbewegung, wie sie für alle aus strömenden Medien sedimentierten Teile kennzeichnend ist.

Hierbei ist die Gesetzmäßigkeit der Bahnen und Orientierungen eines einzelnen Teilchens nicht in allen Fällen deutlich, jedoch in der Mehrheit der Fälle (statistisch) so definiert, daß die Teilchen nicht nur einen definierten neuen Raum (die gewanderte Düne) erfüllen, sondern den Strömungen des Mediums (z. B. als Teilchenbahnen ebener Deformation) zugeordnet sind; ebenso sind die Orientierungen der Teilchen in der statistischen Mehrheit der Fälle den Strömungen des sedimentierenden Mediums zugeordnet und ergeben folgerichtig als statistischen Effekt eine Gefügeregel (nach der Korngestalt), welche die Vetorensymmetrie der Strömung so weit abbildet, als eben die Vektoren wirksam waren, nie aber eine andere Symmetrie.

Im Bereiche laminarer Bewegung mit gleicher Geschwindigkeit innerhalb der Lamina haben die quer zur Bewegungsrichtung des sedimentierenden Mediums liegenden Dünen Achsen B, auf welchen eine Symmetrieebene senkrecht steht, eine Symmetrieebene (ac) aller Bereiche mit rechts und links gleicher oder gleichartig geänderter Strömungsgeschwindigkeit des erzeugenden Mediums (Abb. 32). Die Differenzialbewegungen der Umformung ebener Sande in Dünen und Dünengefüge verlaufen zweidimensional in dieser Ebene (ac); der Vorgang stellt kinematisch ein Beispiel ebener Deformation nach (ac) dar; das Dünengefüge enthält allgemein zylindrische Elemente $\perp (ac)$. In diesem Bewegungsbild sind ganz wie in Umformungsbildern der Tektonite auch Gefügeelemente möglich, welche den Fäden der Strömung entsprechen also $\parallel (ac)$ liegen (sogenannte Strichdünen usw.).

Für eine Gefügeanalyse des Dünengefüges liegen Anfänge vor. Ein systematisches Studium aller Sedimentationsgefüge und der dabei beteiligten abbildenden Vektoren ist sowohl durch Härtungspräparate natürlicher Gefüge als durch Herstellung künstlicher Gefüge unter bekannten und variablen Bedingungen, jedesmal verbunden mit Gefügeanalysen, dem einwandfreien Experiment zugänglich.

Gefügeanalytisch ausgewertete Sedimentations-Experimente können folgende Punkte klären:

Die Bedingungen für die Abbildung der Vektoren des Anlagerungsvorganges im Gefüge, ausgehend von der Abbildung der Symmetrie; die Teilbewegungen und das Bewegungsbild des Anlagerungsvorganges im Gefüge, ausgehend von der Abbildung der Symmetrie; die Zerlegung inhomogener Sedimentationsakte, wie z. B. der Bildung der Rippeln und des Dünengefüges, in ihre homogenen Bereiche (Luv, Lee, Scheitel) und die Synthese desselben zum Gesamtablauf; Typen der sedimentären Aufbereitung nach Kornarten (selektiv in Luv, Lee, Scheitel nach Gestalt, Größe, Gewicht). In der Einlagerung der Körner zwischen Nachbarn muß die relativ stabilste aller möglichen Lagen gegenüber dem be-

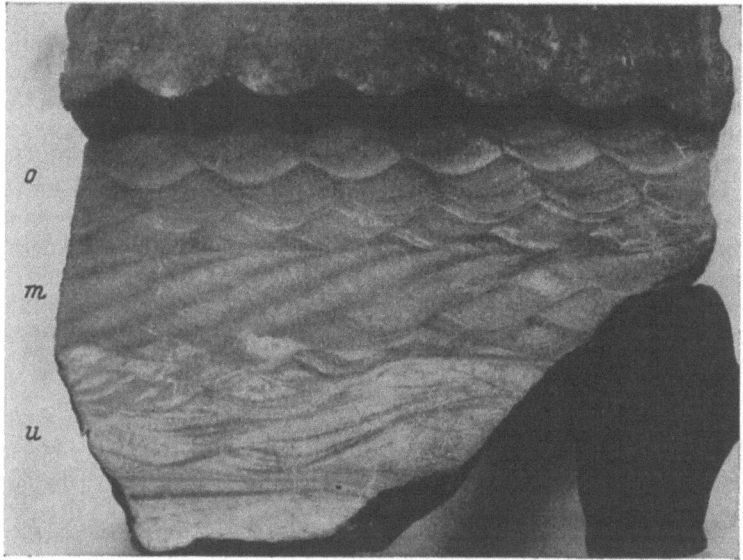

Abb. 32. Fossiles Dünengefüge (Rippeln) im Anschliff (oberer Teil über den unteren vorragend); Symmetrieebene ll Bildebene (ac); B-Achse $\perp$ (ac); von unten nach oben: u) ebene Feinschichtung übergehend in die Kreuzschichtung mit ablesbarem „unten" u. „oben" (geopetales Gefüge); m) von links nach rechts gewanderte Rippeln (durch Abtrag in Luv Anlagerung in Lee); dunkleres Korn im Kamm der monoklinen Rippeln läßt ihre Wanderung ablesen. o) Wanderung der fastrhombischen Rippeln von rechts nach links. In u nichtstationäre Strömung und Anlagerung; in m stationäre Strömung von links nach rechts; in o stat. Str. von rechts nach links oder Wechselströmung mit ungleichen Komponenten.

wegten erodierenden Medium statistisch zu Worte kommen, ferner die relativ stabilste Lage des Kornes während des Transportes im sedimentierenden Medium, was ebenfalls gefügeanalytisch überprüfbar ist.

Unter Mitbetrachtung der Anlagerungsvorgänge ist nunmehr folgende allgemeine Fassung des Symmetriegesetzes für gefügebildende Bewegung möglich, wenn man parakinetische und diakinetische (Hennig) Bewegungsbilder unterscheidet, je nachdem der betrachtete Bereich A sich an einem anderen Bereich B vorbei (z. B. Tektonite aus $A + B$) oder durch B hindurch bewegt (z. B. Anlagerung von A aus bewegtem oder unbewegtem B). Sowohl parakinetisch als diakinetisch entstandene Gefüge können nur eine der Vektorensymmetrie der Bewegung gemäße, d. h. nicht widersprechende und die Symmetrieelemente der Vektorensymmetrie ganz oder teilweise enthaltende Symmetrie zeigen; eben dies ist ihr Gemeinsames. So z. B. haben Tektonite unter scharfer Pressung und Dünengefüge die monokline Symmetrie der in der erzeugenden Bewegung (einer monoklinen Umformung) möglichen Vektoren.

II. Handhabung der tektonischen Analyse typischer Gefüge in den Bereichen Karte bis Handstück.

1. Übersicht über die Verbreitung der flächigen und linearen Parallelgefüge an geologischen Körpern und über deren Bezugsrichtungen.

Für das Werden der geologischen Körper, für deren Außengestalt und Gefüge sind Flächen und Kurven — ganz besonders Ebenen und Gerade — die gestaltlichen Elemente. Flächiges und lineares Parallelgefüge beherrscht vor allem die homogenen Bereiche, aus welchen sich die geologischen Gefüge und Gestalten zusammensetzen. Flächiges und lineares Parallelgefüge beherrscht auch die raumstetige und raumunstetige mechanische Verformung überhaupt. So führen z. B. beliebige Knetungen kugelige durch Färbung hervorgehobene Vorzeichnungen in einer bildsamen Masse in flächige und lineare über wie ein Versuch mit Plastilin ergibt. Es tritt hiebei auch hervor, daß beliebige Knetung nicht rückformt. Ja, es ist dieser Versuch geradezu Veranschaulichung und Beleg für die Bedeutung von Nichtrückformung und Rückformung bei mehraktigen Formungen, für deren Summation zu flächigen und linearen Bauelementen und für das Auftreten symmetrischer Teilbereiche bei beliebiger Knetung. Besonnte Rauche in langsam bewegter Luft veranschaulichen dasselbe.

Das Vorwalten symmetrischer Formungen an Außengestalt und Gefüge geologischer Körper haben wir nicht nur auf die Symmetrie typischer mechanischer Beanspruchungspläne und ihrer symmetriekonstanten zeitlichen Überlagerungen bezogen, sondern darüber hinaus als eine unzufällige Abbildung der gerichteten Einflüsse verstanden, welche radiale und tangentale Bewegungen auf einem Weltkörper mit zentrischem Kraftfelde begleiten. Sowohl im Anlagerungsakte, der so viele Gesteine und Abfolgen schafft, als in der nachträglichen Prägung von Gesteinen nach dem erdradialen Vektor der Schwere gelangt eine auf einer Ebene senkrechte unendlichzählige Symmetrieachse zur Abbildung. Und sowohl die tangentalen Bewegungen der Orogenese — Einengung und Transport — als die den orogenetischen Zonen anliegenden Sedimentbildungen sind durch lineare Parallelgefüge — die Achsen von Kettengebirgen und von Trögen — gekennzeichnet: die Achse längs der Streifen und quer zur tangentalen Bewegung und die Achsen der tangentalen Bewegung, für welche oben und unten ungleich, rechts und links gleich ist und demgemäß bilaterale Symmetrie auftritt und abgebildet wird. Dies sind also unzufällige irdisch bedingte Gestaltungen als Abbildung auf Erden bedingter und für die Erde typischer allgegenwärtiger Anordnungen gerichteter physikalischer Größen. Soweit es sich dabei unmittelbar um kontinuumsmechanisch wirksame Kräfte handelt, begegnen wir die auch im Experiment mit beliebiger Orientierung gegenüber den Erdkoordinaten erzeugbaren und der Festigkeitslehre bekannten Kräftefelder mit abbildbarer Symmetrie.

Wie schon bemerkt, beherrschen auch außerdem flächige und lineare Parallelgefüge beliebig orientierte mechanische Formungsakte an sich, unabhängig vom Schwerefeld der Erde und auch diese sind in den mechanisch geformten Gesteinen den Tektoniten, allenthalben zu begegnen.

Nach dem Gesagten sind es also grundsätzlich dieselben flächigen und linearen Gefüge mit denselben Symmetrien, welche wir im Bereich in jeder Größe vom

Hochgebirge bis zum Dünnschliff begegnen. Die Aufteilung ihrer Untersuchung an verschiedene Bearbeiter und „Fächer" hat lange an dieser Tatsache vorübergeführt. Es werden dieselben Koordinaten sein, welche wir für eine geordnete Beschreibung der flächigen und linearen Parallelgefüge aller Größenbereiche handhaben.

Als wichtigste Koordinaten für die Beschreibung verwenden wir wie in der Kristallwelt die symmetrologisch wichtigsten Geraden: senkrecht zu einer Ebene „s" die Richtung „c"; in dieser Ebene s, falls eine Richtung in s und damit auch schon ihr Lot in s ausgezeichnet ist, „a" und „b"; letzteres als Lot auf die Symmetrieebene (ac) durch c und $\perp$ (ab). Neben den Gefügekoordinaten a, b, c, mit Symmetrieebene (ac) $\perp b$ und mit $c \perp (ab)$ ist ein System „$c \perp s$ ohne andere Richtungen" und ein System „$b \perp$ Symmetrieebene ohne ausgesprochenes a, c und s" oft verwirklicht.

Ist das Lot auf die Symmetrieebene $\perp b$ verdeutlicht durch irgendwelche Gefügeelemente mit Symmetrieebene $\perp b$, also durch sich in b kreuzende Flächen oder durch allgemeinzylindrische stoffliche Anordnungen $\parallel b$, so tritt die Richtung b unter allen Gefügekoordinaten am stärksten hervor, ist gewöhnlich leicht sichtbar und wird als B-Achse oder einfach „B" bezeichnet. Solche B sowohl in homogenen als in inhomogenen Gefügebereichen sind verwirklicht an zahllosen mechanisch geformten geologischen Körpern mit in B gekreuzten Scherflächen mit Relativbewegungen $\perp B$ und in Symmetrieebene (ac), ferner als Falten und Stengel mit Faltenachse c, ferner als Lote auf die Symmetrieebene eines Anlagerungsvorganges aus bewegtem Medium (Achsen von Dünen und manchen verkeilten Facies, Wolken, Stirnen vorgehender Gletscher, gestauter Laven usw.).

Die Symmetrieebene eines bilateralen Spiralnebels, eines Nautilus, eines Bootes, eines monoklinen Baues, eines symmetrologisch gebauten tierischen oder menschlichen Bauwerkes und unseres eigenen Leibes, wie anderer bilateraler Lebewesen ist Abbildung symmetrischen funktionalen Gefüges. Auf dieses Gestaltungsprinzip wurde früher schon eingegangen, hier ist noch zu betonen, daß die Koordinaten zur Beschreibung von Gestalt und Gefüge symmetrologisch zu wählen sind und daß sie völlig unabhängig von absoluten Ausmaßen sind. Eben die völlige symmetrologische Gleichwertigkeit der Abbildung einer funktionalen Symmetrieebene im geologischen Profil und im Korngefüge des Dünnschliffes gilt es wahrzunehmen und festzuhalten. Vorgänge wie Einengung zwischen bewegten relativstarren Backen sind mit denselben symmetrologischen Koordinaten in Profil und in Dünnschliff abgebildet und völlig unabhängig von absoluten Ausmaßen wie übrigens alle Symmetrieangaben und -betrachtungen überhaupt. Wenn also auch die Abbildung funktionaler Symmetrien im Korngefüge der mechanisch geformten Gesteine besonders lehrreich begegnet wird und in der symmetrologischen Schulung auch des Geologen ähnlich unentbehrlich ist wie die Kristallographie, so ist doch die geschlossene symmetrologische Betrachtung vom Dünnschliff über Handstück und Aufschluß bis zum Profil, Gebirge, Sedimentationsraum und Pluton unerläßlich und die Wahrnehmung der Gefügekoordinaten mechanischer Formungspläne mit ihren verschiedenen Orientierungen gegenüber den Erdkoordinaten ist der Beginn genauerer tektonischer Analyse und es sind solche allgemeinere Betrachtungen unabhängig vom Korngefüge.

2. Darstellung auf der Lagenkugelprojektion.

Die Vertrautheit mit den in der Kristallographie gebräuchlichen Konstruktionen auf dem Netz kann nur praktisch vermittelt werden und wird hier vorausgesetzt. Das grundsätzliche Verfahren der Kristallographie ist jedoch sehr eingehend auch der tektonischen Gefügeanalyse angepaßt wie sich im folgenden mehr und mehr ergeben wird. Auch für tektonische Daten ist die dreidimensionale Darstellung auf der Lagenkugel (bzw. auf deren Projektion) anderen Darstellungen überlegen, insbesonders, wenn sie mit der später gekennzeichneten statistischen Auszählung nach Schmidt verbunden wird. Die Darstellung erfolgt zunächst in Bereichen, welche in bezug auf die dargestellten Daten homogen sind, die Homogenität, bzw. Inhomogenität größerer Bereiche wird durch die Darstellungen der Homogenbereiche kontrolliert und gekennzeichnet. Die Darstellungen der Homogenbereiche werden auf die geologische Karte bezogen, z. B. indem man die betreffenden Lagenkugeldarstellungen auf der Karte dort anbringt, wo sie gelten.

Auf der Lagenkugel werden Ebenen je nach Bedarf durch Großkreise oder durch die Durchstoßpunkte ihrer Lote (kurz Pole) wiedergegeben, Gerade durch ihre

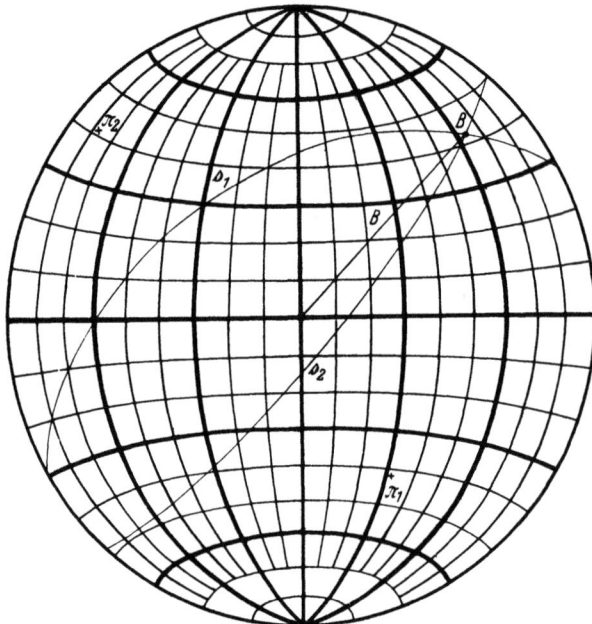

Abb. 33. Flächentreues Netz. s_1 und s_2 sind zwei Ebenen mit den Polen π_1 und π_2. s_1 und s_2 schneiden sich in B.

Durchstoßpunkte. Ebenen mit gemeinsamen Schnittgeraden (tautozonal mit Achse g) haben ihre Pole auf einem Großkreis (entsprechend dem Zonenkreise der Kristallographie), auf welchem g senkrecht steht. Die geometrischen Zusammenhänge zwischen Ebenen und Geraden und ihre Ermittlung entsprechen denen in der kristallographischen Kugelprojektion. An Stelle von bestimmten Lagen von Geraden und Ebenen, wie sie auf der Lagenkugel eines Kristalles durch je einen Großkreis oder Punkt gegeben sind, treten in der tektonischen Analyse meist mehr oder weniger gestreute Lagen, welche erst die statistische Auszählung zusammenfaßt als statistisch wahrnehmbare Lagen. Für diese kann man je nach Fragestellung und Bedarf wieder einzelne Großkreise und Punkte einsetzen.

Als Lagenkugel kann man verwenden eine schwarze Kugel von wenigstens 1 dm Durchmesser mit weiß aufgetragenen Meridianen und Breitenkreisen und mit Bezeichnung der Punkte $NSWE$ im Äquator „oben" und „unten" an den Polen. Die Verwendung der Lagenkugel als Zeichentafel an Stelle ihrer Projektion hat in manchen Fällen Vorteile für die Anschaulichkeit von Lagen und Symmetrieelementen und gestattet die Aufzeichnung von eingemessenen Ebenen und Geraden mit Kreide. Meist aber handhabt man die als Netz projizierte Lagenkugel (s. Abb. 33), indem man wie beim kristallographischen Zeichnen auf einer Oleate zeichnet, welche mit den Punkten *NSWE* versehen und im Zentrum des Netzes drehbar mit einem Stift befestigt ist.

Als Projektion verwendet man nicht das für Kristalle übliche winkel- und kreistreue Wulf'sche Netz, sondern die flächentreue Projektion von Lambert, welche in Abb. 34 geometrisch definiert ist. Die Verwendung dieses Netzes erlaubt die statistische Auszählung, der auf der Oleate erhaltenen Punkte nach ihrer Dichte („Besetzungsdichte", „Häufungen") an jeder Stelle der Oleate. Diese Stellen der Oleate, welche wie das Netz einen Grundkreis von 20 cm Durchmesser trägt, nennen wir Zählpunkte und legen sie entweder regelmäßig, z. B. als Zentimeter-Eckpunkte eines unter die Oleate gelegten mm-Papieres oder auch nach Bedarf bald enger bald weiter je nach dem Detail, welches gewünscht wird. So z. B. ist die Auszählung am Rand des Zeichenkreises mit solcher Genauigkeit durchzuführen, daß nach Beendigung des Verfahrens einander diametral gegenüberliegende Stellen aneinander so anschließen wie es der Blick auf die Lagenkugel lehrt.

Der Vorgang bei einer für die meisten Fragen genügenden schematischen Auszählung ist folgender.

Auf der mit Polpunkten bedeckten Kreisfläche der Oleate mit $r = 10$ cm wird ein Auszählkreis ($r' = 1$ cm, Glas oder Loch; am besten nach dem Vorgang im

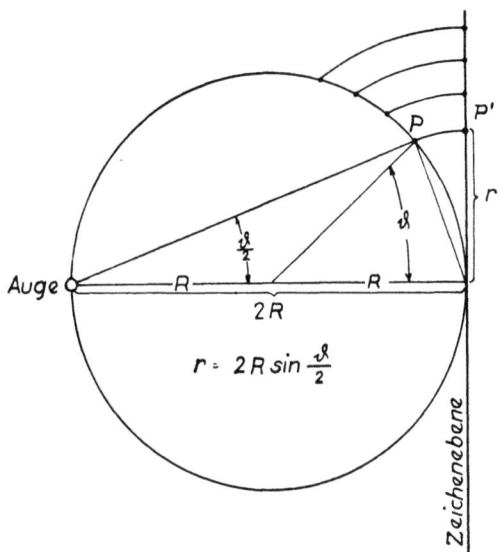

Abb. 34. Definition der flächentreuen Projektion von Lambert. Die Projektion einer Kugel mit Meridianen und Breitkreisen liefert das Netz Abb. 33.

Institut Heidelberg ein im Abstande 20 cm kreisförmig gelochtes, in der Mitte mit Längsschlitz von einigen Zentimetern versehenes Zelloidlineal) mit dem Zentrum auf alle Zentimetereckpunkte („Zählpunkte") eines quadratischen Netzes (Millimeterpapier unter der auszuzählenden Oleate) gelegt. Jedesmal wird die vom Auszählkreis umfaßte Polzahl n zum Zählpunkt geschrieben. Dann schreibt man 1%, 2%, 3% usw. der Gesamtzahl aller Polpunkte der Oleate auf und stellt in Übersicht, welche Anzahlen von Polen demnach angenähert zwischen 1% bis 2%, 2% bis 3% usw. der Gesamtzahl aller Pole der untersuchten Oleate zu liegen kommen. Man kann dann an Stelle der Polzahlen n zu jedem Zählpunkt das zugehörige Prozentintervall notieren und Felder mit gleichen Prozentintervallen eingrenzen. Dann zeigen diese Felder eine Besetzungsdichte des betreffenden Intervalles also von 0% bis p%. Das ist die Auszählung mit Auszählkreis von 1% der Gesamtfläche und ergibt direkt Prozente.

Zählt man nicht mit 1% der Gesamtfläche aus, sondern mit Auszählkreisen von m% der Gesamtfläche und Radius r' aus, wobei:

$m\% = 0{,}5\%$ der Gesamtfläche $(10^2\,\pi)$; $r' = 0{,}707$ cm
$m\% = 1\%$ der Gesamtfläche $(10^2\,\pi)$; $r' = 1$ cm
$m\% = 2\%$ der Gesamtfläche $(10^2\,\pi)$; $r' = 1{,}414$ cm
$m\% = 3\%$ der Gesamtfläche $(10^2\,\pi)$; $r' = 1{,}732$ cm
$m\% = 4\%$ der Gesamtfläche $(10^2\,\pi)$; $r' = 2$ cm

so ist das Ergebnis mit $\frac{1}{m}$ zu multiplizieren.

Die Auszählung mit 2% und höher empfiehlt sich an dünn besetzten Stellen, an welchen die Einzelpole ja sehr zufällig fallen, wie der Besetzungsvorgang lehrt.

Der Vorgang bei der Auszählung läßt sich verschiedenen Fragestellungen anpassen. Als Ziel der Auszählung ist aber festzuhalten, daß sie übersichtlicher sein soll als die bloßen Polpunkte — das erreicht man durch die sich ergebende Verbindung gleich dicht besetzter Flächen in eine Fläche und daß sie entsprechend der Erfahrung über die Unzufälligkeit auch kleiner Häufungen und Undichten von den Details des Punktdiagramms so viel enthält, als mit der gewünschten

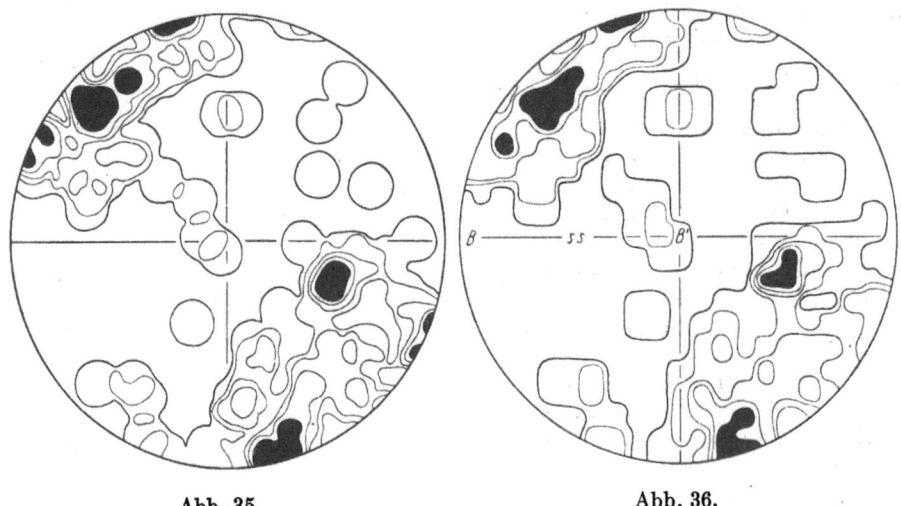

Abb. 35.   Abb. 36.

Übersichtlichkeit vereinbar und für besondere Fragestellungen erwünscht ist —, das erreicht man durch den Radius des Auszählkreises. Ist Detail erwünscht, so zählt man mit kleinerem Auszählkreise (etwa $\frac{1}{2}\%$ der Gesamtfläche) aus und von Zählpunkten aus, welche nicht schematisch gelegt sind, sondern z. B. an Stellen zweifelhafter Verbindungen enger aneinander stehen als an anderen: ja man kann mit dem Zentrum des Auszählkreises beliebige Kurven beschreibend und beliebig oft auszählend die Häufungen mit der gewünschten Feinheit abtasten. In dünn besetzten Gebieten mit größeren Auszählkreisen als in dicht besetzten, deren Details mit zunehmender Größe des Auszählkreises verschwinden.

Als Beispiel einer genau gegliederten Auszählung kann Abb. 35 dienen. Hiebei wurde jedem Zählpunkt die dort in den Zählkreis fallende Polzahl n (eine ganze Zahl) zugeordnet und es wurde hingeschrieben, welche Prozentzahl aller Pole n' (im allgemeinen eine gebrochene Zahl) diesem n entspricht. Die Felder mit gleichem n' werden als Felder mit $n'\%$ mittlerer Besetzungsdichte umgrenzt. Man sieht durch den Vergleich mit den ganz schematisch bei Verwendung des cm² des mm-Papieres statt der Zählkreise ausgezählten Abb. 36, daß sich kein beachtlicher Unterschied ergibt, wenn es, wie zunächst bei den Fragestellungen dieses Buches, auf die Lage von Schwerpunkten der Häufungen ankommt.

Betrachten wir die Wirkung der Auszählung mit ungeregelten und mit geregelten heterometrischen Auszählfeldern, so ergibt sich:

1. eine homogene Punktverteilung erscheint bei Auszählung mit heterometrischen Auszählfeldern homogen u. zw. sowohl mit ungeregelten als mit geregelten Auszählfeldern.

2. Für eine isometrische Häufung von Punkten ergibt sich keine Verzerrung bei Auszählung mit ungeregeltem heterometrischen Auszählfeld. Bei geregeltem heterometrischen Auszählfeld (z. B. Quadrate) ergibt sich eine Längung der isometrischen Punkthäufung in Richtung größerer Durchmesser des Auszählfeldes.

Eine auf der Lagenkugel isometrische Punkthäufung erscheint auf dem Netz als eine parallel der Kreisperipherie gelängte Punkthäufung. Wenn sie nun, wie üblich, mit einem kreisförmigen Auszählfeld ausgezählt wird, so scheint sie unverzerrt, also mit gleicher Verzerrung, wie sie schon die Punkthäufung auf dem Netz gegenüber der Punkthäufung auf der Lagenkugel zeigt.

Wollte man die (auf der Kugel isometrische, auf dem Netz peripher gelängte) Punkthäufung mit peripher gelängtem Auszählfeld auszählen, so würde eine weitere periphere Längung der Häufung, also eine weitere gleichsinnige Steigerung der Verzerrung auftreten; dieses Verfahren ist also zu vermeiden. Zählt man auf dem Netz mit Kreis aus, so entspricht das einer unverzerrten Wiedergabe der Punkthäufungen auf dem Netz. Zählt man mit einem azimutal gelängten Auszählfelde aus, so wird die periphere Verzerrung der Punkthäufungen auf dem Netz entzerrt und man erhält eine mehr oder weniger entzerrte ausgezählte Häufung im Netz als Abbild einer isometrischen Punkthäufung auf der Kugel. Auch dieses Verfahren ist nicht zu empfehlen, denn man erhält mit den vielen bisher vorliegenden Diagrammen nicht mehr unmittelbar vergleichbare Bilder und die Entzerrung ist schwierig kontrollierbar.

Auf Grund des früher Gesagten ist eine Auszählung in quadratischen Auszählfeldern zu vermeiden, wenn es sich wie in mehreren der im zweiten Teil besprochenen Fälle um Fälle handelt, in welchen schon ganz geringe Verzerrungen der Häufungen, wie sie in Richtung der Diagonalen der Auszählquadrate auftreten zu Fehlschlüssen führen.

Die Projektion der Lagenkugel (mit in der Zeichenebene liegender Globusachse) gibt deren untere Hälfte von innen, also wie man in eine Schale hineinsieht gesehen, wie dies im bisherigen Schrifttum gehandhabt ist. Dreht man eine solche Oleate um 180 Grad um den Stift im Zentrum, so erhält man den Anblick derselben Lagenkugel in gleicher Orientierung, aber die obere Hälfte von außen gesehen. Die halbe Lagenkugel enthält immer schon alle Daten der ganzen Lagenkugel, wenn die Lagenkugelbesetzung ein Symmetrie-Zentrum hat wie das für unsere Daten zutrifft, da es sich um Gerade ohne Polarität und um Ebenen ohne Polarität ihres Lotes handelt. Für Anlagerungsebenen mit verschiedenem „oben" und „unten" würde das z. B. nicht zutreffen; wenn man aber z. B. nur alle erdwärts weisenden Lote überhaupt einträgt, so genügt wieder eine Halbkugel zu deren Darstellung.

Die Projektion der Lagenkugel (also auch die Oleate) enthält den Anblick der Lagenkugel, welcher sich für die gewählte Zeichenebene ergibt z. B. Zeichenebene = Horizont $NSWE$. Einen beliebigen anderen gewünschten Anblick der Lagenkugel, bzw. dessen Projektion erhält man, wenn man die vorliegende Projektion um eine Achse rotiert, um den gemäßen Winkel und in der gemäßen Richtung, worüber der Anblick der Lagenkugel unterrichtet. Für später erörterte Aufgaben ist es nötig zu prüfen, wohin Punkte der Lagenkugel geraten (z. B. ob sie aufeinander fallen), wenn man sie rotiert. Hat man beispielsweise die Polpunkte von verschiedenen Stellen einer Falte, so müssen zwei solche Pole zusammenfallen, wenn man den einen um die Faltenachse und um den Außenwinkel der Faltenschenkel rotiert, womit man zugleich prüft, ob die betreffenden Pole den Stellen einer Falte angehören können. In anderen Fällen interessiert es wohin die Polpunkte zu verschiedenen Falten gelangen, wenn man diese Falten in der Horizontalebene durch Rotation der Schenkel um die Faltenachse ebnet.

Um Rotationen konstruktiv zu vollziehen, legt man die Oleate so auf das Netz, daß sich dessen Globusachse (Schnittgerade der Meridiane) mit der gewünschten Rotationsachse der Oleate deckt. Dann fallen die Punkte der Oleate auf Breitekreise (oder auf den Äquator) des unter der Oleate liegenden Netzes. Nun werden diese Punkte, jeder auf seinem Breitekreis, um den gewünschten Winkelbetrag, welcher bei einer bestimmten Rotation für alle Punkte derselbe ist, in der gewünschten Richtung verschoben. Gelangt man dabei an die Peripherie des Zeichenkreises und hätte aber noch um n-Grad zu verschieben, so erfolgt diese Verschiebung um n-Grad auf einem Breitekreis, welcher auf der andern Äquatorseite das Spiegelbild des anfänglich benützten Breitekreises ist. Der Punkt, von dem aus nun in der gleichen Richtung wie bisher die restlichen n-Grad weitergezählt werden, liegt diametral dem Punkte gegenüber, in welchem man die Peripherie des Zeichenkreises erreichte. Dies ergibt sich im Zweifelsfalle anschaulich durch einen Blick auf die vollständige Lagenkugel, deren untere Hälfte von innen gesehen unsere Projektion ist.

Abb. 37. Kompaß mit flächentreuem Netz und Transporteur zum Aufklappen für Einmessung in die Oleate während der Begehung.

Abb. 37 zeigt einen Kompaß, welcher statistische Messungen von Flächen und von auf diesen freisichtig wahrnehmbaren Geraden (z. B. B-Achsen oder Schnittgeraden zwischen s und irgendwie schief dazu gerichteten Scherflächen und dgl.) rasch aufzunehmen erlaubt; an Stelle des üblichen Messens von Streichen und Fallen einer Fläche und an Stelle zweidimensionaler Darstellungen. Der Kompaßdeckel enthält ein Schmidt'sches Netz mit Dorn für die Oleate. Die Oleate liegt horizontal mit $NSWE$. Man trägt auf ihr das Streichen der Fläche s als Durchmesser D auf, dann das Fallen, indem man über D den entsprechenden Kreisbogen M errichtet, dann den Pol zu s. Eine Gerade b auf s bildet mit dem Streichen von s in der Ebene s einen Winkel ζ. $\sphericalangle\,\zeta$ wird mit dem am Kompaß angebrachten Transporteur gemessen, indem man Deckel und Gehäuse des Kompasses wie eine Goniometer-Schere handhabt. Die Eintragung von $\sphericalangle\,\zeta$ auf die Oleate abgezählt auf Bogen M (den man hiefür auf einen Großkreis des Netzes legt) ergibt die Lage von b auf s in der Oleate. Nachdem das betreffende Stück in seinen geographischen Koordinaten festliegt, läßt sich jeder Zusammenhang zwischen Ebenen und Geraden an dem Stücke mit Hilfe von Netz und Schere mit Transporteur, also mit den vorliegenden Behelfen festhalten. An Stelle dieses Kompasses kann ein gewöhnlicher Kompaß, ein kleines Netz ($r = 5$ cm) auf einem Brettchen und ein kristallographisches Scherengoniometer treten.

Auch abgesehen von statistischen Häufungen von Geraden oder Flächenpolen, ist die Verwendung der Lagenkugelprojektion für die Lösung von Aufgaben betreffend geologische Daten sehr oft vorteilhaft. Als Beispiel wird hier die Lösung einer sehr wichtigen und häufigen praktisch meist ungelösten geologischen Aufgabe gewählt, nämlich der Aufgabe, bei gegebenem geologischen Kartenbilde eines isoklinal schichtigen Baues, nicht

Darstellung auf der Lagenkugelprojektion.

nur wie üblich den Vertikalschnitt im Fallen der Schichten, sondern einen beliebigen Vertikalschnitt darzustellen, wie das z. B. die Frage des Ingenieurs nach den geologischen Verhältnissen in einem projektierten Stollen verlangt, welcher nicht in derselben Vertikalebene wie das Fallen liegt.

Gegeben: planparallele Schichte Sch im Kartenbild mit Streichen N 55 W, Fallen 20 nach SSW.

Gefragt: Schnitt von Sch mit beliebiger Vertikalebene M und mit einer beliebigen Geraden T in M; die Lage von T ist gegeben durch die Vertikalebene M, in welcher T liegt (z. B. N 75 E) und durch das Fallen von T (z. B. 30 Grad nach N 75 E).

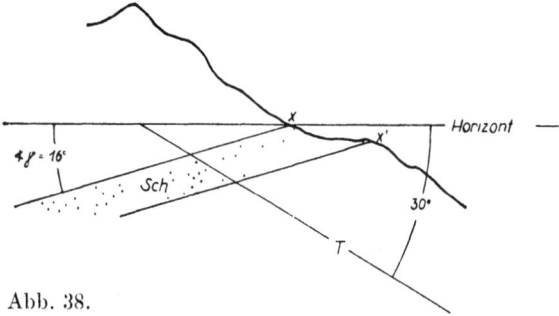

Abb. 38.

1. Man konstruiert von der geologischen Karte weg, wie üblich auf mm-Papier den Schnitt der Vertikalebene M, in welcher T liegt mit dem Terrain (s. Abb. 38). In diesem Schnitt erhält man xx'.

2. Man zeichnet T in diesen Schnitt ein, wie es nach Höhenlage und Neigung vom Ingenieur projektiert ist.

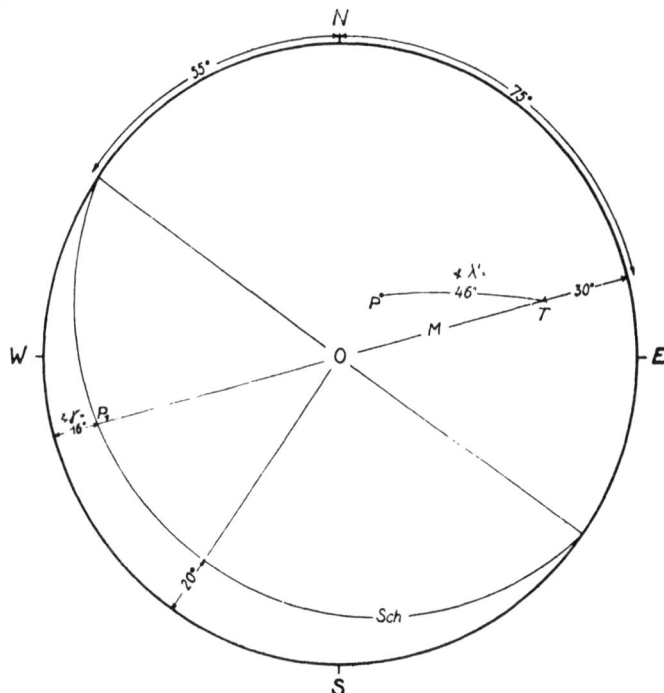

Abb. 39.

3. Man zeichnet auf eine Oleate über dem Netz (s. Abb. 39): a) die Ebene Sch nach Streichen und Fallen, b) T nach Streichen und Fallen, c) das Streichen von T, das ist die Vertikalebene, in welcher T liegt (= Ebene M der Abb. 39) schneidet Sch in Punkt P_1. $O P_1$ ist die Schnittgerade zwischen Ebene Sch und Ebene M. Diese Schnittgerade $O P_1$ liegt also in M und fällt, wie die Zeichnung zeigt, mit $\measuredangle \gamma = 16^0$ ein.

Von der Schnittgeraden zwischen Sch und M ist also Punkt x, bzw. x' im Profilschnitt M (Abb. 38) gegeben und der $\measuredangle \gamma$ mit der Horizontalebene. Man kann also in die Profilzeichnung den Verlauf der Schnittgeraden für Oberseite und Unterseite von Sch eintragen, womit die Schichte richtig in Profilschnitt M auftritt. In diesen Profilschnitt trägt man den Verlauf T (z. B. eines Stollens) ein und hat dessen Schnitt mit der Schichte als die Entfernung, auf welche die Schichte Sch vom Stollen T durchfahren wird.

d) Um den ∢ λ zu ermitteln, welchen T mit Sch bildet, zeichnet man auf der Oleate das Lot auf Sch, das ist Punkt P der Abbildung 39, dreht in der üblichen Weise P und T auf denselben Großkreis und liest ∢ λ' ab; λ = 90 — λ'.

Handelt es sich z. B. darum, zu ermitteln, wie Sch von der Ebene E eines Abbaus bei weiterem Vortrieb angeschnitten würde, so trägt man E und Sch als Großkreise in die Oleate ein; das ergibt deren Schnittgerade nach Richtung und Neigung ablesbar. Wo diese Schnittgerade liegt, ist aus den Karten und Profilen der Grube zu ermitteln.

Ein zweites Beispiel betrifft die Kontrolle, ob irgendwelche z. B. gehängetektonische Bewegungen in einem interessierenden Bereich mit technischen Eingriffen auftreten. Eine statistische Aufnahme des gesamten flächigen und linearen Gefüges auf der Oleate (O_1) wird vor dem technischen Eingriffe vorgenommen. Zur Frage, ob der Eingriff Bewegungen ausgelöst hat, ist O_1 mit einer nach dem technischen Eingriff aufgenommenen Oleate O_2 zu vergleichen. Zur Frage, ob der Bereich ohne technischen Eingriff unbewegt bleibt, werden O_1 und O_2 in gemäßen Zeitabstande voneinander schon vor dem Eingriff aufgenommen.

Die unseltene Frage, ob irgendwelche als Baugrund interessierende Aufschlüsse anstehender Fels sind oder nicht, läßt sich sehr oft durch Vergleich einer im sicheren Anstehenden und einer im fraglichen Bereich aufgenommenen Oleate des Gefüges entscheiden. Ein drittes Beispiel ergibt die Darstellung erzführender und tauber Klüfte und die Frage, ob diese Klüfte wahrnehmbaren und voneinander unterscheidbaren Gruppen hinsichtlich ihrer Orientierung angehören, was eine Trennung der tauben und erzführenden Klüfte durch verschiedene Signalisierung ihrer Lote auf der Oleate ergibt, welche statistisch ausgezählt wird.

Die für die tektonische Gefügeanalyse wichtigsten Fälle werden sich aber nun in folgenden als typische Arbeitsvorgänge der tektonischen Analyse zugleich mit deren wichtigsten Begriffen ergeben.

3. B-Achsen und $β$-Achsen.

Definitionen; Grade tektonischer Tautozonalität; trikline Züge B-achsialer Gefüge; stoffkonkordante und stoffdiskordante B-Achsen; Arbeitsvorgänge: Probenahme, Handstückoleate, Sammeloleate; Arten der gesammelten Daten; Beispiele für sichtbare B-Achsen in verschiedenen Bereichen; Streichen von s, B und $β$; Zusammenfallen und Auseinanderfallen der Häufungen von B und $β$; schiefe und relikte tektonische Überprägungen.

Da die B-Achse vor allem symmetrologisch definiert ist als ein Lot auf die Symmetrieebene des Gefüges, der Teilbewegungen ⊥ B und der prägenden Kräfte, werden von solchen B-Achsen jene bisweilen B-Achsen sehr ähnlichen Schnittgeraden („Schein-B-Achsen") unterschieden, welche nicht jener Definition entsprechen. Hierher gehören manche lineare Spuren auf s-Flächen, welche bei jeder Kreuzung nichtparalleler s-Flächen entstehen, ohne daß die größten Relativverschiebungen senkrecht auf solchen linearen Spuren stehen.

Der oben gegebenen Definition der entweder unmittelbar oder mittelbar (durch Apparate und Messungen) als Lote auf einer Symmetrieebene des Gefüges erkennbaren B-Achsen ist also noch die Definition der $β$-Achsen (Beta-Achsen) anzuschließen. Unter einer $β$-Achse verstehen wir die Schnittgerade zweier oder mehreren Ebenen s (Anlagerungsebenen, Scherflächen, irgendwie definierte Ebenenscharen) oder eine statistische Häufung solcher Schnittgeraden. $β$ ist also konstruktiv leicht erhältlich, wenn man auf der Lagenkugel (Netz) entweder die Ebenen, deren $β$ interessiert als Ebenen (Großkreise) einträgt oder die Lote dieser Ebenen. Wenn die interessierenden Ebenen eine wahrnehmbare $β$-Achse besitzen, so fallen, bei Einzeichnung der Ebenen als Großkreise, deren Schnittpunkte genau oder in einer statistisch wahrnehmbaren Häufung zusammen, deren Besetzungsdichte, Gestalt und Schwerpunkt das $β$ dieser Ebenen kennzeichnen. Bei Einzeichnung der Ebenenlote $π$ fallen diese Lote, in kennzeichnender Weise gestreut, wahrnehmbar auf einen Großkreis, den $π$-Kreis der betreffenden Ebenen. Das Lot dieses $π$-Kreises fällt mit $β$ zusammen, so daß beide Darstellungsarten dieselbe Sachlage wiedergeben und einander kontrollieren. Die geometrische

Beziehung der betrachteten Ebenen zueinander ist die, daß sie eine mehr oder weniger deutlich wahrnehmbare gemeinsame Schnittgerade haben, also mehr oder weniger deutlich als Ebenenbüschel wahrnehmbar sind. Das ist jene geometrische Beziehung, zwischen Ebenen, welche der Kristallograph — aber ohne daß er dabei Streuung mit in Kauf zu nehmen und zu kennzeichnen hat — seit je als Tautozonalität mit einem Zonenkreis (= unser π-Kreis) und einer Zonenachse (= unser β) beschrieben. In unseren statistisch homogenen Parallelgefügen gibt Gestalt- und Besetzungsdichte der β-Häufung eine Kennzeichnung und ein Gradmaß für die Tautozonalität der betrachteten Ebenen.

Die Erfahrung ergibt, daß die β-Achsen-Häufungen mit B-Achsen des betrachteten Gebietes sehr oft zusammenfallen. In dieser Erfahrung kommt es zu Worte, daß mehrscharige symmetriekonstante Scherungen mit Teilbewegungen $\perp B$ in Tektoniten viel häufiger sind als solche mit Teilbewegungen schief zur Schnittgeraden der Scherflächen. Wie dies ja der Typisierung der Gefüge und der tektonischen Bewegungsbilder in der Gefügekunde zugrunde gelegt ist. Auch solche Häufungen von β-Achsen, welchen im Handstück kein sichtbares Lineargefüge B entspricht, können noch immer in das monokline Bewegungsbild eines größeren Bereiches fallen, Faltungs- oder Scherungs-B sein, welche erst in größeren Bereichen als im Handstück erscheinen (z. B. die Achse einer Biegefalte von 10×10 m ist im Handstück nicht sichtbar).

Solche β-Häufungen sind diesfalls tektonische Züge eines Bewegungsbildes größerer Elemente, Zeugen einer tektonischen Durchbewegung, welche nicht mit Teilbewegungen im Handstückbereich oder in kleineren Bereichen verlief. Durch Gegenüberstellung der β-Häufungen und der B-Häufungen läßt sich also die raumstetigere Deformation mit kleineren Elementen der Teilbewegung von der weniger raumstetigen (kontinuierlichen) mit größeren bewegten Teilen in manchen Gebieten auseinander halten.

Bisweilen ergeben sich schon im Handstück lineare Parallelgefüge auf s, welche keine B-Achsen sind. Als Beispiel diene ein Hornblendeschiefer (Tarntal Tirol): ein horizontales s_1 wird geschnitten von s_2 und von s_3 und trägt zwei echte gekreuzte B-Achsen $B_1 (s_1 \wedge s_2)$ u d $B_2 (s_1 \wedge s_3)$. B_1 läßt als zugeordnete Verschiebung erkennen: Höheres gegen N; B_2: Höheres gegen SW. Die Schnittgerade $s_2 \wedge s_3$ fällt nicht auf s_1 und ist keine B-Achse.

Die typische Symmetrie natürlicher tektonischer Deformationsakte, finden wir also belegt: durch das Vorwalten von Scherflächen mit gemeinsamer Schnittgeraden B_1 (fast immer ein echtes B); dadurch, daß es meist eine dieser tautozonalen s-Flächen ist, welche ein neues B, und zwar ganz vorwiegend „$B_2 \perp B_1$" trägt, während der Typus „B_2 schief B_1" die schiefe Überprägung von B-Achsen selbst in Gebieten mit gezwungener Tektonik zurücktritt; dadurch, daß die meisten β-Häufungen auch B-Häufungen sind: fast alle s-Flächen liefernden Zerscherungen sind diesfalls nach dem Typus eines B-Tektonits von monokliner Symmetrie (oft externrotationell) oder von rhombischer Symmetrie (oft internrotationell) erfolgt.

Außer seltener schiefer, nicht symmetriekonstanter Überprägung spielen monokline Tektonite mit triklinen Zügen eine Rolle. Insbesondere ergeben sich schon feldgeologisch und im Handstück Abweichungen vom streng monoklinsymmetrischen B-Tektonit im Gebiete mit nicht horizontalen B-Achsen dadurch, daß die „B-Klüfte" (Gürtelklüfte; ac-Klüfte) nicht genau $\perp B$ stehen oder dadurch, daß ($0kl$)-Klüfte nicht beiderseits gleichartig symmetrisch zur Ebene $\perp B$ oder nur einerseits gebildet wurden.

Beispiele: Ein gutes feldgeologisches Beispiel geben die mächtigen stengelig mit 20^0 West einfallenden B-Achsen der Stafflacher Wand des Kalkphyllonits über St. Jodok am Brenner. Der visierend gemessene Überblick dieser Wände vom gegenüberliegenden Talhang ergibt eine wenig ausgesprochene Schar von Klüften ⊥ B, ferner eine stark vorherrschende Schar, welche mit B 80° bildet und mit 80° E fällt, ferner vertikale Klüfte, welche mit B 70° bilden. Das ergibt folgende Asymmetrie: Auf B senkrechte, also 70° E fallende Klüfte sind über die stärkst bevorzugte Stellung „80° mit B" bis in vertikale Stellung (70° mit B) gedreht. Neun Messungen am Anstehenden der Wand ergeben bestätigend, daß die Pole der Klüfte eng um die Lage von B_1 (N 80 W, 20 W) gestreut sind, wobei auch Klüfte mit bis 40° E Fallen und vertikale Klüfte auftreten. Die genaue Einmessung an Handstücken ergab zwei Lagen für B: B_1 als feine Fältelung N 70 — 80 W 35 W und B_2 (als gröbere Wellung, jünger als B_1) N 70 E 18 W, auch β nach West einfallend. Die Hauptschar der Querklüfte gehört zu B_1.

Während am Beispiele der Stafflacher Wand die Symmetrie an einfallenden B-Achsen durch einseitige Streuung der Klüfte quer B hervortritt, zeigen in anderen Gebieten einfallende B-Achsen genau senkrecht und symmetrisch zu B stehende Gürtelklüfte.

Die Aufprägung von B-Achsen kann erfolgt sein, während die Anordnung der stofflich verschiedenen Teile des Profils, die Stofftektonik, zustande kam. Es fallen diesfalls stofflich (chemisch-mineralogisch) unterscheidbare geologische Körper von allgemein-zylindrischer Gestalt (z. B. Stengel, Nudeln, Walzen) mit B zusammen: Stoffkonkordante B-Achsen. Solche Elemente kennzeichnen z. B. meßbar nach Meterhunderten bis Millimeter das Tauernwestende. Solche stoffkonkordante B-Achsen sind paratektonisch zur Stofftektonik des betrachteten Bereiches. Es sind das die vom Tektoniker am leichtesten erfaßbaren und am frühesten erfaßten B-achsialen Baue.

Im zweiten Falle erfolgt die Prägung der B-Achsen vortektonisch oder nachtektonisch zur Stofftektonik und es kommt letzterenfalls zur Bildung stoffdiskordanter B-Achsen in jenen Fällen, in welchen die stoffliche Grenzfläche, z. B. ein sedimentäres s, nicht als Scherfläche oder Biegegleitfläche an der Bildung von B beteiligt ist und B nicht auf dieser Grenzfläche liegt. Da solche auf eine vorhandene Tektonik überprägte B-Achsen ebenfalls eine Rolle in einem Beanspruchungsplan oder Bewegungsbild einer tektonischen Phase spielen, so ist weder ihre Analyse noch ihre Beziehung zur Regelung und Kristallisation des Korngefüges zu vernachlässigen.

Schon aus dem Bisherigen ergibt sich vorläufig, daß zwei B-Achsen (B_1 und B_2) desselben Bereiches in bezug auf bestimmte noch unterscheidbare Zeitspannen einzeitig oder uneinzeitig sein können, d. h. die Bildung von B_1 und B_2 erfolgte in derselben für uns eben noch unterscheidbaren Zeitspanne oder überlagert sich noch in dieser (ganze und teilweise Einzeitigkeit) oder die Bildung von B_1 und B_2 erfolgt in zwei verschiedenen dieser voneinander geologisch unterscheidbaren Zeitspannen (Uneinzeitigkeit).

Zur Veranschaulichung der eben definierten Begriffe und ihrer Handhabung im Arbeitsvorgang betrachten wir nun den Arbeitsvorgang, welcher von der Einmessung der Stellen im freien Gelände mit Entnahme orientierter Gesteinsproben über die Herstellung einzelner „Handstückoleaten" mit den Gefügedaten des zugehörigen Handstückes einerseits durch Summation der Einzeloleaten zur Sammeloleate und damit zum Gefügegebilde immer größerer Bereiche, also z. B. in den großtektonischen Bau führt, andererseits von der Handstückoleate zu den einzelnen das Handstück zusammensetzenden Korngefügen der orientierten Dünnschliffe führt, deren Untersuchung und Darstellung im 2. Teile erfolgt.

Man entnimmt die orientierten Handstücke in Gebieten, welche entweder schon eine erste Übersicht, Kartierung und Profilierung, besitzen oder auch noch nicht erlaubten (Bergbaue, schlecht erschlossenes Gelände, Bereisungen mit lückenhafter Probenahme) wie folgt:

Man wählt am anstehenden Gestein eine für das spätere Herausschlagen des Handstückes geeignete Stelle mit möglichst deutlichem Gefüge und einer einmeßbaren ebenen Begrenzungsfläche; diese soll womöglich eine interessierende Gefügefläche (z. B. Schichtung, Schieferung usw.) sein, doch ist dies nicht unbedingt notwendig. Auf dieser trocken und rein gemachten Ebene klebt man einen Leukoplaststreifen fest, zweckmäßigerweise so, daß seine Längsrichtung in das Streichen fällt. Auf diesem Leukoplaststreifen wird (eventuell nach dessen Benetzung, mit Tintenstift) Fallen und Streichen der Ebene nach Messung mit dem Kompaß eingezeichnet, mit einer genauen Winkelangabe für das Streichen und mit der Angabe wohin und mit welchem Winkel die Ebene einfällt, bei senkrechten Ebenen mit Angabe wohin die Ebene blickt und wo unten ist; ferner mit Angabe von Ort und Datum der Entnahme. Erfolgt die Einmessung auf einer nicht aufwärts, sondern erdwärts blickenden Ebene (z. B. bei Entnahme aus einem Hohlraum) so ist letzteres eigens zu bemerken z. B. durch „u" (= Unterseite). Dann schlägt man das Handstück aus dem anstehenden Gesteine heraus und besitzt damit ein für alle späteren Untersuchungen, Fragestellungen und Präparationen den Erdkoordinaten gegenüber eindeutig orientiertes und etikettiertes Handstück. Entnahme unorientierter Handstücke bedeutet heute schon in der Mehrzahl der Fälle Verzicht auf zeitgemäße Bearbeitung der Teilbereiche im Zusammenhange mit den größeren Bereichen. Da das Ablösen der Leukoplastetikette den Verlust der Orientierung bedeutet, werden vor den weiteren Präparationsvorgängen durch Schneiden und Anschleifen die Einmeßdaten auch noch mit Lackfarbe auf die nackte Gesteinsfläche gezeichnet.

An diesem Handstücke werden, unabhängig von den geographischen Koordinaten in möglichst einfachen Lagebeziehungen (parallel und senkrecht) zu den sichtbaren Gefügedaten des Handstücks (Ebenen, Gerade; abc-Flächen; B; Faltenachsen usw.), also symmetrologisch zum Gefüge die Anschliffe für genaue Untersuchung (Stereolupe) und spätere Entnahme der Dünnschliffe angelegt. Alle nach der orientierten Entnahme des Handstücks an demselben vorgenommenen Untersuchungen (des groben Gefüges, des Korngefüges) liefern Raumdaten vor allem Symmetriedaten in eindeutiger Lagebeziehung zueinander und zu den Erdkoordinaten. Diese Raumdaten mit ihren Lagebeziehungen zueinander und ihren Symmetrieelementen werden in einer Lagenkugelprojektion übersichtlich gemacht.

Zunächst erfolgt die Darstellung auf eigener Oleate für jedes Handstück („Handstückoleate") oder auch für Stellen im Gelände, an denen man Messungen vollzieht ohne Handstücke mitzunehmen; im letzteren Falle auch für mehrere Stellen auf gleicher Oleate. Zunächst wird die Herstellung einer Handstückoleate beschrieben, dann die Zusammenfassung der Handstückoleaten zur Sammeloleate (Sammeldiagramm) und die Deutung letzterer schließlich am Beispiel eines beliebig komplizierten tektonischen Gefüges erörtert.

Die Oleate (vgl. Abb. 40) wird mit den Punkten für N, E, S, W in ihrer Ebene versehen. Es wird die am Handstück bei der Entnahme eingemessene Ebene E eingetragen, sei sie unzufällig oder, wo nicht anders möglich, zufällig. Eine bloß zufällige (einmalige) Ebene ist hiebei entweder sogleich unverwechselbar als solche kenntlich zu machen oder später nach allen Konstruktionen wieder auszuradieren damit sie nie mit reellen homogen verteilten s-Flächen verwechselt werden kann. Man trägt zuerst in die auf dem flächentreuen Netz liegende Oleate als Durchmesser des Grundkreises die Streichrichtung der im Felde eingemessenen Ebene E ein, dann mit Hilfe des Fallwinkels (zentripetal gezählt) den Großkreisbogen, welcher die Projektion von E ist und den Pol dazu. Ist E eine zufällige Ebene, so trägt man nun jene ihrer Begrenzungsgeraden ein, welche die Schnittkante k

zwischen dieser Ebene und einer interessierenden Gefügeebene s ist. Ist die eingemessene Ebene E keine zufällige, sondern selbst, wie in den meisten Fällen eine Fläche s_1 des Gefüges, so trägt man eine etwa vorhandene Gerade g_1 eines auf s_1 sichtbaren Lineargefüges ein. Gleichviel ob k oder g, es handelt sich geometrisch um die Eintragung einer auf einer bereits eingetragenen Ebene s_1 liegenden Geraden, welche mit der Streichrichtung von s_1 einen Winkel ζ bildet. Diesen Winkel ζ zählt man auf dem Großkreisbogen zu s_1 ab und erhält damit den Durchstoßpunkt, der auf s_1 liegenden Geraden in der Projektion. Um Irrungen in der Abzählrichtung von Winkel ζ auszuschließen orientiert man das Handstück und die Oleate gegeneinander und zählt dann Winkel ζ ab. Dies vollzieht man mit allen unzufälligen auf s_1 sichtbaren Geraden. Sehr oft sind ein g oder mehrere

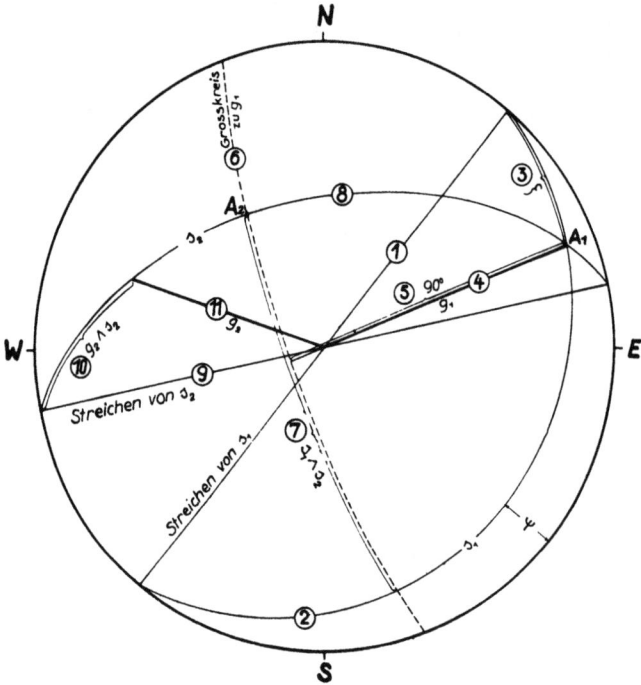

Abb. 40. Handstück-Oleate. Einmessung von Ebenen und Geraden; Teilakte in Kreis'chen. 1. Akt: Einmessung der Ebene s_1 (Teilakte 1, 2); 2. Akt: Einmessung der Geraden g_1 auf s_1 (Teilakte 3, 4); 3. Akt: Konstruktion des Großkreises $\perp g_1$ (Teilakte 5, 6); 4. Akt: Eintragung des Winkels zwischen s_1 und der mit s_2 die Kante g_1 bildenden Ebene s_2 (Teilakt 7). Man erhält Punkt A_2. 5. Akt: Man legt durch Drehen der Oleate auf dem Netz A_1 und A_2 auf einen Großkreisbogen ($= s_2$) und zeichnet diesen (Teilakt 8, 9). Von s_2 kann man mit Einmessung von g_2 (Teilakt 10, 11) auf s_2 so wie bisher beliebig weitergehen bis alle flächigen und lineare Parallelgefüge in ihrer Lage zueinander und zu den Erdkoordinaten eingezeichnet und linearen Parallelgefüge in ihrer Lage zueinander und zu den Erdkoordinaten eingezeichnet sind.

dieser Geraden Schnittgerade zwischen s_1 und einer Ebene s_2, s_3 usf., welche ebenfalls unzufällig wiederholt und also eine einzutragende Gefügeebene ist. Um s_2 einzutragen zeichnet man den Großkreis $\perp g_1$. Dieser ist der „Zonenkreis", der sich in g_1 schneidenden Ebenen s_2 und s_1. Auf ihm kann man mit Hilfe des am Handstück mit Anlegegoniometer gemessenen Winkel $s_2 \wedge s_1$ sogleich den Großkreisbogen für s_2 einzeichnen. Man geht so weiter, bis man alle Ebenen und Geraden des Gefüges erfaßt hat, von Kanten zu Zonenkreisen und Ebenen dieser Zone von Ebenen zu neuen Kanten oder Geraden in der Ebene und so fort, wie es jeder kristallographische Zeichenkurs lehrt und wie dies in Abbildung 40 schematisiert ist. Ist eine Gerade auf s eine B-Achse, so kann man angeben, in welcher Vertikalebene (z. B. N 60 W) B liegt und mit wieviel Grad es in bestimmter Richtung einfällt (z. B. 16 NW). Die Angabe N 60 W, 16 NW bezeichnet die Lage der Achse eindeutig. Man kann sie auch mit einem gewöhnlichen Kompaß am Anstehenden gewinnen, indem man, über der Stelle stehend, Kompaßkante und B-Achse durch vertikales projizierendes Visieren deckt und dabei das Streichen (N 60 W) der Vertikalebene, in welcher B liegt, abliest; sodann das Datum 16 NW. Die Projektion ergibt sehr oft eine beachtliche Ungenauigkeit dieses Vorgehens, indem der Achsenpol neben den s-Kreis fällt. Am besten ist es nach genauer Einmessung von s den Winkel zwischen Streichen von s und B auf s mit einem Goniometer oder mit dem hiezu ausgestalteten Kompaß (vgl. Abb. 37) zu messen und in die Projektion von s einzutragen. Genaueres hierüber folgt später.

Dies ist umrißweise das geometrische Verfahren zur Eintragung von flächigem und linearem Parallelgefüge, in welchem genetisch verschiedene s-Flächen (durch Scherung, durch Plättung, durch Anlagerung) und Gerade eine Rolle spielen. Geometrisch kann man nun ein Gefüge oder einen Kristall einwandfrei beschreiben, indem man von beliebigen Koordinaten ausgeht. Aber die Aufgabe wird bekanntlich umso einfacher, je mehr man sich beim Kristall dabei dichtest besetzter und symmetrologisch bedeutsamer realer Gittergeraden als Koordinaten, diesfalls Achsen geheißen, bedient. Und ganz Analoges hat die Gefügekunde aufgezeigt, indem sie an Stelle beliebiger Koordinaten für die Gefügebeschreibung reelle und symmetrologisch bedeutsame Richtungen des Gefüges gesetzt, definiert und in Anlehnung an die kristallographischen Achsen und Symmetrien mit a, b, c bezeichnet hat, was noch den unschätzbaren Vorteil kürzester und jedem Mineralogen vertrauter Flächenbezeichnung mit Hilfe der üblichen Zeichen h, k, l und 0 mit sich brachte. In diesem Sinne sind z. B. bei manchen Tektoniten u. a. besonders b (B)-Achsen, Scherungsebenen (ab) oder ($0kl$), ($k0l$), ($hk0$) und Schnittgerade von Scherflächen ohne Bewegung normal zur Schnittgeraden einzutragen. Ganz wie bei Kristallen ist es durchaus möglich, bei z. B. durch Korngefügeanalysen des Gefüges fortschreitender Einsicht in das Gefüge und seine Teilgefüge an Stelle der zuerst als Koordinaten verwendeten Gefügeachsen $a\,b\,c$ andere Richtungen des Gefüges mit $a\,b\,c$ zu bezeichnen, welche der begrifflichen Definition von $a\,b\,c$ ($s = (ab)$; $c \perp s$; $b \perp$ auf Symmetrieebene (ac); $a \perp b$) besser entsprechen oder einer Fragestellung an ein Teilgefüge (z. B. Calcit in einem Kalkphyllit) besser dienen.

Wie vollzieht sich nun, wenn derartige Oleaten für die einzelnen Handstücke schon vorliegen, die Darstellung eines größeren Bereiches und die Kontrolle seiner Homogenität in bezug auf jene in den Handstückdiagrammen verzeichneten Gefügedaten?

Wenn wir von verschiedenen Stellen eines Bereiches ein Datum (z. B. eine kristallographische Achse einer Kornart im Dünnschliffbereich oder das Lineargefüge einer B-Achse in einem Steinbruch u. dgl.) immer wieder einmessen und sein Ort auf der Lagenkugel mit einer gewissen Streuung derselbe bleibt, so ergibt sich folgendes:

1. Die Persistenz der Häufung ist die Bedingung für die Homogenität des Bereiches in bezug auf dieses Datum, wenn eben und soweit bei räumlichen Weiterschreiten der Ort des Datums auf der Lagenkugel (mit Streuung, aber ohne Verzerrung oder Wanderung) erhalten bleibt.

2. Der Ort dieses Datums auf der Lagenkugel und damit die Orientierung des Datums im betrachteten Gefügebereich ist unzufällig; zufällig, das heißt,

unableitbar, ist in Gefügen und an Gestalten das nicht sich wiederholende keiner Parallelschar angehörige einmalige, damit auch nicht typisierbare Datum.

3. Das Merkmal für die Unzufälligkeit einer Häufungsstelle unseres gestreuten Datums auf der Lagenkugel liegt nicht in einem bestimmten Grade der Besetzungsdichte, sondern im Immer-wieder-auftreten, in der Persistenz der hinsichtlich ihrer Unzufälligkeit interessierenden Häuffungsstelle, wenn man den untersuchten Bereich vergrößert oder andere analog gebaute Bereiche heranzieht, d. h., wie üblich in einem „synoptischen" Diagramm aufeinander überlagert. Ein schematisches, nicht ausgezähltes Sammeldiagramm mit Ebenen s, ihren Polen π, ihrem Zonenkreis und β und mit B-Achsen die nicht mit β zusammenfallen zeigt Abb. 41.

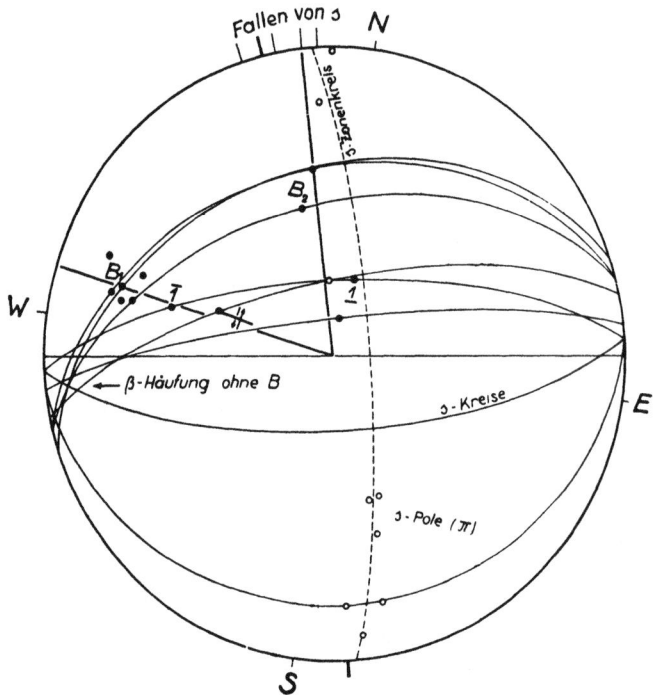

Abb. 41. Sammeloleate mit Häufung von B und β (nicht zusammenfallend); alle B_1 auf gleicher Vertikalebene (gleiches „Achsenstreichen"); Zonenkreis für die s-Pole (π). Tektonische Zonenachse (= β-Häufung) etwas WSW fallend, was noch deutlicher am s-Zonenkreis hervortritt.

In Sammeldiagramme über größere homogene Bereiche hin wurden z. B. in einem tektonisch komplizierten Gebiet folgende teils auf der einzelnen Handstückoleate schon enthaltene (1, 3), teils erst bei Überlagerung der Handstückoleaten erscheinende (2) Raumdaten eingetragen. Diese Raumdaten sind z. T. reelle Gefügedaten des Gefüges im Handstückbereich (s, B), z. T. rein geometrische Daten (β, π-Pol), denen gar kein reelles Gefügekorrelat entsprechen muß, welche aber trotzdem ihre später zu erörternde Bedeutung haben. Die Daten sind (vgl. Abb. 41):

1. Die Flächenpole der an den Handstücken des betrachteten Bereiches eingemessenen s-Flächen. Die Persistenz ihrer Häufungsstellen über die einzelnen Entnahmestellen des Bereiches hin ergibt, außer der schon erwähnten Bedeutung als Bedingung der Homogenität und als Beweis der Unzufälligkeit des Gefüges

hinsichtlich jener s-Flächen, wichtige Symmetrietypen der Anordnung. Immer wieder wird man überrascht durch die Größe der homogenen Bereiche, für welche die am Handstück vorgenommene Typisierung der auf a, b, c beziehbaren Flächen und der Symmetrie ihrer Anordnung gilt. Alles für den Korngefügebereich im Schliff und Handstück Gültige findet man in größeren, bestimmbaren Homogenbereichen wieder. Es gibt keine geologischen Körper mit Parallelgefüge, welche man ohne symmetrologische Betrachtung zeitgemäß kennzeichnen kann.

Die meistvertretenen Symmetrietypen in der Anordnung der s-Flächenpole sind 1. ursprüngliche Rotationssymmetrie, zugeordnet dem Erdradius in Gestalt eines s-Pol-Maximums, 2. ganz besonders aber die Anordnung aller s-Pole auf einem Großkreis. Dieser steht keineswegs so häufig, wie manche voraussetzen, vertikal. Im betrachteten Falle ist dieser s-Pol-Kreis als π-Kreis bezeichnet, sein Lot als π-Achse, der Ort von π in der Projektion als π-Pol (Abb. 41).

Ergibt sich aus den Handstückoleaten ein π-Kreis auf der Sammeloleate, so ist dies ein unzufälliges nach bisheriger Erfahrung durchaus typisierbares Datum, gleichviel ob eine reelle π-Achse, z. B. ein mit dieser zusammenfallendes B-Achsen-Maximum vorhanden ist oder nicht.

Wenn sich in einem Bereiche die an den verschiedenen Stellen eingemessenen Flächen in parallelen Geraden schneiden (kristallographisch gesagt, tautozonal sind), so ist das zunächst allgemein betrachtet eine aus der Lagenkugelprojektion (samt der Streuung und eventueller Verzerrung oder Wanderung des Häufungspunktes dieser Schnittgeraden) leicht ablesbare erklärungsbedürftige, d. h. auf besondere Bedingungen für die Entstehung dieser Sachlage hinweisende Tatsache, also unbedingt zu erheben und festzuhalten. Handelt es sich z. B. um Scherflächen, so ist ein starker durch Korngefügeanalysen überprüfbarer Hinweis darauf gegeben, daß der Bereich einer Beanspruchung durch Außenkraft in der Ebene senkrecht auf die gemeinsame Richtung β der ideellen oder reellen Schnittgeraden (ideelle „β-Achse" oder reelle „B-Achse") unterzogen war. Treten B-Achsen auf, deren Häufung nicht mit der Häufung von β zusammenfällt, so ist das B-Achsen-Gefüge und das s-Flächengefüge des Bereiches nicht syntektonisch (im engeren Sinne, d. h. bei gleicher Anordnung von Bereich und Außenkraft) entstanden; andernfalls wahrscheinlich syntektonisch aber der Überprüfung durch Korngefügeanalysen bedürfend.

2. Man kann nun die Verteilung aller zwischen sämtlichen Flächenpaaren eines Bereiches auftretenden ideellen Schnittgeraden genauer untersuchen, was noch bestimmtere Einblicke und Kennzeichnungen ergibt. Hiebei stellt man die s-Flächen nicht durch ihre Pole (Lote), sondern durch ihre Großkreisbögen (s-Kreise) dar. Alle dabei auftretenden Schnittstellen der s-Kreise sind gesuchte Gerade, welche, da ihnen weder gedanklich noch reell B-Achsen entsprechen müssen, oben die eigene Bezeichnung „β-Achsen" („β-Maxima" für deren Häufungsstellen) erhalten haben. Ob und wie β als Schnittgerade nur geometrisch möglich oder im Gefüge realisiert ist (z. B. als Faltenachse oder begegnende Verwerfer u. dgl.), ob dem β eine echte B-Achse (mit Teilbewegung $\perp B$) entspricht oder eine Schein-B-Achse (mit Teilbewegung nicht $\perp B$), darüber ist durch die Bezeichnung β absichtlich nichts ausgesagt. Dann, aber nur dann ist die Gegenüberstellung der β-Häufungen und der B-Häufungen fruchtbar.

Das β-Diagramm ergibt an dem hier behandelten Beispiele sehr oft typisierbare Besetzungen mit bestimmter Symmetrie der Lagenkugelbesetzung und verschiedenen Häufungsstellen. Manche von diesen β-Häufungen sind zugleich B-Häufungen und damit erklärt, d. h. das zugehörige tautozonale Flächenbüschel ist syntektonischer Entstehung im selben symmetriekonstanten Formungsakte mit dem Gefügekorrelat, das durch die reelle B-Häufung $+ \beta$-Häufung gekenn-

140   Handhabung der tektonischen Analyse typischer Gefüge.

zeichnet ist. Während aber von vornherein zu einer B-Häufung eine β-Häufung gehört, gibt es β-Häufungen zunächst ohne jedes sichtbare Gefügekorrelat. Bisweilen ergibt dann eingehendere Korngefügeanalyse doch ein solches, so daß alle β-Häufungen als heuristisch wertvoll zu erheben und als Hinweise auf mögliche

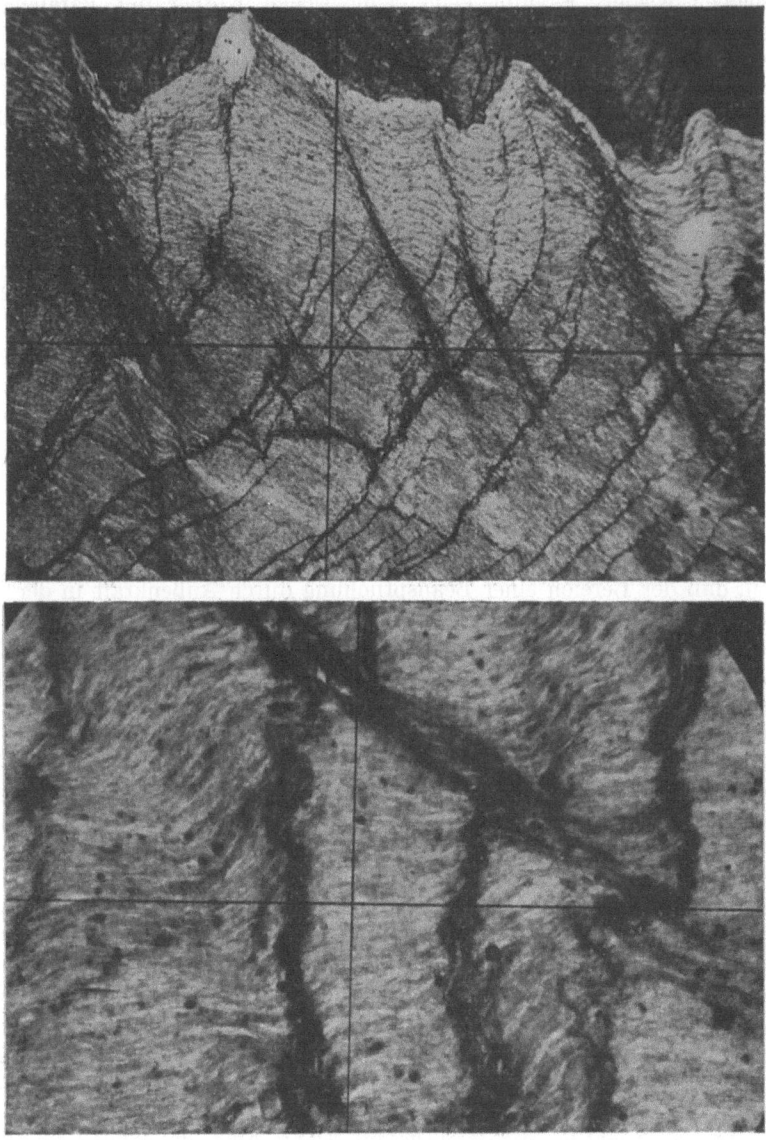

Abb. 42. Dünnschliffe $\perp B$ aus Tonschiefer, Kitzbüheler Alpen, Tirol.

schiefe, nicht syntektonische (oder auch nur symmetriekonstante) Überprägungen eines Bereiches zu beachten sind. Fällt B-Häufung und β-Häufung nicht zusammen, so ist das der B-Häufung zugeordnete reelle Achsengefüge und das der β-Häufung zugeordnete sichtbare Flächengefüge nicht im selben symmetriekonstanten Formungsakte syntektonisch entstanden.

3. Man trägt in die Sammeldiagramme, wie seit je die reellen B-Achsen (symmetrologisch als Lineargefüge senkrecht auf die Symmetrieebene des Gefüges definiert) ein. Ihre Wahrnehmbarkeit ist auf Beobachtungen an Bereichen jeder Größe (Profil, Aufschluß, Handstück, Dünnschliff, Röntgen) gegründet; häufig sind sie fast an jedem Handstück schon ohne Behelfe zu sehen.

Abb. 43. Dünnschliff $\perp B$ aus demselben Gestein wie Abb. 42. Kontrolle der Scherflächen $s_1\ s_2\ s_3$, ihrer Winkel miteinander und der Relativsinne ihrer Teilbewegungen $\perp B$. s_2 ist von s_1 geschleppt also älter als s_1. Verschiebungsbetrag in s_2 größer als in s_1, also s_1 und s_2 zwar in der Lage symmetrisch aber nicht genau auf die Pressung des Doppelpfeils (links unten) rückführbar; Charakter aller 3 Scherungen affin im mm-Bereich: die Feinschichte m bleibt im Bereich > 1 mm eben; aber im Bereich von 0,1 mm ist s_2 nichtaffin (Wellung von m). Die Lage der inhomogen verteilten s_3 weist auf Externrotation des Bereiches.

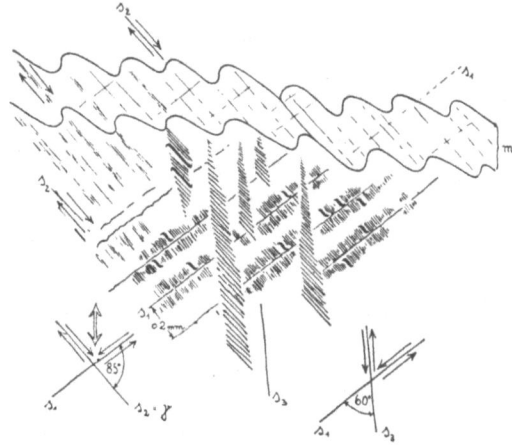

Um B-Achsen zu veranschaulichen können außer Abb. 30 (B-Achse in der Zeichenebene aufrecht), dienen: Abb. 42 bis Abb. 49. Abb. 42 zeigt einen schwächer und einen stärker vergrößerten Schnitt aus gefälteltem und zerschertem Tonschiefer. Die Symmetrieebene des (monoklinen) Bereiches ist die Zeichenebene. Die darauf senkrechte B-Achse ist gegeben durch Achsen größerer und kleinerer Falten, durch Schnittgerade von Scherflächen untereinander und mit der häufig geschleppten Schieferung, in welcher selbst auch Biegegleitungen mit Achse $\parallel B$ stattgefunden haben. B-Achsen im Homogenen und im Nichthomogenen. Abb. 43 zeigt eine Übersicht der in der Symmetrieebene dieses Schiefers also $\perp B$ erfolgten, im Dünnschliff kontrollierten Teilbewegungen, ein Bild, dessen wesentliche Züge bei seiner Vergrößerung auf Meterhunderte zu begegnen sind. Abb. 44 zeigt B-Achsen im Homogenen (Mergel) durch mehrscharige Scherung; Zerfall in Scheiter $\parallel B$. Abb. 45 zeigt schwach westfallende B-Achsen im Kristallin der Südwand der Tiroler Zentralalpen; Zerfall in Scheiter $\parallel B$. Abb. 46 zeigt B-Achsen in Tonschiefer in Gestalt von Zylindern mit 1 m Durchmesser und mit Reißklüften $\parallel B$; Scherflächen $\parallel B$. Abb. 47 und 48 zeigen denselben Block einer Breccie (Tarntal phot. Griggs) mit hochteilbeweglichen $\parallel B$ gelängten Komponenten (graue Marmore M in Abb. 47) und mit nichtteilbeweglichen Komponenten (weiße eckige Quarzite Qu und Dolomite in Abb. 47); Abb. 47 $\parallel B$, Abb. 48 $\perp B$ aufgenommen, dadurch Längung $\parallel B$ deutlich: oblonge Querschnitte der Marmore in Abb. 47 isometrische Querschnitte in Abb. 48. Abb. 49 zeigt eine gefaltete Falte in Kalkphyllonit $\perp B$ geschnitten.

In die Sammeloleate wird also eingetragen: Als Punkte: s-Pole, π, β, B; als Kreisbögen: s-Kreise; Großkreise mit s-Polen besetzt; Ebenen normal zu Häufungen von B und von β. Auch B und β können auf Großkreisen liegen, z. B. B oder β verschiedener Lage auf den s eines zerknitterten isoklinen Mantels. Solche Diagramme gestatten unvoreingenommen die Beziehung zwischen linearen und flächigen Parallelgefügen in einem beliebig durch Teilgefüge komplizierten Homogenbereich zunächst statistisch-tektonisch zu untersuchen, um dann auf Korngefügeanalysen überzugehen.

An die bisher getroffenen Unterscheidungen kann man einige weitere Erörterungen und dann Beispiele hiezu anschließen.

Alles bisher Gesagte gilt für die Sammeloleaten (Diagramme), welche einem in bezug auf die eingezeichneten Daten homogenen Bereich entsprechen. Ja es wurde die Persistenz von Achsenhäufungen als die Bedingung dafür erwähnt, daß man sich noch in dem in bezug auf die Achse der Häufung homogenen Bereich befindet. Ein Beweis dafür ist aber die Persistenz nicht und ein ohne feldgeologische Kontrolle des Besetzungsvorganges aufgenommenes Diagramm läßt (wie auch in analoger Weise für Kleinbereiche) nicht erkennen, ob es einen homogenen oder inhomogenen Bereich beschreibt. Das wichtigste Beispiel ist das folgende: Das Diagramm eines inhomogenen Bereiches, welches von einer einzigen krummschenkeligen Falte aus s erfüllt ist, zeigt bei Messung der s an einzelnen Stellen in diesem Bereiche ein Diagramm erfüllt mit Großkreisen und s-Flächenpolen auf einem Großkreis $\perp$ zur Faltenachse $(= \beta)$. Diese eingemessenen s sind nichts anderes als die einzelnen Stellen der Falte. Als Tangentalebenen der Falte haben

Abb. 44. B-Achsen durch mehrscharige Scherung in homogenem Mergel. Zerfall in Scheiter $\parallel B$; B-Klüfte $\perp B$ (Reißklüfte). Symmetrologisch wie Abb. 45; nur unmittelbare Teilbewegungen. Weißer Strich in Bildmitte = 1 m.

sie alle eine gemeinsame Schnittgerade, nämlich die Faltenachse B. Ganz dasselbe Diagramm erhält man aber von einem Bereich, welcher von achsenparallelen kleineren Falten erfüllt ist, deren s gemeinsam $\beta = B$ ergeben), oder von verschiedenen einander in einer Parallelschar von Schnittgeraden B schneidenden Parallelscharen von Scherflächen.

Das inhomogene Diagramm einer einzelnen Falte ist also von dem eines Falten- oder Scherflächenbündels nur bei feldgeologischer Beachtung des Besetzungsvorganges unterscheidbar, nicht aber als fertig vorliegendes Diagramm.

Das vom Feldgeologen herkömmlich gemessene Streichen von Flächen ergibt den Winkel des Streichens dieser beiden Flächen $\not\lessgtr \varrho$. Größe von ϱ und Streuung des Streichens mehrerer Flächen in einem Bereiche ist auf unserem Diagramme

Abb. 45. B-Achsen durch mehrscharige Scherung und durch Fältelung in Gneis. Zerfall in Scheiter ∥ B; B-Klüfte ⊥ B (Reißklüfte). Symmetrologisch wie Abb. 44; unmittelbare und mittelbare Teilbewegung (Kristallisationen). Maßstab wie Abb. 44.

Abb. 46. B-Achsen durch Scherung und Biegegleitung in Tonschiefer. Allgemeinzylindrische Gestaltung ∥ B. B-Klüfte ⊥ B (Reißklüfte). Maßstab wie Abb. 44 u. 45 (Friedrich Rinne ist im Bilde).

des Bereiches sichtbar, der Schwerpunkt des Streichens ist aus der Besetzungsdichte an der Peripherie des Diagramms bestimmbar. Diese Auszählung und Darstellung kann mehr zur Kennzeichnung eines Bereiches beitragen und macht Bereiche jedenfalls miteinander genauer vergleichbar als üblich. Die Winkel, welche Flächen mit den Streichwinkeln ϱ_1, ϱ_2 usf. miteinander einschließen, ihre Schnittgeraden β und die Streuung dieser Data sind damit nicht bestimmt. Man sieht, welch' ausdruckloses (übrigens oft überschätztes) Datum das Streichen und sein Wechsel für die genauere tektonische Analyse ist. Unbestimmt durch das Bild des Flächen-Streichens in einem Bereich ist also das Bild des β-Streichens d. h. des Streichens der Vertikalebenen, in welchen die Flächen-Schnittgeraden β liegen und das Bild des B-Streichens, welches als „Achsenstreichen" sehr oft weit konstanter und genetisch ausdrucksvoller für ein Gebiet ist als das Flächenstreichen. Der Vergleich der Häufungsbilder für β und B und der Vergleich der Bilder für das Flächenstreichen, für das „β-Streichen" und für das „B-Streichen" ist ausdrucksvoll, wie nähere Erörterungen und Beispiele zeigen können. Namentlich der Vergleich der Häufungsbilder für β, B und π (s-Pole) ist bei der genaueren tektonischen Analyse eines Bereiches durchzuführen, wobei sich auch ergibt, in bezug auf welche jener Daten der Bereich homogen sein kann.

Die Dichte der Häufung von β ist ein Maß für die Tautozonalität im s-Flächengefüge. Während, wie schon bemerkt, das Aufeinanderfallen der Schwerpunkte für β und für B syntektonische Anlage des linearen (B)- und Flächengefüges bezeugt, weist das Auseinanderfallen von Häufungen für β und echtes B (mit Bewegung $\perp B$) darauf hin, daß die Flächentektonik nicht durch Bewegungen und Kräfte $\perp B$ zustande kam.

Im Falle einer scharfen B-Häufung auf einer viel unschärferen β-Häufung ist erstere jünger; denn sie wäre durch eine β schaffende Verlagerung der s-Flächen ihres Charakters als schärferes Maximum beraubt und gestreut worden.

Je mehr die Häufung von B (mit seiner Bewegung $\perp B$) stärker gestreut ist als die β-Häufung, umsomehr bloße Schnittgerade ohne B-Charakter sind an der β-Häufung beteiligt. Es ist diesfalls die s-Flächentektonik umso vorwiegender durch Bewegungen schief zu den Schnittgeraden β erfolgt. Man könnte diesen für gezwungene Tektonik und nicht symmetriekonstante „schiefe" Überprägung eines linearen Gefüges kennzeichnenden Zug, daß die Schnittgeraden β vorwiegend keine echten B-Achsen sind, Schein-B-Tektonik nennen. Er weist hin auf nachträgliche in der β-Phase erfolgte Verstellung und Streuung eines älteren B-Gefüges; was aber korngefügeanalytisch zu prüfen ist.

Eine scharfe s-Pol-Häufung neben unscharfer β-Häufung tritt auf bei flachem s mit linsigen Zerscherungen.

In dieser und ähnlicher Weise kann das Verhältnis der Häufungen B und β zueinander typisiert werden.

Bei einer durch solche Mittel weit genug getriebenen Kennzeichnung wird es möglich, verschieden alte an einem Gebirgsbau beteiligte Gesteine daraufhin zu untersuchen, ob sie alle nur dieselbe tektonische Prägung erfahren haben oder ob sich verschiedene Prägungen, relikte tektonische Prägungen älterer Zeiten überprägt durch die jüngste Tektonik dennoch ablesen lassen; ferner kann man einen deutlichen Hiatus zwischen der Tektonik eines transgredierten Untergrundes und der seines Deckgebirges weit klarer kennzeichnen; ferner kann man tektonische Einheiten, genauer gesagt, tektonische Homogenbereiche verschiedener Prägung innerhalb eines in erster Annäherung noch als tektonische Einheit in ein allzu rohes Bewegungsbild eingesetzten Bereiches unterscheiden; endlich ist eine genaue tektonische Analyse mit den hier vorgeschlagenen Mitteln und im Zusammenhange mit Korngefügeanalysen, also eine moderne gefügekundliche

Abb. 47. Breccie mit ∥ B gelängten (M, Marmor) und ungelängten (Qu, Quarzit) Komponenten; B ∥ Bildebene. B-Achse nur im Teilgefüge Marmor abgebildet. D. Griggs, phot.

Abb. 48. Derselbe Block wie Abb. 47; alle Querschnitte aller Komponenten isometrisch; B ⊥ Bildebene. D. Griggs, phot.

Analyse im Bereiche nutzbarer Lagerstätten bei guter Handhabung älteren Verfahren unbedingt überlegen.

Die Darstellung rein geometrischer Zusammenhänge zwischen gestreuten Lagen von Ebenenscharen und Geradenscharen auf der Lagenkugel ist Aufgabe der Geometrie. Eine gewisse Einsicht ist hierin nötig, um die Unzufälligkeit mancher Anordnung zu beurteilen. Es ist z. B. eine unzufällige, unter besonderen Bedingungen erzeugte Anordnung, wenn die Schnittgeraden (β) der Diametralebenen E einer Kugel auf einem Großkreis K liegen. Z. B. diese Schnittgeraden sind B-Achsen und es ist die erzeugende Kraft dieser Anordnung ihrer Richtung nach immer ein Radius von K gewesen in Tangentalscheiben der Erdschale mit wechselnder Richtung und horizontalem K im Falle ungezwungener tangentaler Transporte. Im Falle enger tangentaler Umschließung eines Bereiches ergibt sich

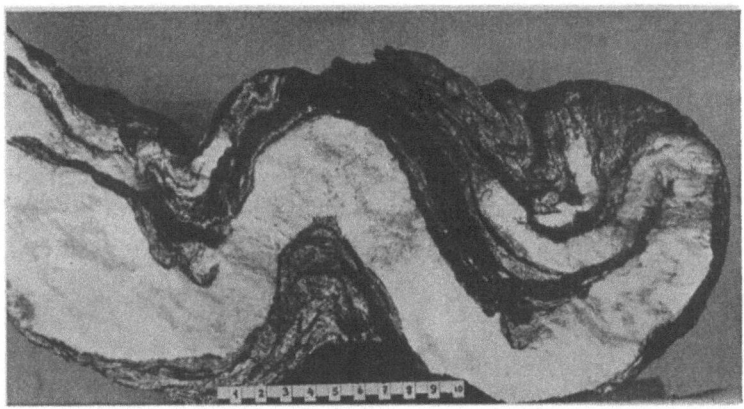

Abb. 49. B-Achse als gefaltete Falte in Kalkphyllonit mit weißer Quarzlage. Schnitt ⊥ B. Inhomogene Biegefalte.

ebenso unzufällig zuordenbar steilachsige Tektonik dieses Bereiches mit steilen B und β; zwischen beiden Grenzfällen ergeben sich flache und steile B-Achsen im selben Bereich von Raum und Zeit (Zeit-Raum).

Es besteht auch z. B. die Möglichkeit der Zuordnung steilerer Achsen an tiefere Stockwerke desselben Erdradius.

Daß dagegen der Pol jenes Großkreises K zusammenfällt mit der Polhäufung der die B erzeugenden Diametralebenen D, ist weiter nichts als geometrisch nötig, falls den D keine Lagebestimmung zukommt, als daß sie sich in den Radien von K schneiden; denn beschreibt ein β um welches s rotiert den Kreis K, z. B. als Äquator einer Kugel, so liegen die s-Pole auf den Meridianen und also in deren Schnittpunkt, dem Lote L auf K, gehäuft; beliebige andere Gerade auf den s-Lagen fallen umso genauer auf K je näher der s-Pol an L liegt.

4. Zeitbeziehung zwischen übereinander überlagerten B-Achsen.

B-Achsen auf Faltenschenkeln; gekreuzte B-Achsen auf Ebene.

Zwei Fälle bestimmbarer Zeitbeziehungen zwischen B-Achsen haben namentlich für Handstück und Aufschluß Bedeutung, während die Beurteilung der Zeitbeziehungen durch die später erörterte konstruktive Ebnung außer für diese Kleinbereiche namentlich für den Großbereich in Frage kommt. Der erste jener Fälle betrifft ein B_2 als Faltenachse einer Falte, auf deren Schenkeln B_1 erscheint (1). Der zweite Fall betrifft sich kreuzende B-Achsen auf derselben s-Fläche (2).

1. a) Auf der Falte zur Achse B_2 liegt B_1 derart, daß keine Ebene durch B_1 gelegt werden kann, was sich durch Anvisieren ergibt. Auf der Lagenkugel wäre diesfalls B_2 durch ein Ebenenbüschel mit Zonenachse B_2 und zugehörigem Großkreis gegeben und B_1 durch B_1-Radien auf diesem Ebenenbüschel. Die Durchstoßpunkte dieser B_1-Radien würden nicht in einer Ebene, also nicht auf einem Großkreis der Lagenkugel liegen. Es gäbe mithin keine Gerade, welche auf allen B_1-Radien zugleich senkrecht stünde und als Hauptdruckrichtung diesen B_1-Radien als B-Achsen zuordenbar wären. B_1 könnte keinesfalls durch eine Kraft auf die bereits vorhandene Falte B_2 aufgeprägt sein. Ist also B_1 eine einheitliche B-Achse, so muß es älter als B_2 sein. Da für B_1, das auf B_2 nicht in einer Ebene liegt (z. B. B_1 Teil einer Schraubenlinie auf B_2), kein einheitlicher Plan mit Symmetrieebene überall $\perp B_1$ möglich ist, kann B_1 nicht durch Scherung der Falte B_2 vorgetäuscht werden. B_1 älter als B_2.

b) B_1 liegt in einer Ebene und steht $\perp B_2$. Es sind keine anderen B_1 erzeugenden Pläne möglich als Gleitung von B_2 in B_2 und zwar $\parallel B_2$; andernfalls aber ist B_1 älter als B_2.

c) B_1 liegt auf B_2 in einer Ebene E und steht nicht $\perp B_2$; B_1 ist jünger als B_2, denn die Schnittlinie von E mit B_2 (Falte, nicht Knick mit ebenen Schenkeln!) ist bei Ebnung von B_2 nur dann eine Gerade, wenn $E \perp$ (Fall b) oder $\parallel B_2$. Z. B. B_1 entsteht auf den Schenkeln einer Falte F_1, wenn sich der Raum zwischen den Schenkeln der auf F_1 reitenden Falte F_2, im Streichen von B_2 konvergierend, vergrößert, oder anders gesagt, wenn sich F_2 als Reiter auf F_1 durch Schenkeldruck immer stärker im Sattel hebt, so daß die Zunahme dieser Hebung im Streichen von B_2 erfolgt. Die Schenkel von F_2 übergleiten diesfalls die Schenkel von F_1, schief zu B_2, derart, daß B_1 entstehen kann. Für den inhomogenen Bereich $F_1 + F_2$ besteht nur mehr die Symmetrieebene durch die Achsen von F_1 und F_2 aber nicht mehr die Symmetrieebene normal zu diesen Achsen.

In allen diesen Fällen ist vorausgesetzt, daß B_1 eine echte nachgewiesene B-Achse ist, nicht etwa wie es im Falle b) und c) möglich wäre der Schnitt einer Scherfläche mit F_1, welche auf den Schenkeln von F_1 keine Schnittgerade mit B-Achsen-Charakter an jeder Stelle erzeugen könnte.

Außer mit visierender Betrachtung kann man bei Falten (B_2) geeigneten Ausmaßes auch so vorgehen, daß man B_2 mit anliegendem Papier umhüllt und in dieser Lage B_1 auf das Papier abbildet (Überstreichen des Papieres mit weichem Stift). Nach Ebnung des Papieres bildet B_1 auf demselben entweder eine gerade oder krumme Linie. Im letzteren Fall ist B_1 jünger als B_2 (z. B. Fall 1, c, s. o.). Im ersten Fall ist B_1 älter als B_2 (z. B. Fall 1. b, s. o.). An Stelle der Ebnung des Papieres tritt bei zu großen Falten die konstruktive Abwicklung auf der Lagenkugel, bzw. auf dem Netze, wie sie im Abschnitt über konstruktive Rückformung später beschrieben ist.

2. Im zweiten Falle genügt öfters die Untersuchung der sich auf s kreuzenden B-Achsen mit der Auflicht-Lupe, um zu entscheiden, welche der beiden B-Achsen an den Kreuzungsstellen die andere deformiert oder verwischt und also jünger ist. Oft allerdings kommt es nicht zu beobachtbarer Überlagerung der zu B_1 und der zu B_2 gehörigen Falten, da eine Faltung ihr Gebiet nach Wellblechprinzip gegenüber der anderen Faltung versteift und für diese unbetretbar gemacht hat. Dadurch kann der Eindruck entstehen, daß die eine Faltung die andere verwischt habe. Werden diese beiden Fälle nicht unterschieden, so kommt es zu Fehlschlüssen. Es gelangen gelegentlich auch Fälle zur Beobachtung, in welchen sich das Altersverhältnis schon im Kleinbereich umkehrt, so daß die Beanspruchung zu B_1 und die zu B_2 wiederholt zu Worte kam und sich die Bildung beider Achsen zeitlich überlagert. Ferner gibt es Fälle, in welchen es nicht gelingt festzustellen,

welche Achse die andere nachträglich und nicht nur schon durch ihr Vorhandensein auf s deformiert hat. Für die Entscheidung, welche von zwei sich auf s kreuzenden Falten die jüngere sei, läßt sich kein anderer allgemeiner Weg angeben, als eine möglichst weitgehende Analyse der Bewegungsbilder, sei es im Kleinbereich durch geeignete Schnitte und Analysen im Korngefüge, im Großbereich durch die in diesem Buche als konstruktive Rückformung erörterten Arbeitsvorgänge.

Sehr wertvoll ist es für die tektonische Analyse, wenn die Handstückuntersuchung ergibt, daß homogen über einen Bereich die eine Achse B_1 auf s älter ist als die andere B_2 auf s. Es erscheint dann Ebene $\perp s$, in welcher die B-prägenden Kräfte lagen für den Aufblick auf das B-tragende s mit dem Uhrzeiger oder gegen denselben gedreht. Im tektonischen Bewegungsbilde kann dies grundsätzlich auf zweifache Weise zustande kommen: erstens der Bereich lag still, die Außenkraft verlagerte sich gegen oder mit Uhrzeigersinn. Zweitens die Außenkraft behielt ihre Richtung, der Bereich verlagerte sich mit oder gegen Uhrzeigersinn.

Zu beachten ist noch folgender Fall: Auf den Schenkeln (Sch_1 und Sch_2) einer Falte B_2 befinden sich je zwei Lineargefüge, nämlich B_2 selbst und damit gekreuzt B_1. Dieses B_1 sei wie oben erörtert dadurch entstanden, daß sich eine B_2-Falte auf der andern B_2-Falte reitend unter Schenkeldruck aus dem Sattel hob, und zwar mit zunehmenden Betrage z. B. im Sinne des Einfallens von B_2. In diesem Falle ist auf dem einen Schenkel (Sch_1) B_1 gegenüber B_2, also das jüngere B gegenüber dem älteren im Sinne des Uhrzeigers verdreht, auf dem andern Schenkel (Sch_2) im Gegensinne. Dieser Befund ist auch in schlechterschlossenem Gebiete dem Bewegungsbild zuordenbar. Wenn man z. B. annehmen kann, daß die verschieden alten B auf gleichen s (z. B. Biotitschieferung) gelegentlich des Zustandekommens der Achsendivergenz aufeinander reitender Falten geprägt wurden, so kommt es nur darauf an, auf welchem Schenkel einer mit der Achse westfallenden Synkline oder Antikline man sich befindet, um das eine Mal (1) die jüngeren B mit dem Uhrzeiger, das andere Mal (2) gegen den Uhrzeiger gegenüber dem älteren B verschwenkt zu finden. Man befindet sich dann im Falle 1 auf dem Nordschenkel, im Falle 2 auf dem Südschenkel einer Antikline mit westeinfallender Achse, was sich für eine Synkline umkehrt.

5. Relativsinn der Teilbewegungen $\perp B$.

Monotrope und polytrope Falten; inhomogene und homogene Faltungsbereiche; monisokline Umfaltung; S und Spiegel S; Zwischenfalte und Gleitbrettfalte; gezwungene Faltung, gebremstes und freies laminares Fließen; Biegescherfalte; Mehrdeutigkeit in der Ablesung der Relativsinne; mehrsinnige Relativbewegung in s; Stauchfalten; Verzerrungen, Krümmungen und Entkrümmungen durch mehrscharige Scherung und durch einscharige Scherung mit und ohne Externrotation; geometrische Experimente hiezu; Nudeln, Wirbel, Einschlußwirbel.

Die Bestimmung des Relativsinnes der Teilbewegungen $\perp B$, also an den B-Achsen, dient in freien Transporten der Feststellung der Transportrichtung, in eingeengten Bereichen „zwischen starreren Backen" eben der Feststellung, daß ein freies einsinniges Fließen fehlt, also der Untersuchung, ob im letzten tektonischen Akte freies Fließen oder Bewegung zwischen starreren Backen vorliegt, welchen beiden Bewegungsbildern, ganz besonders aber dem zweitgenannten die Bildung von B-Achsen zugeordnet ist. Endlich dient eine derartige Untersuchung der B-Achsen der Ablesung der Beanspruchung in Bereichen, deren Gepräge gelegentlich der Abbremsung eines transportierten Bereiches an einem relativ starren Hindernis zustande kam, sehr oft, im Gegensatz zur Umformung zwischen bewegten Backen, auch ohne Bewegung $\parallel B$.

Es sind zweierlei Untersuchungen, welche man in diesem Zusammenhange an den B-Achsen selbst vorzunehmen hat, je nachdem B mehr als Faltungsachse oder mehr als Scherungsachse (Schnittgerade von Scherflächen) ausgebildet, bzw. besser analysierbar ist.

1. B als Fältelungsachse liegend auf einem ausgesprochenen Scherungs-s ergibt sehr oft (nach hier zu erörternden Kriterien) den Relativsinn der Verschiebung in s. Das ist eben in diesen Fällen eines ausgesprochenen Scherungs-s der tektonische Sinn des Transportes, zunächst im betrachteten Kleinbereich.

2. B ist Scherungsachse, also Schnittgerade, zweier annähernd gleichwertiger Scherflächen. Es handelt sich also um eine wenigstens zweischarige Zerscherung, wie sie an sich einer Pressung (plättenden Pressung mit Internrotation der Scherflächen oder externrotationeller Pressung zwischen bewegten Backen u. a. m.) entspricht.

Eine für kleinere Bereiche vorhandene Ablesbarkeit des Relativsinnes der Teilbewegung $\perp B$ ist auf größere Bereiche nur übertragbar, wenn deren Homogenität in bezug auf jenen Relativsinn durch entsprechend verteilte, ohne Auslese gewählte, Probestellen erwiesen ist. Dies ist nach der vorliegenden Erfahrung besonders für umgefaltete Phyllonite mit linsigen und stengeligen Starrheitsinhomogenitäten zu beachten. Durch solche Inhomogenitäten kommt es zu Externrotationen und im Wirkungsbereich der Inhomogenität auch bis zur Umkehrung des Relativsinnes der Teilbewegung (z. B. „Höheres gegen N" neben „Höheres gegen S") schon im cm- oder dm-Bereiche. Wir begegnen dann eben auch schon im Kleinbereiche den Fall, daß nur die Richtung von B konstant bleibt, während Faltung und Fältelung jede hiemit vereinbare Gestalt, Lage und Relativbewegung $\perp B$ zeigen, ein für manche Bereiche typisches Verhalten, das man als richtungswechselnde kurz als polytrope Faltung (gegenüber monotrop) bezeichnen kann. Man findet Falten ohne bestimmten Relativsinn der Teilbewegung $\perp B$ im Bereiche der Faltung und polytrop gefaltete deutliche Rotationstektonite; ferner Beispiele für Unbestimmbarkeit des Relativsinnes der Bewegung in größeren Bereichen aus dm- und m-Bereichen mit Scher- und Biegefalten im Bereiche inhomogener Faltenstengel und -knäuel.

Inhomogene Biegefalten, z. B. die gefaltete Falte Abb. 49, zeigen unselten Beispiele dafür, daß die Richtung und der Relativsinn der Teilbewegung $\perp B$ innerhalb der Falte wechselt, also aus dem Bereich der Einzelfalte nicht für größere Bereiche ablesbar ist. Es besteht eine Abhängigkeit des Relativsinnes der Teilbewegung von der Festigkeitsinhomogenität der Falte bis zur Umkehrung dieses Relativsinnes. Ein Beispiel bieten auch Biegefalten, an deren Schenkelinnenseiten Fältelungen mit ablesbarem Sinne der Teilbewegung liegen gemäß einer die Biegefalte $\parallel B$ teilenden Symmetrieebene spiegelbildlich zueinander, also mit verschiedenem Sinne der Teilbewegung.

Den $\perp B$ angeschnittenen natürlichen Wandaufschlüssen von einigen m² Bereichsgröße gegenüber, welche Faltungen von dm- bis cm-Bereich zeigten, lassen sich folgende Fälle immer wieder unterscheiden und damit typisieren:

1. Die Relativbewegungen an den Kleinfalten wechseln, gleichviel, ob man diese als Scherfalten, Biegefalten oder zusammengesetzte Biege-Scherfalten deutet; es ergibt sich diesfalls ohne weitere Untersuchung schon feldgeologisch polytrope Faltung im betrachteten m²-Großbereiche; mithin, daß er durch Einspannung zwischen starrere Backen mit Rotationen der Kleinbereiche geformt und nicht homogen an einer laminaren tektonischen Strömung beteiligt ist. Der m²-Bereich ist dann nur hinsichtlich B homogen, hinsichtlich der Kleinfalten inhomogen (vgl. Abb. 49).

2. Die Falten innerhalb des m²-Bereiches haben nicht nur die Symmetrieebene ⊥ B, sondern auch eine Symmetrieebene ∥ B „Sc" zwischen den Schenkeln untereinander parallel. Derartige genau symmetrische Falten sind Biegefalten. Für den Bereich der Kleinfalten und für den Großbereich ist diesfalls Einengung (Pressung) ⊥ Sc die ablesbare Bewegung gleichviel ob der Großbereich selbst eine Symmetrieebene ∥ Sc besitzt oder nicht. Ein Beispiel gibt die Biegefaltung mit Regel der Stauchfaltengröße (dickere Lagen geben größere Falten) der Abb. 50.

Eine so hohe Symmetrie ist an Kleinfalten und an Großbereichen tatsächlich selten, bzw. selten erhalten, wie sich schon wegen der meist unsymmetrischen Gelegenheit zum Ausweichen (⊥ zum Streichen) für den geklemmten Bereich erwarten läßt.

Man begegnet weit häufiger den folgenden Fall:

Abb. 50. Bereich mit Regel der Stauchfaltengröße: Dickere Lagen geben größere Falten. Biegefalten mit 2 Symmetrieebenen: ⊥ B und ∥ B.

3. Die Teilfalten des Großbereiches haben selbst keine Symmetrieebene ∥ B. Sie sind nicht von einander verschieden orientiert wie im Falle 1), sondern untereinander gleich orientiert. In diesem Falle ist wie im Falle 2) die an der einzelnen Teilfalte ablesbare Teilbewegung zu der einer gleichsinnigen Relativbewegung des Großbereiches summierbar. Deshalb und wegen der weiten Verbreitung von Fall 3) ist die Ablesung des Sinnes der Relativbewegung ⊥ B an der einzelnen Teilfalte von besonderer Wichtigkeit. Derartige Faltenordnungen untereinander mit B gleichgerichteter Falten ohne Symmetrieebene ∥ B, über den Großbereich homogen oder inhomogen verteilt, haben verschiedene Benennungen erhalten, welche nichts von den kennzeichnenden Merkmalen enthalten, wie z. B. Mikrocleavage, wobei weder die Kleinheit irgend wesentlich ist noch irgendein s quer zu einem Ausgangs-s zu stehen braucht. Man kann diesen Fall als Umfaltung bezeichnen, noch deutlicher als monokline isokline kurz monisokline Umfaltung bis -fältelung. Ein schwach monokliner Charakter wobei die Symmetrieebene senkrecht zur Bildebene verschwindet, ist schon in Abb. 50 wahrnehmbar.

Es ist keineswegs immer einfach, den Relativsinn der Teilbewegung ⊥ B an der Einzelfalte abzulesen, schon weil sich Biegegleitung und ebene Scherung im Bewegungsbild der Falte überlagern können.

Biegefalten sind in sich inhomogen und enthalten, wie bemerkt, verschiedene Richtungen G und Relativsinne G' der Teilbewegung ⊥ B. Man kann also nur dann irgendein G oder G' aus der Biegefalte für einen größeren Bereich als homogen verteilt annehmen, wenn die G und G' der einzelnen Biegefalten im großen Bereich homogen und gleichgerichtet wiederkehren, z. B. alle Biegefalten untereinander parallel sind, was sehr oft angenähert zutrifft. Der größere Bereich enthält dann das Bewegungsbild „Biegefalten homogen verteilt und in bezug auf G und G'

summierbar", z. B. summierbar zu einer symmetriekonstanten rhombisch-symmetrischen Niederstauchung und Plättung eines größeren Bereiches.

Scherfalten sind in sich in bezug auf G und G' homogen und sehr oft auch über größere Bereiche homogen verteilt, derart, daß die Scherfalten erzeugenden Scherflächen sich über den Großbereich fortsetzen. Es ist also bei Scherfalten von besonderem Interesse zu fragen, wie aus der einzelnen Scherfalte eines solchen Bereiches Richtung und Relativsinn der Teilbewegung ⊥ B ablesbar und damit auf den größeren Bereich übertragbar sind. Die Richtung der Teilbewegungen ⊥ B fällt in die Scherfläche, der Relativsinn wird im folgenden betrachtet.

Um zu erörtern, ob ein gegebener Endzustand für die Ablesung der Relativbewegung eindeutig oder mehrdeutig ist, muß man zunächst ausdrücklich unterscheiden, ob die Falte, von welcher man spricht (bei definierter Lage des Anschnitts) einem lateinischen S gleicht „S-Falte" oder dessen Spiegelbild „Spiegel-S-Falte"; dies gilt gleichviel ob eine einzelne S- oder Spiegel-S-Falte vorliegt oder eine Wellenlinie aus der man entweder ein S oder ein Spiegel-S hervorhebt und näher untersucht. Es genügt die Betrachtung der S-Falte für die Übersicht aller möglichen Fälle; denn sobald die S-Falte mit allen Möglichkeiten der Relativbewegung gekennzeichnet ist, erhalten wir alle noch überdies vorhandenen Möglichkeiten durch das

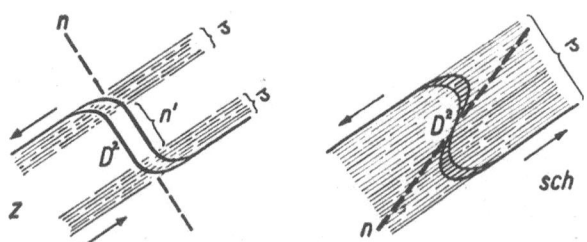

Abb. 51. Zwischenfalte mit Schleppung (links) und Gleitbrettfalte (rechts).

Spiegelbild der S-Falte und ihrer Relativbewegungen. Außer dieser für die geometrische Eindeutigkeit der Erörterung nötigen Unterscheidung ist bei Scherfalten eine zweite unerläßlich, welche die Anordnung der gleitenden Art der Teilbewegung betrifft, durch welche das S oder Spiegel-S entstanden ist. Eine gegebene solche Faltenform (vgl. Abb. 51) kann entstanden sein:

1. Indem bei Relativbewegung im Sinne der Pfeile eine Zergleitung des Bereiches für Ausgangslage n längs der s-Flächen erfolgt. Dabei bleibt n in seiner Anfangslage unzerschert (n') erhalten und wird in s geschleppt bis zerrissen. Dies ist das Merkmal, welches diesen Fall und seine Relativbewegung oft eindeutig erkennen läßt. Der Fall wird hier der Kürze halber als Zwischenfalte bezeichnet (Abb. 51,z).

2. Indem eine ebene Scherung schief zur Anfangslage n erfolgt (*sch* in Abb. 51) und dabei n überall durchscherend eine Schmidt'sche Gleitbrettfalte bildet (*sch*). Die Scherfalten z und *sch* haben gleichen Relativsinn der Bewegung in s (und ⊥ B). Dieser Sinn ist bei z eindeutig ablesbar, bei *sch* nicht immer (s. unten). Es ist also vor allem zu unterscheiden, ob es Zwischenfalten oder Gleitbrettfalten sind, welche den betrachteten in s zerscherten Bereich erfüllen.

Wie die Abbildungen zeigen, ist das einzelne Scharnier in beiden Fällen unsymmetrisch und kann in D eine Digyre liegen.

Die Bedeutung im Bewegungsbild des größeren Bereiches ist für „Falten"-bilder zunächst allgemein eine doppelte: Tektonisch freies einschariges Abfließen mit Hauptscherflächen vom Abstand der Pfeile in der Zeichnung und vom Bewegungssinn der einzelnen Kleinfältchen oder aber der von Falten erfüllte Bereich bedeutet tektonisch Stauung, Bremsung, Rückfältelung an einem relativstarren Hindernis, Einengung.

Die Frage, welche Gefüge für freies Fließen ungezwungener Tektonik und welche Gefüge für Deformation zwischen Starrbereichen, also für gezwungene Tektonik bezeichnend sind, ist noch nicht systematisch bearbeitet. Grundlagen für diese Unterscheidung sind aber in der Gefügekunde vielfach bereits gegeben: Stark einscharige Scherung weist auf ungezwungene laminare Transporte, mehrscharige Scherung mit rhombischer Symmetrie auf gezwungene Prägung. Bei den Phylloniten (feinblättrigen Tektoniten mit Glimmerhäuten) läßt es sich öfters erweisen, daß es Vorgänge der Hemmung und Bremsung im Bewegungsbilde sind, welche das Gefüge am stärksten prägen. Bei dieser Bremsung wird die Energie des Transportes Kleingefüge bildend, z. B. in Stauchfältelung angelegt oder es lassen sich die Pressungsrichtungen zu mehrschariger Scherung ablesen.

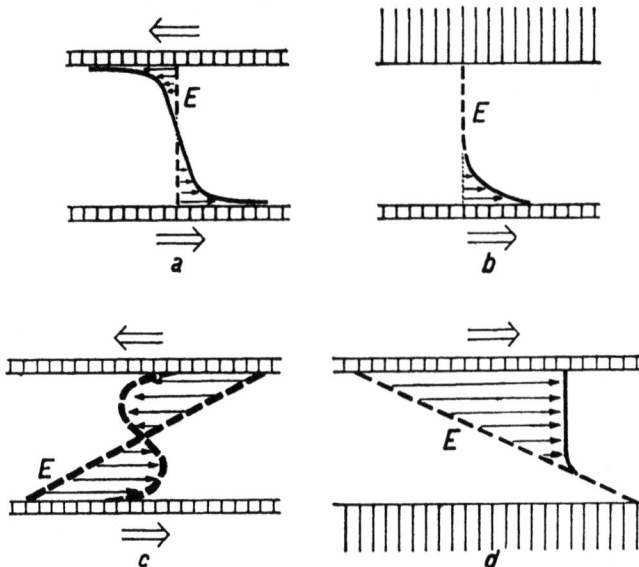

Abb. 52. Verschiedene Fälle von passiver Krümmung mechanisch indifferenter Ausgangslagen: gekrümmt durch die Lamina (a, b, d); c mögliche (?) Knickung einer mechanisch differenten druckleitenden Lage, nicht passiv durch die Lamina.

So sind manche jener Fälle zu deuten, welche im Gefüge nicht freies (laminares oder wirbelndes) Fließen des Großbereiches, sondern Stauung ablesen lassen: Keine einheitliche über größere Bereiche einheitlich summierbare Relativbewegung, sondern Prägung bei gezwungener Tektonik, wie sie auch ohne größere Transporte bei Durchbewegung „am Platz" „zwischen bewegten Backen" vorkommt.

Für die nun folgenden Betrachtungen über die Schoppfaltung an Hindernissen und ihre Deutbarkeit ist vorweg zu bemerken, daß es keine Rolle spielt, ob eine reine Scherfalte oder eine Biege-Scherfalte vorliegt, welch letztere man sich am besten in Erinnerung ruft, wenn man statt der in der Scherfalte gekrümmten bloßen Vorzeichnung eine reelle Haut (z. B. die Glimmerhaut eines Phyllonits) denkt, welche bei entsprechender Scherung ganz wie die bloße Vorzeichnung gekrümmt wird. Statt der Haut kann man auch eine dickere mechanisch heterogene Lage einsetzen, zu welcher entsprechend schief geschert wird.

Aus den früher (siehe Abb. 10, 11, 13—22) in Übersicht gebrachten Fällen der linearen und nichtlinearen Zergleitung von Vorzeichnungen ergibt sich, daß eine spitze Scherfalte (deren Schenkel einen Winkel < 90° einschließen) aus einer

Ebene E nur erzeugbar ist durch Scherung s unter schiefem Winkel $s \wedge E$, derart, daß die zunehmenden Relativverschiebungen zwischen den s-Flächen die Ebene E spitzwinkelig umlegen. Kennt man die Ausgangslage E und die Scherflächenlage s, so gibt es nur einen einzigen leicht ablesbaren Sinn der Relativverschiebung, nach welchem die Spitzfalte erzeugbar ist. Dieser Sinn ist also ablesbar, wenn man die Ausgangslage E kennt oder wenn man erschließen kann, welcher der Faltenschenkel der durch Scherung umgelegte ist, was sich allerdings nur aus dem Korngefüge ergibt. Ist dies nicht bekannt, so ist der Sinn der Relativbewegung nicht eindeutig ablesbar, wie schon ein Vergleich der Fälle b und d in Abb. 52 (Ausgangslage punktiert) ergibt. Liegt also eine einfache Verkrümmung wie in Abb. 52 b und d, so ist der Sinn der Relativbewegung nur dann bestimmbar, wenn sich die Ausgangslage b oder d erschließen läßt. Auch die Richtung, in welcher quer zu s die Zunahme der Relativverschiebungsbeträge erfolgt, ist in Abb. 52 b und d nicht unmittelbar, sondern nur aus Ausgangslage oder Korngefüge ablesbar. Nun sind aber als Anzeiger der Teilbewegung $\perp B$ wichtiger die S und Spiegel-S (Zeichnungen a und c in Abb. 52). Bei Ausgangslage a entspricht das Spiegel-S aus der Ausgangslage den durch die einfachen Pfeile schematisierten Verschiebungsbeträgen und der durch die Doppelpfeile bezeichneten Relativbewegung zweier starrerer Backen, welche den Bereich mit dem gekrümmten Gefüge zwischen sich haben, ein Vorgang, dem für Kräfte und Bewegungen eine Digyre $\perp$ Zeichenebene in der Mitte des Spiegel-S zukommt; B ist hier also eine Digyre. Bezeichnend ist, daß die Beträge der Relativverschiebungen wandwärts zunehmen. Der Fall a tritt also auf, wenn die Bewegung der starreren Backen auf eine scherbare homogene genügend anisotrope Zwischenschichte (s-Paket) übertragen wird und verlangt keine weitere Annahme über diese Zwischenschichte. In diesem normalen Falle zeigt S (und Spiegel-S) der Falte vom Typus Abb. 51 ganz denselben Sinn der Relativbewegung der Backen (bezogen aufeinander) an wie ein gleiches S (oder Spiegel-S) in Zwischenfalten einer starreren Lage. Es ist also eine Verwechslung von z und sch ohne Folgen und ein System aus starren Lagen mit z und bildsamen Lagen mit sch zeigt überall gleichsinnige zusammenhängende Fältelung und gleichen Sinn der Relativbewegung in kleinen und großen Bereichen, gleichviel ob man die Zwischenfalten der starreren oder die Gleitbrettfalten der bildsameren Lagen betrachtet. In Fall c (Abb. 52) ist dagegen eine Stauchfaltung, bzw. Knickung — also nicht reine Verzerrung einer Vorzeichnung — einer genügend starren Ausgangslage im bildsamen Bereiche zwischen den im Sinne der Doppelpfeile gegeneinander bewegten Grenzbereichen der dünngezeichneten Gleitbrettfalte gegenübergestellt. Ob hiebei die Knickung als S wie ohne jede Ableitung gezeichnet oder als Spiegel-S erfolgt, hängt von praktisch unkontrollierbaren Bedingungen ab. Daher sind solche Knickfalten für die Bestimmung des Relativsinnes der Bewegung in Abb. 52 c ohne Beziehung auf S oder Spiegel-S derart zu verwenden, daß man bei bekannter Ausgangslage von E fragt, welche Relativbewegung auf Verkürzung und Stauchung von E hinwirkt. Dies ist wie in Abb. 52, so in jedem Falle — ob S oder Spiegel-S — jene Relativbewegung, welche aus E als Vorzeichnung eine Gleitbrettfalte erzeugen würde oder als Drehkraft D an E betrachten den spitzen Winkel $D \wedge E$ vergrößern würde.

Bei einsinnigem laminarem Fließen, also mit einschariger Scherung s, ist die aus Lagen schief zu s als Scherfalte oder Biegescherfalte entstehende S- oder Spiegel-S-Falte eindeutig. Es liegt entweder S oder Spiegel-S vor und ist nach den erörterten Regeln entstanden, was bei bekannter Ausgangslage den Sinn der Relativbewegung gibt. Ob eine Scherung mit umgekehrtem Sinne der Relativbewegung vorangegangen ist, läßt sich nicht ablesen. Eine solche hätte aus dem

Ausgangszustand keine spitzwinkeligen Falten geschaffen und wäre durch die spätere spitzwinkeligen Falten schaffende Scherung hindurch höchstens in Ausnahmefällen erkennbar. Es läßt sich also nur die letzte Relativbewegung ⊥ B aus derartigen Falten ablesen.

Findet man also im Endzustand in einem homogenen einscharigen Bereiche beiderlei Sinn der Relativbewegung nebeneinander, so ist das ein Hinweis auf Rückstau innerhalb dieses Bereiches, da in einsinnigem Fließen bei keinem Ausgangszustand beide Relativbewegungen auftreten können. Findet man aber keine sicheren Zeichen von verschieden gerichteter („polytroper" s. o.) Relativbewegung im Endzustand ablesbar, so ist damit einsinniges Fließen ohne Gegenfließen in einer früheren Zeitspanne nicht streng bewiesen. In keinem der nach Ausgangslage und Sinn der Relativbewegung denkmöglichen Fälle ist bei einfachen Scherfalten oder Biegescherfalten Mehrphasigkeit mit Gegenfließen sicher aus dem Endzustand zu erschließen oder auszuschließen.

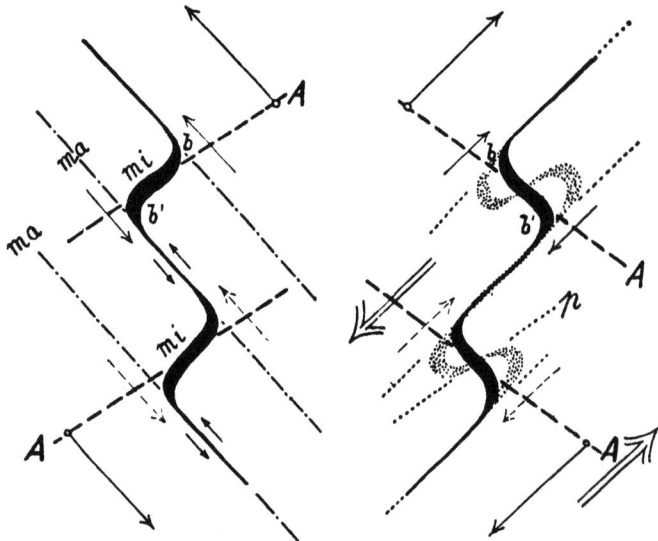

Abb. 53. S und Spiegel-S; im Text erläutert.

Aus S- oder Spiegel-S-förmigen Scherfalten oder Biegescherfalten (*sch*) kann man die Relativbewegung zur Zeit ihrer Entstehung ablesen. Die Relativverschiebung streicht bei jeder Ausgangslage wie die Hand über Haar, umbiegend über die Enden des S oder Spiegel-S; die Ausgangslage bildet mit den Pfeilen zu der also abgelesenen Relativbewegung einen Winkel derart, daß diese Pfeile als drehende Kräfte betrachtet, diesen Winkel zu vergrößern streben.

Täuschungen in der Ablesung der Relativbewegung entstehen: 1. Wenn in der Abb. 53 Biegung b links mit Biegung b' rechts verwechselt wird. 2. Wenn Bereich „rechts unten" die Externrotation einer Inhomogenität (Einschlußwirbel, Knickfalte) mit dem Kräftepaar Doppelpfeile ist. Beide Verwechslungen sind vermeidbar. 3. Wenn nicht eine „Zwischenfalte" vorliegt mit undurchbewegten Teilen (das ist der in Abb. 53 vollschwarz gezeichnete Fall), sondern eine Reihe nach den Schmidt'schen Gleitbretttypen überall von Scherflächen durchzogener Falten (das ist der in Abb. 53 rechts mit Punktmuster gezeichnete Fall), so kann sich S an Spiegel-S schließen, derart, daß die Lesung als S oder als Spiegel-S willkürlich ist und damit der Relativsinn der Teilbewegung unbestimmbar.

Abb. 53 zeigt das unterscheidbare S und Spiegel-S für Zwischenfalten (vollschwarz) mit Stellen geringster bis fehlender (mi) und stärkster (ma) korrelater Scherung; gebrochene Gerade = Ausgangslagen; gleiche Pfeile bezeichnen aufeinander bezogene Relativbewegungen; Pfeile mit Ring = summierte Relativbewegung; Doppelpfeil siehe oben 2.; Punktmuster = Gleitbrettfalten und dazugehörige Ausgangslage p.

Die Bedeutung von digyrischen S und Spiegel-S-Formen für die Relativbewegung wurde bisher in allgemeinen Umrissen nur für die Bereiche einsinnigen laminaren (einscharigen) Zergleitens betrachtet. Der Fall mehrscharigen Plättung eines Bereiches mit interner oder externer Rotation bedarf noch allgemeiner Betrachtung in unserem Zusammenhange, da er zu verschiedensinnigen Relativbewegungen $\perp B$ nebeneinander — ablesbar an S oder Spiegel-S — schon in

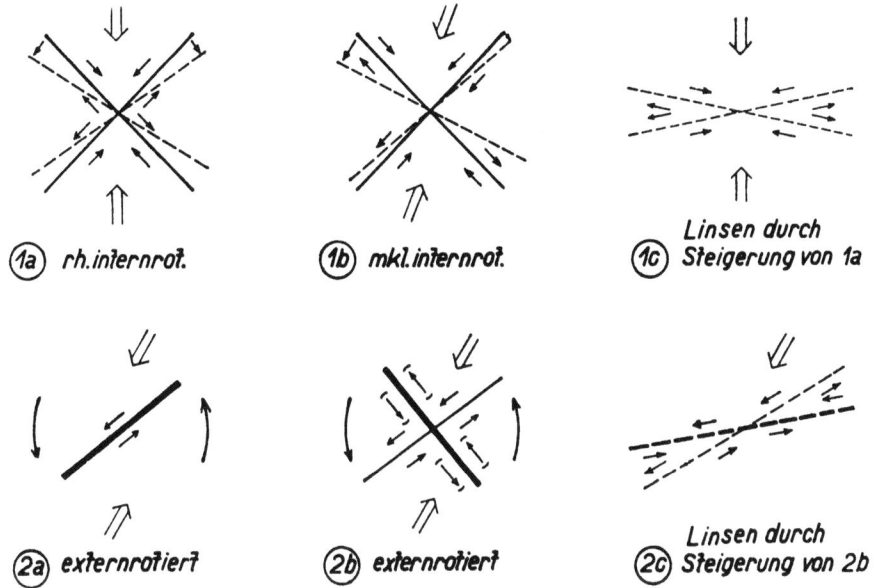

Abb. 54. Internrotierte (1) u. externrotierte (2) Scherflächen und ihre Relativbewegungen; im Text erläutert.

kleinen und homogenen Bereichen führen kann. In zwischen Starrbereichen geplätteten Bereichen — plätten heißt dabei nichts als platt machen, nicht etwa „bügeln" — läßt sich eine Plättungsebene unterscheiden. Dies ist jene Ebene P, mit welcher alle Plättungsebenen der Teilbereiche, alle längsten Durchmesser deformierter Ausgangskugeln den kleineren Winkel bilden als mit jeder anderen Ebene. In P hat bei Volumerhaltung die maximale Ausweichebewegung stattgefunden gegenüber einer plättenden Außenkraft für den betrachteten Bereich, welche senkrecht oder schief zu P stand. Enthält der betrachtete Bereich keine wirksamen Inhomogenitäten, so finden wir die Scherflächen in dem betrachteten Bereich symmetriegerecht zur geraden (rhombischen bis rotationssymmetrischen) oder schiefen (monoklinen) Pressung betätigt, ausgearbeitet, rotiert; so wie ja jede mechanische Formung symmetriegerecht zur Symmetrie des Systems formender Kräfte erfolgt, bzw. die Symmetrie ihrer Abfolge abbildet. Was die Kennzeichnung der bei solcher Plättung auftretenden Scherflächen anlangt, so ist der Rotationssinn der Bewegung in den Scherflächen bei richtiger Einstellung des Schliffes zu den sichtbaren Koordinaten des Handstücks weit öfter ablesbar als diese Möglichkeit benützt wird. Unter anderem lassen sich die Fälle der Internrotation mit höherer (rhombischer, Abb. 54 1a oder sphäroidischer) oder niedrigerer (monokliner, Abb. 54 1b) Symmetrie und zu beiden Fällen die echten B-Achsen mit $\perp B$ gerichteten Maximalkomponenten der Relativverschiebung in s_1 und s_2 unterscheiden; ferner echte B-Achsen mit Externrotation des Bereiches (Abb. 54 2a, b und c).

Denkt man sich in den Fällen der Abb. 54 eine Plättung, wie sie die Bilder 1c und 2c wiedergeben, so besteht im Falle 1c die Möglichkeit, daß verschiedensinnige Relativbewegungen $\perp B$ in internrotierten und geplätteten Homogenbereichen unmittelbar nebeneinander liegen, ablesbar aus reliktem Gefüge S und Spiegel-S aus dem Anfang des Plättungsaktes. Wir können zuletzt ungefähr in der Plättungsebene beiderlei Relativbewegungen nebeneinander finden, ohne

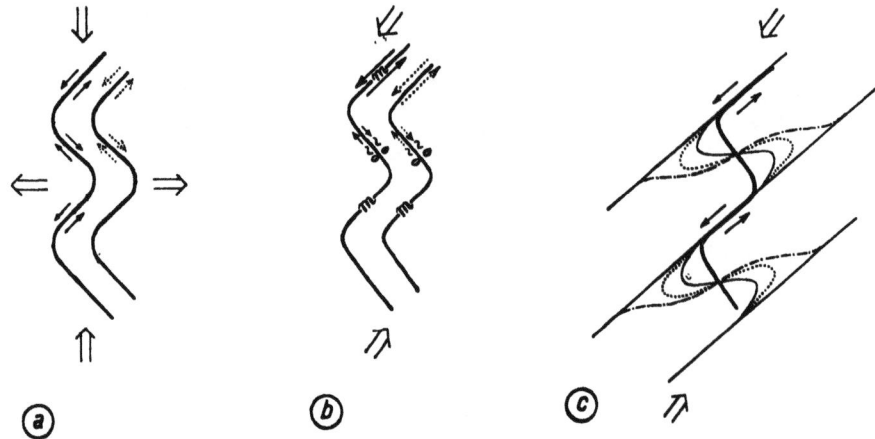

Abb. 55. Faltung und Zergleitung eines Bereiches mit wirksamen s Flächen geringster Schubfestigkeit bei Pressung || s (a) und schief zu s (b und c).

daß der Bereich starrere Partien zu enthalten brauchte. Solche Fälle weisen eindeutig darauf hin, daß die Plättung mit Ausweichen nach Schema 1 der Abb. 54 entstanden und mithin auch bei hohen Plättungsgraden nicht auf einsinnige Transporte mit laminarem Fließen beziehbar ist. In inhomogenen Bereichen sind für diesen Fall (mehrsinnige Relativbewegung in s, wobei unter s die Gesamtheit aus s_1, s_2, s_3 usw. verstanden ist) durch Umströmung und gegenseitige Begegnung von Starrheitsinhomogenitäten mannigfaltige Entstehungsmöglichkeiten gegeben.

Es bleibt noch der Fall zweischariger Zergleitung eines anisotropen Materials zu beachten, welches ein stark mechanisch wirksames Parallelgefüge aus s-Flächen leichter Verschiebbarkeit in s besitzt. Von den Grenzfällen ergibt Pressung $\perp s$ keine Gleitung in s; Pressung || s ergibt Stauchfältelung (mit Regel der Stauchfaltengröße s. oben) aus Biegefältchen. Abb. 55a zeigt, daß im letztgenannten Falle gleichsinnige Relativbewegung $\perp B$ nur für den Bereich eines einzelnen Faltenschenkels besteht. Im Inneren erleiden die Lagen von Abb. 55a und b Biegung, das ganze System also Biegung und Gleitung = Biegegleitung.

Wenn aber die pressende Außenkraft schief zu s steht (Schiefstauchung), so ergibt sich die Vereinbarkeit einer zweischarigen plättenden Verschiebung mit dem Bilde einer S + Spiegel-S-Fältelung.

Steht die Außenkraft nicht || sondern etwas schief zu s (Abb. 55b, c), so ergibt sich entsprechend mindersymmetrische Stauchfältelung. Von den Schenkeln der Stauchfalten liegt sogleich die eine Schar m gleitgünstiger zur Außenkraft als die andere. In dieser Schar m gehen die Gleitungen in s vor sich, deren Ergebnis Abb. 55c wiedergibt.

Zu den hier erörterten wichtigsten Fällen mehrsinniger Relativbewegung $\perp B$ bei mehrschariger Formung im Homogenen — gerade und schiefe Plättung isotroper Bereiche sowie Schiefstauchung anisotroper Bereiche — kommen noch die Möglichkeiten mehrsinniger Relativbewegung $\perp B$ in inhomogenen Bereichen mit starreren Teilen. Es ist bei Beachtung dieser Umstände verständlich, wenn in großen Bereichen umgefalteter, blättriger Tektonite der Aufnahmsgeologe zwar s-Fallen, s-Streichen und B-Achse konstant findet, aber keine einsinnige Relativbewegung $\perp B$ ablesbar. Erst statistische Bestimmungen ergeben bisweilen das deutliche Vorwalten eines Sinnes der Relativbewegungen und damit wahrnehmbar vorwaltenden tektonischen Transport in bestimmtem Sinne z. B. „Höheres über Tieferes gegen Nord". Weithin gehören geradezu zur Kennzeichnung von Tektoniten namentlich Phylloniten mit „linsigem Bau" die Scherkörper mit sich spitzwinkelig in B kreuzenden Scherflächen ohne ablesbaren Relativsinn der Bewegung $\perp B$. Sind die Relativsinne statistisch gleich vertreten, so besteht rhombische Symmetrie des dm-Bereiches und damit der Hinweis auf eine plättende Formung zwischen starren Backen, nicht auf einsinniges laminares Fließen. In anderen Fällen wieder lassen sich im Anschluß an die oben erörterten Merkmale Bewegungsrichtungen tektonischer Transporte zuverlässig aus der Statistik der Handstückbereiche ablesen. Um diese Formungen zeitlich zu gliedern und mit Kristallisationsvorgängen in Beziehung zu setzen, geht man auf die Korngefügeanalyse von Falten über, welche darüber entscheidet, ob homogene Scherfalten, Biegescherfalten, Biegefalten, abwickelbare, also vor der Krümmung im Korngefüge geregelte Falten vorliegen und in bezug auf welche Kornarten die Faltung, damit die Relativbewegung $\perp B$ und damit Plättung oder Transport, vor-, nach- oder parakristallin ist, was man an B-Gefüge (namentlich an Falten) geeigneter Größe untersucht.

Wenn man Bewegungen $\perp B$ aus dem Gefüge abliest, so können diese Bewegungen an einem homogenen oder an einem inhomogenen Bewegungsbilde größeren Bereiches beteiligt sein, sie können, wie so vielfach erörtert, ganz verschiedener Art sein, sind aber immer symmetriegerecht und sie dürfen nicht ohne weiteres in ungenaue Zusammenhänge mit undefinierten Ausdrücken aus der Bildersprache der Tektonik gebracht werden. Während in einem Falle die beachtete Bewegung $\perp B$ eine Gleitung oder Biegegleitung in s ist, kann es von Wert sein in einem anderen Falle die Verlagerung eines Punktes $\perp B$ zu betrachten, wobei dieser Punkt nicht in s verschoben wird, wohl aber längs einer Ausweichungs- oder Pressungsgeraden, welche die Winkel zweischariger Scherung teilt.

In einem Falle kann die Bewegung $\perp B$ als Teilbewegung am freien Fließen eines Bewegungshorizontes beteiligt sein, in einem anderen Falle an der Formung des Bereiches zwischen starreren Backen oder an der Stauung an einem Hindernis, begleitet von Bewegungen $\parallel B$. Während wir in einem Falle aus dem Gefüge sich rasch in große Transporte summierende Bewegungen $\perp B$ ablesen, beachten wir in einem anderen Falle die Bewegung $\perp B$, in der „Pressungsgeraden" — das ist in der „stumpfen" Symmetralen des größeren Winkels, den die Scherflächen miteinander einschließen — eine Bewegung, welche nicht als Teilbewegung im Bewegungsbilde eines großen Transportes steht.

Ein Gemeinsames aller dieser Fälle aber ist, daß die Bewegungen $\perp B$ symmetriegemäß dem größeren Bewegungsbilde verlaufen, zu welchem sie als Teilbewegung in B-Tektoniten summierbar sind. Ein Gemeinsames ist ferner, daß die Ebene $\perp B$ die kinematische Hauptebene ist, in welcher eben die Bewegungen

$\perp B$ vor sich gehen, gleichviel welche Lage jenes B im Raume hat, so daß es keineswegs erlaubt ist, von Bautypen mit horizontalem B ausgehend, auch in anderen Fällen eine Vertikalebene als kinematische Hauptebene (Profilebene) bewußt oder unbewußt anzunehmen, anstatt gefügekundliche allgemeinste Grundlagen und Pläne mit verschiedenster Orientierung zu den Erdkoordinaten zu beachten.

Im Verlaufe der Untersuchung, was man aus den Relativsinnen der Bewegung $\perp B$ in kleinen homogenen Bereichen von der Bewegung in größeren inhomogenen Bereichen — deren Bewegungsbild den Tektoniker unmittelbar interessiert — aussagen kann, wurde bereits (Abb. 55) der Fall der Faltung und Zergleitung eines anisotropen Paketes aus gut gleitfähigen Lagen s gedeutet. Dabei war angenommen, daß diese Anisotropie genügend ausgesprochen sei, daß bei zweischariger plättender Zergleitung (mit s_1 und s_2) entweder s_1 oder s_2 in s fällt; so wie sich dies für feingewebte, stark anisotrope Tonschiefer zeigen läßt. Andere natürliche Falten und allgemeine Überlegungen zwingen, ähnliche Betrachtungen über Faltung im Bewegungsbilde zweischariger Zergleitung hier anzuschließen. Solche Falten sollen als Doppelscherfalten bezeichnet werden.

Eine Einschar von Gleitflächen s_1 kann aus einer Vorzeichnung oder auch aus einer mechanisch heterogenen Einlage eine einfache einscharige Scherfalte oder eine Gleitbrettfalte mit einem Sinne der Relativbewegung erzeugen. Ferner kennen wir sehr zahlreiche Fälle, in denen zweischarige Formung erfolgt, ja die Korngefügeanalyse hat mehrscharige Formungen mit Regelung als häufiger denn die einscharige erkennen lassen. Nach diesen beiden Sätzen liegt es nahe zu fragen, wie ein Bewegungsbild aussieht, in welchem sich mit fixer Digyre zwei Scherflächenscharen kreuzen, deren jede für sich eine einfache Scherfalte oder eine Gleitbrettfalte erzeugen würde. Anders gesagt: Was entsteht aus einer Vorzeichnung bei nichtaffiner mehrschariger Zerscherung mit fixer Digyre, und gibt es unter den Ergebnissen Formungen, welche uns aus dem Formenschatz natürlicher Falten feldgeologisch bekannt sind? Dieselbe Frage gilt betreffend zweischarige, nichtaffine Zerscherung von mechanisch heterogenen Lagen. Die Antwort lautet in beiden Fällen bejahend: Mechanisch indifferente und mechanisch heterogene Vorzeichnungen können durch nichtaffine zweischarige Zergleitung in bekannte und typisierte Faltenbilder übergehen, deren Relativsinn der Teilbewegungen nur deutbar ist, wenn man diese Entstehungsmöglichkeit beachtet und korngefügeanalytisch kontrolliert, was bekanntlich sehr oft erst ein- und zweischariges Gefüge erkennbar macht.

Die große Rolle mehrschariger Scherung und bestimmter Typen derselben ist also sowohl beobachtet als abgeleitet und auch im Versuche kontrollierbar. Auch geben die Schmidt'schen Spannungskugeln ein geordnetes Verzeichnis der Lagebedingtheit der Scherkräfte bei verschiedenen Beanspruchungen im homogenen Bereich.

Bei der weiten Verbreitung mehrschariger Zerscherung ist nun die Frage nach der Verzerrung von Vorzeichnungen bei mehrschariger Zerscherung von Interesse.

Diese Frage läßt sich durch rein geometrische Versuche fördern (kinematische Experimente). Bei diesen wird die zu untersuchende Vorzeichnung auf den Querschnitt eines Kartonpaketes gezeichnet und dann affin oder nichtaffin in möglichst genau definierter Weise durch Gleitungen zwischen den Kartonblättern zerschert und verzerrt. Von der verzerrten Vorzeichnung V_1 macht man eine Pause und kopiert diese Pause als neue Vorzeichnung auf den noch unbenützten Querschnitt eines unverschobenen Kartonpaketes. Diese Übertragung erfolgt derart, daß die Vorzeichnung V_1 gegenüber den Kartonblättern (= Gleitebenen s) um einen kontrollierten Winkel gedreht ist. Hiebei ist außer der Größe dieses Winkels noch der Sinn dieser Verdrehung gegenüber den Gleitebenen s und der Sinn der Relativbewegung bei der nunmehr erfolgenden Zergleitung zu beachten.

Durch diese beliebig fortsetzbare Überlagerung definierter einschariger Zergleitungen und Verzerrungen kann man für „ebene" Verformung (mit der Ebene = Kartonpaketquerschnitt) die Verzerrungen darstellen, welche bei mehrscharigen definierten Zergleitungen an interessierenden Vorzeichnungen auftreten.

Hiebei gilt:

1. Für die Geometrie der Verzerrung durch raumstetige mehrscharige Zergleitung bleibt es ohne Wirkung, ob sich die Gleitflächen s_1, s_2, s_3 usw. in ihrer Betätigung in Akten beliebiger Größe ablösen, also „zeitlich überlagern", also einzeitig betätigen" oder in ihrer Betätigung aufeinander folgen. Dies gilt für die Geometrie des Vorgangs nicht aber für dessen dynamischen Ablauf, welcher eigener Betrachtung bedarf.

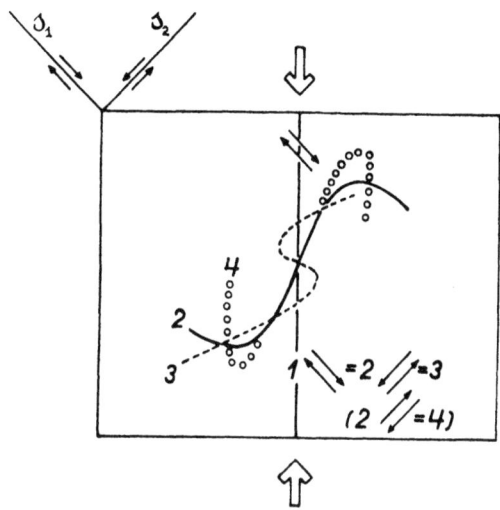

Abb. 56. Verkrümmung („Faltung") einer geraden Vorzeichnung (1) durch zweischarige (s_1, s_2) nichtaffine Zergleitung. Mit Resultat 3 beziehbar auf gerade Pressung mit symmetrischen Relativsinnen der Zergleitung. Mit Resultat 4 mit unsymmetrischen Relativsinnen (auf Externrotation weisend) zerglitten. Zwei sich mit gemeinsamer Digyre rechtwinklig kreuzende Gleitbretter ergeben dasselbe Bild „3" wie eine Stauchfaltung zur Pressung Doppelpfeil. Dies gilt für die Anordnung der Relativverschiebungen links oben, welche ebenfalls der Pressung Doppelpfeil entspricht. Andernfalls ist die Abfolge 1, 2, 4.

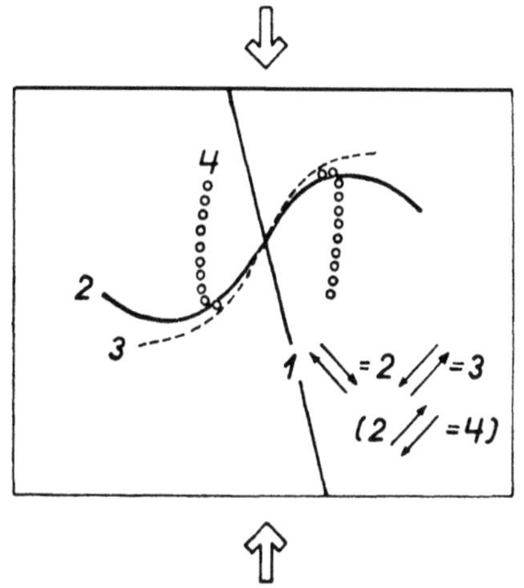

Abb. 57. Wie Abb. 56 aber schiefer Pressung entsprechend; siehe Text.

2. Es ist auch gleichgültig für das Ergebnis, ob man den Bereich gegenüber der Gleitflächenschar, bzw. der Gleitflächen erzeugenden Außenkraft rotiert oder diese um den Bereich. Aber man muß den Sinn der Rotation und der auftretenden Relativbewegungen evidenthalten.

3. Affine Deformationen überlagern sich wieder zu affinen, symmetriekonstante zu symmetriekonstanten.

Durch geometrische Versuche mit dem geschilderten Verfahren werden hier folgende für die Diskussion des Relativsinnes von Gleitungen normal zu B-Achsen wichtige Fälle veranschaulicht.

Neben der Darstellung für einscharige Zergleitung von Vorzeichnungen und für verschiedene Gleitflächenlagen gegenüber typischen Vorzeichnungen (Abb. 10—22) betrachten wir die Darstellung für einige Fälle mehrschariger Entstehung gekrümmter Gefüge aus gerader Vorzeichnung, zunächst für zweischarige Pressung und ohne Beachtung interner und externer Rotation. Abb. 56 zeigt diesen Fall für mechanisch indifferente Vorzeichnungen. Abb. 56 ist die Skizze einer zweidimensionalen nichtaffinen Doppelscherfalte (Gleitbrettfalte) nach s_1 und s_2; Digyre unverlagert; $s_1 \perp s_2$ ohne Beachtung der Internrotation bei der Plättung. 1 ist eine mechanisch unwirksame Vorzeichnung, 2 ist deren Verzerrung durch die nichtaffine Scherung in s_1 mit rechts oben und links unten wachsenden Gleitbeträgen. 3 ist eine Verzerrung von 2 durch nichtaffine Scherung in s_2 mit links oben und rechts unten wachsenden Gleitbeträgen. 4 ist die Verzerrung von 2, aber nicht wie 3, sondern mit anderem Sinn der Relativbewegung; also auch nicht mehr im Sinne der Pressung (Doppelpfeil), sondern einer Externrotation. Die Linien entsprechen verschiedenen Fällen nichtaffiner Scherung in s; also zwei verschiedenen Gleitbrettfalten mit fixer Digyre. Die Abb. 57 zeigt denselben Ablauf wie Abb. 56 aber bei unsymmetrischer, schiefer Lage der Vorzeichnung 1 zu s_1 und s_2; der Übergang von 2 zu 3 ist zugleich ein Beispiel für Entkrümmung einer Vorzeichnung (Falte) durch einscharige Scherung (nach s_2). 3 ist also in Abb. 56 und 57 das Ergebnis zweier unter 45° zur Pressungsrichtung stehender, einander rechtwinklig kreuzender Gleitbretter, deren Betätigungen nacheinander oder „einzeitig in t", d. h. in kleinen Zeitspannen einander ablösend, in einer größeren Zeitspanne t einander überlagernd erfolgt. Man sieht, daß bei mechanisch unwirksamen Vorzeichnungen oder auch bei Scherbiegefalten eine S-Falte ganz verschieden zu deuten ist, was den Relativsinn der erzeugenden Scherung anlangt, je nachdem Fall 2 (eine Gleitbrettfalte erster Ordnung; zu deuten wie Pfeile zu s_1) oder Fall 3 vorliegt (ein Gleitbrett zweiter Ordnung durch Gleitbrettzerscherung einer S-förmigen Zeichnung zu deuten wie Pfeile zu s_2). Die Entscheidung über einscharige oder zweischarige Scherung durch Korngefügediagramme ist also für die Deutung nötig.

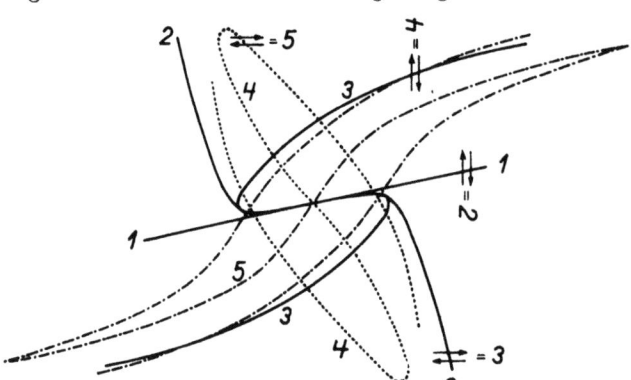

Abb. 58. Krümmung, Komplikation, Schließung, Einschlichtung und damit scheinbare Entkrümmung (Scharniere in 5!) einer Vorzeichnung (1) bei Externrotation des Bereiches.

Abb. 58 zeigt was aus einer vorgezeichneten Geraden wird, wenn die durch eine Gleitbrettscherung (Symbol ⇌ für den Gesamtbereich der zweizähligen Falte) erzeugte S-Falte entgegen dem Sinne der Scherung (⇌), also im Sinne eines Kräftepaares ⇌ um Intervalle von jedesmal 90° bis zu einer vollen Drehung externrotiert und mit fixer Digyre jedesmal neu mit ⇌ umgeschert wird. Das Bild der hiebei entstehenden Einwickelung durch Scherung kann nur entstehen, wenn der Faltenbereich autonom als Zapfen $\parallel B$ in seiner Umgebung mit ⇌ gedreht wird. Dieser Fall einer gewaltsamen Drehung eines Bereiches entgegen dem Relativsinne der zur Zergleitung führenden Kräfte ist im Bewegungsbild einscharig fließender Tektonite nicht möglich. Vielmehr führt in diesem Bewegungsbild die Übereinstimmung im Bewegungssinne der Scherung und der Externrotation nicht zu Wickelfalten, sondern zur Entkrümmung, Plättung, schlierigen Einschlichtung in *s*, wie man das in frei abfließenden tektonischen Transporten immer wieder begegnet: Die Tektonite werden um so schöner laminar (ja scheinbar ungestört), je weiter die beschriebene Entkrümmung aller Krümmungen durch gleichsinniges Zergleiten gediehen und damit der tektonische Transport gelangt ist. In einscharig zergleitenden Tektoniten ist also eine *S*- oder Spiegel-*S*-Zeichnung mit zunehmender Einwickelung nicht als Scherfalte, sondern als (Schmidt) Einschlußwirbel in einem wachsenden und externrotierten Imprägnations- (mech. Versteifungs-) Bereiche zu betrachten mit der ihm zukommenden Relativbewegung.

Abb. 58. zeigt das Ergebnis von vier (mit gleicher Digyre) aufeinander folgenden Gleitbrettern auf eine Ausgangsgerade 1 bei Rotation um je 90°; entsprechend einer Drehung des Bereiches im Uhrzeigergegensinn gegenüber fixer Lage der vier mal erneuten Scherung, oder einer Drehung der Scherung gegenüber fixem Bereich gegen den Uhrzeiger; zunehmende Verwickelung der Falte. Andere Einwickelungen in einscharig fließenden Transporten sind nur im Sinne einer Haut über rollender Walze möglich, was rein kinematisch dem Bewegungsbilde eines echten Wirbels entspricht, von den Tektonikern auch so gesehen, petrographisch aus Schmelztektoniten beschrieben und zur Bestimmung des Relativsinnes im Fließen verwendet wurde.

Durch ein weiteres geometrisches Experiment kann man sich eine Übersicht darüber verschaffen, was aus verschiedenen Ausgangsformen wird, wenn jede derselben in ganz verschiedenen Lagen (acht Lagen auf 360° im durch-

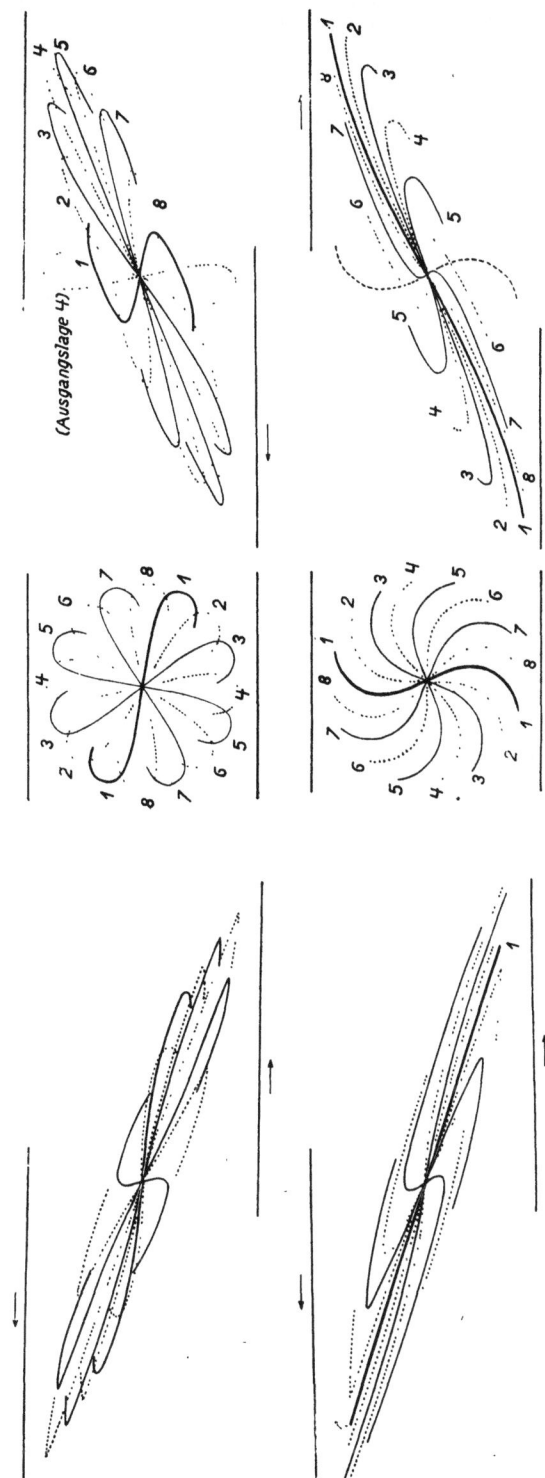

Abb. 59, 60. Krümmung und Entkrümmung der Ausgangslagen 1—8 (links unten) einer *S*-Zeichnung bei nichtaffiner digyraler Zergleitung (Gleitbrett) in dem rechts unten und oben bezeichneten Sinne und mit fixer Digyre im Zentrum.

geführten geometrischen Experiment) gegenüber einer Gleitbrettscherung von diesem: ⇌ Sinne (Fall 1 also von dem die erste Falte erzeugenden Sinne) oder von diesem ⇌ Sinne (Fall 2; also entgegen dem die erste Falte erzeugendem Sinne) als Gleitbrett zerschert wird. Dies ist in Abb. 59, 60 in der Weise synoptisch durchgeführt, daß eine Rose der gewählten Ausgangsform auf den Querschnitt eines Kartonpaketes gezeichnet und dieses als Gleitbrett translatiert wurde.

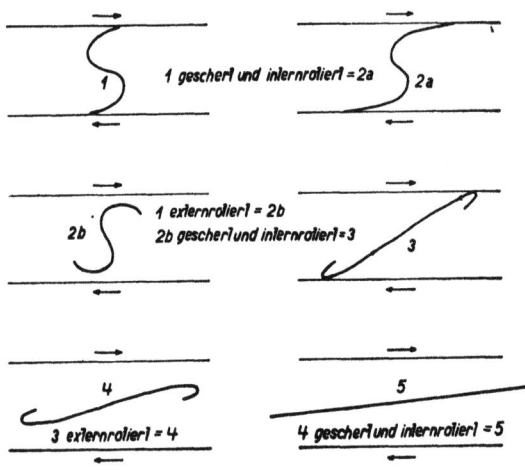

Abb. 61. Krümmung und Entkrümmung einer S-förmigen Vorzeichnung durch ein Gleitbrett; mit und ohne Externrotation.

Die Abb. 59 ergibt für Fall 1, also für den in tektonischen Transporten ohne Rückfließen geltenden Fall, und für Fall 2 anschaulich, bei welcher Ausgangslage und Ausgangsform weitere Krümmung, Zuspitzung und Entkrümmung eintritt. Für Krümmungen verschiedener Art und Lage zur Gleitebenenschar ergibt das geometrische Experiment das häufige Auftreten von Ausspitzung und Entkrümmung — also laminare Parallel-einschlichtung in s — schon bei den gewählten ablesbaren Beträgen der Relativverschiebung, und zwar für beide unterschiedenen Fälle. Damit ergibt sich wieder, daß zunehmende Krümmung und Einwickelung (Wickelfaltung) bei einschariger Zergleitung ohne Externrotation des Bereiches nicht auftritt.

Wir zeigen also bei welchen Ausgangslagen sowohl im Fall 1 als im Fall 2 Entkrümmung und Krümmung von Falten auftritt bei Gleitbrettzerscherung mit unverlagerter Digyre.

Wenn wir schließlich bei Fall 1 beachten, daß die Internrotation der Vorzeichnung durch die Scherung und eine zusätzliche Externrotation des Bereiches mit neuerlicher Scherung im selben Sinne entkrümmend wirken, so ergibt sich im Experiment anschaulich leicht erweisbar (Abb. 61), daß das in Bewegungshorizonten begegnete Bild der Entkrümmung („Auswalzung") von Falten in einem Bewegungsbild aus Scherung und Rotation erzeugbar ist. Hiezu gibt Abb. 61 ein Schema, Abb. 62 ein geometrisches Experiment.

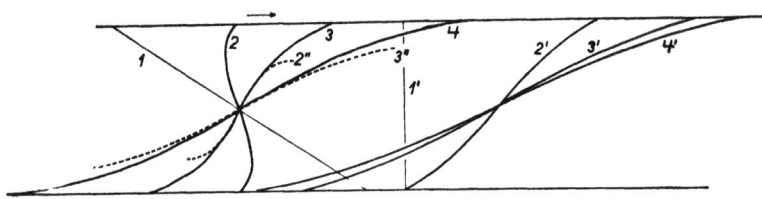

Abb. 62. Krümmung und Entkrümmung einer Geraden durch zunehmende Gleitbrettscherung. Beschleunigung der Entkrümmung durch Externrotation im Sinne der scherenden Kräfte (vgl. 1 bis 4 mit 1 bis 3'').

In Abb. 62 gilt: $1 \rightleftarrows = 2$; $2 \rightleftarrows = 3$; $3 \rightleftarrows = 4$; zugehörige Vertikale sind $1'$, $2'$, $3'$, $4'$; 2 externrotiert = $2''$; $2'' \rightleftarrows = 3''$.

Bei Externrotation (2 nach $2''$) führt hier also eine einzige Gleitbrettscherung ($2''$ nach $3''$) zu einer ebenso starken, bisweilen stärkeren Entkrümmung als ohne Externrotation mit zwei Gleitbrettscherungen (2 nach 3 nach 4) erreicht wird.

Es ist also der allgemeine Ablauf mehrschariger Verzerrungen für externrotierte Bereiche von Interesse. Denn einerseits sind zweischarige Formungen vom Relativsinn des Typus der Abb. 54, 2b mehrfach nachgewiesen und als externrotierte Fälle wiederholter einschariger Zerscherung gedeutet. Ferner sind mehrscharige Zerscherungen im Korngefüge von Rotationstektoniten häufig zu begegnen. Und endlich sind B-Tektonite mit Rotation (Rotationstektonite) unselten.

Eine wichtige Tatsache ließ sich übersichtlich machen. Es werde zuerst nach Schar 1 zerschert und eine dieser Schar naheliegende Vorzeichnung verzerrt. Dann erfolgte im gleichen Sinne wie die Scherung (nach dem Diktat derselben Außenkräfte schiefer Pressung) die Externrotation des betrachteten Bereiches. Bei genügendem Betrage der Externrotation und neuerlicher Scherung in der Ausgangslage 1 erfolgt die Entkrümmung der Vorzeichnung. In dem für Gesteine (nicht deren Vorstadien) allein in Betracht kommenden Falle wiederholter nichtaffiner einfacher oder Gleitbrettscherung mit übereinstimmendem Relativsinne der Internrotation, der Externrotation und der Scherung gilt es 1. daß die Scherfalten nicht nur gesteigert, sondern wieder entkrümmt werden und 2. daß die Pfeile an $\vec{S}$ auch den Relativsinn der Lamina gegeneinander anzeigen, zwischen denen der betrachtete Bereich extern rotiert wird. Sowohl die fixe Drehachse B als der fixe Wendepunkt, also die immer gleiche Lokalisierung der Gleitbretter, bzw. ihrer Digyre bei wiederholter Scherung sind überhaupt nur dann wahrscheinlich und verwirklicht, wenn B und Wendepunkt im Zentrum eines mechanisch inhomogenen weniger gleitfähigen Bereiches M liegen, welcher gegenüber der Außenkraft rotiert wird. Eine autonome Rotation eines solchen Bereiches, wie etwa im Bohrakte, kann für die Teilbewegung im Gesteinszustand unberücksichtigt bleiben. In Tektoniten kommt es dadurch zur Rotation starrer Bereiche, daß sie in lamellares Fließen eingebettet sind wie ein Stab, den ich zwischen meinen parallelen Handflächen pressend dadurch rotiere, daß ich die Hände gegeneinander verschiebe, wofür man den kurzen Ausdruck nudeln setzen kann. Eine solche Nudel, wie wir sie in Rotationstektoniten in geradezu allen Ausmaßen als Stengel nach B begegnen, ist genau unser Fall: Wendepunkt und Rotationsachse in der Nudel bleiben, diese selbst wird gegenüber den Außenkräften externrotiert und diese erzwingen immer wieder Gleitbrettbildung mit demselben Relativsinn der Scher-Bewegung im betrachteten Bereiche. Dieser Relativsinn selbst ist aus den randlich in der Nudel auftretenden krummen Gefügen eindeutig ablesbar; aber nach der früher gegebenen Regel ebenso der hier interessierende Relativsinn der nudelnden Hände gegeneinander, derart, daß die Spitzen des S im Sinne der Handbewegung gegenüber dem betrachteten Bereiche und gegenüber der anderen Hand umgebogen werden. Es ist auch möglich, daß überhaupt keine Scherfaltenbildung erfolgt und ein Stengel ohne jede Verformung rotiert wird.

Die Verhältnisse für einfache Scherfaltung sind mitbeschrieben, wenn man eben nur einen randlichen Bereich der Nudel, nicht den Gesamtbereich der Nudel mit seinem symmetriegemäß dem Außenkraftpaar digyrischen Gefüge betrachtet. Schließlich wäre noch der häufige Fall zu beachten, daß der starre Bereich nicht selbst rotiert, aber angeschmiegt laminar umflossen wird, etwa wie eine Hand über einen Kittblock streicht und Verzerrungen mit leicht ablesbarem Relativsinn erzeugt.

In einer zweiten Art des Bewegungsbildes, welche in ihrer Symmetrie vollkommen gleich der ersten Art ist — B ist in beiden Fällen Digyre — bewegt sich der betrachtete Bereich autonom rotierend gegenüber seiner Umgebung (Bohrer, Wirbel im engeren Sinne). Auch diese Art läßt sich für den Fall zugeordneter Scherfalten gut als $\vec{S}$ für $C\uparrow$ kennzeichnen. Die Existenz von Rotationstektoniten dieser Art, also die Existenz von Wirbeln im engeren Sinne ist in Rauchen und Flüssigkeiten leicht aufzuzeigen. Eine Entstehung im Gesteinszustand kommt nicht in Frage.

Laminare Bewegung umgebender Bereiche ist nicht angenommen. Die S-Spitzen weisen dem Drehsinne der Rotation des betrachteten Bereiches entgegen, also anders als bei der Nudel. Schmidt'sche „Einschlußwirbel" des Korngefüges durch Aufnahme von benachbarten Teilchen der Umgebung in den rotierenden und wachsenden Bereich, einen Kristall, zeigen ganz dasselbe Verhalten der S-Spitzen wie im echten Wirbel engeren Sinnes: Die Spitzen weisen dem Drehsinn entgegen.

Da echte Wirbel mit Einschlußwirbeln geologisch nicht verwechselt werden können, hat man praktisch nur Einschlußwirbel und Nudeln auseinander zu halten und, was die Deutung der Relativbewegung der die Rotation verursachenden Lamina anlangt, zu beachten, daß Einschlußwirbel mit ihren S-Spitzen, bei gleicher Rotation und gleicher Relativbewegung der Lamina gegeneinander entgegengesetzt weisen wie die S-Spitzen der Nudel.

Das Auftreten rhythmisch gekreuzter Gleitbretter mit fixer Digyre ist denkbar aber nicht nachgewiesen. Hiebei auftretende Krümmungen von der Gestalt von Stauchfalten sind durch das geometrische Experiment als kinematisch möglich, damit aber grundsätzlich noch nicht als realisiert nachgewiesen. Das Auftreten der Entkrümmung von Vorzeichnungen bei Rotation und gleichsinniger Scherung in laminar fließenden Bereichen tektonischer Transporte ist eine durch das geometrische Experiment genauer veranschaulichte bekannte Tatsache von ähnlicher Verbreitung und Bedeutung, wie die Einschlichtung von heterogenen Elementen (Quergängen, Schubfetzen u. a.) und von heterometrischen oder translatierenden Kristallkörnern durch Rotation bis zur Einregelung in die Gleitflächen des Bewegungsbildes. Alle diese Vorgänge sehr oft mit Gestaltung symmetriegemäßer B-Achsen sind gleichsinnige Ausgestaltung des Parallelgefüges bei affiner oder nichtaffiner laminarer Gleitung in Transporten.

6. Einige Typen homogener und inhomogener tektonischer Bewegungsbilder mit flächigem und linearem Parallelgefüge (S-B-Gefüge).

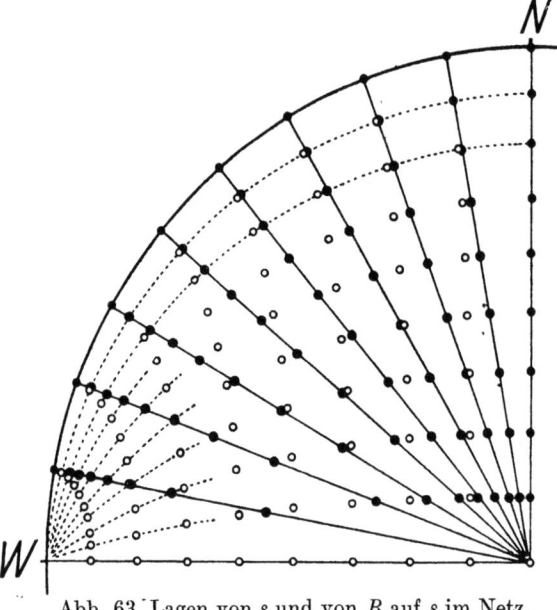

Abb. 63. Lagen von s und von B auf s im Netz.

Geometrische Zusammenhänge auf dem Netz; Einmessung von B auf S; $\measuredangle\, \zeta$ und $\measuredangle\, \psi$ in isoklinen Serien; B-Achsen bei Torsion (syntorsional oder vortorsional); Teilbereiche im tektonischen Bewegungsbild; Zunahme der Teilbewegung im Höheren oder Tieferen laminarer Transporte; Relativität der Bewegungen nach aufwärts und abwärts; minderteilbeweglicher Bogen mit höherteilbeweglicher Hülle.

Der geometrische Zusammenhang zwischen der Lage einer Ebene — gegeben durch deren Streichen und Fallen — und einer Geraden B auf dieser Ebene — gegeben durch deren Achsenstreichen (Vertikalebene, in welcher die Gerade liegt) und Fallen läßt sich auf einem Globus oder Netz verfolgen (Abb. 63). Die Meridiane sind die Ebenen mit verschiedenem Fallen bei fixem Streichen z. B. WE. Die Schnittpunkte der Breitekreise mit den Meridianen (Kreis'chen) sind die Lagen der Geraden auf den Ebenen, bzw. die

Ausstichpunkte der B auf der Lagenkugel. Betrachten wir die B entlang einem Meridiane, so haben wir alle B auf der betreffenden fixen meridianen Ebene für verschiedene $\not\!\!\!\lessdot \zeta$ (zwischen Ebenenstreichen und Achse B auf der Ebene gemessen). Betrachten wir die B entlang einem Breitekreis, so haben wir alle Lagen von B mit konstantem $\not\!\!\!\lessdot \zeta$ auf Ebenen mit konstantem Streichen, aber variablem Fallen ($\not\!\!\!\lessdot \psi$). Ziehen wir in gleichen Winkelabständen Radien über das Netz als Abbildungen der verschiedenen Achsenstreichen (Vertikalebenen in denen die B liegen, ,,Achsenebenen''), so ergeben deren Schnittpunkte mit den Meridianen (dunkle Punkte) die Orte der B für das jeweils betrachtete Achsenstreichen auf Ebenen mit konstantem Streichen und variablem Fallen.

Wollen wir sehen, wie die B-Punkte verlagert werden, wenn sich das Flächenstreichen oder das Achsenstreichen ändert (z. B. auch durch den Fehler einer unrichtigen Einmessung gegenüber der Wirklichkeit), so überlagern wir ein durchsichtiges Netz konzentrisch über ein fixes, verdrehen es gegen das untere und beachten die Verschiebung der B-Punkte etc. bei der Drehung.

Ändert man (Abb. 63) das s-Fallen von 0^0 bis 90^0, so ändert sich das Achsenfallen bei konstantem Achsenstreichen mit zunehmenden s-Fallen (ψ) immer schneller zunehmend von $\psi = 0^0$ bis $\psi = 90^0$. Diese Zunahme selbst wächst umso rascher, je geringer die Divergenz zwischen s-Streichen und Achsenstreichen ist. Das heißt z. B., daß bei einer Divergenz zwischen s-Streichen und Achsenstreichen von nur 10^0 ein Fehler von 5^0 beim Ablesen von ψ_1 für flache Lagen von s nur einen kleinen Fehler für das Achsenfallen mit sich bringt, für steile Lagen von s einen sehr großen. Ähnliches gilt für den $\not\!\!\!\lessdot \zeta$ zwischen s-Streichen und auf s liegender B-Achse. Schreiben wir dem $\not\!\!\!\lessdot \zeta$ eine konstante Größe vor für alle ψ von 0^0 bis 90^0, so liegen die B-Achsenpole auf den senkrecht zum s-Streichen verlaufenden Breitekreisen der Lagenkugel und man sieht in der Projektion (Abb. 63), daß die Divergenz zwischen Achsenstreichen und s-Streichen begrenzt ist: Sie kann nicht größer werden als $\not\!\!\!\lessdot \zeta$ (zwischen s-Streichen und B-Achse gemessen auf s).

Alle diese Zusammenhänge sind also aus dem Netz ohne weitere Beweise ablesbar. Von dieser Darstellung kann man auch ausgehen, um die Genauigkeit verschiedener Einmeßverfahren zu beurteilen und gegeneinander zu halten.

1. Bei dem älteren Verfahren mißt man Streichen und Fallen von s und von B direkt durch Anlegen des Kompasses und Visieren. Die Eintragung der Daten ergibt ein durch Meßfehler außer s fallendes B.

2. Bei dem neueren Verfahren mißt man Streichen und Fallen von s ganz wie bei 1, also mit gleichen Fehlern. Die dann noch benötigte Messung von $\not\!\!\!\lessdot \zeta$ ist praktisch ohne Fehler durchführbar.

Der Fehler beim Einmessen von Streichen und Fallen von s ist im ersten Verfahren unwirksam für die unabhängige Einmessung von B; im zweiten Verfahren aber wirksam, wie aus einem Netz ablesbar. Für B-Achsen, welche zwischen Fallen und Streichen von s liegen, wird die Konstruktion von B folgendermaßen fehlerhaft: Der durch unrichtiges Ablesen des Fallens von s (ψ) entstehende Fehler in der Eintragung von B wächst für zunehmendes ζ, bis er im Grenzfalle $\zeta = 90$ den durch Ablesen von ψ gemachten Fehler erreicht; wie ein Blick auf das Netz ergibt. Der durch unrichtiges Ablesen des Streichens von s entstehende Fehler in der Eintragung von B wächst mit zunehmendem ζ und abnehmendem ψ, bis er im Grenzfalle 0 beim Ablesen des Streichens von s gemachten Fehler, also höchstens einige Grade erreicht. Man überzeugt sich davon, indem man eine Oleate mit Breitekreisen (= geometrische Orte für B bei allen ζ und ψ und Streichen durch das Zentrum der Breitekreise) dem darunterliegenden Netz gegenüber in ein etwas anderes Streichen verdreht.

Die beim Einmessen von s gemachten Fehler sind für beide Verfahren gleich. Während aber beim ersten Verfahren die direkte Einmessung von B erfahrungsgemäß größere Fehler bringt als die Einmessung von s, bleiben beim zweiten Verfahren die Fehler für die Eintragung von B mittels $\measuredangle \zeta$ unter denen der visierenden Einmessung von B. Mithin ist das zweite Verfahren das genauere.

In den Gebieten, welche folgenden allgemeineren Erörterungen zugrunde liegen, fällt B auf ein Scherflächen-s und von dieser Sachlage wird ausgegangen, während ein anderer Fall — nämlich B fällt nicht auf ein feldgeologisch wahrnehmbares s — hier unbetrachtet bleibt. B ist durch faltende, biegegleitende oder mit einer Scherfläche in s liegende scherende Bewegung $\perp b$ auf der Fläche s erzeugt und in allen Fällen mit Symmetrieebene $\perp B$ auch senkrecht auf das zur eben genannten Bewegung in s gehörige „a" angeordnet. Asymmetrische Abweichungen von der zu B gehörigen Symmetrieebene $\perp B$ im Korngefüge sind genau zu kontrollieren und in Übersicht zu stellen, auch was deren eventuelle Zuordenbarkeit zur Lage von B im Bewegungsbild eines größeren Bereiches anlangt. Derartiges B ist mithin mit der ersten Anlage, mit der Ausarbeitung oder Umstellung, also mit einer früheren oder späteren Betätigung

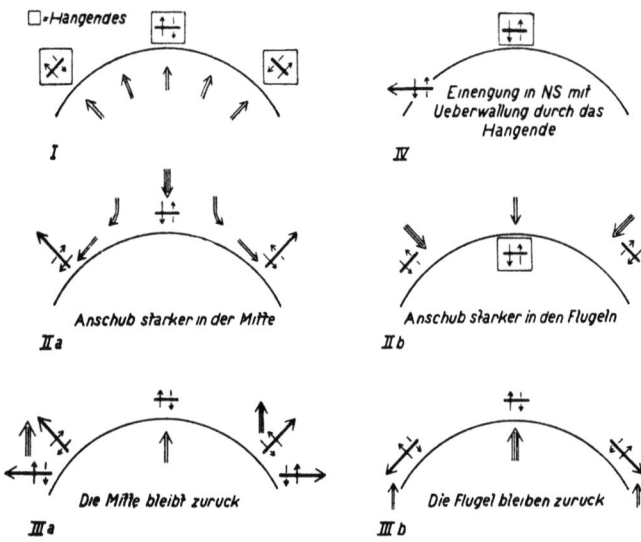

Abb. 64. Schemata möglicher B-Achsen an einem starreren Bogen. Dicke Striche = Streichen von B; Pfeile $\perp B$ = Relativbewegung $\perp B$; Pfeil am Achsenende = Fallen von B.

von s als Gleitebene verbunden und damit gleichzeitig angelegt. Anschließend an rein geometrische Zusammenhänge lassen sich folgende Fälle allgemein unterscheiden ($\measuredangle \zeta = B \wedge s$-Streichen; $\measuredangle \psi = s$-Fallen) und durch Glasplattensätze mit aufgezeichneten B veranschaulichen.

I. ζ und ψ wachsen gleichzeitig von $0°$ gegen $90°$; in Worten: s und B stellen sich gleichzeitig steil: Steilerem s-Fallen, also zunehmender tektonischer Einengung quer zum s-Streichen ist auch zunehmende tektonische Einengung parallel zum s-Streichen zugeordnet. Das Bewegungsbild entspricht z. B. einem tektonischen Transporte eines Bereiches in zunehmend enge und steilachsige Umschließung, also in der Erdrinde etwa einer zunehmenden Versenkung eines Bereiches mit anfänglich söhligem s-Gefüge in einer Verschluckungszone. Vielleicht bedeutet dieser Fall des Transportes in zunehmende Tiefe die häufigste Entstehung steilachsiger Gebiete.

II. ψ wächst von $0°$ bis $90°$ und gleichzeitig damit nimmt ζ ab von $90°$ bis $0°$: B liegt umsomehr im s-Streichen, je stärker s einfällt. Wir würden, wenn z. B. die Abnahme von ζ und die Zunahme von ψ in einem Profile von N gegen S erfolgt, schließen, daß im N ein ostwestlich eingeengtes söhliges Gebiet — mit N-S laufenden horizontalen B-Achsen — liegt, gegen welches im Süden Andrängen von S gegen N erfolgt; dieses erzeugt schließlich WE streichende horizontale B-Achsen in steilem WE streichendem s-Gefüge.

III. Der Fall, daß sich ψ ändert und ζ konstant bleibt — wobei alle B auf einen Kegel (Kleinkreisbogen) um das s-Streichen mit Öffnungswinkel 2ζ fallen, kann über einen in bezug auf B und s inhomogenen Bereich zustandekommen, wenn während einer rotationell um das s-Streichen erfolgenden Aufrichtung von s mit verschiedenem ψ ein über diesen Bereich schon vor der Aufrichtung homogen angelegtes B erhalten bleibt.

IV. Es ist geometrisch möglich, daß das Streichen und Fallen von s, also ψ in einem „isoklinen" Bereiche konstant bleibt und daß sich, wenn man ins Hangende oder ins Liegende von s zu s geht, ζ jeweils zunehmend oder abnehmend ändert; wobei sich das Achsenstreichen notwendig gleichsinnig mitändert. Was wir in diesem Falle begegnen ist ein inhomogener Bereich mit folgenden Merkmalen: Auf dem einzelnen s sind die B-Achsen untereinander parallel. Gehen wir von einem s aus in ein liegendes oder hangendes s des isoklinen Paketes, so ändert sich ζ wie beschrieben: Jedes miteinander parallele B tragende s ist gegenüber dem hangenden und dem liegenden s um eine Achse $T \perp s$ mit gleichsinnig zunehmendem Betrage verdreht. Dieser Betrag $\zeta_1 - \zeta_2$ usw. ist auf die Entfernung zwischen s_1 und s_2 zu beziehen und leicht meßbar. Die Lage der Torsionsachse T, das heißt, deren Durchstichpunkt auf s ist nicht bestimmbar. Kennzeichnend dafür, daß es sich um eine tordierende Verlagerung vorher schon vorhandener B-Achsen handelt, ist der Umstand, daß die B eines und desselben s untereinander parallel, die B verschiedener s in der beschriebenen Art zueinander windschief sind.

Daran ist dieser Fall zu unterscheiden von den syntektonisch zur Torsion um T entstehenden (nicht schon vor der Torsion vorhandenen) B. Diese entstehen auf jedem s schon konvergent, also inhomogen auf s, derart, daß sie sich in T schneiden, so daß die Lage des Durchstichpunktes von T auf s bestimmt ist. Diese B-Achsen liegen als Radien um T als Zentrum. Im Kleinbereich begegnen wir im Falle der syntorsionalen B wie der vortorsionalen B-Achsen echte B-Achsen mit der regelnden Bewegung $\perp B$; im genügend großen Bereiche sind beide an den angegebenen Merkmalen voneinander unterscheidbar. Vortorsionale „B_v" und syntorsionale „B_t" schneiden sich im allgemeinen $B_v \wedge B_t$ (wie ja auch letztere untereinander) schon auf demselben s.

Durchschreiten wir z. B. nach N gehend einen N-fallenden WE streichenden isoklinen Bereich aus s Flächen, auf welchem B-Achsen mit zunehmenden ζ liegen, so ist das Hangende für den darauf stehenden Beobachter im Uhrzeigersinn gegen das liegende um Achse T verschwenkt. Das von der Analyse gelieferte Bewegungsbild des inhomogenen Bereiches „J" ist bei der Synthese der Bewegungsbilder größerer Bereiche einzusetzen, nachdem man mit Hilfe des oben angeführten Merkmales Parallelismus (1) oder Konvergenz (2) der auf demselben einzelnen s liegenden B unterschieden hat, ob vortorsionale (1) B_v oder syntorsionale (2) B_t vorliegen. Hiebei ist zu beachten, daß sich syntorsionale B_t auf einem s erst im Fußpunkt von T auf s schneiden.

Sie erscheinen also im Handstückbereich miteinander parallel, da die Konvergenz erst nahe dem Fußpunkt von T schon im Kleinbereiche sichtbar wird. Wenn man also ein s mit einander schiefwinklig schneidenden B-Achsen bedeckt findet, so handelt es sich um aufeinander überprägte B-Achsen: Vortorsionale + syntorsionale; oder mehrere syntorsionale mit verschiedenen T; oder auch mehrere nicht torsionale falls wir uns nicht in einem inhomogenen Bereich J (wie oben gekennzeichnet) befinden. Die Handstückbereiche für sich lassen echte B-Achsen und nichts von der Inhomogenität von J erkennen auch wenn sie aus J stammen.

Neben solchen Betrachtungen im Anschluß an Lagenkugelprojektionen (für homogene) und an Glasplattensätze mit Aufzeichnungen (für inhomogene Bereiche) kann man auch die früher erörterten Kriterien für den Relativsinn der Bewegung $\perp B$ in den Dienst der Analyse von Bewegungsbildern genügend stetig durchbewegter Bereiche stellen. Ein Beispiel für diese Möglichkeiten wird nun erörtert.

Wir betrachten zunächst ein WE streichendes s-Gefüge, das nach N fällt. Nur für $\zeta = 0°$ und $\zeta = 90°$ kann monokline Symmetrie mit vertikaler NS-Spiegelebene für das ganze Gefüge in allen Bereichgrößen bestehen. Für $0° < \zeta < 90°$ besteht Asymmetrie oder fastmonokline Symmetrie mit triklinen Zügen. Bei W-geneigten Achsen besteht, je nach dem Relativsinn der Teilbewegungen $\perp B$ die Möglichkeit für folgende vier Bewegungen in homogenen oder fasthomogenen Bereichen: A. Hangenderes (= Nördlicheres) gleitet über Liegendes (Südlicheres) entweder a) nach Osten-abwärts („ostabwärts") oder b) nach Westen-aufwärts; B. Liegendes gleitet unter Hangendem entweder a) nach Westen aufwärts oder b) nach Osten abwärts. Fall A a ist von B a und ebenso A b von B b nicht unterscheidbar, falls wir nicht aus dem tektonischen Großgefüge Anhaltspunkte besitzen. So lassen z. B. die für diesen Zweck in Abb. 10—18 dargestellten Bereiche ablesen, ob die Beträge der Relativverschiebung nach oben (Abb. 10) oder nach unten (Abb. 11) zugenommen haben. Das bedeutet im ersten Fall das Abklingen eines teilbewegten Horizontes gegen unten und ist bezeichnend für die untere Grenze eines teilbeweglicheren Stockwerkes (M) in einer freien tangentalen Abgleitung. Im zweiten Falle befinden wir uns entweder im Abklingen eines stärker teilbewegten Horizontes (M) gegen oben, wie es auch einer wirklichen Unterschiebung (Unterströmung) entsprechen kann oder wir befinden uns an der Unterfläche eines weniger teilbewegten Transportes, an welcher die zugehörige Teilbewegung des Untergrundes abklingt. Alle diese Fälle läßt erst das Gesamtbild der tektonischen Großbereiche unterscheiden und wir begegnen damit ein wichtiges Beispiel für erst aus dem tektonischen Großgefüge restlos deutbares Gefüge von Teilbereichen. Sind hiefür genügend große (namentlich tiefe) Bereiche nicht aufgeschlossen, so ist man nicht berechtigt, Liegendes oder Hangendes als fix in ein Bewegungsbild einzusetzen. Auch in großen Bereichen ergibt sich aus den Teilbewegungen aneinander vorbeibewegter Bereiche nur die Relativbewegung dem Sinne und bisweilen auch dem Betrage nach. Übrigens ist selbst die oft gehandhabte Annahme, daß das minder Teilbewegliche, das relativ Starrere, auch das Ruhende — das höher Teilbewegliche, z. B. ein Schmelzfluß, auch zugleich das Bewegte gewesen sei, zuweilen eine bloße Annahme. Dieselbe Relativität wie die tangentalen Aneinandervorbeibewegungen zeigen die radialen Aneinandervorbeibewegungen in der Erdrinde soweit man sie mit wirklichen Merkmalen erörtern will, nicht nur als gedankliche Möglichkeiten. Wo man jener Relativität der erschließbaren Bewegungen und damit der Relativität der Bewegungsbilder nicht Herr wird, läßt sich weder zwischen Unterströmung und Oberströmung noch zwischen einer Aufwärtsbewegung und Abwärtsbewegung im Gebirgsbau entscheiden. Und es ist gelegentlich ebenso lehrreich, Profile mit Vertauschung von N und S wie mit Vertauschung von unten und oben zu betrachten, wenn man erkennen will, wie weit sich diese Lagen nur durch ultratektonische Zusätze in den Profilen voneinander grundsätzlich unterscheiden.

Für $\zeta = 0$ laufen die B-Achsen horizontal. Ihre Prägung ist möglichst daraufhin zu analysieren, ob sie — was z. B. ihr Verhältnis zu den Kristallisationen der einzelnen Minerale anlangt — zum Bewegungsbilde gehören, in welchem s isoklin und steilgestellt wurde oder nur mit gleicher Symmetrieebene (z. B. vertikal NS) aufgeprägt sind. Diese Symmetrie ist im Korngefüge zu kontrollieren. Sie ist bisweilen z. B. in den Tauern ohne trikline Züge bei genau horizontalem B und kann solche Züge bei geneigtem B zeigen. Die Relativbewegung in s — ablesbar z. B. aus B als Faltenachse — ergibt wenn statistisch im Felde verfolgbar, je zwei Möglichkeiten: 1. Hangendes nach N oder Liegendes nach S verschoben. 2. Hangendes nach S oder Liegendes nach N verschoben. Für $\zeta = 90^0$ laufen die B-Achsen in der Fallrichtung von s. Die Symmetrieebene NS kann gewahrt sein, wenn B durch Stauchfalten mit dieser Symmetrieebene oder durch mehrscharige Scherung mit dieser Symmetrieebene gegeben ist. Das ist in Bereichen mit entsprechend symmetrischer Einengung von E und W der Fall und weist auf solche. Sehr oft aber ist B ohne N-S-Symmetrieebene und entspricht mit ablesbarer Relativbewegung einer Verschiebung des Hangenden gegen W oder gegen E, bzw. des Liegenden gegen E oder gegen W. In diesen für $\zeta = 90$ unterschiedenen Fällen ist die Prägung der B-Achsen nicht die Teilbewegung zu den Transporten in der N-S-Ebene. Wir betrachten nun hinsichtlich der Relativverschiebungen den Bereich mit konstantem $0 < \zeta < 90$ bei westeinfallender B-Achse und wie bisher konstantem s-Fallwinkel ψ. Für solche Bereiche ist die Vertikalebene NS in keinem Falle Symmetrieebene. Der Bereich fügt sich also nicht in ein Bewegungsbild mit dieser Symmetrie, sondern ist eine gesonderter Erklärung bedürftige Inhomogenität, wo er in einem solchen auftritt. Das Gefüge der B-Achsen hat entweder selbst eine Symmetrieebene $\perp B$ oder nicht. Im ersten Falle ist der Relativsinn der Bewegung in s entweder 1 oder 2 des Folgenden.

1. a) Hangendes nach Osten — unten verschoben, bzw. b) Liegendes nach Westen — oben verschoben.

1 a) läßt sich in ein Bewegungsbild stellen, wie es am rechten Ufer eines Transportes nach N entsteht, der ein relativstarres Hindernis am rechten Ufer, etwa das Westende der Tauerngranite umfließt und überfließt.

1 b) ist in einem Bewegungsbilde zu erwarten, wie es sich z. B. im Westflügel eines granitischen nordkonvexen relativstarren Bogens bei dessen Auftauchen ergeben kann.

2. a) Hangendes nach Westen — oben verschoben, bzw. b) Liegendes nach Osten — unten verschoben.

2 a) ist z. B. einem Bewegungsbilde naheliegend, wie es sich im Westflügel eines von N her überwallten relativstarren granitischen Teilbogens ergibt.

2 b) könnte dann dem Untersinken eines solchen Bogens entsprechen.

Die Abb. 64 bringt in schematischer Übersicht, welche Achsenarten einem zweiflügeligem starreren halbmondförmigen symmetrischen Teilbogen entsprechen können.

I. Für den Fall des Auftauchens gegen N mit zurückbleibenden Flügeln und abfließender Oberhülle (steil aufragender Halbmond).

II. Für den Fall des Überwalltwerdens von N gegen S, bzw. des Untertauchens von S gegen N (wie I).

III. Für den Fall einer Deckenstirne (= starrerer Teilbogen), bzw. für den Fall eines nordwärts fließenden Bewegungshorizontes, der eine starrere Schwelle (= der starrere Teilbogen) oder auch Deckenstirne überschreitet (gegen N).

IV. Für Einengung in NS mit Überwallung durch das Hangende.

Außer auf die schematisierten Möglichkeiten für Zusammenhänge zwischen tektonischem Bewegungsbild an Achsengefüge im Bereiche eines relativstarren Granitbogens und seiner Hülle ist auf den Zusammenhang zwischen Bewegung $\perp B$ und $\parallel B$ in einem solchen Bewegungsbilde zu achten.

Das Entscheidende für Gefügesymmetrie und Kinematik ist, daß Hauptdrucke bei Prägung der Achsen, in einer Ebene $\perp B$ liegend, die B-Achsen, einer pressenden Hand vergleichbar, umfassen. In zweiter Linie ist darauf einzugehen, wie weit im betrachteten Bereiche summierbare Verlagerungen $\perp B$ und $\parallel B$ erfolgen, an deren Vereinbarkeit mit der „umfassenden und pressenden Hand" wiederum die Alltagserfahrung und das Gefügebild der $B \perp B'$-Gefüge erinnern mag. Die Gefügekunde hat nicht einen der drei möglichen Fälle (Transport $\perp B$, Transport $\parallel B$, kein tektonisch merklicher Transport) von vornherein zu bevorzugen, sondern fallweise daraufhin zu analysieren, welcher vorwaltet. Hiefür stehen symmetrologische Betrachtungen an erster Stelle. Die Feststellung, wie die Abbildung der Vektoren im Gefüge vor sich geht, steht in diesem Zusammenhange an zweiter Stelle und ist für Tektonite fallweise zu behandeln unter Beachtung der hiefür seit je eingeführten Unterscheidung von mechanischer Korndeformation und Kristallisationsbewegung, unmittelbarer und mittelbarer Teilbewegung, der verschiedenen gedanklichen Möglichkeiten für das Zustandekommen von geregelten Gefügen. Unter diesen Prinzipen sind heute noch nicht alle mit Merkmalen im Gefüge aufgezeigt — so z. B. nicht das Riecke'sche Prinzip — alle aber für die Gefügekunde überhaupt nur durch Aufzeigen eindeutiger Merkmale am Naturkörper oder im Experiment nachweisbar, nicht durch theoretisch physikalische Betrachtungen über Möglichkeiten.

Das eben schematisch erörterte Beispiel eines tektonischen Bewegungsbildes mit flächigem und linearem Parallelgefüge betraf Bereiche mit konstantem s-Streichen.

Es wird noch ein Beispiel für die Analyse eines Gefüges aus s-Flächen und B-Achsen (kurz geschrieben, eines S-B-Gefüges) mit wechselndem s-Streichen, kurz angeführt.

In einem solchen Falle wechselt das s-Streichen um $\measuredangle \varrho =$ etwa 90°. Der Winkel, den die beiden s miteinander bilden, ist $s_1 \wedge s_2 =$ etwa 50°. Die Ebenen tragen B-Achsen mit einer Differenz des Achsenstreichens von etwa 30°. Es differieren also im Streichen die Ebenen um 60° stärker als die Achsen. Der Winkel zwischen diesen Achsen B' ist etwa 50°, also wie zwischen den Ebenen; mithin sind diese Achsen geometrisch die Lote auf die Schnittgerade der Ebenen s_1 und s_2. Dieser Schnittgeraden selbst entspricht in der Natur eine steile B-Achse B''. Diese Ebene wurde (mit der Knickkante B'') folgendermaßen geknickt.

1. Das Streichen der Teilebenen s_1 und s_2 bildete nun den $\measuredangle \varrho = 90°$; $s_1 \wedge s_2$ etwa 50°.

2. Die Teile von B' standen $\perp B''$; jeder Teil von B' wies etwas nach abwärts und sie bildeten miteinander 50°, so wie die sie tragenden Teilebenen s_1 und s_2.

3. B'' als jüngere B-Achse ebenfalls auf s_1 und s_2 sichtbar, fällt ebenfalls noch schief abwärts.

Der Vorgang entspricht einem Knick eines zuerst mit Ausbildung eines flachen B' gegen N ansteigend verschobenen, sodann mit südfallender Knickungsachse B'' verengten Bereiches. Ohne Beachtung der Lineargefüge etwa nur aus dem Flächengefüge wäre dies weder im Felde zu erkennen, noch auf der Karte darstellbar.

7. Konstruktive Rückformungen tektonischer Gefüge. Ebnung.

Summation von Teilbewegungen und Rückformung; Rotationen von S und B auf dem Netz; Ebnung; besondere Lagen von Geraden im Netz; gleichstreichende B; Deutbarkeit peripherer Häufungen nach Rotation; Einzelbeispiel aus Kristallingebirge; mittelbare Einmessung von Falten und Faltenknäueln; Faltung nach Faltung; vertikale polare Digyren tektonischer Baue; allgemeiner Gang einer Rückformung; Einzelbeispiel aus Kalkgebirge; geometrische und genetische Bedingtheit von Achsenlagen; Ausrüstung für Untersuchungen im Gelände.

Man kann den Bau eines Teiles der Erdrinde als solchen beschreiben oder sein Zustandekommen aus vorangehenden Zuständen zu ergründen suchen. Bezieht sich dies auf Erdrindenteile an welchen Merkmale erschließen lassen, daß an jenem Zustandekommen des letzten Baues kontinuumsmechanische oder atomare Bewegungen in vorangehenden Bauen beteiligt waren, so ist es Gegenstand der Tektonik im weitesten Sinn als einer beschreibenden oder genetischen Befassung. Die genetische Befassungsart versucht dann ein Bewegungsbild zu erfassen, d. h. aus dem vorliegenden Gefüge ein vorangehendes zu erschließen. Dies geschieht auf zwei verschiedenen Wegen: 1. Man liest die Gefügemerkmale der Teilbewegungen ab und faßt die Teilbewegungen in ein Bewegungsbild zusammen, wie dies die Lehre von den Tektoniten als Gesteinen mit zusammenfaßbaren unmittelbaren und mittelbaren Teilbewegungen im Gefüge ermöglicht. Oder 2. Man nimmt einen vorangegangenen Bau an, z. B. als horizontale planparallele polare Schichtung (mit unterscheidbarem "oben" und "unten") und versucht den gegenwärtigen Bau mit einem Minimum an Bewegung, was aber auch irregehen kann, daraus zu erhalten. In beiden Fällen ist am betreffenden Bereiche nur der Endzustand direkt zu beobachten. Im ersten Falle wird der unmittelbar vorangehende Zustand erschlossen; im zweiten Falle ein Ausgangszustand stratigraphisch und aus geopetalen Gefügen angenommen, welcher sehr oft nicht der unmittelbar vorangehende Zustand ist.

Wenn man unter tektonischer Gefügeanalyse die Ermittlung der Teilbewegungen im ersten Falle versteht, so ist deren Zusammenfassung eine induktive tektonische Synthese. Die unbewiesene Annahme, daß eine Endform (z. B. eine "Falte") welche durch verschiedene Bewegungsbilder aus Teilbewegungen entstehen kann (z. B. Scherung oder Biegung) ein bestimmtes Bewegungsbild darstelle ist eine Synthese vor der Analyse. — Im zweiten Falle kann die Annahme, daß ein Bau auf dem kürzesten Wege aus dem Ausgangszustand entstanden sei, unrichtig sein (z. B. im Falle von Rotationen).

In beiden Fällen, namentlich im zweiten kann die nun zu erörternde konstruktive Rückformung eines gegebenen tektonischen Gefüges in ein vorangehendes mit Hilfe des Netzes Dienste leisten, um die rein kinematische Sachlage zu klären, nach deren Klärung man erst von Kräften reden kann, gleichviel ob einwandfreie dynamische Experimente möglich sind oder unmöglich wie derzeit fast immer in der Tektonik. Die konstruktive Rückformung kann in verschiedenen Fällen mit verschiedener Sicherheit als der Weg betrachtet werden auf dem der zu analysierende Bau entstanden ist, wie im folgenden an typischen Fällen mit Beispielen erörtert wird.

Die unrückläufigen Teilbewegungen, mit welchen eine mechanische Formung vor sich ging, können aus dem Gefüge ablesbar oder durch Beobachtung während der Formung (Körper mit kontrollierbaren Aufzeichnungen) bekannt sein. Ist eine mechanisch entstandene Formung in ihren Teilbewegungen deutlich, also kinematisch eindeutig bekannt, so ist es möglich, diese Bewegungen gedanklich und mit Hilfe geometrisch konstruktiver Mittel rückläufig zu machen. Von diesem Verfahren der kinematischen Rückformung macht die Tektonik weitgehendsten Gebrauch, so z. B. schon, wenn man von einer Verschiebung einander entsprechender Konturen auf deren früheren Zusammenhang zurückgeht; dagegen ist aus Gründen von einer dynamischen gedanklichen Rückformung nicht die Rede. Mit der fortschreitenden Kennzeichnung der Formungen ist in der Gefügekunde die kinematische Rückformung eines Formungszustandes in einen vorangehenden unabhängig von absoluten Ausmaßen und mit Konstruktion auf der Lagenkugel und deren Projektionen gehandhabt worden.

Beispiele für Arbeitsvorgänge bei kinematisch konstruktiven Rückformungen im Korngefüge, wo sie zuerst gehandhabt wurden und im tektonischen Gefüge werden später gegeben (Abwickelung von Falten, ,,Horizontierung" von Lineargefügen auf Ebenen u. a. m.). Zunächst sind geometrisch einige Fälle zu betrachten.

Eine mit parallelen Geraden g bedeckte Ebene E wird verbogen. Was geschieht mit diesen Geraden auf der Lagenkugel, durch deren Zentrum g, E, die Verbiegungs(Rotations-)achse von E und damit alle auftretenden Lagen von E gedacht sind? Die Verbiegung von E geschieht in bestimmten Bereichen immer als eine Rotation von E um eine Gerade G. G kann man immer als Achse in eine Kugel denken, deren Meridiane sich in G schneiden und deren Breitekreise auf G senkrecht stehen; sozusagen als Erdachse in einem Globus. Dann schneiden sich alle Lagen des um G verbogenen E in G und alle durch die Verbiegung von E entstandenen Lagen von g liegen auf demselben Breitekreis. Ist nämlich auf $E \not< G \wedge g = \zeta$ und rotiert man E zusammt g um G, so beschreibt g einen Kegel um G, welcher auf der Lagenkugel einen Kleinkreis $\perp G$ ausschneidet; eben den Breitekreis, auf welchem alle Lagen von g nach der Rotation liegen.

Findet man auf einer um G verbogenen (rotierten) Ebene E Gerade g_1, g_2, g_3 etc., welche auf denselben Breitekreis fallen, wenn man G zur Globusachse macht, so ist g eine vor der Verbiegung von E auf E gezeichnete Gerade, welche durch die Verbiegung, bzw. Rotation von E um G die Lagen g_1, g_2, g_3 etc. erhalten hat: g ist älter als G; wir können damit auch das früher über die Zeitbeziehung zwischen B_1 und B_2 Gesagte hinsichtlich G ergänzen.

Das Verfahren, mit welchem dies untersucht wird, besteht in folgendem: man zeichnet die Lote der E-Lagen im untersuchten homogenen Bereich in eine Lagenprojektion. Liegen diese Lote auf einem Großkreis, so ist dessen Lot die Rotationsachse (G) für die Ebenenlagen und ist deren gemeinsame Schnittgerade. Liegen nun alle g auf demselben Breitekreis zur Rotationsachse G, so ist die Verlagerung des älteren g auf E durch die Rotation von $E + g$ um G erfolgt. Macht man diese Rotation rückläufig, indem man konstruktiv alle Lagen von E und g in dieselbe Lage, z. B. in die horizontale Lage rotiert, so fallen alle Lagen g in ein einziges der Entstehung von G vorangehendes g auf E zusammen. Man hat damit einen in bezug auf die Verlagerung von E und G (z. B. in bezug auf eine jüngere Faltung) vortektonischen Zustand hergestellt, indem man alle E-Lagen (im gedachten Beispiel) in die Horizontalebene rotierte und damit z. B. die jüngere Faltung rückformte und ebnete. Man spricht daher von konstruktiver Ebnung und zwar von Horizontierung, wenn es sich um die HorizontalEbene handelt. Ist g ebenfalls eine Faltenachse, so ist sie die ältere, z. B. einer älteren anders gerichteten Einengung eines Sedimentpaketes zugeordnet. Und man hat alsdann eine mehraktige Tektonik durch konstruktive Rückformung analysiert. Dies ist die allgemeine Grundlage für die kinematische Rückformung einer mehraktigen Faltung mit verschiedener Orientierung, bzw. einer mehraktigen nicht symmetriekonstanten Einengung.

Die bisher als G bezeichnete Gerade, um welche die Ebenenlagen E_1, E_2 usw. rotierten, ist das Lot auf die Symmetrieebene dieses Flächenbüschels ,,tautozonaler" Flächen mit gemeinsamer Schnittgeraden und ,,Zonenachse" G. G ist also symmetrologisch eine B-Achse — als jüngere nennen wir sie B_2. Ist g, welches die lineare Zeichnung auf E lieferte, ebenfalls eine B-Achse und nennen wir sie als ältere B_1, so haben wir durch die geometrische Rückformung zwei symmetrologisch definierte einander überlagerte Bewegungsbilder oder Formungspläne hinsichtlich ihrer Lage zueinander und ihres relativen Alters unterschieden, den älteren Plan B_1 und den jüngeren Plan B_2. Dies geschieht zunächst ganz unabhängig von der Orientierung von B_1 und B_2 gegenüber den Erdkoordinaten. Es kann, muß aber nicht, B_2 horizontal liegen. Liegt B_2 nicht horizontal, so liegt sein Durchstoßpunkt auf der Lagenkugel im Inneren des Zeichenkreises $NSWE$, der den Horizont wiedergibt. Um diesen Zeichenkreis zur Rotation der E-Lagen in eine einzige E-Ebene verwenden zu können, stellt man zuerst B_2 horizontal — oder was dasselbe ist — den Großkreis auf dem die Pole der E_1, E_2, E_3 usw. liegen vertikal — indem man um jenen Durchmesser des Zeichenkreises rotiert, der zu B_2 senkrecht steht, so lange bis B_2 in der Horizontalebene liegt. Es liegt dann der B_2 bezeichnende Punkt (oder die B_2 bezeichnende Häufung von Einmessungen) auf der Peripherie des Zeichenkreises. Mit dieser Methode, B_2 auf dem kürzesten Wege horizontal zu stellen, ist nicht nachgewiesen, daß auch die Schiefstellung von B_2 jemals als Schiefstellung eines horizontalen B_2 und auf dem kürzesten Weg erfolgt sei; denn ein B kann erstmalig auch nichthorizontal geprägt oder auf irgendeinem Wege in die nichthorizontale Stellung gelangt sein. Unsere Konstruktion der Horizontalstellung eines schiefen B_2 ist also als eine Hilfskonstruktion und nicht als eine eindeutige kinematische Rückformung zu betrachten, was streng zu scheiden ist. Wie später ausgeführt wird, kann man auch um eine schiefstehende Achse konstruktiv rotieren, ohne diese erst horizontal zu stellen. Sowohl G als g unserer Betrachtung können als B-Achsen oder als β-Achsen gegeben sein.

Wenn auch g eine B-Achse ist, gegeben durch eine Verlagerung z. B. eine Verfaltung von E, so kann man dieses ältere B_1 wieder rückläufig machen. Wenn man so von jüngeren zu älteren vorangehenden B-Plänen, z. B. Faltungen schreitet und kinematisch konstruktiv die auf der Lagenkugel statistisch gegebenen, Daten bereichweise rückformt, so tut man damit dasselbe, wie wenn man ein im Handstück oder Profil mehrfach gefaltetes System planparalleler Flächen wieder glättet oder ebnet. Das ist dasselbe, was die Hand des Tektonikers gerne tun würde um komplizierte einander überlagernde Faltungen zu überblicken und ihre Entstehung zeitlich zu ordnen. Nur tritt an Stelle der Hand die Verfolgung der durch statistische Messungen gekennzeichneten, also objektiv nachprüfbaren und sehr empfindlich wahrnehmbaren Lagedaten auf der Lagenkugel und wir bedürfen für die zeitliche Reihung der Vorgänge einer noch eingehender zu gebenden Betrachtung der Merkmale für das relative Alter der verschiedenen Pläne. Bezieht sich eine solche Analyse auf ein Ebenensystem, dessen ursprünglich horizontale Lage sicher ist (wie im allgemeinen bei den Sedimenten), so ist auch die Rotation in die Horizontale also die ,,Horizontierung" im engeren Sinne eine eindeutige Rückformung.

Es sind nun folgende Fälle zu unterscheiden.
Die Ebenen E sind gegeben:
1. als Anlagerungsebenen mit horizontaler Ausgangslage
2. als Ebenen mit beliebiger Ausgangslage (z. B. Schieferung).
Die Ebenen E sind a) mechanisch unwirksame Vorzeichnungen oder b) Ebenen geringeren Schubwiderstandes, also leichterer Verschieblichkeit und Gleitung oder geringer Reißfestigkeit, kurz mechanisch wirksame mechanisch heterogene Ebenen.

Im ersten Falle (a) erfolgen Verstellungen z. B. Krümmungen von E nach dem Prinzip der ,,Scherfaltung". Scherfalten sind nicht ,,abwickelbar", d. h. nicht durch Geradebiegen der Krümmung rückformbar; man kann sie nur rückformen, wenn man die Gleitungen nach Richtung und Betrag der Relativverschiebungen rückläufig macht. Dies gelingt, was den Betrag anlangt überhaupt nur in Sonderfällen (z. B. im Falle rotierter Interngefüge in Holoblasten kristalliner Schiefer) oder im gewissen Grade durch systematische Untersuchung der Zerscherung von Vorzeichnungen; diese ist andernorts (s. Sachverzeichnis) durchgeführt und bleibt hier zunächst außer Betracht.

Im zweiten Falle (b) erfolgen Verstellungen der Ebenen E durch Gleitung zwischen denselben. Die Richtung dieser Gleitungen ist zwar im allgemeinen nicht durch die Anisotropie in E vorgeschrieben wie bei der Biegegleitung der Kristalle, aber sie entspricht ebenso wie das ganze Bewegungsbild und der deformierte Endzustand der Symmetrie; derart, daß sie normal zu jener Geraden erfolgt, um welche die Ebene bei der Deformation rotiert wird. Diese Gerade ist dann als B-Achse (= Lot zur Symmetrieebene) definiert, gleichviel ob die Verstellung der Ebene als Faltung mit Achse B oder anders erfolgt, wofern nur die Ebenenlagen eine gemeinsame Schnittgerade (β) haben und die Gleitungen $\perp \beta$ erfolgen. Auch gilt alles Gesagte auch für Streuung der Lagen von E, B und β, soferne diese Daten durch statistische Auszählung auf der Lagenkugel noch als Häufungen wahrnehmbar sind. Es ist also gleichgültig, ob die Verlagerung von E als Biegefalte, als spitzwinkliger Knick oder in parallel β zerbrechenden und normal β verschobenen Schollen erfolgt, woferne eben nur die Bedingung der statistisch wahrnehmbaren gemeinsamen Schnittgeraden und der Gleitbewegungen normal zu dieser erfüllt ist, also ein B als Lot auf die Symmetrieebene vorhanden ist.

Die Geraden, von denen bisher die Rede war, sind gegeben:

1. als Lot auf die Symmetrieebene, also als „B";

a) des tektonitischen Korngefüges

b) der Ebenenverstellung irgendwelchen absoluten Ausmaßes (sichtbares B oder β);

2. nicht als Lot auf die Symmetrieebene. Dieser Fall bleibt hier außer Betracht.

Als rückformbar werden also hier betrachtet, was die Art der Ebenen anlangt der Fall 1 und 2 b; also Gleitebenen beliebiger Ausgangslage. Was die Art der Geraden anlangt, Fall 1, a und b, also B-Achsen vom Korngefüge bis zum tektonischen Profil, nachgewiesen entweder mit dem Mikroskop oder mit dem Kompaß als B und β der Sammeloleaten.

Was bedeutet es nun und wie läßt es sich rückformen, wenn Gerade in Ebene E auf einem Großkreise liegen?

Zur Beantwortung sind folgende Fälle zu unterscheiden:

1. Die Geraden g_1, g_2 etc. liegen auf ein und derselben Ebene E, welche nur einmal vorhanden ist und mit dem Großkreise zusammenfällt; die Geraden sind auf E geprägt worden.

2. Die Geraden liegen auf parallelen Ebenen E_1, E_2 etc. mit zunehmenden oder abnehmenden Winkeln ζ zwischen den Ebenenstreichen und g_1, g_2 etc. Dem entspricht eine Torsion um das Lot auf ein Paket paralleler Ebenen mit ursprünglich gleichem $\measuredangle \zeta$ zwischen dem Ebenenstreichen und g. Die Messung ist also in einem inhomogenen Bereich erfolgt, der aus einem homogenen Bereich (hinsichtlich der Lage von E und von g) durch Torsion mit Achse $\perp E$ entstanden ist. Der inhomogene Bereich kann durch Rückdrehung kinematisch bis zur Homogeneität rückgeformt werden. Der rückgeformte Zustand ist mit benachbarten Bereichen zu vergleichen und die Möglichkeit des angenommenen Bewegungsbildes innerhalb eines größeren zu beurteilen.

3. Die Geraden g_1, g_2 etc. liegen auf den Ebenen E_1, E_2 etc., welche ein Büschel tautozonaler Ebenen mit gemeinsamer Schnittgeraden G bilden. Macht man das Ebenenbüschel durch Rotation um G rückläufig in eine Ebene E, so liegen g_1, g_2 usw. nunmehr als verschieden gerichtete Gerade auf E. Sie sind entweder auf E in verschiedener Lage geprägt worden, oder es muß falls dies unwahrscheinlich ist — so würde z. B die Prägung vieler divergenter g auf E für jedes g einen eigenen Deformationsplan fordern, falls die g B-Achsen sind — eine andere Lösung gesucht werden. Eine solche ist später gegeben.

Nach dem bisher Gesagten zusammenfassend kann man die Beziehungen zwischen der Prägung echter B-Achsen und der Verlagerung der solche B-Achsen tragenden s, also zwischen der Entstehung dieses linearen und flächigen tektonischen Parallelgefüges, auf mehrere Arten klären; was die rein geometrische Seite der Sache anlangt zunächst auf zwei Arten:

1. Durch die Gegenüberstellung der Häufungen von B und von β was Lage, Schärfe und Gestalt der Häufungen anlangt.

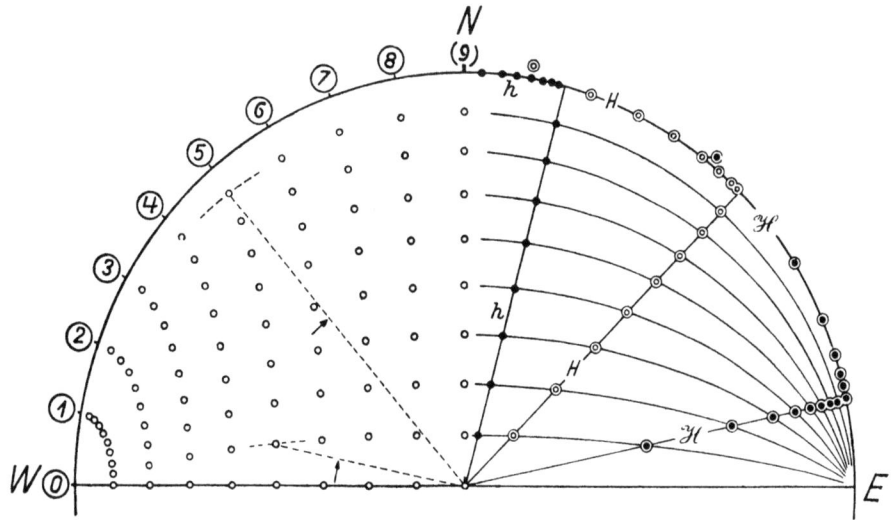

Abb. 65. Erklärung im Text.

2. Durch die konstruktive Rotation der B-tragenden s in die Zeichenebene, das ist sehr oft die Horizontalebene; diesfalls erfolgt die „Ebnung" von s und B als „Horizontierung". Die Rotation erfolgt entweder um das Streichen von s, oder um die Gerade durch die β-Häufung der betrachteten s (kurz „β-Achse" oder „β"); letzteres entweder vor oder nach der Horizontalstellung (bzw. Einstellung in die Zeichenebene) der β-Achse. Zur Einstellung dieser β-Achse in den Zeichenkreis wird diese Achse selbst um ihr Lot in der Zeichenebene, bzw. Horizontalebene in diese Ebene eingestellt, wobei alle B-Pole mitrotiert werden. Dann wird um β jedes s mit B auf den Kleinkreisen $\perp$ Rotationsachse β bis an die Peripherie des Zeichenkreises rotiert. Hiebei ist der Weg für überstürzte Lagen von s ein anderer als für nichtüberstürzte, wie die anschauliche Betrachtung sofort ergibt. Soll um eine nicht im Zeichenkreis liegende Achse vor deren Einstellung in den Zeichenkreis rotiert werden, so gilt der später beschriebene Arbeitsvorgang.

Zur praktischen Veranschaulichung dieser Vorgänge macht man sich zunächst mit der Lagenkugel und mit dem Netze ein allgemeines Bild davon, wohin auf dem flächentreuen Netz bei Ebnung, bzw. Horizontierung B-Achsen gelangen, welche, auf demselben s liegend, mit dem s-Streichen jeden Winkel von 10 zu 10° einschließen: sie verteilen sich von 10 zu 10° auf die Peripherie, wobei sie entsprechend auseinanderrücken, Häufungen bleiben erhalten (Abb. 65 links).

Dann macht man sich ein Bild davon, wohin die unter gleichem $\not\prec \zeta$ mit dem s-Streichen auf verschieden steil fallenden s liegenden B durch Horizontierung gelangen: Sie gelangen folgerichtig alle an denselben Punkt der Peripherie, erfahren also bei Horizontierung äußerste Häufung. Wenn also die B-Achsen verschieden steil fallender s vor der Horizontierung auf demselben Kleinkreis (Rotationsachse = s-Streichen) liegen, so fallen sie nach Horizontierung zusammen. Eine solche Lage auf einem Kleinkreis beweist also, daß die „verschiedenen" B der „verschiedenen" s nur ein einziges vor Verstellung des s noch bei dessen Horizontallage geprägtes B sind.

Schließlich ist von Wichtigkeit, wohin bei Horizontierung die sehr oft beobachtbaren B gelangen, welche auf verschiedenen s und mit verschiedenem Winkel zum s-Streichen, aber in ein und derselben Vertikalebene („Achsenebene") liegen. Diese werden an der Peripherie (also am Horizont) durch Horizontierung umso stärker gehäuft, je näher die Achsenebene der Fallrichtung kommt; Häufungen in der Achsenebene bleiben erhalten. Häufungen an der Peripherie lassen aber nicht auf Häufungen in der Achsenebene schließen (Abb. 65 rechts h).

Für nichtgehäufte B mit gemeinsamer Achsenebene ist die Ableitung von einer einzigen Prägung auf söhligem s ausgeschlossen. Solche nicht gehäufte B gleicher Achsenebene verteilen sich bei Horizontierung auf das Peripheriestück zwischen Achsenebene und Fallebene, können also nicht als eine Achse auf söhligem s entstanden sein, wohl aber als ein etwas gestreutes Achsenbüschel auf söhligem s (Abb. 65 rechts).

Ein ganz gleichmäßiges auf ein horizontales s verteiltes System von B verschiedener Richtung (z. B. 10 zu 10^0) gibt bei Faltung dieses s charakteristisches Zusammenrücken aber mit gleichen Abständen an der Peripherie des als Faltenschenkel aufgestellten s, nicht ein Maximum, wie in Abb. 69 links die Betrachtung eines der Meridiane (gleich Faltenschenkel) durch die Kreis'chen (gleich B) zeigt.

Zeigt nach Horizontierung die Verteilung von B eine verstärkte Häufung, so spricht das für eine Prägung auf söhligem B und für dessen nachträgliche Verstellung; denn nur eine verschieden starke Steilstellung der B-tragenden s kann die bei Horizontallage der s noch parallelen B divergent machen. Eine Schwächung der B-Häufung bei Horizontierung spricht gegen Anlage von B auf söhligem s.

Liegt nach der Horizontierung (Abb. 65) die Achsenhäufung peripher in 1, 2, 3 usw., so haben vor der Ebnung die Achsen auf den verschieden steilen tautozonalen s angenähert die mit Kreis'chen bezeichneten Lagen auf den Breitekreisen eingenommen, also mit gleichem $\measuredangle \zeta$ auf allen s. So angeordnete B können nicht auf bereits als Flächenbüschel angeordnetes s aufgeprägt werden, sie würden diesfalls, wie später gezeigt ist, eine Anordnung „B mit gemeinsamer Achsenebene" ergeben, also nicht auf demselben Breitekreise, sondern auf demselben Radius des Netzes liegen. Die erstere Anordnung ist einer Prägung vor Verstellung der s, die zweite einer Prägung auf verstelltem s zugeordnet.

Tritt nach der Horizontierung die Häufung im W-Punkte auf, so liegen geometrisch die B vor der Horizontierung im Streichen der s, bzw. bildeten einen geringen Winkel mit diesem Streichen. Über die Aufprägung von B auf s vor, bei oder nach dessen Verstellung (tautozonal mit verschiedenen Fallwinkeln) ist diesfalls nichts gänzlich Eindeutiges zu erschließen, wohl aber die Anlage von B und die Verstellung von s (mit Zonenachse $\parallel B$) in symmetriekonstanten Vorgängen sicher und damit im selben tektonischen Vorgange wahrscheinlich; wie letzteres der Tektoniker — vielleicht allzuoft — annimmt, wenn er keine Gründe für die zeitliche Trennung symmetriekonstanter Vorgänge hat.

Tritt nach der Horizontierung die B-Häufung um den N-Punkt (Abb. 65) auf, so lagen die B vor der Verstellung von s im N-Punkt — Prägung eines B auf söhligem s — oder es erfolgte eine Prägung verschiedener B auf die s des tautozonalen Büschels etwa als Knickfalten bei Pressung in dessen Zonenachse (W—E).

Wenn durch konstruktive Horizontierung eine B-Häufung in NW (allgemein zwischen Streichen und Fallen der s) entsteht, so ist im allgemeinen die Prägung dieser B vor der tautozonalen Verstellung von s anzunehmen. Nicht aber im wichtigen Sonderfalle gleichstreichender vor der Horizontierung in derselben Vertikalebene („Achsenebene", „Streichen der Achsen") liegender B. Deren Prägung auf tautozonal verstellten s ist wahrscheinlich, wie die folgende Betrachtung zeigt.

Zur Veranschaulichung wählen wir eine Lagenkugel, welche nur Meridiane aufgezeichnet trägt. Die „Globusachse" dieser Kugel stellen wir horizontal WE. Die Meridiane zeichnen dann auf der Kugel ein Büschel sich in der Globusachse schneidender Ebenen. Dies sind unsere tautozonalen s mit verschiedenem Fallen. Nun schneiden wir diese Kugel durch eine Vertikalebene „K" in SW-NE. In dieser Vertikalebene als B-Achsenebene sollen alle „B mit gleicher Achsenebene" (oder „gleichstreichenden B") liegen, welche die so verschieden fallenden s-Flächen zeigen. Da diese B alle auf K liegen und zugleich auf s_1, s_2, s_3, s_4 usw., so sind diese B die Schnittgeraden zwischen K und s_1, s_2 usw. Ihre Durchstoßpunkte auf der Kugel sind also die Schnittpunkte des Kreises K mit den Kreisen s_1, s_2, s_3 usw. das ist mit unseren Meridianen. Es ist nun die Frage, ob diese B_1, B_2, B_3 usw. wirklich echte B-Achsen sein können, in welchen die Bewegung in s_1, s_2, s_3 normal auf B_1, B_2, B_3 verläuft. Dies trifft dann zu, wenn dem Lot auf K (als Richtung der Pressung) in jedem s eine Gleitung $\perp B$ entspricht. Dies wieder trifft zu, da jede der Ebenen s_1, s_2 usw. mit dem Lot auf K einen Winkel $< 90°$ einschließt (im vorliegenden Fall $< 45°$), dessen Schenkel zusammen mit dem Lot auf E also mit der Druckrichtung in einer Ebene $\perp B_1, B_2$ usw. liegen. Dieser Winkel ist aber bei jeder Lage von K gegenüber der Zonenachse der Ebenen s_1, s_2, s_3 usw. kleiner als $90°$ mit alleiniger Ausnahme des vertikalen s, wenn E in der Zonenachse liegt und also mit diesen vertikalen s zusammenfällt. Es ist also bei Druck $\perp E$ immer Gelegenheit zu Gleitung in $s_1 \perp B_1$, in $s_2 \perp B_2$ usw. gegeben. Die Geraden B_1, B_2 usw. sind also, da sie B-Achsen sind, durch eine Bewegung senkrecht auf B_1, B_2 usw. geprägt und alle zugleich einem bereits vorhandenen Ebenenbüschel E_1, E_2 usw. durch eine Pressung senkrecht zur Ebene K aufprägbar. Sie sind also, falls sie B-Achsen sind, was eigens zu prüfen ist, aus einem einzigen Symmetrieplan von Bewegung und Beanspruchung ableitbar und diesfalls jünger als die Verstellung von s in s_1, s_2 usw.; folgerichtiger Weise sind sie nicht durch die Rückformung von s_1, s_2 etc. in s in eine einzige Gerade rückformbar; denn sie liegen nicht auf einem Kleinkreise, sondern auf dem Großkreise K und gehen durch Rotation von E_1, E_2 etc. nur dann in eine einzige Gerade über, wenn sie normal zur Rotationsachse liegen, wenn also K senkrecht zu dieser steht. Handelt es sich um zwei Faltungen, deren eine (FB_1) der oben angenommenen Globusachse entspricht, welche die tautozonale Verstellung der Ebenen s_1, s_2 etc. als Rotationsachse vornimmt, während die andere Faltung (FB_2) den oben B_1, B_2 etc. genannten Geraden entspricht, so ist FB_2 jünger als FB_1. Man erkennt die jüngeren einem tautozonalen Flächenbüschel aufgeprägten Falten an der Lage ihres B oder β auf einem Großkreis, welcher die ältere Faltenachse — wieder durch B oder β festgestellt — schneidet.

1. Finden wir also auf tautozonalen s mit verschiedenem Fallen B-Achsen mit gemeinsamer Achsenebene K (sogenannte gleichstreichende B-Achsen), so können diese in einem einzigen tektonischen Akte „Pressung $\perp K$" den verschiedenen s in ganz verschiedener Lage aufgeprägt sein.

Eine zweite wichtige Beziehung läßt sich aus Abb. 65 rechts ablesen: Gleichstreichende B-Achsen auf ganz verschieden fallenden s sammeln sich bei konstruktiver Horizontierung dieser s in einem Maximum an der Peripherie des Zeichenkreises.

2. Denkt man sich also eine B-Häufung gebildet auf horizontalen s vor deren Verstellung, also einer und derselben tektonischen Einspannung $\perp B$ entsprechend, so ordnen sich nicht alle (s. o.) aber zahlreiche B dieser Häufung, bei nachträglicher Verstellung der s, gleichstreichend an.

3. Aus 1 und 2 ergibt sich eine nicht theoretische aber praktisch nur in deutlichen Fällen vermeidbare Mehrdeutigkeit zweier Befunde an gleichstreichenden B-Achsen.

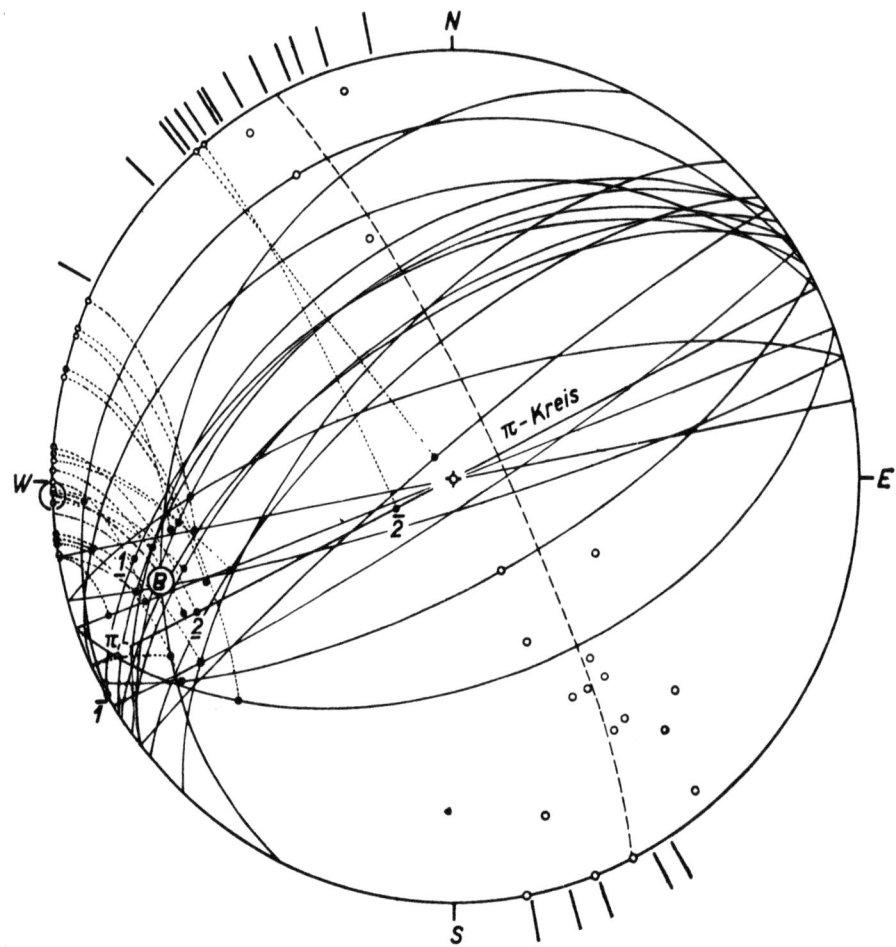

Abb. 66. Konstruktive Ebnung der B tragenden s in einer verfalteten Zunge kristalliner Schiefer zwischen Zillertaler- und Tuxer-Granitgneis (Projektion der unteren inneren Hälfte der Lagenkugel!). Erläuterung im Text.

a) Wenn die B tautozonaler Flächen nur angenähert und in der Mehrzahl auf einer gemeinsamen Vertikalebene K („Achsenebene") liegen, so können sie auch vor der Verstellung von s aus der Horizontallage geprägt sein; während genaues Gleichstreichen für Prägung auf verstelltem s entscheidet.

b) Wenn nach der konstruktiven Horizontierung gleichstreichender B eine gegen das Fallen hin unscharf begrenzte B-Häufung peripher erscheint, so können diese B entweder vor oder nach Verstellung der s auf diesen geprägt sein.

4. Eine B-Häufung in Abb. 65 mit verschiedenen Buchstaben h bezeichnet, nach der Horizontierung auftretend und je nach Lage deutlicher oder weniger deutlich auf eine Häufung in der Achsenebene beziehbar, muß auf ein Vorwiegen der Messungen auf s bestimmten Fallens zurückgehen, denn eine vor der Verstellung von s geprägte Häufung von $B (H)$ hat nach der Verstellung von s seine B nicht in einer Achsenebene „gleichstreichend" angeordnet, sondern auf einem Breitenkreis um das Streichen von s (vgl. Abb. 65 links).

Ist die Achsenebene WE, liegt sie also im Streichen, so liegen alle B auf einem vertikalen s, auf welches sie vor oder nach dessen Saigerstellung geprägt wurden. In der Abbildung 65 sieht man eine dem Streichen nahe (ENE) eine dem Fallen nahe (NNE) und eine mittlere (NE) solche Achsenebene. Bei konstruktiver Horizontierung der diese Achsen gleicher Achsenebene tragenden s wandern die Häufungen $\mathscr{H}, H, h$ der Achsenebenen als Häufungen an die Peripherie. Außerdem aber sieht man, daß die Achsen gleicher Achsenebenen bei konstruktiver Horizontierung der diese Achsen gleicher Achsenebene tragenden s an der Peripherie sich umsomehr häufen je ferner die betreffende Achsenebene dem Streichen und je näher sie dem Fallen der s liegt.

Einer peripheren Häufung nach konstruktiver Einebnung der B tragenden s braucht weder im Falle ungleichstreichender B noch im Falle gleichstreichender B eine Häufung der nicht konstruktiv horizontierten Achsen zu entsprechen. Ob die Verstellung des s und die Prägung der Achsen syntektonisch ist, entscheidet das Zusammenfallen, bzw. Nichtzusammenfallen der Häufungen B und β.

Abb. 66 gibt ein Beispiel (verfaltete Zunge kristalliner Schiefer zwischen Granitgneis). Randlich Fallrichtungen; $B =$ vollschwarze Punkte auf s; $\pi =$ Lot auf dem π-Kreis der s-Pole (Kreis'chen); dem π entspricht auch die β-Häufung der β (= Schnittpunkte der Großkreisbögen s); B fällt wie β und das damit zusammenfallende π nach WSW. Aber der Schwerpunkt der B-Häufung ist aus WSW im Uhrzeigersinn etwas gegen W gerückt und steiler fallend im Vergleich mit π. Der π-Kreis liegt $N\ 25\ W\ 70\ E$ und ist nur von s-Polen vorwiegend steil N fallender s besetzt. Alle Züge des Diagramms sind eindeutig zugeordnet, der im betreffenden Kahlgebiete übersichtlichen Tektonik: die β-Häufung entspricht einer Faltungsachse mit Faltengröße weit über Handstückbereich. Die Abweichung der Häufung im Handstück sichtbarer B-Achsen (steiler und im Uhrzeigersinn verlagert) entspricht den B auf den nordfallenden Schenkeln der größeren Faltung mit Achse β. Die konstruktive Rotation der B tragenden s in die Horizontalebene (eingezeichnet mit Kreis'chen für B auf nordfallenden mit Vollpunkten für B auf südfallenden s) ergibt eine starke Konzentration der B-Achsen im Punkt W der Peripherie: ein Westmaximum von B wurde auf flachliegendes s aufgeprägt und ist bei Anschmiegung an die Gneiskontur (WSW) in ein gestreutes WSW Maximum unter Steilerstellung übergegangen.

Einmessung von Falten mit schwierig oder nicht einmeßbarer Achse und von Faltenknäueln. Mittelbare Einmessung von Falten. Um die Achse einer Falte beliebiger Krümmung einzumessen genügt es auf jedem Schenkel eine Einmessung der gebogenen Ebene nach Streichen und Fallen durchzuführen, also wenigstens zwei beliebige Tangentalebenen der Falte einzumessen. Die zwei Tangentalebenen der Falte t_1 und t_2 schneiden sich in einer Geraden, welche die Faltenachse B ist. Die Eintragung von t_1 und t_2 als Großkreise in das Netz ergibt deren Schnittgerade, das ist die Faltenachse B. Dieses Verfahren auf einen sonst nicht entwirrbaren Faltenknäuel, mit nicht oder nur teilweise unmittelbar einmeßbaren Faltenachsen angewendet läßt eine vorhandene statistische Vorzugsrichtung der Faltenachsen als Häufung dieser auf der Lagenkugel erkennen und damit als Ebene senkrecht zu dieser Vorzugsrichtung die Symmetrieebene des Faltenknäuels also die Ebene, in welcher die Einengung erfolgte.

Faltung nach Faltung. Es ist nun der Fall noch näher zu betrachten, daß das lineare Gefüge, welches mit der Achse B_2 verstellt wird, selbst schon eine B-Achse also B_1 ist. Dem voranzustellen ist die Unterscheidung verschiedener Fälle je nach der Lage der beiden B zueinander und je nach ihrem Größenverhältnis.

Der Lage nach ist $B \parallel B'$ oder $B \perp B'$ oder B schief B' (kurzgeschrieben $B \wedge B'$); dem Größenverhältnis nach ist $B \gtreqless B'$.

Im Falle $B \parallel B'$, $B = B'$ ist nur ein B unterscheidbar. $B \parallel B'$, $B \gtreqless B'$ ist durch symmetriekonstante Faltungen (mit erhaltener Symmetrieebene $\perp B$) in der Natur oft gegeben: durch Falten mit kleineren Falten, auf der großen Falte entweder gleichmäßig verteilt oder in der Kniekehle der größeren Falte nach der Regel der Stauchfaltengröße (knickfestere Lagen bilden größere Falten, vgl. Abb. 50) ausgebildet und diesfalls sicher gleich alt (syntektonisch) mit der größeren Falte, eine Möglichkeit, welche für symmetriekonstante Falten (mit $B \parallel B'$) immer als nächste in Betracht zu ziehen ist; oder durch gefaltete Falten, bei welchen eine diesfalls eindeutig ältere Falte mit kleinem Winkel zwischen den Schenkeln wie ein anderes Paket wieder gefaltet ist (vgl. Abb. 49). Beispiele für $B \parallel B'$ geben wiederholt umgefaltete Phyllonite und Falten mit abwickelbarem Korngefüge. $B \perp B'$ ist ein Fall, welcher aus Korngefügen und aus Großgefügen bekannt ist und für welchen schon wegen der unzufällig häufigen Orientierung $B \perp B'$ eine gesetzmäßige zeitliche Überlagerung der Entstehung von B und B' angenommen wird; derart, daß Längung in der Richtung des einen B an einem Hindernis zur Querfaltung mit $B \perp B'$ führt. $B \perp B'$-Gefüge sind auch in tektonischen Ausmaßen bekannt.

B schief B'-Gefüge ($B \wedge B'$) ist ebenfalls aus Korngefüge und in tektonischen Profilen bekannt. Hier sind die Fälle unterscheidbar nach der Symmetrie des Systems B schief B', nach den Größen und nach dem Altersverhältnis zwischen B und B'.

Was die Symmetrie des Systems B schief B' anlangt, so liegen B und B' immer in einer Ebene E.

E kann eine Symmetrieebene sein. Dies ist der Fall syntektonischer „achsendivergenter" Faltung in einem Formungsakt, in welchem sich eine Falte wie ein Reiter durch Schenkeldruck aus dem Sattel der andern Falte erhebt, derart, daß die Achsen der aufeinander reitenden Falten in Ebene E divergent werden und durch den Akt des Abgleitens der reitenden Falte B von der berittenen Falte B sich B' schief B auf den Schenkeln von B bildet. Es ist dann B' jünger und kleiner als B.

Oder es steht nur eine zweizählige Symmetrieachse senkrecht auf der durch die beiden B gelegten Ebene E. Dies begegnet man in allen Ausmaßen von der schiefen Scharung zweier verschieden alten Fältelungen auf der Fläche eines glimmerigen Gesteins bis zur schiefen Scharung von tektonischen Faltungen auf der Erdoberfläche. So kann die Einengung schief zu D einer oblongen Senke mit längstem Durchmesser D, zu deren Zuscherung, auch durch Älteres über Jüngeren („Scherenfenster") führen oder zu anderen digyralen Bauen mit polarer zweizähliger Vertikalachse.

Denkt man sich nämlich in einer Ebene E einengende Bewegungen in Richtung m, so schaffen diese ein Gefüge mit Symmetrieebene parallel m und normal E, z. B. eine Faltung mit Faltenachse parallel E und $\perp m$. Denkt man sich diesen Vorgang in Richtung n wiederholt und hiebei die Ergebnisse von m nicht ausgelöscht sondern überlagert, so besteht keine Symmetrieebene $\perp E$, wohl aber eine zweizählige Symmetrieachse oder Digyre $D_2 \perp E$. D^2 ist, gestaltlich abgebildet, jene D^2 der Kräfteanordnungen, welche wir bei unserem Versuche als um D^2 ($\perp E$) drehende Kräfte hervorrufen, also eine Abbildung der Symmetrie funktionalen Gefüges. Dieses D^2 unterscheidet sich von einer vertikalen B-Achse vor allem durch seine Ungleichendigkeit, ist also ein polares D^2. Die Polarität ist eine Abbildung des erdradialen funktionalen Gefüges mit der Polarität des Erdradius durch die Massenanziehung der Erde.

Derartige digyrale Tektonik ist ein Hinweis auf Überlagerung von tangentalen Einengungen in verschiedenen Richtungen auf der Erdoberfläche. Tektonische Bereiche mit vertikalen Digyren sind unter Umständen nur durch eine statistische Darstellung der linearen und flächigen Parallelgefüge auf der Lagenkugel zu erkennen und sicherzustellen.

Allgemeiner Gang der Rückformung eines Gebietes mit mehraktiger nichtsymmetriekonstanter Tektonik. Der allgemeine Arbeitsvorgang bei der konstruktiven Rückformung eines Gebietes mit mehraktiger nicht symmetriekonstanter Tektonik (z. B. Scharung von Einengungszonen) ist folgender:

1. Die genaue statistisch tektonische Analyse und die konstruktive Rückformung hat zur Voraussetzung, daß eine geologische Karte vorliegt und schließt am besten an die übliche tektonische Übersicht des Gesamtgebietes dort an, wo diese aufhört. Sowohl eine das Wesentliche dieser tektonischen Übersicht bestätigende Vertiefung als eine Widerlegung dieser Übersicht (z. B. Einengung statt Transport, mehrere tektonische Akte statt eines) kann sich dabei ergeben.

2. Mit fortlaufender Beachtung des Umstandes, ob die Häufungsstellen für die linearen (B, β) und flächigen Parallelgefüge auf der Lagenkugel dieselben bleiben oder sich hinsichtlich Streuung, Umriß und Ort auf der Lagenkugel ändern, werden die Diagramme der homogenen Teilbereiche aufgenommen, welche als homogene Bereiche eben durch die Persistenz der Häufungen kontrolliert sind. Es ist zu beachten, daß nicht verschiedenwertige Gerade (z. B. echte B-Achsen und Schein-B-Achsen) und Ebenen (z. B. verschiedenwertige Schieferungen, sedimentäre und mechanisches s) in derselben Häufung zusammengefaßt werden.

3. Die Diagramme der homogenen Teilbereiche werden auf der geologischen Karte allenfalls nach Vergrößerung derselben in genügendem Maßstab (Storchschnabel; Projektion und Nachzeichnung) als kleine Oleaten auf die Gebiete geklebt, welche die Diagramme geliefert haben.

4. Aus dieser Übersicht ergeben sich endgültig die homogenen Bereiche in bezug auf gleichwertige Raumdaten. Sie werden umgrenzt und beschrieben.

5. Die konstruktive Rückformung wäre theoretisch durchzuführen indem man zuerst die jüngste und dann immer ältere Formen rückgängig macht.

Ist aber diese zeitliche Abfolge nicht bekannt, so versucht man, welche Formen F_1 bei ihrer Rückformung (z. B. welche Falten bei ihrer Ebnung) andere Formen F_2 als „abwickelbar" erkennen lassen, d. h. welche Formen F_2 durch dieselben Rotationsbewegungen, welche die Form F_1 zu einer Ebene machen in die Ebene F_1 zu liegen kommen und zwar in einer Anordnung (z. B. nunmehr als Gerade), welche ihre Prägung auf F_1 vor dessen Verlagerung (z. B. Verbiegung) erschließen läßt. Findet man solche Formen F_2, so sind sie älter als die Verbiegung von F_1. Man kann nun von ihnen aus in analoger Weise nach einem vorhergehenden F_3 suchen. Sind die Formen F_2 nicht abwickelbar — d. h. mit denselben Bewegungen, welche F_1 ebenen in diese Ebene zu bringen, also an die Peripherie des Zeichenkreises, um dessen Durchmesser F_1 durch Rotation geebnet wird — so ist F_2 nicht älter als F_1, sondern jünger. Man hat diesfalls zuerst F_2 rückzuformen und dann erst F_1 und entsprechend umzubenennen.

Ist während des Gesamtablaufs keine merkliche Änderung des Grades der Teilbeweglichkeit erfolgt, wofür es unter anderem petrographische Kriterien gibt (z. B. kristalline Mobilisationen mit Kleinfaltung etc.) so empfiehlt es sich den Versuch der Rückformung bei den größeren Formen zu beginnen.

Ein eingehendes allgemeines Schema für diesen Arbeitsgang läßt sich nicht geben. Für das unerläßliche Studium von Beispielen in Originalarbeiten wird auf die Arbeiten an den Flächen- und Achsengefügen der Hohen Tauern (B. Sander, Mittlg. Reichsamt f. Bodenforschung, Zweigstelle Wien 1942) und der Kalkalpen (Fuchs, Neues Jahrbuch 1943) hingewiesen und ein Beispiel aus den Kalkalpen hier kurz angeführt.

Beispiel für eine Abwickelung. Im Beispiele einer Entscheidung, ob ein WE-streichendes Großgewölbe mit einfallender Achse und Tautozonalitätsachsen auf den Schenkeln schon mit schiefer Achse geprägt wurde (I) oder nachträglich schiefgestellt wurde (II), kann man die im Nord- und im Südflügel des Gewölbes eingemessenen Tautozonalitätsachsen β niedrigerer Ordnung (z. B. vorwiegend Faltenachsen) einem Vorgange von Fuchs folgend wie folgt benützen:

a) Es wird zuerst um die schiefstehende Gewölbeachse abgewickelt. Dies geschieht, indem man zunächst ein Netz N_3 entwirft, dessen Achse A_3 (mit zugehörigen Meridianen und Breitekreisen) mit der schiefen Gewölbeachse M, um welche rotiert werden soll, zur Deckung gebracht werden kann. Zum Entwurf jenes Netzes N_3 legt man über ein flächentreues Netz N_1 (mit Äquator in Zeichenebene wie üblich) ein zweites N_2 auf einer Oleate, dessen Achse (A_2) und Breitekreise man mit Hilfe der Breitekreise des ersten Netzes so rotiert, daß A_2 und M zusammenfällt. Auf diesem dritten Netz N_3, das man so erhält, wird dann A_3 als M betrachtet und ist von den Breitekreisen umgeben, auf welchen nunmehr die Rotation um die Gewölbeachse M mit gewünschten Beträgen und Richtungen erfolgen kann. Diesem Vorgang, als Rückformung betrachtet, würde es entsprechen, daß auf einer schiefen Ebene E die β geprägt wurden und dann aus E das Gewölbe mit schiefer Achse gebogen wurde, auf dem dann die β-Linien in verschiedener Richtung liegen. Aber die Annahme, daß der Vorgang eine echte Rückformung, d. h. eine eindeutige Umkehr der Bewegungsvorgänge, durch welche die Endform wirklich entstanden ist, sei, wäre noch willkürlich. Denn ganz beliebige und beliebig entstandene Häufungen liegen jedenfalls auf Breitekreisen um M und lassen sich jedenfalls auf diesen Breitekreisen so lange konstruktiv rotieren, bis sie in E liegen, also auf einem durch M laufenden Großkreis. Wenn wir jedoch diesen Großkreis fallend wie M (z. B. westfallend) einzeichnen, so ergibt sich, ob die β nach gleichsinniger Rotation um gleiche Beträge, nämlich um den Betrag der Biegung von E zu einem Gewölbe, rotiert, auf E zusammenfallen. Trifft dies zu, so ist die Annahme, daß β auf E geprägt und dann mit E verlagert (gebogen) wurde, begründet.

b) Es wird zuerst die schiefe Achse M konstruktiv auf dem kürzesten Wege horizontal gestellt — was keine garantiert echte Rückformung ist — und mit ihr gleichsinnig alle β-Häufungen; dann wird um die nunmehr horizontale Achse M rotiert.

c) Es wird ohne eine weiters um die Achse WE rotiert.

Für das Gewölbe (Guffert-Kegelhörndl) ergibt sich im gewählten Beispiele für Fuchs, daß die β weder im Fall a) noch im Fall b) abwickelbar sind; denn sie liegen für diese Fälle nicht auf Kleinkreisen. Fuchs rotiert nun die β des Hauptdolomits um eine horizontale WE-Achse ohne die schiefeinfallende Achse des Wettersteinkalkes im Gewölbekern als M zu benützen und findet die nahe Achsenebene NS und NW liegenden β „auf Kleinkreisen persistent" und nach Horizontierung übereinstimmend mit β-Häufungen benachbarter Gebiete. Es entspricht einer Diskordanz zwischen dem β-bildenden Hauptdolomit und dem liegenden Wettersteinkalk.

Neben diesem Lösungsversuch scheint mir eine weitere Möglichkeit zu beachten und im Auge zu behalten für künftige Übergänge auf andere Gebiete. Die β, also Achsen tautozonaler Verstellung vielleicht Faltenachsen liegen auf zwei geneigten Großkreisen E_n und E_s, welche rund $N\,70\,E$ streichen und mit rund 30^0 nach NW und SE fallen, einer der früher erörterten vertikalen Digyren entsprechend, wie wir solche bei schiefgescharten horizontalen Einengungszonen an der Erdoberfläche kennen, was symmetrologisch eine eindeutige Abbildung des funktionalen Gefüges einer Einengung nicht also eines Transportes, ist. Stellt man nun um jene Achse $N\,70\,E$, welche als eine verbreitete Achse der Alpen bekannt ist, diese beiden Großkreisebenen E_n und E_s mit den von ihnen getragenen β horizontal, indem man E_n nach NW aufwärts und E_s nach SE aufwärts rotiert, so kommt fast jedem β auf E_n ein β auf E_s genau diametral gegenüber auf den Horizontalkreis zu liegen; d. h. diese β lassen sich zu je zwei als Achsen auffassen, welche auf die horizontale Ebene E vor deren Verbiegung (zu E_n und E_s) um die Achse $N\,70\,E$, aufgeprägt wurden: diese β sind um Achse $N\,70\,E$ abwickelbar.

Das Beispiel veranschaulicht eine Handhabung des Verfahrens der geometrischen Rückformung, zugleich aber auch, daß dieses Verfahren nicht wie ein schematischer Bestimmungsschlüssel gehandhabt wird.

Geometrische und genetische Bedingtheit von Achsenlagen. Die Frage, ob man mit seinen Konstruktionen eindeutig eine tektonische Rückformung vollziehe oder nicht, bedarf auch noch der folgenden allgemeinen Erörterung.

Man kann zunächst fragen, was es rein geometrisch und was es als Garantie einer kinematisch treuen „genetischen" Rückformung bedeutet, wenn wir zwei Gerade g_1 und g_2 sowohl um G_1 als um G_2 derart abwickelbar finden, daß g_1 und g_2 in beiden Fällen (G_1 und G_2) in je eine einzige Gerade, „g zu G_1" und „g zu G_2", zusammenfallen. G_1 und G_2 sollen den Winkel i einschließend horizontal liegen. Überlagert man zwei Oleatennetze, welche Achsen und Breitekreise zeigen, derart, daß diese Achsen, G_1 und G_2, den gewünschten Winkel i einschließen, so erhält man ein System sich schneidender Breitenkreise, ein zusammengesetztes Netz Z, welches in seinen Breitenkreisen alle Bahnen für Punkte um G_1 oder um G_2 enthält. Ein beliebiger einzelner Punkt auf diesem Netz Z ist immer sowohl auf den Breitekreisen zu G_1 als auf denen zu G_2 rotierbar. Ein Punktepaar g_1 und g_2 (Durchstoßpunkte der betreffenden Geraden g_1 und g_2 auf der Lagenkugel) wäre nur dann in einen Punkt g durch Rotation um G_1 oder G_2 überführbar, wenn sowohl g_1 als g_2 auf einem und demselben Breitekreis zu G_1 oder G_2 liegen. Dieser Fall, daß ein Punktepaar zugleich auf einem Breitekreis zu G_1 und auf einem Breitekreis zu G_2 liegt, ist aber ausgeschlossen, da jeder Breitekreis zu G_1 mit jedem Breitekreis zu G_2 nur einen Schnittpunkt im Netze Z hat entsprechend dem Umstande, daß die beiden genannten Breitekreise als Ebenen nur eine Schnittgerade haben. Hieraus folgt:

1. Wenn zwei Punkte auf einem Breitekreis zu G_1 liegen, so liegen sie als Paar auf keinem Breitekreis zu G_2; sie sind nur um G_1 und kein anderes G in einen Punkt $g = g_1 + g_2$ rotierbar.

2. Auf dem Netze Z steht wie auf jedem einzelnen Netze eine Digyre senkrecht. Punkte, welche derart in Z liegen, daß sie dieser Digyre $\perp Z$ gehorchen sind durch jede in Z liegende Rotationsachse G in einen Punkt überführbar.

3. Punkte, welche auf gleichweit vom Pole G_1 entfernten Breitekreisen zu G_1 liegen, nicht aber der Digyre $\perp Z$ gehorchen, sind nur durch die Rotationsachse G_1 in einen Punkt überführbar, also durch keine anderen Rotationsachsen.

4. Für zwei völlig beliebig gelegene Punkte im Zeichenkreis gibt es immer einen Breitekreis, auf dem sie liegen und damit auch eine Rotationsachse, durch die sie ineinander überführbar sind; für drei beliebig gelegene Punkte gilt das nicht. Hievon überzeugt man sich durch Drehen eines Oleatennetzes über beliebigen zwei oder drei Punkten im Zeichenkreis der Unterlage. Man darf also nicht aus der Abwickelbarkeit zweier Punkte um eine nicht durch den tektonischen Bau wirklich gegebene Achse darauf schließen, daß diese Achse in der tektonischen Formung je eine Rolle gespielt habe. Dies gilt nicht für mehr als zwei auf einem und demselben Breitekreis bringbare Punkte; vielmehr ist diesfalls die zu dem Breitekreis gehörige Achse auf ihre reelle Existenz und auf ihre Verwendbarkeit in der Rückformung mit allen Mitteln zu untersuchen, sowohl was Abbildung im Kleingefüge als Persistenz und Realisierung in benachbarten Bewegungsbildern angeht.

Besondere Ausrüstung für Untersuchungen im Gelände.

1. Karte: a) Die Karte soll womöglich eine geologische sein. Ist eine solche nicht vorhanden, sondern wird sie erst zugleich mit der tektonischen Gefügeanalyse aufgenommen, so ist zu beachten, daß die Arbeit an der Umgrenzung der aufgeschlossenen Gesteine und die Arbeit an den Gefügeeinmessungen nicht ohne weiteres zusammenfällt und daß letztere

eigene Zeitaufwände beansprucht; ferner sind für die Gefügeeinmessungen die an Gefügedaten reichen Gesteine und Bereiche und die Abgrenzung von homogenen Bereichen gegeneinander wichtiger als manche für andere Fragen wichtige Unterscheidungen, z. B. stratigraphische, gesteinschemische. Die Befassung mit manchen geologischen Körpern entfällt. Umso höher wird vom ernsthaften Gefügeanalytiker eine verläßliche geologische Karte als Grundlage seiner Arbeit geschätzt, ebenso wie die von früheren Tektonikern wirklich sichergestellten Züge des Baues.

b) Der Maßstab der Karte für die Geländebegehung muß erlauben die Meßstellen im großen festzuhalten — allenfalls durch Nadelstiche mit zugeordneter Zahl auf der Rückseite der Karte (Trener) — und die homogenen Bereiche wahrzunehmen. Auf der Karte für die Auswertung der Messungen müssen die homogenen Bereiche sichtbar und übersichtlich sein. Es sind also bisweilen Vergrößerungen vorhandener Karten anzufertigen (Storchschnabel; Skizze nach Projektion).

2. Für das sichere Losschlagen der bereits eingemessenen Stücke aus dem anstehenden Gestein darf der Hammer nicht zu klein gewählt sein; je nach Gesteinsart ist ein Meißel vorteilhaft.

3. Der geologische Kompaß ist entweder selbst durch ein flächentreues Netz und durch einen Transporteur zur Winkelmessung in der abgebildeten Weise ergänzt. Oder es ist ein solches Netz und ein einfachstes Anlegegoniometer mitzunehmen; ebenso genügender Vorrat von Oleaten zur Verwendung auf dem flächentreuen Netz.

4. Festhaftendes und beschreibbares Heftpflaster (Leukoplast) zur Beklebung und Bezeichnung der gewählten Stücke mit den Meßdaten vor dem Herausschlagen aus dem festen Felsverbande.

5. Ein gutes Glas (wenigstens sechsmal).

Die obige Ausrüstung genügt ·erfahrungsgemäß für Untersuchungen tektonischer, flächiger und linearer Parallelgefüge im Felde.

Für die Untersuchung der Rhythmen flächiger Parallelgefüge von mm bis m-Zehner Spannweite im Felde mit Einbeziehung auch unzugänglicher Wände ist weiter notwendig:

5a. Ein Meßbinokel mit eingebauter vertikaler Skala zur Bestimmung sowohl der Horizontalentfernung des Beobachters vom Objekt als der Objekthöhe aus bekannter (aus Karte oder Profil bestimmbarer) Entfernung. Ein solches Binokel gestattet auch Mengenverhältnisse aus Wandaufschlüssen nach der Rosival'schen Integrationsmethode abzulesen.

6. Eine der photographischen Ausrüstungen mit gewöhnlichem Objektiv, Vorsatzlinsen und Weitwinkelobjektiv.

7. Von dm zu dm schwarz und weiss gefärbte Latte (oder Band) als Größenmaßstab vor der Aufnahme ins Bild einstellbar.

8. dm bis mm — Maßstab.

III. Einige Beispiele für Gebrauch und Begrenzung gefügekundlicher Fragestellung.

A. Tektonik hochteilbeweglicher Intrusiva.

I. Hochteilbewegliche körnige Tiefengesteine mit Aufwärtsbau und mit Abwärtsbau. Tektonik der Granite.

1. Trennung von Amplatzgefüge und Einströmungsgefüge in Graniten.

Mit den Hilfsmitteln symmetrologischer Betrachtung funktionaler und gestaltlicher Gefüge gelangt man zur Typisierung der flächigen und linearen Parallelgefüge, welche man bei der mechanischen Formung von Gasen, Flüssigkeiten und „festen" Körpern begegnet. Betrachtet man von den letztgenannten nur genügend raumstetige Formungen, so ergeben sich für Gase und Flüssigkeiten sowie für genügend teilbewegliche „feste" Körper dieselben Formtypen (flächige und lineare Gefüge und Begrenzungen; Symmetrietypen). Und es ergibt sich die Möglichkeit, mit denselben Koordinaten die Bewegungsbilder symmetrologisch zu kennzeichnen und die Bewegungsbilder durch ihre Teilbewegungen eindeutig zu beschreiben. Es gibt für die kinematisch symmetrologische Betrachtung sehr viel Gemeinsames, wenn man die linearen, flächigen und rotierenden Bewegungsbilder und Gefüge an rauchiger, seitlich besonnter, langsambewegter Luft, an schlieriger Flüssigkeit, an bildsamen Teigen, ja auch an wenigverformten festen Körpern betrachtet. So z. B. begegnet man in allen Fällen (mit Ausnahme elastischer Formung) den Symmetrietypus der B-achsialen bilateralsymmetrischen Formung.

In manchen Zusammenhängen aber ist es gut, die extreme Deformation strömender Gase und Flüssigkeiten von den Formungen weit geringeren Ausmaßes, wie man sie z. B. mit Hilfe des Formellipsoids an festen Körpern betrachtet, zu unterscheiden. Ohne daß irgendwo im Bewegungsbilde eine scharfe Grenze wäre, werden die Bewegungsbilder der Gase und Flüssigkeiten mit den Ausdrücken der Strömungsgeometrie („Stromfäden", „Bahnlinien", „Walzen" usw.), die Bewegungsbilder der festen Körper mit den Ausdrücken ihrer Festigkeitslehre („Scherflächen", „Reißflächen" usw.) beschrieben, wobei sich nicht wenige Ausdrücke auf beide Zustände beziehen (flächige und lineare Parallelgefüge, B-Achsen, Rotationen usw.).

Es gibt nun geologische Probleme in welchen die Unterscheidung wichtig ist, ob jene allen Zuständen gemeinsamen flächigen und linearen Formelemente eine Abbildung von Bewegungen im flüssigen oder von Bewegungen im teilbeweglichfesten Zustande (mit Leitung gerichteter Drucke und Erhaltung von Gefügeelementen) sind. Hiezu ist folgendes zu beachten:

1. Die Beantwortung dieser Frage muß vor allem damit rechnen, daß sich kinematisch und was die symmetrologische Abbildung im Gefüge anlangt, die Bewegungsbilder im teilbeweglichen, aber gerichtete Drucke leitenden „Festen" (I) und im „Flüssigen" (II) in jenen Merkmalen nicht unterscheiden, für deren Auftreten im Gefüge ein gewisser Grad von Teilbeweglichkeit genügt.

Solche Gefüge sind: gegeneinander relativ verschobene ebene oder gekrümmte Flächen (ab); in (ab) aufeinander senkrechte lineare Gefüge a und b, von welchen a parallel, b senkrecht zu der im Lote c ($\perp (ab)$) errichteten Symmetrieebene E

bilateralsymmetrischer Bewegung steht: allgemeinzylindrische (z. B. Wirbel-) Formen mit Leitlinie $\parallel E$ und erzeugender Gerader $\perp E$ (B-Achsen).

Durch das Auftreten der genannten Formelemente ist also I und II noch nicht zu unterscheiden. Ebensowenig entscheidet hohe Raumstetigkeit der Deformation zwischen I und II.

2. Auf I weisen: diskrete Scherflächen aus einer der Zonen a, b, c; ferner alle sich kreuzenden Gefügeflächen; ferner alle sonstigen Abbildungen von Leitung gerichteten Druckes im Gefüge (z. B. Regel der Stauchfaltengröße: knickfestere Lagen bilden größere Biegefalten). Sie alle können nur auf I, nicht auf II bezogen werden. Ferner weisen auf I alle typischen in situ-Prägungen an S-Tektoniten und B-Tektoniten, wie Plättungs-s, zweischarig rhombisch symmetrische Formungsgefüge mit intern rotierten Scherflächen. Alle Formungen mit meßbar geringen Beträgen der Relativverschiebungen oder mit nachweislich geringer Abweichung des Formellipsoids von der Ausgangskugel.

3. Auf II weist: starkes Vorwiegen von a ($\parallel E$), reines Lineargefüge auf welchem (bei genauer Untersuchung) keine Symmetrieebene senkrecht steht; Gefüge welche völliges Fehlen der Leitung gerichteten Druckes erweisen (z. B. Fehlen der Regel der Stauchfaltengröße: dickere Lagen bilden keine größeren Biegefalten als dünnere).

Die erste Frage welche auf Grund der angeführten Sätze als Beispiel für gefügekundliche Arbeit an großtektonischen Fragen hier gewählt ist, betrifft das An-Ort-und-Stelle-treten körniger Tiefengesteine, z. B. granitischer Massen und deren Tektonik. Aus dieser Fragengruppe formulieren wir zunächst genauer folgende Fragen:

a) welche Gefüge erweisen hohe Teilbeweglichkeit, lassen aber die Frage offen, ob die Granite, als sie ihr Gefüge erhielten, Schmelzen waren. Diese Frage ist angesichts jenes Schrifttums nötig, welches Gefüge die nichts als hohe Teilbeweglichkeit beweisen, als Belege für schmelzförmigen Zustand (zur Zeit der betreffenden Gefügeprägung) nimmt.

b) welche Gefüge der körnigen Tiefengesteine z. B. der Granite sind bei Formung in dem bereits damals und heute noch eingenommenen Raume entstandene Amplatzgefüge und welche sind als Einströmungsgefüge einer Einströmung in den heute eingenommenen Raum zuzuordnen. Diese Frage ist angesichts jenes Schrifttums nötig, welches diese Trennung überhaupt nicht vornimmt, oder ohne die oben eingeführten Sätze und in einer diesen gegenüber nicht haltbaren Weise.

c) in welchem Ausmaß ist man nach Beantwortung der Fragen a und b noch berechtigt, nach Merkmalen des Einströmens granitischer Schmelzen in einen Raum und von diesem Bewegungsbilde als von einem besonderen den Graniten zukommenden zu sprechen.

Um die Fragen a und b zu beantworten, braucht man eine moderne Gefügeanalyse und den Vergleich zwischen dem Gefüge des betreffenden körnigen Tiefengesteins und seiner Hülle, namentlich jener Hüllgesteine, welche nie Schmelzen waren.

Sind derartige Hüllgesteine mit denselben — bei genauer gefügekundlicher Definition! — und gleich orientierten flächigen und linearen Gefügen ausgestattet wie die umhüllten körnigen Tiefengesteine, also beide symmetrologisch vom selben Plane geprägt (homotaktische Gefüge im Pluton und im Paragesteine der Hülle), so sind zwei Fälle möglich: I. Diese Gefüge entsprechen einer älteren Prägung (in der Hülle) und deren Abbildung (im granitisierenden Pluton). II. Diese Gefüge entsprechen einer gemeinsamen Prägung im Raume „Tiefengestein + Hülle".

In beiden Fällen, also in jedem Falle homotaktischen Gefüges in Hülle und Pluton, sind die Gefüge vom Pluton an seinem Orte in der Hülle erworben, also Amplatzgefüge, nicht Einströmungsgefüge. Zugleich ist im Falle homotaktischer Gefüge im Pluton und im Paragestein der Hülle keine Berechtigung vorhanden, diese Gefüge als Merkmale einer Schmelzflüssigkeit des Plutons anzusprechen.

Dieser Vergleich zwischen Hülle und Pluton ist nur stichhältig, wenn gefügeanalytisch eindeutig definierte Gefüge verglichen werden, z. B. beiderseits a, beiderseits b, beiderseits Scherungs-s oder beiderseits Plättungs-s. Hiezu ist eine genaue symmetrologische Analyse erforderlich. Diese ergibt aber außer dem Vergleiche zwischen Pluton und Hülle die direkte Beantwortung der Frage, ob die Gefüge des Plutons Gefüge sind, welche lediglich hohe Teilbeweglichkeit (s. o. Satz 1) bezeugen, ferner ob sie den in Satz 2 und 3 (s. o.) angeführten Gefügen angehören.

Erst nachdem durch Korngefügeanalysen die Definition der in Pluton und Hülle zu vergleichenden flächigen und linearen Gefüge eindeutig gemacht ist — so daß z. B. nicht dieselben Lineargefüge b_h (B) welche sich in der Hülle mit Faltenachsen decken, im Pluton als a_p („Fließlinien") angesprochen werden und dies bei vollem Parallelismus von b_h und a_p! — und ferner nachdem Pluton und Hülle durch Sammeloleaten und durch gefügetektonische statistische Untersuchung der S-B-Gefüge verglichen ist, ist die oben umrissene Beantwortung der großtektonischen Frage nach dem An-Ort-und-Stelle-treten und nach der Tektonik der Granite möglich; eine Frage, welche sich bei unserer Fassung auf alle hochteilbeweglichen Tiefenmassen ausdehnt und zugleich zur Beantwortung der Frage beiträgt, ob das untersuchte körnige Tiefengestein anderen nie völlig geschmolzenen Tiefenmetamorphen näher steht oder den Schmelzgesteinen mit eigenem Einströmungsgefüge in ihren Raum zwischen Hüllgesteinen, Luft oder Wasser.

Es ergibt sich dabei die Wichtigkeit, 3 Gruppen der Granite zu unterscheiden für eine Reihe geologischer Fragen (Orogenesis, Wiederaufschmelzung, Genesis der Magmen).

Diese Gruppen der Granite sind:

Granite, welche während ihrer ältesten („ersten"?) Kristallisation gleich geregelt wurden wie ihre Hülle,

Granite, welche später so geregelt wurden wie ihre Hülle,

Granite, welche nicht so geregelt wurden wie ihre Hülle.

Wenn man nun auf der gegebenen Grundlage und gegenüber dem heute vorliegenden Schrifttum auf Einzelnes übergeht, soweit dies ohne Vorlage der Schriften möglich ist, so ergeben sich folgende Punkte, auf welche kritisch zu achten ist und in welchen gefügekundliche Arbeit weiterführen kann.

Zunächst sind einige unzulässige Schlußfolgerungen auszuschalten für die Frage, ob und wo an Tiefengesteinen das Lineargefüge das B einer Einengung im betrachteten Raum oder die Fließlinie einer Schmelze in diesen Raum hinein sei.

Es ist (s. o.) unzulässig, Schmelzfluß oder Magma anzunehmen auf Grund von Erscheinungen, welche lediglich von hoher Teilbeweglichkeit und von der Begegnung höher teilbeweglicher und weniger teilbeweglicher („starrerer") Bereiche abhängen, wie z. B. Eindringen in Rupturen, tektonische Einschlüsse, Parallelorientierung heterometrischer, relativstarrer Einschlüsse usw. Unter gemäßen Bedingungen kann ein Marmor ebenso gut einen Syenit intrudieren wie ein Syenit einen Marmor. So ist es namentlich auch unzulässig ohne Gefügeuntersuchung anzunehmen, daß Schieferung eines Granits nach der Intrusion die Gleichrichtung von Schiefereinschlüssen im Granit unerklärt lasse. Eine solche Gleichrichtung von Einschlüssen hängt nur von der Teilbeweglichkeit ab und es ist Gleichrichtung von Einschlüssen jeder Ausgangslage in tektonisch genügend durchbewegten und geschieferten Nichtschmelzgesteinen häufig.

„Frühe Bildung" der Gefüge besagt an sich nichts Entscheidendes, da sich sowohl das Amplatzgefüge als das Einströmungsgefüge während der langdauernden Granitbildung schon in deren frühesten Stadien lange vor jeder Erstarrung oder protoklastisch bilden kann.

Zur Untersuchung der Frage, ob ein während der Erstarrung der Schmelze geprägtes Flächen- und Lineargefüge vorliegt, ist zunächst anstatt „während Erstarrung der Schmelze" genauer zu sagen, „während der nachweislich frühesten Kristallisationen". Um solches „protoklastisches" Gefüge in brauchbarer Definition nachzuweisen, genügt nicht die Angabe, daß zerbrochene Feldspate verheilt sind. Für Protoklase in Schmelzen ist die Verheilung der Feldspate durch Feldspat gleicher Generation zu fordern und nachzuweisen, was mit der Korngefügeanalyse gelingt. Auf keinen Fall darf die Begründung der Annahme von parakristallinem Gefüge zur ersten Kristallisation darin liegen, daß man sich das flächige und lineare Parallelgefüge am leichtesten im Schmelzfluß entstehend vorstellen kann; was kein Beweis, sondern ein vorwegnehmendes Vorurteil ist. Auch in Orthogneisen und Graniten (mit flächigem Parallelgefüge) darf man Lineargefüge, welches mit Faltenachsen parallel läuft, nicht als eindeutig „primäres Gefüge" bezeichnen und als solches weiterhin der Platznahme des Granites gleicher Generation zuordnen, wie man das im Schrifttum begegnet, entgegen der Wahrscheinlichkeit, daß jenes Lineargefüge B ist und also ein Amplatzgefüge nicht aber ein Einströmungsgefüge. Auch während der ältesten Kristallisation, also während der Bildung echt protoklastischen Gefüges und während der Autometamorphose können B-Achsen entstehen, und es spricht also derart frühe Bildung eines Lineargefüges keineswegs gegen dessen Charakter als B-Achse und Amplatzgefüge. Eine Unterscheidung zwischen primärem Gefüge, definiert als „entstanden während der Intrusion" und zwischen sekundärem Gefüge definiert als „entstanden während der Metamorphose" hat keinen Wert (da sie keine Merkmale hat), außer wenn eine deutlich spätere Metamorphose von den Umkristallisationen der Granitbildung selbst abgrenzbar ist.

Unzulässig ohne Gefügeanalyse sind derlei Annahmen wie, daß die Schieferung im Hüllgestein normal zum Druck des flüssigen Magmas zustande gekommen sei, während die hiezu parallele Schieferung im Granit als Abbildung der Zirkulation des Magmas entlang den Wänden des Hüllgesteins gedeutet wird. Der gelegentlich ebenfalls begegneten Annahme, daß verschieden alte benachbarte Massengesteine mit untereinander parallelem Lineargefüge dieses Lineargefüge beim parallelen Einströmen in den Raum, in den verschiedenen Massen zu verschiedenen Zeiten erhalten hätten, steht immer die zunächst weit wahrscheinlichere Annahme gegenüber, daß es sich um gemeinsam über die verschiedenen Massen geprägte B-Achsen handle und diese Annahme ist im Korngefüge zu prüfen.

Es ist unzulässig aus einer (oft frei sichtbaren) linearen Anordnung von scheibchen- oder stabförmigen Gefügeelementen (z. B. Glimmer, Pyrobole) oder aus linearen Anordnungen von isometrischen Kristallen (z. B. Granaten) auf eine Fließlinie in Schmelze zu schließen, da diese Anordnungen vor allem einem rotationssymmetrischen Formellipsoid in bildsamer Masse mit relativ starren Stäbchen und Scheibchen entspricht. Dieses nur für Bereiche affiner Formung zulässige Schema liefert aber nicht die für die Unterscheidung von Fließrichtungen beim (1) Strömen in einen Raum R und von B-Achsen bei (2) achsialer Einengung und Massage von R nötigen Begriffe. „1" wird am besten als laminares Strömen beschrieben und erfolgt mit Symmetrieebene $\perp s$ und $\parallel$ Lineargefüge (der „Fließlinien"); „2" erfolgt mit Symmetrieebene $\perp s$ und $\perp$-Lineargefüge (der B-Achsen). Bei der wichtigen Entscheidung „Fließlinie oder B-Achse" darf man sich nicht von Vergleichen mit undiskutierten Bildern (wie Sägemehl auf Wasser oder Schaum im Kielwasser) leiten lassen.

Ohne Korngefügeanalyse ist es unzulässig, ungeregeltes Gefüge anzunehmen (z. B. in Aplitgängen oder auch in Graniten) und daraus Schlüsse zu ziehen. Auch für Pegmatite, welche ohne Gefügeuntersuchung kein s-Gefüge zeigen, ist dadurch noch jüngeres Alter gegenüber dem s-Gefüge ihres Granits erwiesen. s-Gefüge sieht man sehr oft an einem Hüllgestein, während es dem älteren weniger bildsamen Einschluß fehlt. Um solche relativstarre Stellen, z. B. Pegmatite können sich Biegungen und Flexuren von s legen, welche keineswegs durch Intrusion des Pegmatits in ein bereits blättriges Hüllgestein erzeugt sein müssen.

Eine Kartierung, welche mit demselben Namen „Fließlinien" in Schmelztektoniten die Richtung a und b (B) ununterschieden zusammenfaßt und darstellt, ist ebenso ungeeignet ein Bewegungsbild zu analysieren, wie jemand, der auf Gleitflächen (z. B. auf Harnischen) die Lineargefüge a (Rillung) und b (Striemung) nicht unterscheidet. Wenn man a und b (B) in Tektoniten höherer Teilbeweglichkeit — seien diese Schmelzen oder nicht — nicht unterscheidet, so kann man nicht feststellen, ob Pluton und Hülle gemeinsam geprägt sind oder der Granit Eigengefüge besitzt. Diese Kardinalfälle kann man nur unterscheiden, indem man in Schmelzgestein und Hülle gleichwertige Daten auf je einer Oleate mit der Homogenitätskontrolle von Bereich zu Bereich statistisch darstellt. An manchen Graniten, welche, mit Einströmungsgefüge beschrieben, ein sehr kompliziertes und oft widersinniges Bewegungsbild ergeben, braucht man nur das Lineargefüge als B-Achsen nachzuweisen, um ein auch an Nichtschmelzgesteinen wohlbekanntes Bild zu erhalten; nämlich einen parakristallinen Bau mit B-Achsen verschiedener Neigung (z. B. manche alpine Gebiete). Ohne gefügekundliche Angaben aber bleibt es immer unsicher, ob unter „Fließlinien" nicht verschiedene Dinge gleichsigniert in einen Plan eingezeichnet sind und ob in den Karten auch nicht ungleichwertige Klüfte mit gleicher Signatur eingezeichnet wurden. Findet man z. B. in den Karten die „Fließlinien" häufig quer zu den Klüften eingetragen, so spricht das dafür, daß in der Mehrzahl, als Fließlinien B-Achsen und als Klüfte B-Klüfte erfaßt wurden, was eine Korngefügeanalyse leicht entscheiden kann.

Manche körnige Massengesteine entstehen in gemäßen Tiefen als ultrametamorphe Facies mit Parallelkontakt und erst in zweiter Linie erfolgt mehr oder weniger örtlich „Über-sich-brechen". Daher besteht nicht die Aufgabe, von vornherein für alle Granite eine Raumfrage zu lösen, welche es für viele nur teilweise oder gar nicht gegeben hat. Der Versuch diese oft gänzlich oder teilweise unnötige „Raumfrage" einer „mice en place" zu lösen, führte zuerst in den Irrtum der tektonisch „aktiven Zentralgranite", welche falteten statt mit ihren Hüllen gefaltet zu werden und später in den zweiten Irrtum, indem man, nur weil sie im Granite lagen, Amplatzgefüge auf das Einströmen in den Raum bezog. Dabei wurden dieselben Flächen- und Lineargefüge, welche anderen Gesteinen, Nichtschmelzgesteinen, zukommen und an Graniten als an lange kristallisierenden Facies genau so wie an ihrer Paragesteinshülle erkennbar sind, diese auch im Korngefüge gleichen Flächen- und Lineargefüge, wurden an Graniten in ein Bewegungsbild gestellt, welches unnötigerweise die Aufgabe erfüllt, den Granit in einen gebotenen Raum strömen zu lassen, der gar nicht oder nicht in den Ausmaßen des heutigen Granites geboten werden mußte, falls sich etwa der Granit in diesem oder fast diesem Raume bildete. So sollten B-Achsen, welche sich bisweilen aus Nichtschmelzgesteinen geradezu in Granite hinein fortsetzen, innerhalb der Granite Fließlinien sein und die Richtung des Fließens einer Schmelze angeben. Wo sich B-Achsen von Faltenachsen nicht trennen ließen, wurden neben die B-Achsen als Fließlinien von Schmelzflüssen sogar noch die Faltenachsen in anderen Gesteinen als Bahnen der Bewegung, als Bewegungsrichtungen gesetzt. Demgegenüber ist festzuhalten: 1. obgleich es ja gar nicht ausgeschlossen ist, daß nachträglich in einer Falte auch einmal teleskopartig Verschiebungen in Richtung der Faltenachse erfolgen, so gibt es bisher kein genügend beschriebenes Beispiel dieses Ausnahmefalles; 2. eine solche Bewegung in Richtung der Faltenachse hat mit der Entstehung der Falte nicht notwendig zu tun (zweidimensionale Faltung!) kann aber als Bewegung $\parallel B$ mitauftreten und ist in ihren Merkmalen korngefügekundlich bekannt; 3. diese (mit der Prägung von B oder mit der Falte mitauftretende) Bewegung $\parallel B$ hat weder im Falle der Falten, noch im Falle anderer B-Achsen, wie der in Graniten oft mißverständlich Fließlinien genannten, etwas mit dem Einwandern der Masse in den betrachteten Raum (als Fließlinien von Schmelzen oder als Richtung von Überschiebungen zu tun; 4. sondern sie entspricht auch wo sie an Graniten oder Ultrametamorphen (gleichviel ob sie je totale Schmelzen waren oder nicht) auftritt, der Bewegung, welche in einem bildsamen Stabe (mit hoher Teilbeweglichkeit) parallel zum Stabe mitauftritt, wenn man den Stab mit der Hand umfaßt und ihm B-Achsen (Korngefüge und Falten parallel zum Stab, alles mit Symmetrieebene $\perp$ Stab, aufprägt. 5; auch wenn man an klassischen Graniten B-Achsen findet, gibt es keinen Grund anzunehmen, daß solche im Korngefüge völlig normale B-Achsen als Fließlinien bei dem Einströmen des Granites in seinen jetzigen Raum entstanden seien. Der Fall aber, daß in unserem Beispiele mit der umfassenden Hand der umfaßte Stab sich der Bildsamkeit einer fließenden Schmelze nähert und aus der Hand ausgepreßt wird, hat als Fall laminaren Fließens in Röhre eindeutige Gefügemerkmale, welche nicht in B-Achsen parallel zum Stab bestehen. Diese Gefügemerkmale sind bisher in keinem Fall beschrieben, in welchem die B-Achsen von Graniten als Fließlinien zur „mice en place" gedeutet worden sind, wohl aber an quarzporphyrischen Vulkanstielen.

Dome der Granite und Salzlagerstätten. Am tektonischen Gefüge typischer Dome der Granite und Salzlagerstätten ist zu beachten, daß es sich in beiden Fällen um den bei Salzdomen und bei manchen Graniten sichergestellten einsinnigen Aufwärtstransport von leichter Teilbeweglichem in schwerer Teilbeweglichess handelt. Hiebei ist für das tektonische Bild entscheidend nicht die Art der Teilbewegung, sondern der Raumstetigkeitsgrad der Deformation, gegeben durch das Größenverhältnis der bewegten Teile zum deformierten als Ganzes betrachteten Bereiche.

Es ist eine auch für Salzdome mit den Mitteln der Gefügekunde lösbare Aufgabe, zunächst wenigstens an einem gutgewählten Beispiele, das zur einsinnigen Aufwärtsbewegung korrelate Gefüge von dem zur Einengung mit vertikaler

Achse korrelaten Gefüge gedanklich und durch Gefügeanalysen eingemessener und lokalisierter Bereiche zu trennen. Auch zu derartigen Arbeiten ist anzumerken, daß man von völlig regelloser Faltung ebenso wie von Regellosigkeit eines Korngefüges erst nach statistischer Einmessung auf der Lagenkugel sprechen kann; und ebenso vom Fehlen jeder Symmetrie. Auch das Fehlen von Lineargefüge kann man ohne Korngefügeanalyse nicht behaupten.

Auch an den Domen ergibt sich ein ganz verschiedenes Bewegungsbild, je nachdem das Lineargefüge mit Querklüften (1) als Fließlinie einsinnigen Fließens oder (2) als B-Achse gedeutet wird. Nur Fließlinien einsinnigen Fließens sind übrigens etwas anderes als B-Achsen und es ist dringend nötig, klare Definitionen an Stelle des oft unbewußt mehrdeutig gebrauchten Ausdruckes „Fließlinien" zu setzen. Ohne jedes Merkmal in der Bezeichnung sind „Fließlinien" zuweilen unverkennbar einsinnige Fließlinien bei Füllung eines Raumes, anderemale wieder einfach längste Achsen eines Formellipsoids, welche als solche einer Deformation am Platze mit zwei Richtungen größten ausweichenden Fließens in einer Geraden ganz ebenso entsprechen wie einsinnigem Fließen zur Füllung eines Raumes. Der Ausdruck Fließlinie ist ohne symmetrologische Definition als mehrdeutig überhaupt zu vermeiden gegenüber dem Probleme „Füllung oder Formung an Ort und Stelle" und nur die Unterscheidung B oder a hat es mit prüfbaren Merkmalen zu tun.

Das ganze System aus flächigen und linearen Parallelgefügen in den Domen ist für manche Granite durch Gefügeanalyse wie folgt definierbar: B-Achsen; $(0kl)$-Flächen mit den zugehörigen Führungsrillen zu Bewegungen $\perp$ zu a und in $(0kl)$. Wir haben dann das bekannte System aus a, b, c-Flächen mit monokliner Symmetrie, Symmetrieebene $(010) \perp B\,(b)$; dieses zeigt gemäß starker Prägung durch die $(0kl)$-Scherflächen Übergänge zu $B' \perp B$-Gefüge und, bei nicht horizontalem B, charakteristische trikline Züge, namentlich auch was ungleich starke Betonung der $(0kl)$- und der $(0\bar{k}l)$-Flächenlage anlangt. Alles dies ist für Plutone korngefügeanalytisch zu überprüfen. Wo immer aber sich an Plutonen dieses Gefüge bestätigt da gilt: dieses Gefüge ist als ein sowohl Graniten als ihren Begleitern aus Nichtschmelzgesteinen gleichzeitig an Ort und Stelle aufgeprägtes Gefüge bekannt, weshalb vor allem solche Granite und solche mit Eigengefüge zu unterscheiden sind.

Ein wichtiges Kapitel aus der Tektonik der Granite wird abgeschlossen sein, wenn die Erfassung des Gefüges durch ganz verschiedene Bearbeiter mit der Kennzeichnung der gefügekundlichen Koordinaten auch durch Korngefügestudien auseinandergesetzt und damit definiert, eindeutig und einheitlich ist. Man wird erst dann z. B. gleich wissen, an welche Art von „Fließlinien" der Autor denkt, wenn er von Granitkörpern spricht, um deren Einwandern oder Entstehen an Ort und Stelle es sich handelt.

Eine Mittelstellung zwischen Einströmungsgefüge und Amplatzgefüge ist z. B. von granitischen Massen bekannt, welche mit sichelförmiger Gestalt einer (an den Sichelspitzen stärksten) Einengung in der Mitte entquellen, wobei es dazu kommen kann, daß die Lineargefüge aus steiler Stellung an den Seiten in horizontale Stellung im Inneren der Masse einbiegen gleich einem am Scheitel offenen oder geschlossenen Bogen. Aus dieser kuppelförmigen Anordnung der Lineargefüge und Flächen wurde bisweilen geschlossen, daß sich der aufsteigende Granit einen Raum öffnete, in denselben vertikal aufwärts einströmend, ohne Teilbewegung und Fließgefüge im Kerne, mit Teilbewegung und Fließgefüge entlang den rauhen Wänden. Auch in diesem Falle ist korngefügeanalytisch zu untersuchen, ob die Lineargefüge B-Achsen oder Strömungslinien sind. Steile und flache B-Achsen und Einlenkung derselben ineinander sind sowohl in Nichtschmelzgesteinen als in Graniten bekannt, mithin an sich keine Belege für Einströmen von Schmelzen in den Raum. Die Frage, ob ein Störungshof in der umgebenden Tektonik von einem unter Zusammenschieben der Seitenwände empordringenden Granit geschaffen sei oder eine Abbildung einer Festigkeitsinhomogenität bei Beanspruchung des Granitgebietes, ist aufzustellen und einer genauen Untersuchung zu unterwerfen. Ohne solche stößt die Entscheidung derartiger Fälle immer auf dieselbe aus Korngefügen bekannte Schwierigkeit: es entsteht ein sehr ähnliches Bewegungsbild, wenn ein minder teilbeweglicher Kern in einem teilbeweglicherem Felde liegt und dieser ganze Bereich deformiert wird und wenn sich ein solcher Kern wachsend und beiseitedrängend Platz verschafft. In beiden Fällen folgen Stauchungen und Anschmiegung der Grenze. Um aber nachzuweisen, daß dieser Kern als Schmelze sich seinen Platz verschafft habe, ist vor allem der gefügekundliche Nachweis zu liefern, daß jene Stauchungen und Anschmiegungen an der Grenze parakristallin oder vorkristallin zur kristallinen Mobilisation durch den Granit gebildet sind; was man an Falten geeigneter Größe untersucht, welche dem Störungshofe und zugleich dem Kontakt- und Instrusionshofe des Granits angehören.

Ob ein Granit, für den wegen des Fehlens von Assimilationserscheinungen ein Transport in den Raum anzunehmen ist, sein Hangendes überstieg, indem er sich hob oder ob dieses in ihm einsank, ist aus dem Gefüge nicht entscheidbar, da man nur Relativbewegungen erschließt, welche kein Bezugssystem als das aufeinander haben.

Es ist unzulässig, wenn man Tiefengesteine in Schloten mit zum Schlot paralleler Achse gefaltet findet, diese Faltung ohne weiteres als ein der Durchströmung durch den Schlot zuordenbares Einströmungsgefüge zu deuten. Faltung von höher Teilbeweglichem zwischen Minderteilbeweglichem ist jedenfalls Einengungsgefüge, aber als solches noch zweideutig: Da die Falten durch inhomogenen Zug an einem Tuche hiebei nicht in Frage kommen, bleiben die zwei möglichen Fälle: 1. daß die Einengung durch den Umfassungsdruck im Schlote erfolgt, also symmetrologisch eine B-Achse mit Symmetrieebene $\perp B$ ist und ein Amplatzgefüge oder 2. daß die Falten bei Durchströmung des Schlotes an einer engeren Stelle der Strömung entstehen als Einströmungsgefüge.

Der erste Fall ist in der Tektonik und im Experiment verwirklicht und symmetrologisch leicht prüfbar (Symmetrieebene des Gefüges $\perp B$). Der zweite Fall darf als gefügeanalytisch nachgewiesen gelten, wenn sich Bereiche nachweisen lassen mit Symmetrieebenen parallel zur Achse der Falten und des Schlotes, also wenn Strömung im Gefüge abgebildet ist. Ob es sich hiebei etwa nur um die bei Einengung durch Umfassungsdruck ($\perp B$) auftretenden Bewegungen $\parallel B$ handelt, ist durch das viel geringere Ausmaß dieser korngefügeanalytisch bekannten Fälle zu erkennen. Die „Zugrisse" $\perp$ zur Faltenachse sind in allen B-Tektoniten durch Einengung wohl bekannt und experimentell durch Umfassungsdruck $\perp B$ erzeugbar, dürfen also nicht als Belege dafür verwendet werden, daß ein Zug parallel zur Faltenachse wirklich stattgefunden habe, bzw. daß das Durchströmen der Röhre überhaupt einem Zugversuch und nicht einem Druckversuch entspreche. Abgesehen von allen technologischen Erörterungen beachten wir also, daß 1. in Faltengebirgen dasselbe Bild von miteinander parallelen Faltenachsen und Lineargefügen mit Zugrissen in horizontaler Anordnung vorliegt, 2. in Gebieten mit steilachsiger und Schlingentektonik wiederum ganz dasselbe Gefügebild mit vertikaler Achse; und bei allen Übergängen zwischen 1 und 2, sowohl im Flachachsigen, als im Steilachsigen aus Nichtschmelzgesteinen (mit oder ohne Schmelzgesteine) und sowohl im Falle 1, als im Falle 2 als Ergebnis einer Einengung und Massage mit Druckminimum in der Achsenrichtung B und mit einer Symmetrieebene $\perp B$ für das Gefüge aller Ausmaße bis ins Korngefüge.

Im Falle von echten Schmelzen durchströmter vulkanischer Schlote kennt man nicht nur Lineargefüge parallel mit der Schlotachse, sondern vor allem Auftreten von B-Achsen normal zur Schlotachse (gleich Fließrichtung). Auch in Vulkangebieten sind B-Achsen mit entsprechenden B-Klüften $\perp B$ an Laven häufig. Es ist also auch in Schmelzen, bzw. in sicheren Schmelzgesteinen nicht erlaubt, lineare Gefüge ohne weiteres als Stromlinien zu deuten.

Wenn von einem Granitgebiete nicht nur feldgeologische Daten vorliegen, sondern auch schon Korngefügediagramme, so sind diese, richtige Einmessungen vorausgesetzt, etwa mit folgenden kritischen Bedachtnahmen verwendbar, welche hier nur angeführt werden, um dem Geologen die Rolle korngefügekundlicher Mitarbeit aufzuzeigen.

Lineare Anordnungen relativstarrer Plättchen und Scheibchen in bildsamerer Grundmasse können ebenso beim Einströmen in einen betrachteten Raum wie beim Auspressen aus demselben entstehen, was eine verschiedene Bedeutung im Bewegungsbilde und damit in der Tektonik hat.

Bei genügender Anzahl der Diagramme ist eine Verwechslung von B und a symmetrologisch nicht mehr möglich und Stromfäden (a) und B-Achsen sind trennbar für die Entscheidung zwischen Amplatzgefüge und Einströmungsgefüge; daß beide einer Dehnung entsprechen genügt ja für das Bewegungsbild nicht, sondern bedarf der symmetrologischen Kennzeichnung. Findet man in Beschreibungen Ausdrücke wie „Dehnung", „Einzwängung", „Granitstrom", „Dehnungsfließbewegung" auf ein und dasselbe Gefüge bezogen, so ist an Stelle dieser Ausdrücke, soweit Gefügediagramme vorliegen, eindeutige Kennzeichnung möglich. Wo Gefügediagramme fehlen, sind Ausdrücke wie „Plättungsschieferung" unbegründet. Ebenso wenig entheben z. B. Angaben über Einmessungen von Einzelkristallen mit dem Kompaß einer genaueren Analyse. Sowohl die Revision uneindeutiger Ausdrücke, als die Revision der Angaben über das Korngefüge und die kritische Betrachtung der Diagramme hinsichtlich Überdeutung ist unerläßlich, wenn man vorhandenes Schrifttum verwenden will. Hiezu sollen noch einige Beispiele angeführt werden.

Da die Persistenz der Häufungsstellen in den Diagrammen das Merkmal ihrer Unzufälligkeit ist und nicht die Besetzungsdichte, so bedeutet es eine systematische Unterdeutung, wenn man nur Häufungsstellen von einer Mindestbesetzungsdichte an als unzufällige gelten läßt.

Ein Beispiel für Überdeutung liegt vor, wenn man die Lage zweier Häufungsstellen auf einem Großkreis als Beleg dafür nimmt, daß dieser Großkreis ein Gürtel und daß dieser Gürtel ein einer Erklärung bedürftiges Datum sei. Denn durch zwei beliebige Punkte auf einer Kugel läßt sich immer ein Großkreis legen. Dagegen besteht keine geometrische Notwendigkeit, daß drei Punkte auf einem Großkreis liegen und es bedarf dieser Fall, wenn seine Unzufälligkeit gesichert ist der Erklärung.

Ein anderes Beispiel für Überdeutung liegt vor, wenn im unscharf geregelten Gefüge mehrere Akte angenommen werden (z. B. lineares Fließen; laminares Fließen mit $B \perp B'$ aufeinanderfolgende Vertauschung der Koordinaten $a\,b\,c$, $a'\,b'\,c'$, $a''\,b''\,c''$), was ohne weitgehende Überdeutung beim heutigen Stande der Korngefügeanalyse nicht möglich ist.

Die gelegentlich begegnete Behauptung, daß in Graniten die Stromfäden des Einströmens normal zu den Gürteln liegen und daß hierin die Granite eine Sonderrolle unter den Tektoniten spielen, ist schon wegen der alpinen granitischen B-Tektonite unzulässig. Diese haben ihre Glimmergürtel zugleich mit Nichtschmelzgesteinen durch gemeinsame Einengung und Faltung erhalten und die Auffassung dieses B ($\perp$ zum Gürtel) als Stromfaden würde in den Alpen für Granite und für Nichtschmelzgesteine gleichermaßen zur Behauptung führen, daß die Alpen ihren Raum durch Einströmen längs ihrer Achse gefüllt haben; eine Auffassung, welche für einzelne Teile der Alpen auch wirklich im Schrifttum vertreten wurde.

Ferner ist es nach den Erfahrungen über $B \perp B'$-Gefüge an Nichtschmelztektoniten unzulässig in einem granitischen $B \perp B'$-Gefüge auch nur einen Hinweis darauf, geschweige denn einen Beleg dafür zu sehen, daß eine Schmelze vorgelegen und sich mit den Stromfäden B und B' bewegt habe. Es ist übrigens zu erwarten, daß bei weiterer Arbeit immer wieder haltbare Belege für folgende zwei Fälle gefunden werden:

1. $B \perp B'$-Gefüge, in welchem die Hemmung des Ausweichens $\parallel B$ in Gestalt von B' abgebildet wird.

2. Ein Gefüge, welches die Bewegung $\parallel B$ des Gefüges deutlich abbildet. Erfolgt das Ausströmen $\parallel B$ einseitig mehr, begünstigt durch geringere Widerstände, so erhalten wir die B-Tektonite mit triklinen Zügen und es ist eine weitere Steigerung dieses Vorganges einseitig seitlichen Fließens aus einem B-Bereich, wenn nun das Gefüge auf eine Fließrichtung $\parallel B$ beziehbar wird und auch einen Nachbarraum füllen kann. Sobald wir aber in einem solchen Bereich sind, werden wir eben nicht mehr unser Gefüge B, sondern ein Gefüge B' (wobei $B' \perp B$) begegnen und nicht mehr die Symmetrieebene $\perp B$, sondern die Symmetrieebenen $\perp B'$; womit wir gefügekundlich wissen, wo wir uns befinden und ob unter Umständen sogar das Gefügebild B in seitliches Abströmen übergegangen ist, mit erkennbarem Stromfaden a'.

Wenn für das Gebiet auch statistische Darstellungen der a, b, c-Fugen (Reiß- und Scherfugen) in dreidimensionaler Darstellung vorliegen, so ist hiezu folgendes zu beachten.

Ein Fugensystem (Scherklüfte und Reißklüfte), sei es mit dem Korngefüge homotaktisch oder nicht, ist nie ein Einströmungsgefüge, wenn auch eine Zuordenbarkeit zu einem beim Einströmen geschaffenen Korngefüge vorhanden sein kann (z. B. B-Klüfte $\perp$ B-Achsen, welche $\parallel$ Schlotwand $\perp$ Schlot-Achse in Laven entstehen).

Eine Zuordenbarkeit als Teilbewegung nicht zur Einströmung von Schmelzen, aber zu nachfolgenden tektonischen Verlagerungen kann einem Fugensysteme zukommen. Die erste Feststellung betrifft die Frage, ob das Fugensystem mit dem sonstigen (Amplatz- oder Einströmungs-)Gefüge homotaktisch also symmetrologisch verträglich ist oder nicht. Letzteren Falles entspricht es einer neuen unabhängigen Beanspruchung, ersteren Falles ist es mit einem anderen Amplatzgefüge zusammen oder als einziges Amplatzgefüge entstanden. Homotaktische Fugensysteme kennt man genau so an Nichtschmelzgesteinen. Deshalb können sie nicht etwa auf eine Einströmung der Schmelze bezogen, bzw. als Beweis für eine solche benützt werden.

Man muß sich hüten, die Annahme homotaktischer Beziehung zwischen Fugen und Korngefüge auf eine Überdeutung schwach geregelter Korngefüge aufzubauen. Denn diese Annahme führt zu dem weitgehenden Schlusse, daß Korngefüge und Fugenbildung auf einen symmetriekonstanten Formungsplan zurückgehen, also das Fugensystem entweder in zeitlicher Überlagerung mit der Regelung des Korngefüges geprägt sei, oder diese als Anisotropie (bei genügend ungezwungener Formung) abbilde. Abweichungen von homotaktischer Beziehung zwischen Fugen und Korngefüge sind für die tektonische Geschichte wichtig und dürfen nicht auf überdeutete Korngefügediagramme aufgebaut werden.

Es ist festzustellen, ob die Beziehung zwischen Fugensystem (z. B. Kluftgefüge) und Korngefüge nur im Sinne einer Zuordenbarkeit der Fugen und des Großgefüges als a, b, c-Flächen desselben Planes besteht, welcher das Korngefüge regelt oder als Zuordenbarkeit der Fugen an einzelne Häufungen im Korngefügediagramm. Da ersteres noch keineswegs bedeutet, daß die Reiß- und Gleitfugen korrelate Häufungsstellen im Korngefügediagramm haben müssen, so darf hierin selbst bei einer unzufälligen Häufigkeit dieser Korrelation nichts von vornherein vorausgesetzt werden: Auch nach der Regelung kann ein symmetriekonstanter oder nicht symmetriekonstanter Kräfteplan den betrachteten Bereich erfassen. Es bleibt also eine sehr wichtige, fallweise zu beantwortende Frage, ob ein Gesamtgefüge mit zuordenbaren Häufungen (im Korngefügediagramm) zu den Fugen eines und desselben a, b, c-Planes vorliegt (**kornkorrelates Fugensystem**) oder nicht, z. B. mit dem Korngefüge lediglich symmetrieverträgliches („homotaktisches") Fugensystem.

Nach kritischer Heranziehung der älteren vorliegenden Bearbeitungen ergibt sich in kurzer Übersicht folgender Arbeitsvorgang für die Trennung von Amplatzgefüge und Einströmungsgefüge im parakristallin hochteilbeweglichen silikatischen Kristallin der körnigen Tiefengesteine im allgemeinen und der Granite im besondern.

Für die Trennung von Amplatzgefüge, Einströmungs- und Abströmungsgefüge — welch letzteres später erörtert wird — und zugleich auch schon für die Frage nach skalaren und vektoriellen Merkmalen und nach den Homogenitätsverhältnissen in solchem Kristallin ist im ganzen eine tektonische Analyse vom Profilbereich bis zum Dünnschliff mit den in diesem Buche beschriebenen Arbeitsvorgängen durchzuführen; hiezu ist an Einzelheiten noch folgendes zu bemerken.

Zunächst ist zu untersuchen, ob die betrachteten Granittektonite S-Tektonite oder B-Tektonite sind. Von beiden läßt sich unmittelbar feststellen, ob ihr Gefügediagramm einer Regelung am Platz (Plättung, achsiale Einengung) entspricht oder einem Transporte. Sowohl die Verbreitung des flächigen als die des linearen Flächengefüges als der Verlauf des Lineargefüges wird kartiert. Dabei ergibt sich die Beziehung der unterscheidbaren Gesteinsarten zu Verbreitung und Verlauf dieser Daten, z. B. B-Achsen mit NW-Streichen fallen auf

Granit M, die B-Achsen mit WE-Streichen auf Granit N: Granit M wurde in NE-SW-Richtung, Granit N in NS-Richtung eingeengt.

Man bestimmt dann mit welchen Zeitbeziehungen zu den Kristallisationen (der Mineralarten) die verschiedenen Pläne geprägt wurden. Hieraus ergibt sich, welche Prägungen stattfanden, als der und jener Granit (unter „verschieden alten" Graniten) schon am Platze war, gleichviel, wie er dahin gelangte. Überlagern sich B-Achsen, so ist soweit als möglich ihr relatives Altersverhältnis zu bestimmen.

Für die Aufstellung und Auswertung des Inventars der den B-Achsen entsprechenden Beanspruchungspläne ist zu beachten, daß es Fälle von gegenseitiger Bedingtheit von B-Achsen gibt, wie das unzufällig häufige $B \perp B'$-Gefüge. Damit im engern Zusammenhange besteht die Möglichkeit, daß durch ein ganz beliebig gelegenes B für weitere Beanspruchung ein anisotropes Feld geschaffen wird, in welchem bei genügend ungezwungener Tektonik, B' nicht als Zeuge eines unabhängigen Planes, sondern als Ausdruck jener Anisotropie aufzufassen ist, so daß B die Disposition für die Orientierung von B' im allmählich entstehenden Endgefüge $B \perp B'$ gibt. Derartiges hat sich besonders in kristallisierenden Gesteinen als kontrollierbar erwiesen.

Ist es in einer genügenden Zahl von Einzelfällen gelungen, festzustellen, ob sie im Sinne scharfer Definition nur Einströmungsgefüge, nur Amplatzgefüge oder beide zeigen, so hat die Regionalgeologie der Granite und ihre tektonische Typisierung wirklich einen Fortschritt gemacht. Aber selbst im Falle völligen Fehlens aller Einströmungsgefüge ist nicht etwa eine Amplatzentstehung des Granites durch dieses Fehlen erwiesen. Sollte durch andere Gründe als ein Einströmungsgefüge (z. B. chemisch) das Einströmen des Granites in seinen heutigen Raum erwiesen sein, so wäre das Vorwiegen reinen Amplatzgefüges als ein Hinweis darauf zu nehmen, daß die bereits in den heutigen Raum des Granits eingewanderte Schmelze eben erst am Platze jene Gefügeprägung erfahren habe, welche sie mit gemeinsamer Prägung und gleichartigen Gefügeregeln neben Metamorphe (auch Nichtschmelzgesteine!) und Ultrametamorphe ihrer Umgebung stellt. Durch Gefügeanalysen wird also der Fall der Einwanderung in den betrachteten Bereich nicht ausgeschlossen, aber die Gefügemerkmale dieses Falles werden kritisch gesichtet, wobei wir uns auf unsere, sowohl an Schmelzgesteinen als an Nichtschmelzgesteinen, gewonnenen, für beide gültigen, und daher nicht als Kriterien magmatischer Intrusion brauchbaren gefügekundlichen Merkmale stützen.

2. Granite als geochemische Bildungen und ihr Gefüge; Migmatite.

Eine zweite Anwendung der Gefügekunde auf die Geologie der Granite ergibt sich hinsichtlich der Frage durch welche Wanderungen und Anreicherungen seines chemischen Bestandes, kurz auf welchem geochemischen Wege ein Einzelfall von Granit, ein definierter Typus von Granit oder auch alle Granite entstanden sind. Die vom Geologen wahrgenommenen Möglichkeiten sind: chemische Bildung am Platz (durch Einwanderung oder Abwanderung von Stoffen, Assimilation als Einverleibung der Hülle und daran anschließende Differentationen); Eintreten chemisch fertiger Granite in die Erkaltungsräume. Für die fallweise Entscheidung zwischen diesen Möglichkeiten sind zunächst die unter 1 bereits besprochenen Untersuchungen nötig, vor allem die Trennung zwischen Amplatzgefüge und Einströmungsgefüge. Auf diesem Wege kann man so weit kommen, fallweise zu erfahren, ob und in welchen Fällen denn wirklich die Annahme einer Entstehung mit in situ-Assimilation und -Granitisierung durch Einströmungsgefüge unhaltbar wird oder aber diese vielfach angenommenen Einströmungsgefüge gar keine sind. Man muß dabei durchaus vorurteilslos von den Möglichkeiten ausgehen, daß ein hochteilbewegliches körniges Gestein mit granitischem Korngefüge entweder 1. am Platz und im Verbande entstanden und verblieben ist oder 2. nach Parallelkontakt oder unscharf umgrenzter Granitisation früher gefalteter Hülle diese noch scharf durchgriffen hat wie ja Granite auch sich selber noch scharf durchgreifen können und wie das demnach an sich durchaus kein Beweis für ein Einströmen in den Raum ist oder 3. mit etwa dem heutigen Volumen in seinen heutigen Raum eingeströmt ist. Um nun allgemein festzustellen, ob und woran die beiden im folgenden diskutierten Falle der Granitwerdung (immigrative und demigrative Granite) überhaupt unterscheidbar sind, hat man zunächst die zu bedenkende Sachlage weder zu eng noch zu weit für die Fragestellung zu definieren. Diese Sachlage ist ein in erschlossenen Tiefen immer wieder begegneter, als migmatitische Zone typisierter Bereich, in welchem sich eine höher teilbewegliche, tiefere (G) und eine minder teilbewegliche, höhere Gesteinswelt (H), heute beide als Gesteine in gegenseitiger Durchdringung vorfinden, derart, daß eine gestaltlich scharfe Abgrenzung beider weder im Atombestand noch im Mineralbestand noch im Gesteinsbestand möglich ist. Die Frage ist, ob dieser Übergang zwischen Granit und Schiefer im Migmatitbereich ein Ergebnis der Begegnung zwischen schon vorhandenem Granitmagma der Tiefe (G) und zwischen H ist (Fall I) oder aber, der in solchen Fällen sichtbare Granit im betrachteten Raume aus H entstanden ist (Fall II). Die Entscheidung zwischen I und II ist durch eingehendere Kenntnis von G und H bisher nicht leichter, sondern schwieriger geworden, besonders wenn sich G so wie es vorliegt nicht als erstarrte Schmelze, sondern als („selbst"-)metamorphes Kristallin erwies und intimste Züge der Gefügebildung und also der Genese mit dem metamorphen Kristallin H gemeinsam hat. Einer der Gründe für I, nämlich das vielfach angenommene Einströmungsgefüge in den Raum ist fallweise gefügekundlich zu revidieren; vielleicht ist es in keinem Migmatitgebiete nachzuweisen. Ebensowenig ist bisher ein eindeutiges Abströmungsgefüge von G aus H in den jetzigen Raum G wahrgenommen. Beide negativen Befunde (kein Einströmungsgefüge, kein Abströmungsgefüge) sind nicht absolut entscheidend zwischen I und II; sie wären es aber als positive Befunde (Einströmungsgefüge, Abströmungsgefüge) bei genügend häufiger Begegnung. Derzeit kann man die Befunde wie folgt zusammenfassen. Wir begegnen G und H in gegenseitiger Durchdringenheit sowie zwei nach Erreichung dieses Umstandes noch unter gleichen Bedingungen konvergent weiterkristallisierende, einander mit atomaren bis tektonischen Teilbewegungen durchdringende Substanzen. Sind diese beiden chemisch nicht mehr trennbar, haben sie keine kennzeichnenden Leitatome und -minerale, fehlen eindeutige Einströmungs- und Abströmungsgefüge, so läßt sich eben der Versuch zwischen I und II zu entscheiden nur verschieben und überhaupt nicht allgemein, sondern nur für Einzelfälle unternehmen.

Da eine örtliche Granitisation, gleichviel welcher Entstehung, tektonische Bewegungen raumstetiger oder raumunstetiger Art lokalisiert, ergibt das Zusammengehen von Graniten mit parakristalliner Tektonik an sich keine Entscheidung über den Richtungssinn der Granitisation, nämlich ob Granit aus Schiefer abwandert oder in Schiefer einwandert. Die Unterscheidung von Mischung durch Zufuhr und von Entmischung ohne Zufuhr (immer auf den betrachteten Bereich bezogen) ist eine grundsätzliche und von um so größerer Tragweite im geologischen Ablauf, je größer der betrachtete Bereich und die Transportweite ist. Im Bestreben diese beiden in einem Migmatitgestein ja sicher nebeneinander vorkommenden Vorgänge dennoch begrifflich getrennt zu halten, wie es für eine Analyse nötig ist, unterscheidet man am besten definierte Bereiche, in welchen die stoffliche

Inhomogenität vom Typus Migmatit — also vor allem Lagengefüge, denn lineare Formen (entsprechend den Bezeichnungen Arterit und Venit) gibt es nur längs B oder nur scheinbar durch Anschnitt von Lagen — zustande kommt durch Transport innerhalb des betrachteten Bereiches („Entmischung im Bereich X") oder durch Transport in den betrachteten Bereich („Zumischung in Bereich X") oder aus demselben („Abmischung aus Bereich X"). Nach dieser Unterscheidung ist es dann möglich sowohl chemischen als gefügekundlichen Merkmalen für solche Bereiche nachzugehen; z. B. werden belteropore stoffliche Gefüge nach der Wegsamkeit Bereichen mit Zumischung und Bereichen mit Abmischung zukommen, nicht notwendig aber Bereichen mit Entmischung. Gerade unter den klassischen Migmatiten Finnlands findet man Typen mit nicht belteroporem Gefüge, für welche Entmischung oder Zumischung in Frage kommt, unter den z. B. aus alpinen Arbeitsgebieten beschriebenen aufgeblätterten Mischgesteinen Typen mit scharf belteropor zugeführtem Pegmatit.

Da sich die Migmatite aus dem Mineralgehalt als solchem nicht weiter kennzeichnen lassen, ist das Gefüge zu untersuchen und zwar nicht nur als Korngefüge, sondern in größeren inhomogenen Bereichen.

Einwanderung chemischer Stoffe ist in vielen Beispielen sichergestellt — und zwar sowohl für Fälle mit als ohne nachweisliches Einströmen von Granit in den Raum — so zum Beispiel in allen Fällen ohne chemische und gefügekundliche Ableitbarkeit des Granits aus seiner Hülle. Im Gegensatz zu diesen Graniten mit Stoffeinwanderung — „immigrativen Graniten" — ist zwar die Entmischung, aber nicht der Vorgang der Abwanderung also auch nicht die Existenz von Graniten mit Stoffabwanderung zwingend belegt. In Graniten mit Stoffeinwanderung haben wir Quellung (und dieser entsprechende Änderung von Vorzeichnungen) bei belteroporem Gefüge und im übrigen weitgehende Schonung älterer Vorzeichnung, wenn wir von der durch keine Tatsachen gestützten Idee gewaltsamer Einspritzung in den Migmatiten absehen. Im demigrativen Vorgang haben wir Schwund (und diesem entsprechende Änderung von Vorzeichnungen) bei belteroporem Gefüge zu erwarten. Während Quellung entregelt, treten bei Schwund durch Auspressung in dem verbleibenden Gefüge bekannte Regelungen nach der Korngestalt verbleibender formanisotroper Gefügeelemente auf. Nur in solchen Fällen ist eine Auspressung gefügekundlich, d. h. mit Gefügemerkmalen diskutabel.

Was ist Auspressung in unserem Zusammenhange und welche tektonischen Gefügemerkmale sind für diesen Vorgang zu erwarten? Unter Auspressung verstehen wir hier nicht das Entweichen unentmischter Massen nach dem Druckminimum, sondern Preßentmischung eines Starrgerüstes, z. B. sperrig verbundener Körner und eines genügend teilbeweglichen hydrostatischen Druck leitenden Zwischenmittels (Migrativum), welches nach dem hydrostatischen Druckminimum abwandert. Solche Preßentmischung (vgl. Kelterung des Weins aus Trauben) kann hienach flächig zwischen zwei passenden und genügend undurchlässigen Flächen oder linear bei genügend undurchlässiger achsialer Umschließung eintreten. Beide Fälle kennen wir, ihr Gefüge als Plättungs-s und als B-Achse ist fast allgegenwärtig. B-achsiale ausgesprochene Umfassungsgefüge in jeder Orientierung zu den Erdkoordinaten interessieren hier besonders. In solchen Gefügen genügend mobilisierter Bereiche ist also zu suchen, ob die von der Preßentmischung geforderte einseitige Stoffwanderung entsprechende Störungen der Symmetrieebene $\perp B$ im Kornbereiche und im tektonischen Bereiche hinterlassen hat. Dies ist eine der gefügekundlichen Aufgaben gegenüber der Frage der Entstehung von demigrativen Graniten durch Preßentmischung. Völliges Fehlen solcher Gemische auch in achsial gepreßten Bereichen geeigneter Systeme ist ein Argument gegen Preßentmischung im betreffenden Falle, und wenn sehr häufig auftretend gegen die Rolle dieses Vorgangs überhaupt. Gibt es im Streichen von B-Achsen stoffliche Änderungen, welche nicht auf eine Verteilung vor Anlage von B rückführbar sind? Das ist im Korngefüge und im tektonischen Gefüge unter anderem zunächst zu untersuchen, wenn man die Frage der demigrativen Granitentstehung bearbeiten, bzw. die Existenz gekelterter Granite untersuchen will.

Die Frage (Drescher), ob aus den „injizierten Schieferpartien die Gneisgebiete und aus diesen die Granitgneise und schließlich die Granite in konkordanten und diskordanten Vorkommen fallweise abgeleitet werden können", ist noch auf eine andere Art am tektonischen Gefüge prüfbar: Trifft sie zu, so muß sich wenigstens eine Vielzahl von solchen Verbänden „Schiefer (oben) ⟶ Granit (unten)" eingeengt und mit Abwärtsbau der geopetal abströmenden Granite finden. Das Kriterium der Einengung hiebei sind Gebiete mit steilachsiger Tektonik. An solchen fehlt es auch in Schiefer ⟶ Granit-Gebieten nicht — geopetale Abströmung ist aber eine von den Tektonikern bisher hypothetisch geforderte, nicht durch Tatsachen erwiesene Annahme: Die Darstellung eines bestimmten derartigen Granitbildungsraumes „Schiefer ⟶ Granit" liegt nicht vor.

Einmal vorausgesetzt,, daß Stoffwanderung, wie wir sie ja seit langem in Kontakthöfen höheren Niveaus kennen, auch in den migmatitischen Höfen oder „Fronten" der Tiefenkontakte stattfindet, so wird nach geologischen Annahmen (Wegmann) diese Stoffwanderung durch Konzentrationsgefälle, Wärmegefälle und elektrische Ströme kontrolliert. Die Abhängigkeit sicherer Stoffwanderungen vom Konzentrationsgefälle um einen Kristallkeim ist dadurch gegeben, daß der Kristallisationsvorgang des wachsenden Kristalls in Schmelze oder Starrgerüst eben ein Konzentrationsvorgang ist. So ist denn auch das diesem Vorgang zugeordnete Gefüge „Kristalle in Grundmasse" allen molekular teilbeweglichen Gefügen gemeinsam (Schmelzen, kristallinen Schiefern, Nichtmetamorphen). Dieses Gefüge besagt, daß bei Entmischung (aus homogenem Ausgangszustand) ohne einsinnigen Transport die beweglichen Stoffe wenigstens auf die halbe Entfernung zwischen den Neukristallen gewandert sind. Die mittlere Entfernung zwischen den Neukristallen muß bei solcher Entstehung in einem anisotrop wegsamen Gestein ($\parallel s$ wegsamer als $\perp s$; $\parallel B$ wegsamer als $\perp B$) $\parallel s$ größer sein als $\perp s$, stellt also die Symmetrieeigenschaften des Intergranularnetzes dar. Auch das gestaltliche Wachsen der einzelnen Holoblasten in s und in B kann durchaus belteropores Gefüge nach der Wegsamkeit und Symmetrie der Intergranulare sein wie gegenüber einer willkürlichen Rückführung solcher Gestalten auf das Becke-Rieckesche Prinzip in „kristallisationsschiefrigen" Gesteinen festzustellen ist. Im übrigen sagen diese belteroporen Züge in Anordnung und Gestaltung der Neukristalle nichts aus über die Reichweite der Stoffwege als deren Minimum (= halber Weg zwischen zwei Neukristallen). Erst ein Gefüge der Neukristall-Ordnung und -Ausbildung, welches nicht nur die Symmetrie eines anisotropen Intergranularnetzes wiedergibt, kann etwas über Zufuhrrichtungen und damit über Stoffzufuhr von weiter her, wenn auch nichts über Weglängen, aussagen. Es ist zu erwarten, daß in manchen Migmatiten mit ihrer gegenüber anderen kristallinen Schiefern weniger anisotropen Intergranulare Richtungen von Stoffwanderungen entsprechend besser sichtbar, von Entmischungen in Kleinbereichen besser unterscheidbar und auf Herkunftsorte beziehbar werden. Es muß dann aber durchaus erst gezeigt werden, in welchen Fällen ein „Großgefälle" der Konzentration „durch die Gesamtheit der Mineralhöfe regiert ist"; was im Falle der Entmischung eben nicht zu erwarten wäre.

Der Intergranularfilm mit seiner „Wegsamkeit längs und quer" gehört unter die wichtigsten Raumdaten des Korngefüges und es ist anzunehmen, daß er in Migmatiten besonders intensiv betätigt wird. Während aber für die Wegsamkeit quer zum Intergranularfilm als Gefügebelege skalare Reaktionsgefüge, z. B. in Gestalt der synantetischen Gefüge reichlich vorliegen, so ist der Intergranularfilm als Längsweg zwar eine selbstverständliche Forderung, sofern wir überhaupt Stoffwanderung nicht durch die Gefügekörner annehmen, aber weniger direkt durch Gefüge belegt und also weniger als Merkmal und Beweis der Stoffwanderung brauchbar. Das Bild vom kapillar gewanderten Ölfleck wird oft als Einwanderungsbild gedeutet, beschreibt aber eine Entmischung ebenso gut. Nimmt man die Feldspate von vornherein als Einwanderer in den betrachteten Bereich, so spricht ihre belteropore Wanderung in Kreuzschichtungen, ferner eine (nachweislich nicht mechanisch entstandene!) perlschnurartige Anordnung, ganz besonders aber gleichgeregeltes Gefüge innerhalb („Ri") und außerhalb („Re") der Feldspate für molekulare Stoffwanderung. Aber ebenso wie bei der Albitisation für Einwanderung entscheidende Gefüge meist fehlen, so ist diese derzeit für Kalifeldspate nur fallweise aus Zusammenhängen mit Graniten erschließbar, während der Hinweis auf pseudomorphe Bereiche mit erhaltenem älterem, aber später Kali- oder Natron-feldspatisiertem Gefüge als Beweis für molekulare Einwanderung — soweit Einwanderung überhaupt nachgewiesen ist — gut und gültig ist.

Von den geologischen Begriffen der Intrusion und der Injektion bezieht sich der erste auf größere, der zweite auf kleinere Bereiche. Für beide ist Einströmungsgefüge oder Amplatzgefüge möglich und diese Frage ist fallweise zu klären. Außerdem ist aber die chemische Verschiedenheit zwischen Hülle und Eindringling zu kennzeichnen angesichts der Möglichkeit gleichen Gefüges bei Mischung und Entmischung.

Eindeutige Fälle, in welchen die Granitisation im kleinen und großen vorgefundene Gefüge kristallin abbildet, ohne sie entscheidend umzuformen — sozusagen also in reliktischer, vorkristalliner (d. h. jedenfalls zeitlich von der Kristallisation überdauerter oder auch gefolgter) Tektonik — sind zu betrachten als Belege für nichttektonische Ausbreitung der Granitisation, als einer durchtränkenden Ausbreitung ohne sonstige Bewegung. Für Granite mit Parallelkontakt und mit geschieferten Mänteln besteht die Möglichkeit, daß die Parallelgefüge der geschieferten Granithüllen und, möglicherweise, auch anderer Orthogesteine wahrscheinlich in letzter Linie mittelbar auf Schichtung zurückgehe. Solche Granitisation mit Abbildungskristallisation im Parallelkontakt läßt sich bisweilen vom „Übersichbrechen" trennen. Es handelt sich um Tiefen-Kontakthöfe ohne nennenswerte tektonische Baustörung, ganz wie bei der auch in dieser Hinsicht nicht abtrennbaren regionalen Umkristallisation undurchbewegter Gebiete. Der Fortschritt liegt aber weniger in diesen Begriffsfassungen als in der Beschreibung von Fällen, welche das Ausmaß granitisierter älterer Baue aufzeigen. Für solche ist vor allem der vorkristalline Charakter aller Deformation (vom Korngefüge bis ins Großgefüge) nach dem üblichen gefügekundlichen Verfahren nachzuweisen, für das Ausmaß aber das großtektonische Bild zu geben. Da im allgemeinen der durch Temperatur und Stoffzufuhr gesteigerten Teilbeweglichkeit in Kontakthöfen auch Durchbewegungen ohne Summierbarkeit zu tektonischen Verlagerungen entsprechen (z. B. im Kontakthof gesteigerte Kleinfältelung auch schon ohne Granitisation) so ist gefügekundliche Arbeit hier nur dann von Wert, wenn schon mit der Probenahme beginnende Beachtung des Zusammenhanges zwischen Klein- und Großdeformation besonders streng durchgeführt wird; man nimmt z. B. nicht beliebige Kleinfalten, sondern solche mit definierter Beziehung zur größeren „tektonischen" Deformation, um deren vorkristallinen Charakter zu untersuchen.

Von Aufschmelzung wie von Schmelzung darf man nur dann reden, wenn der Nachweis möglich ist, daß wenigstens eine Kornart („teilweise" bis „totale" Schmelzung) des betreffenden Bereiches infolge von Temperaturerhöhung durch den nichtkristallinen Zustand gegangen ist. Eine Grenze zwischen heißer Lösung und Schmelze läßt sich nicht ziehen; so bei Magmen, weder theoretisch noch praktisch und wir haben hierin keine Unterscheidungsmerkmale zu gewärtigen, wenn die Temperatur eines Systems erhöht und wieder erniedrigt wird, in welchem sich von Anfang an Kristall neben Nichtkristall befindet. Eben dieses vielleicht grundsätzliche, jedenfalls aber häufige Fehlen von Merkmalen dafür, ob eine teilweise Umkristallisation aus Schmelze, aus heißer Lösung oder kristalloblastisch erfolgt ist, führte dazu den allgemeineren Begriff der kristallinen Mobilisation, bei Betrachtung der kristallisierten Gesteine verschiedener Tiefe einzuführen, der wirklich Merkmale im Gesteine hat. Der mehr oder weniger regionale, granitische Parallelkontakthof größerer Tiefen, von dessen Erscheinungen durch das Wort „Migmatit" die „Mischung" vielleicht überbetont wird — sie ist nicht überall nachgewiesen, wo man Migmatit sagt und es gibt auch tektonische Mischhorizonte nicht molekularmobilisierter Räume ohne „Migmatit" — ist (bei der obigen engen Fassung des Begriffes „Aufschmelzung") eben als ein Raum mit (physikalisch) Molekular-Mobilisation oder (geologisch) Tiefenkontakt-Mobilisation zu bezeichnen. Wer aber nicht die Erhaltung von glasiger Phase verlangt, und es für sicher hält, daß alle Granite einmal wenigstens teilweise schmelzflüssig waren, der kann manche Migmatite mit demselben Rechte als Schmelzgesteine ansprechen und von Aufschmelzung in einem weiteren Sinne reden.

Da ein primäres Magma (ohne sedimentäre Vorfahren) nicht erkennbar und nicht von einem sekundären unterscheidbar ist, bleiben Intrusionsfähigkeit, also höhere Teilbeweglichkeit (im Vergleich zum Intrudierten) und Migmatitbildung die nicht-chemischen Merkmale des Magmas. Ein gefügekundlicher Begriff ist das Magma nicht: Ein magmatisches Gestein hat keine eindeutig nur ihm zukommenden Gefügemerkmale. Vielmehr lehrt die Gefügebetrachtung, daß das Gefüge magmatischer und nichtmagmatischer Gesteine konvergiert, schon wenn beide genügend lange in einem Zustande unterhalb gänzlicher Schmelzung verbleiben. Daß sie in diesem Zustande genügend stetig teilbeweglich zur Intrusion und zur Verflössung und Ordnung von Bruchstücken sind, ist sicher. Die Intrusionsfähigkeit ist nicht nur von Wärme abhängig, sondern von allem, was zwischen den Nachbarn Teilbeweglichkeitsunterschiede zwischen Intrudierten und Intrudierendem setzt.

Die Hypothese der Differentiation durch Abpressen des Flüssigen von einem teilweise flüssigen System aus Kristallen und Schmelze ist gleichberechtigt gegenüber einem Magma mit Kristallen (das einmal totale Schmelze war oder nicht) und gegenüber teilweise flüssigen Assimilaten (welche man Magma nennen mag oder nicht); dasselbe gilt von der Stoffeinwanderung in teilweise flüssige Systeme bei Sperrausdehnung. Beide Vorgänge und ihre Gefügemerkmale sind ungeeignet zur Entscheidung, wie das betreffende teilweise fließende System zustande gekommen ist, ob seine Kristalle Neukristalle aus totaler Schmelze oder ungeschmolzene Kristalle eines assimilierten Gesteins oder Neukristalle einer Umkristallisation im Metamorphen sind. Die Annahme differenzierender Stofftransporte durch Abquetschung und Sperrausdehnung hat für Magmen, Assimilate und Ultrametamorphe dieselbe (im Gefüge fallweise zu prüfende) größere oder geringere Berechtigung.

3. Entstehung von Parallelgefüge und von stofflichem Lagengefüge in Graniten.

Bei der Untersuchung ob ein Lagengefüge s durch Entmischung bei Scherung in s entstanden sei oder auf andersartige tektonische Entmischung zurückgehe, ist zu beachten, daß in tektonischer Facies mit einscheariger Zergleitung $\parallel s$ quergreifende Inhomogenitäten, also auch z. B. entmischte Rupturenfüllungen, nicht erhalten bleiben, sondern in s eingeschlichtet werden. In derart durchbewegten Bereichen ist — einmal Entmischung angenommen — nicht ohne weiteres zu sagen, wie weit das vorliegende Lagengefüge belteropore Entmischung $\parallel s$ und wie weit es Einschlichtung einer anderen belteroporen Entmischung ist. Die Frage, welcher von beiden Fällen zutrifft, ist z. B. bezüglich der linsigen Quarzphyllonite und ihrer Quarzlinsen im Sinne des zweiten Falles gelöst und als phyllonitische Umfaltung bekannt. Es ist auch durch den Nachweis als abwickelbare Biegefalten umgefalteter Quarzlagen in Phylloniten gezeigt, daß es sich nicht um den Vorgang einer einscharigen ebenen Scherung in s handelt. Für gneisige Gesteine fehlt es bisher an Untersuchungen, welche die Entscheidung zwischen den hier unterschiedenen beiden Fällen sicherstellen. Das gefügekundliche Problem Entmischung im betrachteten Bereich oder Zufuhr in denselben wird dadurch nicht berührt.

Da in einem massigen Ausgangsgestein die auftretenden Scherflächen sogleich dieselbe Anisotropie setzen wie sie im Ausgangsgestein mit s-Gefüge besteht und also in beiden Fällen sogleich die Ausgestaltung von s einsetzt, so daß z. B. in den Scherflächen eines Granites sogleich typische geregelte Blasto-Tektonite zustande kommen können, so darf man grundsätzlich die Entmischungsmöglichkeit durchaus auch für massige Gesteine annehmen. Zerscherte und rekristallisierende, isotrope homogene Gesteine z. B. Granite sind die gefügekundlich zu untersuchenden Fälle, wenn man tektonische Entmischung in Scherflächen so eindeutig als möglich prüfen will. Die Entmischung in s-Flächen ist ein Erklärungsversuch für Lagenbau $\parallel s$ nicht aber etwa für „Kristallisationsschieferung", deren Gefügebild mit und ohne Lagenbau völlig unabhängig von diesem begegnet wird und erklärt wurde.

Das Problem, ob in Gesteinen in s lokalisierbare Bedingungen stoffliche Unterschiede zwischen den einzelnen s wirklich erzeugen, läßt sich gefügekundlich anfassen, wenn man mehrscharige Scherungen untersucht. Wenn es stofflich verschiedene Ausgestaltung verschieden betätigter gekreuzter Scherflächen s_1, s_2 einer mehrscharigen Scherung gibt, so ist eine solche Ausgestaltung auch für verschieden betätigte Scherflächen einer einscharigen Scherung möglich, wobei die Verschiedenheit der Betätigung erst später und nach darauf gerichteten gefüge-analytischen Untersuchungen zu definieren ist. Hiezu steht bisher fest:

1. Es gibt eine stoffliche Ausgestaltung erstmalig als Scherflächen neu angelegter Flächen in mehrscharig zerscherten Tektoniten. Mit der Deutung, daß es sich dabei um belteropor belegte Flächen handelt und ohne über die Reichweite der Stofftransporte zu entscheiden ist dies in einer Reihe von Fällen mit Abbildung definierter zweifelloser Scherflächen nachgewiesen: Hornblende in eindeutig als $(h0l)$ definierten Scherflächen; Scherflächen neu angelegt in isotropem Granit und mit Glimmer besetzt; zwei Scharen glimmerbesetzter Scherflächen in Granit mit wahrnehmbarem Lagenbau; verschieden ausgestaltete glimmerbelegte gekreuzte s in Granulit mit deutlichem Lagenbau; glimmerbelegte $(0kl)$-Scherflächen in Quarzphyllit; biotitbelegte Scherflächen in Granat. An diese zum Teil deutlichen Lagenbau zweifelloser Scherflächen — denn darum handelt es sich zunächst — zeigenden, nur als Beispiel von $a\,b\,c$ Flächen in Tektonitgefüge gewählten Fälle ließen sich zahlreiche andere anschließen.

2. Ebenso wichtig ist aber, daß sich Fälle von mehrscharigem gekreuztem Lagenbau von der Deutlichkeit jenes einscharigen Lagenbaues um dessen im einscharigen Falle eben nicht mehr eindeutiges Zustandekommen es hier geht, bisher nicht gefunden haben.

3. Aus 1 und 2 ergibt sich, daß man vom Standpunkte der Gefügekunde aus die Frage, welche Lagenbaue überhaupt als mineralbelegte Scherflächen und welche als Einschlichtung vorangehender stofflicher Inhomogenität aufzufassen seien, als eine vorläufig nur in geeigneten Einzelfällen zu bearbeitende Frage betrachten muß. Auf diesem Wege ist es möglich zu den Entmischungshypothesen noch mehr beizutragen als den durch Betrachtung mehrschariger Fälle hier bereits erbrachten Nachweis, daß es stofflich als Lagenbau ausgestaltete Scherflächen gibt. In den bisher sichergestellten Fällen unter 1 sind es die dunklen Minerale (Biotit, Hornblende), welche die Scherflächen stofflich belegen, nicht aber Quarz und Feldspat, wie z. B. in manchen eindeutigen Fällen eines sauren mm-Lagenbaues durch aufblätternde Apophysen aus Quergängen abzweigender Quarzfeldspatintrusionen im Kontakt von Granit.

Außer der eben erörterten Entstehung stofflicher Parallelgefüge in Graniten durch Scherung können solche Gefüge in Graniten durch schlieriges Fließen im hochteilbeweglichen Zustande und durch Abbildung des Lagengefüges eines granitisierten Vorgängers entstehen.

II. Hochteilbewegliche körnige Gesteine geringerer Tiefe mit Aufwärtsbau; Tektonik der Steinsalzlagerstätten.

Zu den hochteilbeweglichen Gesteinen von denen intrusive Bautypen schon lange bekannt sind (Lachmann) gehören zahlreiche Salzlagerstätten. Gegenüber intrudierten Salzstöcken ergibt sich genau dieselbe gefügekundliche Aufgabe wie gegenüber intrudierten körnigen Tiefengesteinen; wie zu erwarten, da ja die Tektonik beider von der verschieden hohen Teilbeweglichkeit benachbarter

Bereiche bestimmt wird. Diese Aufgabe ist, symmetrologisch zu untersuchen, was an dem Baue dem Einströmen in den betrachteten Bereich (z. B. als Stromlinien) und was dem Amplatzgefüge z. B. der Einengung dieses Bereiches an Ort und Stelle (B-Achse im weiten Sinne) zuzuordnen ist. Für alle Hochteilbeweglichen und ihre Tektonik ist dies eine gemeinsame Frage, da der Stetigkeitsgrad der Formen ja nur vom Größenverhältnis der bewegten Teile zu der diesen Teilbewegungen korrelaten Neuform bestimmt wird und da es überhaupt für die meisten geologischen Körper keine Formungsmechanik als die von den Teilbewegungen ausgehende gibt.

Für eine allgemeine Tektonik ist das Gefüge solcher Salzlagerstätten deshalb so wichtig, weil sie in mehrfacher Hinsicht viel eindeutiger analysierbar sind, als der Bau granitisierter Gebiete: Der Ausgangszustand ist als stratigraphische parallelflächige Abfolge bekannt, der Endzustand durch große Bergbaue; die Massen sind stofflich stark getrennt verfolgbar; die Einwanderung in den betrachteten Großraum ist sichergestellt, das physikalisch-chemische Verhalten vorbildlich, das physikalische teilweise bekannt und die Formung ist dem Experiment zugänglicher als bei Silikaten, insbesonders auch, was die Interferenz unmittelbarer und mittelbarer Teilbewegung anlangt. Umsomehr sind die heute vorliegenden Anfänge korngefügekundlicher Analysen und verformender Experimente, sowie die tektonischen Untersuchungen der Baue als Grundlage für gefügekundliche Analyse zu betrachten, deren Durchführung allerdings bisher weder an einem für die schwebenden Fragen entscheidenden Pluton noch an einem Salzstock erfolgt ist. Was aber die Salztektonik selbst anlangt, so wird eine gefügeanalytische Untersuchung — ohne Trennung von Korngefüge und „tektonischen" Formungsbereichen und mit symmetrologischer Betrachtung (nach Teilbereichen) auch der letzteren — die nächste bevorstehende Aufgabe.

Welches ist nun das Verhältnis einer gefügekundlichen — d. h. nicht einer nur korngefügekundlichen — Bearbeitung zu dem Schema der Salzlagerstättentektonik, welches die Geologie bisher gab? Diese Arbeitsweise hat ganz wie gegenüber anderen Großformen höher teilbeweglicher Krustenbereiche und ganz wie gegenüber der alpinen Deckenlehre und der Gesteinskunde die Aufgabe, innerhalb der genannten Gebiete klarzustellen, was beschreibliche und prüfbare Merkmale hat, diese zu bearbeiten und nicht von Genetischem zu reden, das keine solchen Merkmale hat. Es ergeben sich dann zunächst folgende kritische Hinweise.

Wenn Zerreißung in allen Fällen vorausgesetzt wird, läßt sich „starke, schwache und schwächere großtektonische Zugbeanspruchung" nicht unterscheiden; sie hat kein Merkmal. Eine Zugbeanspruchung besteht nur bis zur Bildung von Reißklüften und wie groß oder klein die Zugbeanspruchung war, kann weder aus der Distanz der zerrissenen Teile noch aus deren Anzahl bestimmt werden.

Der großtektonischen, „starken, schwachen und schwächeren Druckbeanspruchung" wurde starke (alpinotype), schwächere und germanotype Faltung zugeordnet. Welches ist nun aber — bei gleichem Material — das gestaltliche Merkmal einer Faltung, aus dem sich auf die Größe der Kraft schließen läßt, die als „Druckbeanspruchung" zur betreffenden Faltung geführt hat? Man kann analog wie aus der Endlage zerrissener Teile, so aus der Endform von Faltungen auf das Bewegungsbild und unter Umständen auf größere und kleinere Herstellungsarbeit, aber überhaupt nicht auf die Größe von Zug- und Druckbeanspruchungen schließen. Zusammengefaßt: Die Stärke großtektonischer Zug- und Druck-Beanspruchung — zu verstehen als die Größe einer Kraft — hat nicht, die bisweilen angenommenen zuordenbaren Merkmale. Die Grundfrage, wie weit Begriffe der mechanischen Technologie (kleine Bereiche, kurze Versuchsdauern, unmittelbare Teilbewegungen) überhaupt für die Betrachtung von großtektonischen Deformationen verwendbar sind, ist in diesem Buche früher behandelt.

Für Granite wurde schon als eine erste Forderung für eine Einteilung der Bautypen betont, die Aufgabe, ihre Tektonik mit der der Hülle zu vergleichen.

Gerade dies ist eine wie für Granite so auch für Salz mit gefügekundlichen Mitteln und Merkmalen lösbare Aufgabe, nicht zuletzt, weil man bei symmetrologischen Betrachtungen absieht von den lediglich vom Materiale abhängigen Reaktionsformen. Man kann an Salz und Hülle gleichsymmetrisches und nichtgleichsymmetrisches (heterotaktisches) Gefüge wirklich kontrollieren und damit auf jeden Fall den „Grad der Eigentektonik des Salzes" und gelegentlich gleichzeitige tektonische Prägungen an Salz und Hülle von Ungleichzeitigem unterscheiden. Dadurch erhält die Forderung Grade der Eigentektonik des Salzes festzustellen erst einen konkreten Inhalt und Arbeitsplan.

Die Frage, ob sich der Vorgang der („passiven") Füllung eines dargebotenen Raumes (1) durch ein Höherteilbewegliches (T) an Gefügemerkmalen allgemein gültig unterscheiden läßt, von der („aktiven") Schaffung oder Umformung eines Raumes (2), ist zu verneinen. Denn es handelt sich in beiden Fällen um das Einströmen von T unter Druck mit Ausbildung der tektonischen Koordinaten a und b (B) in symmetrologisch definiertem flächigem und linearem Parallelgefüge der Teilbereiche. In Sonderfällen, z. B. in Analogien mit dem Übersichbrechen der Granite läßt sich die Schaffung des Raumes zeitlich mit dem Einströmen decken. Aber es besagt wenig, ob man eine „Aktivität" des Höherteilbeweglichen darin erblickt, daß Teile der Umgebung in dasselbe einwandern. Die Aufgabe, sehen zu lernen, wo Vorgänge anthropomorph und wo sie sachlich beschrieben werden, um dann erst die Rolle beider Befassungsarten zu beurteilen besteht ja keineswegs nur für die Geologie, wenn auch für diese mit besonderer Dringlichkeit und mit so klaren Beispielen für Extreme und einander ausschließende Befassungsarten, wie sie etwa manche ultra-tektonische und tektonische Schilderungen einerseits und die gefügekundliche Analyse von Deformationen andererseits darstellen.

Wenn „Schnitte jeder Lage durch Salzdiapyre lebhafte Falten zeigen", ergibt sich die erste Aufgabe, die Faltenachsen statistisch auf dem Netz zu behandeln; das bloße Hervorheben einzelner Lagen wie „vertikale Kulissenfalten" genügt nicht. Zur Einmessung der Faltenachsen genügen zwei, möglichst differierende Messungen auf dem gekrümmten s, also s_1 und s_2, deren Schnitt sofort konstruktiv die Faltenachse gibt. Man kann so und nur so auch die wildeste Verknäuelung, beispielsweise von Allgäuschichten, Jahresringen des Steinsalzes oder ptygmatischen Falten statistisch entwirren und die Formung eines solchen Knäuels richtig in ein größeres Bewegungsbild einstellen. Die zweite für ein begründetes Bewegungsbild unerläßliche Aufgabe ist, korngefügeanalytisch jene Falten zu unterscheiden, welche echte B-Achsen sind, d. h. daß sie eine Symmetrieebene $E \perp B$ haben und daß in E die zur Faltenform führenden Teilbewegungen verlaufen. Nach diesen Unterscheidungen im Sinne der tektonischen Gefügekunde, welche das große Bewegungsbild erst in jedem Falle definieren, kann man auf die nähere Untersuchung geologisch beschriebener Gesetzmäßigkeiten übergehen.

Wie weit die Kulissenfalten echte Falten sind, die Rolle der Einrollungen und „Faltenvergitterungen" im Bewegungsbild, und vor allem aber was am Bewegungsbilde Deformation mit Leitung gerichteter Drucke, reines Fließgefüge ohne Leitung gerichteter Drucke im Hochteilbeweglichen und was Verlagerung durch Lösungsumsatz ist, das alles zu trennen ist in Salzlagerstätten der Gefügeuntersuchung der Großformen zusammen mit der Korngefügeanalyse als Aufgabe vorbehalten. Dabei läßt sich sehr oft an bisher Geleistetes anknüpfen, aber es muß durchaus symmetrologische Betrachtung und eine wirkliche Kennzeichnung der Art der Teilbewegungen im Hochteilbeweglichen an Stelle solcher nicht näher definierter Ausdrücke, wie „plastische" Deformation treten. Wenn der Tektoniker von Graden der Plastizität spricht, ohne Kennzeichnung der Teilbewegung und ohne Korngefügeuntersuchung, so ist alles, was er an dieser Plastizität wirklich beurteilt, die Raumstetigkeit der Deformation. Diese hängt von der auf das Ganze bezogenen Größe der bewegten Teilchen ab und ist für das Auge des Tektonikers in nachkristallinen Myloniten, in schlierigen Schmelzflüssen und in einem Gips mit plastischer Verformung seiner Kristallkörner ganz dieselbe; nämlich dieselbe für das Auge des Tektonikers, nicht aber für jede geologische Synthese.

Für geologische Betrachter ergab sich bisher: 1. Die innere Faltung des Salzes in Salzdiapyren ist nichts anderes als die Störung eines einfachen Aufquellens; 2. diese Störung kommt von außen, sie besteht dann offenbar in der Gestalt des dargebotenen Raumes oder in deren Änderung oder 3. die Störung kommt von innen und besteht kurz gesagt in Festigkeitsinhomogenitäten — wofür man besser Unterschiede in der Teilbeweglichkeit und in der Teilbewegung sagt, weil man eben dann sogleich weiß, was dabei weiter zu untersuchen ist und daß eine tiefer gehende Kennzeichnung unmittelbar eine gefügekundliche Aufgabe ist.

Man darf dabei unter einfachem Aufquellen nicht eine Quellung, sondern nur ungestörtes Emporströmen in einen Raum verstehen, also einen mit dem Aufwärtsströmen einer Quelle von unten verglichenen Vorgang. Was empor strömt, ist ein in sich festigkeitsinhomogener, aber als Ganzes der Umgebung gegenüber höherteilbeweglicher Bereich. Was von einem solchen Akte noch im Gefügebild wahrnehmbar ist und was von den unvermeidlichen charakteristischen Störungen eines derartigen Bewegungsbildes an selbst unbewegten relativstarren Uferbereichen vorhanden ist, muß zunächst statistisch, tektonisch und korngefügekundlich sauber abgetrennt werden. Dann erst steht die Gefügeanalyse vor der Frage, ob die übrigbleibenden faltenähnlichen Formen auf Störungen jenes einfachen Aufquellens durch mitbewegte Inhomogenitäten der Teilbeweglichkeit im Innern des Diapyrs rückführbar sind (3).

Es wäre nicht erlaubt im Falle eines Diapyrs mit weitgehend ungeregelter Lage der — gefügeanalytisch definierten! — Faltenformen, etwa solche mit horizontalen und mit vertikalen Achsen als Teilbewegungsbilder anders abzuleiten als solche anderer Achsenlagen. Man müßte in solchen Fällen ein gemeinsames Erklärungsprinzip mindestens mitüberprüfen, wie ein solches z. B. in der Verlagerung durch Lösungsumsatz (an „Drucksuturen" und dgl.) vorliegt. Eine zunächst äußere Ähnlichkeit, z. B. mancher „Kulissenfalten" mit gewissen Suturen liegt unverkennbar darin, daß in beiden Fällen der vorderste Kopf stofflich ausgezeichnet ist (z. B. Ton und Kali in manchen Salzlagerstätten; Tonhäute, Kiese usw. in Suturenköpfen). Eben diese stoffliche Auszeichnung hinderte, diese Gebilde als echte Falten zu bezeichnen und veranlaßte, sie (nur teilweise zutreffend) mit lokalisiertem Vorströmen an Brückenpfeilern (also ein stationärer Vorgang an rein mechanischen Hindernissen!) vorbei zu vergleichen. Sollten sich nun Fälle finden, in welchen überhaupt keine Faltenachse vorhanden ist, sondern das ganze Gebilde einem Schlauche bis einer Warze gleicht, so fehlt das wesentliche Merkmal einer Falte und die Gebilde sind besser anders zu bezeichnen. Vielleicht angesichts der zweifellos vorhandenen mechanischen Komponente der Formen (Einwickelungen!) könnte man versuchen, diese Formen ganz als Strömungsbilder zu sehen: Das höherteilbewegliche ältere Steinsalz ist umhüllt von einer minderteilbeweglichen und brüchigeren Ton- + Anhydrit-Haut und treibt durch die Rupturen derselben unter höherem hydrostatischem Druck und gemäß höherer Teilbeweglichkeit Säcke in das jüngere Steinsalz; wobei die zurückbleibenden Teile („Mulden") jener Haut dem vorströmenden Steinsalz wie „Brückenpfeiler" gegenüberstehen. Das letztere Gleichnis ist aber mechanisch unzulässig, da Brückenpfeiler feststehen, was man von Anhydritblöcken zwischen älterem und jüngerem Steinsalz im vorliegenden Bewegungsbilde nicht annehmen kann. Die richtigen Analoga sind umströmte schwimmende Blöcke und flottierende Anhydrithäute. Aber das Wesentliche an jenen Säcken ist, daß sie nichts mit Falten zu tun haben. Sie brauchen nicht einmal mehr eine Achse zu haben, wenngleich eine solche durch eine vom Sacke ausgenützte Ruptur zustande kommen kann. Hierin hat die geologische Untersuchung den Kern der Sache erschlossen und für gefügekundliche Untersuchungen reif, diese aber nicht überflüssig gemacht. Denn die nicht mehr als „echte Falten" betrachteten Salzpseudopodien gehören dann in jenen anderen von Falten auch terminologisch zu trennenden Formenkreis verlagerter Zwischenlagen zwischen teilbeweglicheren Bereichen, dessen Formen (von „Drucksuturen", „Stylolithen" und dgl. bis zu den Lotze'schen Salzpseudofalten) alle vor allem andern einer Untersuchung des Bewegungsbildes auch im Korngefüge und einer Feststellung der Art der Teilbewegung bedürfen, kurz einer gefügekundlichen Analyse. Es ist dies auch eine Vorarbeit, welche zur Diskussion der Kraftquellen des diapyren Salzaufstieges beitragen kann, da z. B. ein Wandern des Salzes nach dem Diktat von Nahkräften allein zwar Abbildungskristallisationen, aber nicht korrelat zu Deformationen mechanisch geregelte Korngefüge ergeben. Die bloße Herstellung ähnlicher Endformen deformierter „plastischer" Körper und die gleichnisweise Übertragung solcher Erfahrung auf die Vorgeschichte von Graniten und Salzstöcken kann einer ersten Einführung mancher Begriffe dienen, ist aber kein Experiment im strengeren Sinn und bedarf u. a. einer viel weitgehenderen Befassung mit dem Gefüge der verglichenen Körper.

B. Tektonik schmelzflüssiger Extrusiva.

Auch was den Bau extrusiver frei ergossener Schmelzen, bzw. Schmelzgesteine anlangt, liegt ein noch wenig bearbeitetes Anwendungsgebiet für Gefügeanalyse vor; so betreffend das Bewegungsbild junger vulkanischer Laven und erodierter alter Vulkane, ferner ausgedehnter tafeliger Ergüsse (Quarzporphyre, Basalte).

Der Weg, definierte Bereiche aus den größeren, bisweilen eindeutigen Bewegungsbildern orientiert herauszunehmen und ihr Gefüge (Kristallitenregelung, Gasblasendeformation, Schlieren, Reiß- und Scherfugen) zu beschreiben, also kurz gesagt gefügekundliche Analyse zu betreiben und damit auch Fühlung mit anderen deformierten Tektoniten zu gewinnen, läßt sich beim Studium geflossener natürlicher Schmelzen begehen und führt wie immer dazu, zugleich genauer und allgemeiner zu sehen. Hier kann nur kurz darauf hingewiesen werden, wo es besonders erwünscht und möglich wäre, solche Betrachtungsart an bisherige Beschreibungen der Laven und ihres Fließens anzuschließen.

So z. B. kann die Annahme, daß wir bei genügender Beweglichkeit der Lava turbulentes Fließen haben, prüfbar gemacht werden. Hiezu ist eine Definition des turbulenten Fließens nötig. Ich verwende dabei nicht die auch in neueren Werken noch zu begegnende Definition, daß im Falle turbulenten Fließens regellose Lage der Wirbelachsen herrsche, sondern nehme an, daß eine statistische Regelung der Wirbelachsen auch bei turbulentem Strömen in definierten Bereichen die Regel ist und sich im Gefüge als wahrnehmbare B-Achse — jede Wirbelachse symmetrischer Wirbel ist symmetrologisch eine B-Achse normal auf die Symmetrieebene des Wirbels — abbilden kann. Da eine bewegte Schmelze nicht plötzlich erstarrt, sondern den viskosen Zustand durchläuft, ist es umso begreiflicher, daß wir in fließenden Laven wohl verwickeltes laminares Strömen (mit ablesbarem und summierbarem Relativsinn summierbarer Teilbewegungen) finden, nicht aber „regellose" Turbulenz.

Auch die Annahme, daß das laminare Fließen an zunehmende innere Reibung und Übertragbarkeit gerichteten Druckes gebunden sei, ist zu verneinen und an das laminare Fließen von Flüssigkeiten zu erinnern.

Von großem Interesse sind die Systeme übereinanderliegender Gußdecken von Lava. Diese Rhythmite haben mit Anlagerungsrhythmiten den Raumrhythmus gemeinsam. Die Beziehbarkeit auf einen Zeitrhythmus der Lagenbildung ist aber wie immer, auch in diesem Falle ganz besonders, zu erörtern. Denn gleich dicke Lavalagen übereinander bezeugen mit dem Gefüge nur, daß die Beobachtungsstelle immer wieder von gleich starken Ergüssen überströmt wurde, nicht aber daß letztere in gleichen Zeitabständen erfolgten. Dagegen ist eine raumrhythmische Anlagerung ein kontinuierlicher Anlagerungsvorgang, der in gleichen Raumabständen markiert wird, wodurch ein zeitliches periodisches Korrelat geradezu gemessen wird, wenn die Anlagerung der einen Komponente mit gleichförmiger Geschwindigkeit der Belieferung erfolgt. Ferner ist ein solches Lagensystem aus Laven nicht als geschichtet zu bezeichnen, denn geschichtet besagt so viel als „durch den Vorgang der Schichtung entstanden". Dieser Vorgang ist auf jeden Fall Anlagerung. Das Übergießen einer Lage mit einer anderen, die darüber wegrollt, ist dem Bewegungsbilde und dem symmetrologisch hiezu zu erwartenden Gefüge nach keine Anlagerung; ebensowenig wie z. B. eine Schichtenparallele tektonische Überschiebung. Der Name geschichtete Lava ist auf den gänzlich naiven Anblick hin entstanden, unintim mit dem erzeugenden Vorgang, seiner Vektorensymmetrie und deren Abbildung und er ist vom Standpunkte der Gefügekunde aus besser durch die nichtgenetische Bezeichnung rhythmische oder unrhythmische Lagenlava zu ersetzen.

Stricklaven, oberflächliche Wülste, Falten, Strömungsbögen sind als B-Achsen im Sinne der Gefügekunde scharf zu trennen von den Stromfäden a im Sinne der Gefügekunde. Beide haben die bekannte verschiedene Bedeutung im Formungsplan und verschiedene Gefügesymmetrie (Symmetrieebene $\perp B$ aber $\parallel a$ in Kleinbereichen, worin B und a erkennbar ist). Bisweilen sieht man das Einsetzen linearen B-Gefüges bei Bremsung der auf B senkrechten Strömung (in Lineargefüge a) an Laven ganz ebenso folgerichtig wie an Nichtschmelztektoniten; ebenso daß Lineargefüge a (= der Stromfaden) bei ungehemmter Strömung in a, B aber (quer zu a) bei Einengung und Bremsung (quer zu a)

dieser Strömung, in Außengestalt und Gefüge stärker hervortritt. Es ist eben für diese Gestaltungen gleichgültig, ob es sich um Lava, um einen Nichtschmelztektonit, um einen Harnisch oder um ein tektonisches Profil, um einen Dünnschliff, um die Stirne einer Schubmasse oder eines Gletschers, um einen Granit oder um einen Kalk handelt.

Wer an der allgemeinen Erkenntnis gestaltender Prinzipe und der symmetrischen Gefüge und Gebilde teilnimmt, wird solche Einsichten lieber begegnen, als daß diese Erkenntnis durch eine überflüssige Vielzahl von Namen für gleiche Dinge immer wieder verschleiert wird. Wenn man an Stelle von Unterscheidungen wie Schlangen, Mäuler, Zungen, Stricke, Taue, Tüten usw. Formungspläne unterscheidet, so ergibt sich auch, daß die unseltene Zerreißung von Lavastricken eine Reißkluft ⊥ B ist und zu unterscheiden von den ,,Rissen quer zur Fließrichtung". In Laven wird sich voraussichtlich die Untersuchung, ob Reiß- oder Scherfuge vorliegt (orientierte Dünnschliffe), doch besser an Stelle der Annahme setzen lassen, daß in plastischen Massen zwischen zwei starren gegeneinander in ihrer Ebene verschobenen Platten Zugrisse bilden und daß sich hiebei Zug- und Schubspalten zu ,,Fiederspalten" zusammensetzen, was ebenfalls noch nie gefügeanalytisch geprüft wurde. Wo sich zwei Systeme von Scherflächen scharf schneiden, kann man nicht ohne weiteres schließen, die Fließrichtung und damit auch die Zerscherungsrichtung habe sich geändert. Sondern man stellt fest, ob die Relativbewegungen in den Scherfugen normal zur Schnittgeraden erfolgt sind, welche diesfalls ein B im Sinne der Tektonik ist, dessen Prägung sehr wohl auf zweischarige Zerscherung bei Einengung zurückgehen kann und diesfalls überhaupt nichts mit einer Änderung der Fließrichtung zu tun hat.

Die Kennzeichnung der laminaren Bewegung erfolgt dadurch, daß eine auf die Symmetrieebene der Bewegung nichtparallel zu den Lamina gezeichnete Gerade eine Gerade bleibt (affine Laminarbewegung) oder eine Kurve wird (nichtaffine Laminarbewegung), deren Gleichung das Zergleiten kennzeichnet. Mit diesen Begriffen betrachtet, ist das laminare Fließen ein im Bereiche mit höherer (Flüssigkeiten, teilweise Flüssige, viskos Fließende) oder geringerer (manche Tektonite) Teilbeweglichkeit in den genannten Bezeichnungen durch Merkmale kontrollierbarer Vorgang (z. B. Deformation von mechanisch indifferenten Vorzeichnungen, Schlieren etc.).

Nicht das Auftreten, sondern das Fehlen laminarer Deformationen in deformierten Bereichen wäre überraschend für den, der Fühlung mit der allgemeinen Behandlung dieser Dinge hat; gleichgültig ist, ob es sich dabei um deformierte Bereiche aus Eisgefüge oder um Schmelzen in irgendeinem Erkaltungsstadium handelt. Dagegen ist es eine Aufgabe, die Gefügekorrelate laminarer Deformation zu beschreiben und eine Selbstverständlichkeit ist es z. B. das man an laminarem Eiskristallgefüge für jeden Gefügekundigen zu erwartenden Regelungstypen, mit denen länger bekannter Gesteinsgefüge in Beziehung setzt. Ferner ist es eine Aufgabe, festzustellen, ob und in welcher Einordnung in größere Bewegungsbilder die symmetrologisch gekennzeichneten Bewegungs- und Gefügebilder der allgemeinen Gefügekunde in Schmelzflüssen begegnet werden. So z. B. spielen B-Achsen in Schmelzflüssen neben laminarer Durchbewegung in Vulkangebieten unseltene eine Rolle, während im Gletschereise B-Achsen bisher nicht nachgewiesen, aber lokal, z. B. an Stirnen vorgehender Gletscher zu erwarten sind. B-Achsen, durch Scherung, Faltung oder Korngefüge ausgedrückt, sind ja überall zu erwarten, wo der Durchbewegungsvorgang eine Symmetrieebene ⊥ B (gelegentlich einer Einengung, Stauchung, Schuppung oder achsialen Knetung eines Bereiches mit Druckminimum in der Achse) genügend lange symmetriekonstant beibehalten hat. Auch für Bereiche in Laven ist die Unterscheidung mit allen Mitteln, ob ein Lineargefüge eine b (B)-Achse oder eine Fließlinie a laminaren Fließens sei, notwendig zur eindeutigen Beschreibung des Bewegungsbildes.

Wenn man allgemeine Zusammenhänge nicht geringer schätzt, als unzusammenhängend Begegnetes, so lassen sich also auch in geflossenen Schmelzen S-Tektonite und B-Tektonite unterscheiden, z. B. wellig gestauchte Bereiche und Symmetrieebene quer zur Wellung und vielleicht auch eine solche bezüglich des Kristallitengefüges in den gestauchten Entglasungslagen. Ist diese Symmetrieebene feststellbar, so liegt in ihr die maximale Relativverschiebung, welche aus der Verwerfung im nichtorientierten Anschnitt nicht zu entnehmen ist. B-Achsengefüge mit Symmetrieebene sind schon an Photos geflossener Lava fast immer zu erkennen die Symmetrieebene $\perp B$ als „Profilebene" der Bewegung und Einspannung und damit die Haupteinengung des betreffenden Bereiches abzulesen.

Derartige sichere B-Achsen könnten nun dazu dienen, am Handstück noch verwendbare Merkmale für B-Lineargefüge und a-Lineargefüge aufzusuchen, wenn man für letztere ebenso eindeutige Fälle verwendet. Lineare Anordnung der Kristallite und Gasporen entscheiden nicht für a oder B; dasselbe gilt von Reißklüften $\perp$ Lineargefüge.

Zur Synthese des Bewegungsbildes fließender Schmelzen mit Übergang vom Handstückbereich zum Großbereich ist zunächst nötig die Feststellung des Laminargefüges. Dieses ist an Beispielen vulkanischer Laven bekannt und als laminares Strömungsgefüge zum Bewegungsbilde verwendbar. In s erhält man Richtungssinn durch Lineargefüge, wobei man a und b (B) symmetrologisch unterscheidet. Hiezu ist gelegentlich ein B verwendbar, welches als verwickeltes laminares Strömen von a eindeutig unterscheidbar ist und auch den Relativsinn der laminaren Strömung ergibt. Wie für alle Tektonite, so ist auch besonders für Schmelzen neben der Teilbewegung $\perp B$ (Merkmal echter B-Achsen!) die Möglichkeit einseitigen (trikline Züge des Gefüges!) oder beidseitigen symmetrischen Ausweichens $\parallel B$, sowie $B \perp B'$-Gefüge zu beachten. Wenn B-Achsen unter schrägem Winkel zur Bewegungsstriemung verlaufen, so besagt das, daß das Bewegungsbild in diesem Bereich kompliziert, mit der Bewegungsstriemung allein nicht beschreibbar ist, mit Hilfe dieser B aber auflösbar ist.

C. Gefüge und Oberflächengestaltung: „Gefügerelief".

In der Gefügekunde sind flächiges und lineares Parallelgefüge als zwei Haupttypen raumstetiger mechanischer Formung über oft sehr große Bereiche unterschieden und sowohl ihre Rolle als ihre Beziehungen zueinander eingehend dargestellt. Beide Gefüge kommen in der selektiven Reliefbildung nach dem Gefüge als zwei große Typen von „Gefügerelief", oft auch rein ausgesprochen zu Worte. Es lassen sich also unter den selektiven Reliefs nach dem Gefüge als weiteste gestaltliche Typen ausgesprochen flächige, ausgesprochen lineare und flächig-linear gemischte Gefügereliefs unterscheiden. Ein Gefügerelief ist um so ausgesprochener vorhanden, je mehr von der freien Oberfläche auf definierte Gefügeelemente entfällt, also auf Scherflächen, Reißflächen, allgemeinzylindrische Formen der B-Achsen, Anlagerungsflächen.

Eine weitergehende Einteilung läßt sich sehr übersichtlich rein beschreibend und zugleich auch genetisch treffend vollziehen, wenn man an die Begriffe der Gefügekunde anschließt, sowohl was 1. die Gestalt und Art (Ebenen und Gerade der $a\,b\,c$ Koordinaten krumme allgemeinzylindrische Flächen $\parallel B$) als 2. ihre symmetrologische Bedeutung gefügeerzeugenden Feldern gegenüber anlangt. 3. Als dritte Grundlage der Beschreibung ergibt sich dann die Lage gegenüber den Erdkoordinaten. 4. Als vierte die Lage gegenüber gerichteten präparierenden Einflüssen (z. B. genügend richtungskonstanter Strömungen von Luft, Eis, Wasser) falls nicht nur Skalare (z. B. Temperaturschwankungen) am Werke sind, sondern auch präparierende Vektoren die Grenzfläche gestalten.

Den rein B-achsialen linearen Bauen mit steilen, horizontalen oder einfallenden B-Achsen entsprechen B-achsiale Gefügereliefs mit steilen, horizontalen und einfallenden B-Achsen. Solche Reliefs kann man nicht kürzer beschreiben als durch die Angabe des Vorwaltens und der Lage von B sowie der Klüfte $\perp B$ und durch die Angabe, wie die Zertalung gegenüber B orientiert ist.

Neben den selektiven linearen Gefügereliefs stehen die vorwaltend flächigen. Diese werden gekennzeichnet durch die Angabe des Vorwaltens und der Lage des flächigen Parallelgefüges, welches selektiv herausgearbeitet wird und durch die Angabe, wie die Zertalung gegenüber den Flächen orientiert ist, z. B. Quertäler und Längstäler in isoklinen Bauen.

In dieser Weise lassen sich alle selektiven Gefügereliefs, sowohl die totalen Gefügereliefs als die Fälle, in welchen Gefügereliefs an der freien Oberfläche nur örtlich mitbeteiligt ist, am kürzesten und am beziehungsreichsten kennzeichnen, namentlich auch, was die Beziehung zwischen Tektonik und Relief anlangt. Es ist damit auch einer klaren Betonung der nichtgefügebedingten Züge eines Reliefs, also der begrifflich klaren Abgrenzung des nichtselektiven Reliefs vom selektiven gedient. In letzterem kommen, kurz zusammengefaßt, Anisotropien und Inhomogenitäten des Gefüges in homogenen und nichthomogenen Bereichen zum gestaltlichen Ausdruck. Die genau gefaßten Begriffe der Homogenität, der Tropie (Iso- und Anisotropie) und der Symmetrie dienen auch der Beschreibung eines Reliefs als Fläche.

Wo der reliefschaffende Abtrag, als ein belteroporer Faktor, der besseren Wegsamkeit, also der Anisotropie des Gefüges folgt, ist das damit entstehende belteropore Relief auch in seiner Größenordnung zu kennzeichnen und auf einen definierten Bereich zu beziehen, z. B. der Achse eines Faltengebirges (WE) entspreche als belteropores Gefüge $\parallel B$ und $\perp B$ (Klüftung) seine Längs- und Quer-Zertalung im großen. Fallen die B-Achsen schief nach West, so ergibt sich außerdem in den Quertälern gefügebedingte Asymmetrie der Gehängereliefs (durch B-Klüfte geschnittene Köpfe der bergein fallenden B-achsialen Elemente in den ostwärts schauenden Hängen, mit dem Gehänge fallende solche Elemente in den westwärts schauenden Hängen). In dem gewählten Beispiele besteht ein totales Gefügerelief, in dem die gesamte Oberfläche von Querklüften und B-achsialen Elementen geliefert wird. Aber mit diesen Angaben allein ist das vorliegende Gefügerelief noch nicht gegeben. Die Sonderfälle scheiden sich, je nach dem, ob, wie im angenommenen Falle, überhaupt Quertäler zu B zustande kommen oder nur Längstäler und dies hängt von den Vektoren abfließende Wasser und Schiefe der beregneten Flächen ab. Es kommt also auch in einem totalen Gefügerelief nicht nur das Gefüge zu Worte, sondern auch die mit dem Gefüge noch nicht gegebenen Vektoren des relieferzeugenden Abtrags.

Angesichts eines morphologisch wirksamen naturgegebenen Fugennetzes ergibt sich also vor allem die Aufgabe, die Fugen zu deuten. Dies ist nicht immer ohne nähere Untersuchung möglich. Hiefür kann als Beispiel folgender typischer Fall dienen: Eine horizontale Tafel mit annähernd rechtwinklig gekreuzten vertikalen Fugen F liegt mit weithin homogener Entwicklung des Fugennetzes vor. Die Schnittgerade der Fugen G ist vertikal. Der Grundcharakter der Fugen, ob ihrer ersten Anlage nach Reißklüfte oder Scherklüfte, ist durch orientierte Schnitte im Korngefüge zu untersuchen. Die Frage lautet: 1. Läßt sich der in kristallinen Gefügen bekannte Gefügeplan mit a-b-c-Flächen beziehbar auf Achse B (G) im Fugensystem F wieder erkennen? 2. Welches ist diesfalls der Charakter von F und G?

a) Ist G eine vertikale B-Achse und F damit eine ($h0l$)-Fläche, also eine Scherfläche mit Relativbewegung $\perp G = B$? b) Ist G die Schnittgerade von ($hk0$)-Flächen ebenfalls mit Relativbewegung $\perp G$ und liegt ein B hiezu horizontal?

Beide Fälle sind in der Tektonik höher teilbeweglicher Gebiete vom Handstück bis in tektonische Ausmaße bekannt. a ist der Fall steilachsiger Tektonik mit vertikaler Richtung geringsten Umfassungsdruckes, b ist ein Sonderfall, in welchem zu horizontalem B, wie es ja weiteste Gebiete tektonisch beherrscht, noch ($hk0$)-Scherflächen mit Schnittgerader $G = c$ hinzutreten. Dies ist entweder auf zusätzliche Einengung mit vertikalem Druckminimum zurückzuführen oder auf eine von Plan b unabhängige Entstehung.

Beachtet man die oft (z. B. Dolomiten) große Homogenität der ausgedehnten F-Netze, so muß man auch für Fall a einen weithin homogenen Faktor setzen, welcher nicht nur G, sondern eben auch F orientiert; nämlich eine weithin homogene normal G gerichtete horizontale Hauptpressung. Solche Hauptpressungen $\perp B$ sind in allen zweischarigen Zerscherungen wohlbekannt, ihre Annahme ist insofern naheliegend, aber ihre Auswirkung in der Anlage eines weithin homogenen F-Netzes in einem durchaus nicht so weithin homogenen Substrat (stratigraphische Grenzen!) wäre nur zu erwarten, wenn wir eine ungemein homogen verteilte, genauestens gerichtete, in einer unregelmäßig umgrenzten Tafel gar nicht übertragbare Horizontalpressung annehmen. Obwohl also Fall a und b direkt anschließen an häufig begegnete tektonische Pläne in höher teilbeweglichen Erdrindenteilen, so ist ihre Übertragung auf die Fugennetze F mit G als Korrelat der tektonischen Beanspruchung tieferer Niveaus nicht ohne korngefügekundliche Untersuchung von F vollziehbar. Diese läßt in manchen Fällen das Fugennetz F im Dünnschliff noch mit Abständen von 0.1 mm und weniger erkennen, also in viel homogenerer Verteilung als es im Relief innerhalb kleinerer Bereiche sichtbar wird.

Die Dehnungsrichtung zu einer horizontalen Pressung kann, wie in jedem Ausmaß bekannt ist, horizontal (horizontale B-Achsen) oder vertikal (steile B-Achsen) liegen und ist durch die vertikale rotationssymmetrische Druckbeanspruchung der Belastung überlagert.

Derartige „Diagonalklüfte" F mit Schnittgeraden $c \perp$ auf einem deutliches B tragenden s — wobei B den Winkel der F-Flächen halbiert — findet man in jeder Orientierung zu den Erdkoordinaten als deutliche $(hk0)$-Flächen symmetrologisch auf dieselben Koordinaten a-b-c- beziehbar wie s und B, also einer unzufälligen symmetrie-konstanten Formung zugeordnet. Dieser Formungsplan ist wahrscheinlich und zu überprüfen, auch für die Fälle nicht im Korngefüge durchbewegter, nicht metamorpher Sedimente, welche neben einer Anlagerungs- und Plättungs-Ebene s eine oder zwei Fugenscharen $\perp s$ zeigen. Eine einzelne Fugenschar ist dabei oft nachweislich auf ein in s wahrnehmbares sehr früh angelegtes B als Klüftung $\perp B$ beziehbar.

Manchmal genügt ein geschulter Blick auf das Gefügerelief zur Feststellung steilachsiger Tektonik so z. B. ist meines Erachtens auf den Lichtbildern von Vittorio Sella im Karakoram Himalaya inmitten des von dort meines Wissens bisher gemeldeten Deckenbaues auch steilachsiger Bau zu sehen.

D. Gemeinsame Züge in der Symmetrologie geologischer und biologischer Gestaltung.

Wie schon dem Buch Gefügekunde (1930) vorangestellt und im vorliegendem Buche noch an vielen Stellen betont wurde, kann man die Symmetrien, unter anderen die radiäre und bilaterale Symmetrie, geologischer und lebendiger Körper als Abbildung derselben Symmetrietypen funktionaler Gefüge erkennen, welche von den im Felde ruhenden und im Felde bewegten Körpern beider Arten begegnet und in deren Gefüge und Außengestalt abgebildet werden.

Es wäre vielleicht zunächst zu erörtern wie weit schon die Kennzeichnung der Symmetrie für uns eine durch unsere eigene Gestalt bedingte ist, ein Teilproblem aus der subjektiven Bedingtheit der Geometrien überhaupt und aus der Frage nach der Zulässigkeit geometrischer Abstraktionen. Solche Fragen überschreiten die Aufgabe dieses Buches; aber auf einige Möglichkeiten bei der Verwendung gemeinsamer symmetrologischer Betrachtung der Vektorenabbildung in sogenannten unlebendigen und in sogenannten lebendigen Bereichen soll nun noch anhangsweise hingewiesen werden.

Die symmetrologische Betrachtung der Korngefüge in Gesteinen — seit Jahrzehnten vertreten und einer gleichen Betrachtung von Werkstoffen vorangegangen — ist auch in der Hand des Biologen verwendbar: einerseits als Betrachtungsart von Gestaltungsvorgängen, welche schon von der Biologie als Feldabbildung gesehen werden, andererseits für die Diskussion des Zusammenhanges in der geschichtlichen Abfolge von Lebewesen und halblebendigen Bereichen (Siedlungen, Böden in weitem Sinne unter Luft und unter Wasser etc.);

ferner scheint die symmetrologische Betrachtung der Abbildbarkeit von Feldsymmetrien den Begriffsinhalt der „Lebendigkeit" und die Frage seiner Abgrenzbarkeit zu berühren.

Es handelt sich dabei zunächst um den Versuch, das an geologischen Körpern — namentlich Korngefügen — ersichtliche und kontrollierbare Auftreten von Symmetrieelementen bei Abbildung „funktionaler Gefüge" ihrer Abfolgen und Überprägungen, auch als Diktator der Symmetrien lebendiger und halblebendiger Gefüge und Außengestalten allgemein zu sehen; sodann auch in dem häufigsten Sonderfall der Abbildung mit und ohne tangentale Relativbewegung im Erdfelde zu sehen als Diktator der bilateralen (monoklinen) und der Rotations-(Wirtel-) Symmetrie. Dabei werden diese Symmetrien — gleichviel ob im Lebendigen oder nicht — zwei Umständen zugeordnet. 1. keine tangentale Relativbewegung (Festsitzen in nichtströmendem Medium; Bewegung im Erdradius), 2. tangentale Relativbewegung (Festsitzen in Strömung; tangentale Bewegung). Von hier aus kann nicht nur die gemeinsame Schau auf die Gestaltung (Gefüge und Außengestalt) von Lebendigem und Unlebendigem deduktiv und induktiv belebt werden, sondern auch zu einer weitergehenden gemeinsamen Betrachtung von lebenden und von kräftemäßig im technischen Herstellungsvorgang kontrollierten Bereichen beigetragen werden. Ohne die Abbildung der Vektorensymmetrie so auf Schritt und Tritt wie in Korngefügen sehen gelernt und dabei eine Anzahl von Begriffen begegnet zu haben, sieht man nicht leicht, daß die Grundgestaltung für alle „Bilaterite" (Orogene, Kettengebirge, bilaterale Tektonite, Dünengefüge usw. bilaterale Lebewesen) untereinander und für alle Wirteligen (Vulkane, Dome, kurz hochteilbewegliche Transporte im Erdradius, wirtelsymmetrische Lebewesen) untereinander von einem schlechthin gemeinsamen, auch außertellurischen Gestaltungsprinzip diktiert sind, nämlich eben von dem nur in der Art und Weise der Abbildung so unübersehbar mannigfaltigem Prinzip der abbildbaren Vektorensymmetrie.

Pflanzen (P) begegnen ihre Nahrung nicht durch Bewegung als Ganze, sondern beziehen sie an Ort und Stelle seßhaft: sie sind nicht bilateral, außer in Standorten in tangentaler Strömung oder durch tangentales Wachstum dorsiventraler Teile. Von Tieren gilt von einer Gruppe ähnliches (Tf) eine zweite Gruppe (Tt) findet ihre Nahrung unter tangentaler Bewegung als Ganzes und ist bilateral. Hiebei ist (Franz) das differenzierteste Bewegungsvermögen der Vielzelligkeit zugeordnet. Symmetrologisch gruppieren sich also die Lebewesen in ($P + Tf$) einerseits und Tt andererseits in solche, welche die Abbildung bilateraler Vektorensysteme mehr oder weniger deutlich ablesen lassen und in solche, welche Rotationssymmetrie mehr oder weniger lesbar zeigen; ein „mehr oder weniger", welches wir wieder am besten in symmetrischen Korngefügen lesen und verstehen lernen, ebenso wie den Begriff der Abbildung anisotroper symmetrischer Felder verschiedenster Art, welcher schon in den Gesteinen anders gefaßt ist als in der Feldphysik ähnlich wie der Begriff der „Teilbewegung" an Stelle der „Differential"bewegung der Kontinuumsphysik für Korngefüge und größere gesetzt wurde.

Es wäre z. B. bei den festsitzenden Nichtbilateralen zu überprüfen, ob und wo vorwaltende Strömungen des Standorts in Gestalt bilateraler Züge der Rotationssymmetrie im überindividuellen Erbgange abbildbar werden, wie dies z. B. in der Einzelentwicklung an den Jahresringen von Bäumen in stationärer Windströmung bekannt ist. Bei den nichtfestsitzenden Nichtbilateralen wäre z. B. zu überprüfen, ob und wo sie, wie z. B. bilaterale Seeigel, Züge bilateraler Symmetrie zeigen, und ob sie andernfalls ihre Bewegungen ohne Drehung des Körpers um das Lot zur Unterlage, also ohne Einstellung auf die Bewegungsrichtung, also ohne konstantes „vorn und hinten" ausführen, wodurch die Abbildung des bei tangentaler Bewegung auftretenden bilateral-symmetrischen Feldes zurücktritt.

Die Analogie zwischen den vielzelligen Lebewesen und dem vielkörnigen geologischen Körper ist hinsichtlich des genügend allgemein gefaßten Prinzipes der Abbildung von Vektorensymmetrien eine vollkommene, aber diese Analogie zu sehen, ist nicht die einzige Auswertungsmöglichkeit des genannten Prinzipes. Es ist hiebei auch zu bemerken, daß wir in Gesteinen die überlagernde Abbildung mit definierter Symmetriekonstanz aufeinander folgender Felder begegnen. Ferner lehren die Gesteine (z. B. im Falle der Abbildungskristallisation), daß die begonnene Anisotropisierung eines Bereiches selbst wieder ein für weiter folgende Vorgänge im Bereiche (Wachstum, Kristallisationen) abbildbares Vektorenfeld ist. Man denkt also nicht nur an einen einmaligen kausalen Akt der Begegnung zwischen gegebenem Feld und symmetrieabbildendem Gefüge, wenn man unser Prinzip handhabt. Bei der Beurteilung von Symmetrien in lebendigen Bereichen kann die schärfere Fassung der Begriffe Homogenität und Isotropie wie sie an geologischen Körpern gehandhabt wird von Vorteil sein.

Auch die Frage nach dem geschichtlichen Zusammenhange der Lebewesen und nach einem oder mehreren Urwesen könnte mit dem Hinblick auf zwei Typen, einen festsitzenden und einen beweglichen verbunden werden, wobei die Wahrscheinlichkeit des Erstauftretens allerdings gegenwärtig noch von keinem Standpunkte aus berechenbar zu sein scheint. Es könnte sich ähnlich wie im Falle der festsitzenden Eizelle und der bewegten Samenzelle um ein „einzeitiges", d. h. in einer nicht mehr gliederbaren Zeitspanne erfolgtes Werden handeln, ein Begriff der für erdgeschichtliche Angelegenheiten und geologische Körper brauchbarer ist als der übliche der „Gleichzeitigkeit" und „Ungleichzeitigkeit". In diesem Zusammenhange ergibt sich auch die Frage, welche Persistenz abgebildeter Vektorensymmetrie bei Lebewesen (zugeordnet seßhaftem oder tangental bewegtem Dasein) zukommt; die Bedeutung einer wenig persistenten Anpassung (für genealogische Zusammenhänge unverwendbar) oder der Bedeutung einer für genealogische Reihungen genügend persistenten Anpassung. Diese Frage ist eine biologische, also hier nicht behandelbare. Dasselbe gilt von der genealogischen Auswertung symmetrologischer Betrachtungen überhaupt, welche unter anderen eine Stellungnahme zu der Frage fordern würde, ob man im Generationswechsel w. S. Wiederholungen zeitlich gliederbarer Vorgänge wie in der Embryonalentwicklung sehen darf.

Die Symmetrie der tierischen und pflanzlichen Körper ist, wie bei den unlebendigen Körpern, zu verstehen teils als Packungssymmetrie, teils als Abbildung der Vektorensymmetrie zugeordneter Felder, während der Exposition als Individuum und als Art. Die Art und Weise der Abbildung kann sein — ganz wie bei unlebendigen Bereichen — eine unmittelbare und eine zunehmend mittelbare. An der Abbildung können irgendwelche in der Abstammungslehre für die Entstehung von Anpassungen herangezogene Vorgänge widerspruchslos beteiligt sein. Denn alle diese Vorgänge führen zur Abbildung der Gegebenheit „rechts = links; oben $\neq$ unten: eine Symmetrieebene" als „bilaterale" oder „dorsiventrale" Symmetrie und zur Abbildung der Schwere allein rotationssymmetrisch mit polarer Achse. Es kann also das Prinzip der Symmetrieabbildung in lebenden Bereichen nicht etwa zur Entscheidung zwischen jenen zum Teil hypothetischen Vorgängen beitragen. Dennoch ist ein Blick auf jene für die Entstehung von Neuem hypothetisch herangezogenen Vorgänge von der Idee der Symmetrieabbildung aus vielleicht von Interesse. Dadurch, daß die Abbildung der Feld-, bzw. Vektorensymmetrie in unlebendigen Bereichen ebenso deutlich erfolgt wie in lebendigen, wird es klar, daß für die Entstehung abgebildeter Symmetrie an sich, die nur dem Leben eigenen Abbildungsarten nicht von vornherein zu fordern sind. Ebenso aber ist es wahrscheinlich, daß unter Umständen alle überhaupt an lebendigen Bereichen gestaltenden, von den Vektoren direkt oder indirekt beeinflußbaren Gestalter mit gleicher Symmetrie wie die Vektoren zu Worte gelangen.

Ganz allgemein ist auch zu beachten, daß die Untersuchung, welchem Vektoren-System vorwaltender Beggenungen und Zustände z. B. ein Skelett symmetriegemäß sei, eine deskriptive, an sich vollkommen unteleologische Feststellung ist. Teleologische Fassungen mögen oder mögen nicht sich symmetrologischer Feststellungen bedienen.

Die Überprüfungsarbeit des Biologen wird hier weder geleistet noch etwa für entbehrlich gehalten, aber es ist zu erwarten, daß sie schließlich den gemeinsamen Diktator der Symmetrie für geologische und biologische Körper sehen und seine

Rolle für biologische Fragen klären wird. Es soll ja durch die Symmetrologie des „Unlebendigen" die Fragestellung, was an der Symmetrie lebendiger Gebilde Abbildung von Vektorensymmetrie ist und was nicht, nicht abgeschwächt, sondern belebt werden. Es wird viel davon abhängen, ob man das Problem in seiner Allgemeinheit im Auge behält; z. B. in Gestalt der Frage ob für eine Erscheinung die Bilateralität und Radialität — an biologischen und geologischen Körpern wahrgenommen und für letztere abgeleitet — ein gemeinsames Gestaltungsprinzip wahrscheinlicher ist als das Nebeneinander zweier verschiedener Prinzipe mit gleichem Ergebnis. Die Diktatoren für Bilateralität und für Radialität im Felde eines Weltkörpers sind älter als dessen von uns lebendig genannte Gestaltungen.

Literaturnotiz.

Ein Schriftenverzeichnis wird wegen der begleitenden Korngefügeanalysen erst dem zweiten Band angeschlossen. Nur als Belege für neuere Arbeitsvorgänge zum ersten Band werden hier einige Arbeiten aus dem Arbeitskreis des Institutes für Mineralogie und Petrographie der Universität Innsbruck angeführt, soweit eben die Publikation solcher Arbeiten bisher bereits erfolgen konnte.

Beispiele zur Untersuchung der tektonischen Gefüge:

Fuchs Alfred: Untersuchungen am tektonischen Gefüge der Tiroler Zentralalpen I. (Berge westlich des Brenner). Jahrbuch Reichsstelle für Bodenforschung Wien, 1939, S. 233—284.

Fuchs Alfred: Untersuchungen am tektonischen Gefüge der Tiroler Alpen II. (Kalkalpen, Achensee-Kaisergebirge). Neues Jahrbuch für Mineralogie etc. Abhandlungen. Abt. B, Bd. 88, 1944, S. 337—373.

Sander Bruno: Neuere Arbeiten am Tauernwestende aus dem Mineralog.-Petrogr. Institut der Universität Innsbruck. Mitteilungen der Reichsstelle für Bodenforschung, Wien 1940, S. 121—138.

Sander Bruno: Über Flächen- und Achsengefüge (Westende der Hohen Tauern, III. Bericht). Mitteilungen der Reichsstelle für Bodenforschung, Wien 1942, S. 1—94.

Schmidegg Oskar: Neue Ergebnisse in den südlichen Ötztaler Alpen. Verhandlungen d. Geolog. Bundesanstalt, Wien 1933, S. 83—95. Hiezu Schmidegg, Kartenblatt Sölden und St. Leonhard, 1:75.000, Wien, Geolog. Bundesanstalt, 1929.

Schmidegg Oskar: Steilachsige Tektonik und Schlingenbau auf der Südseite der Tiroler Zentralalpen. Jahrbuch der Geolog. Bundesanstalt, Wien 1936, S. 115—149.

Schmidegg Oskar: Der Triaszug von Kalkstein im Schlingengebiet der Villgratter Berge (Osttirol). Jahrbuch der Geolog. Bundesanstalt, Wien 1937, S. 111—132.

Schmidegg Oskar: Der geologische Bau des Bergbaugebietes von Schwaz in Tirol. Jahrbuch d. Reichsamts f. Bodenforschung, Wien 1942, S. 185—193.

Beispiele zur Untersuchung der Anlagerungsgefüge:

Sander Bruno: Beiträge zur Kenntnis der Anlagerungsgefüge (Rhytmische Kalke und Dolomite aus der Trias). Mineralogische und Petrographische Mitteilungen, Leipzig 1936, S. 27-139.

Swarzacher Walter: Sedimentpetrographische Untersuchungen kalkalpiner Gesteine (Hallstätter Kalke). 1947. Erschienen im Jahrbuch der Geolog. Bundesanstalt, Wien 1946, S. 1—48.

Sachverzeichnis.

a, b, c, h, k, l, -Koordinaten 68 ff., 102 ff., 125, 137.
Abbau 12.
Abbildungssymmetrie 26 ff.
Abströmungsgefüge 195.
Abwicklung 173, 182 ff.
Achsenebene 69, 165, 178 ff.
Achsenlinien 69
Achsenstreichen 138, 144.
affine Formung 33 ff., 73 ff.
affine Zergleitung 34 ff., 45, 47.
Amplatzgefüge und Einströmungsgefüge 111, 152, 186 ff., 191—194, 198.
Anisotropie der Gefüge 34, 76 ff.
Anisotropisierung der Gefüge 74.
Anlagerung 13, 18—21, 31, 118.
„Arterite" „Venite" 196.
Aufschmelzung 198.
Aufwärtsbau und Abwärtsbau 50, 168.
Ausrüstung für das Gelände 183 ff.
Außengestalt und Gefüge 12.
Auswalzung 162.
Auszählung nach Schmidt 127—129.

B-Achse 40, 65—68, 109, 111, 125, 132, 139—141, 149, 174, 206 ff.
B-Achse der Dünengefüge und Rippeln 109.
B-Achse, Einmessung 137, 165.
B-Achsen, einzeitige, uneinzeitige 134.
B und β syntektonisch und nicht syntektonisch 139, 140.
B auf Faltenschenkeln 147, 148.
B auf Kleinkreis 167.
B auf gemeinsamer Vertikalebene 176 ff.
B und B' Zeitbeziehung 134, 146, 147.
B ⊥ B'-Gefüge 83, 180, 192, 194.
B ∧ B'-Gefüge 147 ff., 133, 146 ff., 167, 180.
B-Klüfte 103, 104, 133.
B stoffkonkordant, stoffdiskordant 134.
B und Torsion 167, 174.
Bahnlinien des Strömens 109, 110.
Beanspruchung, allgemeine, achsiale, ebene 86.
Beanspruchung, lastende 100.
Bedingtheit von Achsenlagen, geometrisch mitbedingt oder unmittelbar genetisch 183.
belteropore Gefüge 197.
Besetzungsdichte 127 ff.
Besetzungsvorgang 142.
Beta-Achse (β) 132, 139.

B-Tektonit 40, 70, 83.
Bewegungsbild 39, 69, 96, 99, 108 ff., 113, 115, 118.
Biegefalte 149 ff.
Biegegleitung 34, 156.
Biegescherfalte 149, 152.
Bilateralität 68, 124 ff.
Bilaterite 209.

Deformationsgeschwindigkeit 92.
Deviator 89.
Diagenese 20.
Digyrale Falten 151 ff., 160; siehe auch unter S-Falten.
Digyrale Baue mit vertikaler Digyre 180, 181.
Doppelscherfalten 158.
Dünengefüge 12 ff., 120—123.

Ebenbildlichkeit der „Schöpfung" 29.
ebene und fastebene Formung 67.
Ebnung konstruktive 175, 178.
Eigengestalt und Fremdgestalt 8.
Einengung, tektonische 68, 70, 125, 148 ff., 151, 166, 169 ff., 191.
Einengungsgefüge in Schloten 191.
Einengungsgefüge zwischen minderteilbeweglichen Backen 125.
Einengung und Transport, Unterscheidung 149, 157.
Einmessung im Gelände (s, B, β, π, ζ, ψ) 134 ff.
Einschlichtung in Scherflächen 16.
Einschlußwirbel (Schmidt) 161, 164.
„einseitiger Schub" 67.
Einströmungsgefüge 112, 195; siehe auch Amplatzgefüge.
Einzeitigkeit und Uneinzeitigkeit 22, 134, 160, 210.
Einwickelung 162.
elastische Formung 66, 67, 107.
Elastizitätsmodul 94, 95.
Entkrümmung 160 ff., 162.
Experiment, geometrisches 40 ff.
Experiment, mechanisches 83.
Externrotation 36, 63, 65, 115, 149, 155.

Faltenbögen, konzentrische, parallele 60.
Falten, Umscherung 60, 61.
Faltenform 59.

Faltenknäuel, konstruktive statistische Entwirrung 179ff.
Faltung in Salzlagerstätten 202.
Faltung, monotrope, polytrope 149.
Faltungsbereiche, homogene 150, 151.
Feld, physikalisches 7, 31.
Festigkeitsverhalten 92, 93, 101.
Flächengefüge 105.
Flächenstreichen, Mehrdeutigkeit 144.
Flächentreue Projektion 127.
Fließkurve 92ff.
„Fließlinien" und B-Achsen 187—190.
Formfestigkeit, tektonische 97—99.
Formung, gezwungene, ungezwungene 25, 81.
Formung im Festen und im Flüssigen 185ff.
Formung zwischen bewegten Backen 65, 106, 148ff., 152ff.
Formung, rotationelle und „irrotationelle" 38.
Formungsebene 34.
Formungsgeschwindigkeit 102.
Fugen und Relief 207.
Fugensysteme der Granite 193.
Funktionale Gefüge bei Formung im Homogenen 83ff.

Gefüge 2, 4, 10.
Gefüge, einphasige, mehrphasige 4, 9.
Gefüge, gestaltliches und funktionales 2ff., 6ff., 9—11.
Gefügedaten, skalare, vektorielle 4ff.
Gefügeelemente, ideelle, reelle 4ff.
Gefügekunde, allgemeine, selbständige, angewandte 16ff.
Gefügerelief 206.
geometrisch mitbedingte Häufungen 146.
geometrisches Experiment 161.
Geschwindigkeitsregel in der Teilbewegung 24.
Gestalt 6—8.
gezwungene, ungezwungene Formung und Tektonik 81, 144.
gleichberechtigte Gleiche 30.
Gleichzeitigkeit, geologische = Einzeitigkeit 20—22.
Gleitbrettfalte (Schmidt) 52, 151, 154, 161ff.
Granite, tektonische Gruppierung 187, 195.
Granitisation 195ff, 198.
Grenzgefüge 12—14.

Härte, tektonische 97, 101.
Handstückoleate 134ff.
Hangtektonik, Prüfung mit Lagenkugel 132.
Häufungen 127.
heterokinetische Bereiche 115.
homogene Bereiche 126, 137, 141ff., 144, 149ff.

homogen gefaltete Bereiche 150ff.
Homogenität, tektonische, kontrolliert durch Oleaten 141ff.
homologes Festigkeitsverhalten 75.
homotaktisch — heterotaktisch 48ff.
Horizontierung, konstruktive 173, 175.

Inhomogene Einbettung 72.
Inhomogenität der Parallelgefüge 167ff.
Interim, geologisches 19, 23.
Internrotation 36ff., 63ff., 149, 155.
isoklinale Serien, ζ und ψ in diesen 166ff.

Kegelschnittfalte 59.
Keile, bei mehrschariger Formung 155ff.
kinematische Gleichheit 117.
kinematische Beschreibung der Gefüge 108ff.
kinematische und dynamische Betrachtung tektonischer Formung 99, 107, 113.
Klüfte, gefügebedingte 67, 103, 193.
Klüfte $\perp$ B („B-Klüfte") 103.
Kohäsion, tektonische 96.
Kompaß, für statistische tektonische Analyse 130, 184.
Kontinuumsmechanische Betrachtung 4.
Koordinaten der flächigen und linearen Parallelgefüge 101, 102ff., 124ff., 137.
Koordinaten, tektonische 68, 69, 137; siehe auch a, b, c.
kornkorrelate Fugen 193.
Kreisschnitte, bei affiner Formung 34, 41, 43ff.
Krümmung und Entkrümmung bei ebener Zergleitung 160ff., 162.
Kurve, der nichtaffinen Zergleitung 52.

Längung ∥ B 66, 103, 157, 192.
Lagenkugel 126.
Lagenbau, sekundärer 120, 121.
Lagengefüge, in Graniten 199ff.
Lagengefüge in Ergüssen 204.
lastende Kräfte 100.
Lava, Strömungsgefüge der 204, 206.
lebendige Gefüge und Teilgefüge 12, 15, 17, 25, 27ff., 30ff., 68, 125, 208ff.
Lineargefüge 108ff., 111, 124ff.
linsiger Bau (der Phyllonite) 157.

Magma und Gefüge 199.
Mäandern 33.
Maßstäbe 14, 15.
mehraktige Tektonik 181.
Mehrfachaufschmelzung 23.
mehrsinnige Relativbewegung in s 156.
Migmatite 194ff.
Mischung (Entmischung, Zumischung, Abmischung) 196.

Mobilisation, kristalline 198.
Modellvorstellungen 15.
Mohr's Formungstheorie 85ff.
monisokline Umfaltung 150.
monotrope und polytrope Faltung 149, 154.

Nahkräfte 96ff., 100.
Netz zum Eintragen der tektonischen Gefügedaten 126ff.
n-Kugeln mechanischer Spannungen im homogenen Kontinuum 88.
nichtaffine Formung 51.
Normalspannung 84.
Nudel 163ff.

Orientierte Handstücke 134ff.

Packungssymmetrie 27, 30.
paradiagenetische Vorgänge 20.
Parallelgefüge, flächige und lineare 105, 108ff., 111ff., 124ff.
Pi (π) 132.
Pläne, tektonische 67ff., 102ff.
Plättungsebene 106, 155ff.
Polarität 20.
Preßentmischung (Kelterung) 196ff., 199.
Pressung 106, 149, 155, 157.
Profil 68, 71.
Profilierung mit Lagenkugel 130ff.
Projektion der Lagenkugel nach Schmidt 127.
Protoklase 187ff.

Raum 28.
Raumeinnahme der Granite 189ff.
Raumrhythmus 204ff.
Raumstetigkeit, relative der Formung 15, 99, 108ff.
Regelung nach der Korngestalt 30.
Reibung, innere bei tektonischer Teilbewegung 98, 113.
Reißflächen 34.
relikte tektonische Prägung 144.
Resedimentation 21, 23.
Rollung 65.
Rotation tektonischer Pläne um a, b, c 71.
Rotation durch Scherung 35, 155, 160ff.
Rotation, konstruktive 39, 129ff., 182ff.
Rotationstektonite 163.
Rückformung 69, 109ff, 124.
Rückformung, konstruktive der Tektonik 147, 171—173, 175.
Rückformung mehraktiger Tektonik ohne Symmetriekonstanz 181—183.
rupturelle und nichtrupturelle Gleitung 101ff.
Rupturen 101ff.

S und Spiegel-S 151, 154, 155.
Säcke in Salzlagerstätten 203.
Salzdome, tektonische Bedeutung der 201.
Sammeloleate 134ff., 138ff., 141.
Schein- B-Achse 133, 139.
Scherenfenster 180.
Scherfalte 52, 60, 62, 149, 151—153.
Scherflächen 34, 106, 111.
Scherflächen mit B und a 112.
Scherfugen, Reißfugen 107.
Scherspannung 83ff., 89ff.
Scherung, einscharige, mehrscharige 106.
Schichtung 204.
Schieferung, planare und lineare 104ff.
Schieferungstheorie von G. Becker 106.
schiefe Überprägung 144.
Schlingentektonik 68.
Schmelztektonite 205ff.
Schmelzung, teilweise 198.
Schoppfaltung (Bremsfaltung) 152.
S-Falte 52.
s-Flächen 105ff.
Spannungsdoppelbrechung zeigt Spannungsgefüge 107.
Spannungskugeln nach Schmidt und Lindley 87ff.
Spannungsgefüge im homogenen Kontinuum 83ff., 107ff.
Sperrausdehnung 31, 199.
starre und nichtstarre Formung 108.
Stauchfaltengröße, Regel der 98, 150.
Stauchfaltung 98, 150, 152, 156.
steilachsige Tektonik 71, 73, 146, 191.
steilachsige Tektonik im Karakoram Himalaya 208.
S-Tektonite 70.
stoffkonkordante und stoffdiskordante Parallelgefüge 134.
stoffkonstante geometrische Elemente der Formung 43ff.
stoffkonstante und stoffvariante Formung geologischer und lebender Körper 110ff.
Streßtektonik 66ff.
Strömen, lamellares, verwickeltes, unverwickeltes 113ff.
Strömen, tektonisches, als raumstetige Formung 108.
Strömungsgefüge im Hochteilbeweglichen 204ff.
Stromlinien 109ff.
Summation (Integration) von Teilbewegungen 149ff.
Summierbarkeit (Integration) der Teilbewegung bei Biegefaltung und Scherfaltung 149ff.
Suturengefüge 203.
Symmetrie 26.
Symmetrie der Anlagerung 118—120.

Symmetrie der Gefüge 81 ff.
Symmetrie, Erhaltung und Verlust bei Scherung 59 ff.
symmetriegemäße Gefüge 48, 75 ff.
symmetriegemäße Anisotropisierung 74 ff.
symmetriegemäße Umformung 76 ff.
Symmetrie geologischer und lebendiger Körper 208 ff.
Symmetrie der Spannungsgefüge im Homogenen 89 ff.
symmetriekonstante Formung 37, 68 ff., 74 ff., 76.
Symmetrietypen der Formung in Bereichen verschiedener Teilbeweglichkeit 185 ff.
Symmetrie-Überlagerung 78 ff., 119.
symmetrologische Betrachtung 3, 77.
syntektonische Parallelgefüge 139 ff., 166 ff.

Tangentalwellung 33.
Tautozonalität, tektonische 133, 138 ff., 144, 172.
Teilbeweglichkeit 30, 96, 185, 200, 202.
Teilbewegung im Gefüge 10, 11, 39, 73.
Teilbewegung bei Anlagerung 120.
Teilbewegung, mittelbare 25.
Teilgefüge 5, 6, 9, 18.
Teilgefüge, geschlossene, offene 5.
t-Kugeln mechanischer Spannung im homogenen Kontinuum 88.
tektonisches Festigkeitsverhalten 75 ff., 92 ff., 99 ff.
Tektonite 40, 72 ff., 83, 133, 136.
Terminologie, morphologische, funktionale, genetische 3, 4.
Torsion, tektonische 167.

Transporte, tektonische 114.
Turbulenz 114 ff.
typisierende und abstrahierende Betrachtung 11.

Ueberlagerte Symmetrien 76 ff., 79 ff.
Überlagerungsperiodizität 32.
Überlagerung zweier B-Achsen 146 ff.
Überprägung 81.
Umprägung 81.
Umscherung 62.
Unstetigkeitsflächen erster Art und zweiter Art 49 ff.
Unzufälligkeit einer Häufung 137 ff, 141 ff.

Verfestigung, Entfestigung 99 ff.

Walzen, tektonische 115—117.
Wickelfalten 160—162.
Winkel ψ 165 ff.
Winkel ρ 142.
Winkel ζ 130, 136, 165.
Wirbel 116, 163.

Zähigkeit 100, 113, 117.
Zählpunkt 127.
Zeitgliederung 22 ff.
zeitliche Überlagerung von Scherflächen 159.
Zeit- Raum 19.
Zeitrhythmus und Raumrhythmus 20 ff., 32.
Zonenachse, tektonische 172.
Zonenkreis 136, 138.
Zugrisse, bei Zug, bei Querdrehung 102 ff.
zweidimensionale Formung 34.
Zwillingsgefüge 78.
Zwischengefüge 14.

MIX
Papier aus verantwortungsvollen Quellen
Paper from responsible sources
FSC® C105338

If you have any concerns about our products,
you can contact us on
ProductSafety@springernature.com

In case Publisher is established outside the EU,
the EU authorized representative is:
**Springer Nature Customer Service Center GmbH
Europaplatz 3, 69115 Heidelberg, Germany**

Printed by Libri Plureos GmbH
in Hamburg, Germany